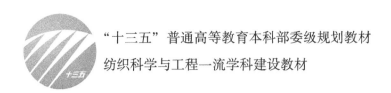

"十三五"普通高等教育本科部委级规划教材

纺织科学与工程一流学科建设教材

纺织敏感材料与传感器

胡吉永　主　编

张天芸　杨旭东　郎晨宏　副主编

中国纺织出版社有限公司

国家一级出版社
全国百佳图书出版单位

内 容 提 要

本书围绕纺织敏感材料与不同类别传感器的开发及应用系统集成等多方面内容分章编写，全面系统介绍纺织敏感材料及其传感系统设计、制备、使用中的理论问题、共性问题、热点问题和前瞻性问题，涉及纺织敏感材料的概念和内涵，典型纺织敏感材料的设计和基本纺织加工技术，传感系统的封装技术以及性能评价技术等，重点介绍基本纺织材料如何结合纺织加工技术设计、开发相关纺织敏感材料和传感器件。采用自下而上的方法阐述纺织敏感材料及传感器的制备和应用。本书内容丰富、新颖、先进，具有一定的广度与深度。

本书可作为学生、科研人员的学习基础用书和教学用教材，对从事智能纺织品及其相关开发设计的工程技术人员及学者具有一定的启迪性。

图书在版编目（CIP）数据

纺织敏感材料与传感器/胡吉永主编. --北京：
中国纺织出版社有限公司，2019.11（2024.2重印）
"十三五"普通高等教育本科部委级规划教材. 纺织
科学与工程一流学科建设教材
ISBN 978-7-5180-6622-3

I. ①纺… II. ①胡… III. ①触觉传感器-应用-纺织纤维-智能材料-高等学校-教材 IV. ①TS102

中国版本图书馆 CIP 数据核字（2019）第 190296 号

───────────────────────────────

策划编辑：符 芬 责任编辑：陈怡晓 符 芬
责任校对：王蕙莹 责任印制：何 建

───────────────────────────────

中国纺织出版社有限公司出版发行
地址：北京市朝阳区百子湾东里 A407 号楼 邮政编码：100124
销售电话：010—87155894 传真：010—87155801
http://www.c-textilep.com
中国纺织出版社天猫旗舰店
官方微博 http://weibo.com/2119887771
北京虎彩文化传播有限公司印刷 各地新华书店经销
2024 年 2 月第 1 版第 2 次印刷
开本：787×1092 1/16 印张：26.75
字数：482 千字 定价：88.00 元

───────────────────────────────

凡购本书，如有缺页、倒页、脱页，由本社图书营销中心调换随着物联网（IoT）和增强现实（AR）、信息物理系统、人工智能（AI）、区块链或边缘计算等新兴技术的兴起，基于可穿戴设备的智能织物和 IoT 的服装通过协调功能和时尚愉悦感而对人类产生巨大影响。智能服装正在时尚、工程、互动、用户体验、网络安全、设计和科学之间寻求一种平衡，以重造能够预测人们需求和愿望的技术。如今，纺织品和电子产品的迅速融合，使得传感器能够无缝、大规模地集成到纺织品中，可以与智能手机通信，处理心率、体温、呼吸、压力、运动、加速度甚至激素水平等生物特征信息。智能纺织的潜力预示着零售业将迎来一个新时代，把人与人、人与机器的连接和互动带到一个新的高度。

目前，一些纺织院校在生物医用纺织材料设计方向开设了"智能纺织材料与传感器"，在纺织工程专业开设了"智能纺织品"课程。但是，目前没有系统、深入地介绍智能纺织材料与传感器的书籍，相关著作多以研究论文汇集成书，不便于学生从设计原理、制备方法、评价方法和应用等方面系统学习，不能满足相关教学的需要。本教材编写的目的在于整合各个领域对智能纺织的认识，成为学生、学者和工程技术人员的学习基础。作者整理了多年来在智能纺织材料方面进行科研与教学的经验，并查阅总结国内外大量相关的新成果与新技术，结合多位作者在智能纺织材料及相关技术开发中的经验总结，全面系统介绍纺织敏感材料及其传感系统设计、制备、使用中的理论问题、共性问题、热点问题和前瞻性问题，对从事相关开发设计的工程技术人员及学者具有一定的启迪性。

随着可穿戴技术的深入发展，纺织电子及传感器件引起多个学科及行业的广泛关注。在各个领域的不同研究，诸如纺织、电子工程、模式识别、服装、计算机科学和人机交互，形成了对纺织敏感材料及传感器的多样化认识。虽然各个领域的相应认识对推动智能纺织向更高水平发展十分重要，但缺少系统讲述相关知识的专业书籍。为了帮助其他学科及行业专业技术人员全面了解智能纺织材料及传感器件的纺织成型、加工、评价技术，迫切需要系统介绍纺织敏感材料及传感系统设计的专业教材，满足相关工程技术人员及学者的学习。

本书围绕纺织敏感材料与不同类别传感器的开发及系统集成的多方面内容分章编写，涉及纺织敏感材料的概念和内涵，典型纺织敏感材料的设计和基本纺织加工技术，传感系统的封装技术以及性能评价技术等，重点讲授基本纺织材料如何结合纺织加工技术设计、开发相关纺织敏感材料和传感器件。总体而言，采用自下而上的方法讲授纺织材料敏感材料及传感器的制备和应用。本书分为十二章，第一章讲述纺织敏感材料的历史和来源，纺织材料基本形式及加工工艺方法；第二章简要介绍传感器的基本知识，为后续纺织传感器的设计开发打基础，第三至第九章分别讲述智能纺织品开发涉及的主要材料，以及这些材料在典型传感器开发中的应用，第十至第十二章讲述构成智能传感系统的组装元件和其基本特性和应用实例。本书内容丰富、新颖、先进，具有一定的广度与深度。

　　第一至八章由东华大学纺织学院胡吉永、杨旭东共同编写，第九至十章由兰州理工大学机电工程学院张天芸、泉州师范学院纺织与服装学院郎晨宏共同编写，第十一至十二章由胡吉永、张天芸共同编写，由胡吉永统稿。本书在编写过程中，还得到东华大学纺织学院领导及张丽娜、孙红月、王婷婷、洪虹等研究生的支持，在此表示感谢。同时，向本书参考资料作者致以诚挚谢意。

　　限于编者的水平，本书内容可能存在不够确切、完整和疏漏之处，热忱欢迎读者提出批评意见。

编者

2019 年 7 月

Contents
目 录

第一章 引言

第一节 发展背景

纺织敏感材料广义上属于一种智能材料。智能材料被选为"改变 21 世纪人类生活的 21 项革新"之一，具有超高的实用性与适用性。纺织敏感材料是具备纺织纤维及纤维集合体特征的一类智能材料，是智能纺织品开发的基础。目前，智能纺织品技术正向高性能、高技术水平、大规模产业化方向发展，智能纺织品的技术研发、服装设计和操作便利性设计等方面不断满足人类对智能产品的需求。

智能纺织材料融纺织、电子、医学、计算机、物理、化学等多学科知识于一体，可感知环境变化，并依此做出反应，在提高生活质量，改善劳动条件，满足特种行业需要等方面发挥着重要作用。近年来，智能调温、形状记忆、智能变色、电子信息等智能纺织材料正从戴向穿及更宽的领域发展。从不同角度探讨柔性智能可穿戴技术实现的可能性、途径和发展方向，破解传统外挂式可穿戴产品的发展瓶颈，需要来自纺织、材料、能源、电子、信息等领域的专家学者共同参与，围绕智能纤维材料，基于纺织品的能源供给与存储系统、传感器的设计与制造、电子技术与纺织品融合创新的技术路径、可穿戴服装与服装设计、服装工程的协同等内容进行跨界讨论、交流与合作。

智能纺织品是新兴可穿戴技术的发展方向，无论在消费者群体中还是研究领域均受到特别青睐，以致近几年获得大量研发和创新，是纺织服装行业未来的发展方向和经济增长点。这归因于诸如医疗、保健、运动、时尚、娱乐、军事及安全防护行业对可穿戴电子产品的日益增加的需求，图 1-1 给出了满足人的各种潜在需要的智能纺织品。在智能纺织品领域，应用纺织及电子工程领域的生产技术实现这两种不同材料之间的融合。

传感器是智能纺织品的关键部件，可在生产纺织品的各个阶段构建。在材料方面，如智能纤维；在纺织结构方面，如机织或针织图案。纺织传感器也可看作简单交互式电子元件。虽然应用电子工程到纺织行业能保证电子元件工作，但应用纺织生产技术到电子行业仍存在挑战。然而，正是因为纺织加工的适应性，才具有无限创新潜力。这种潜力不仅包括生产方法，也涉及其与数字界面交互的方法及这些界面的整体美观性。

电子纺织品，是一种集成纺织敏感材料的新兴技术，可穿戴、柔软、舒适，有时甚至对大面积的传感系统具有广泛的潜在影响，有望在医疗、通信和娱乐、体育和太空、安全和监控等领域带来革命性的应用。就智能纺织品发展的现阶段而言，使用传感器和导电功能纺织品与周围环境或用户的交互通常是智能纺织品的先决条件，因此，这类纺织品也常被称为电子纺织品，它已从初级的传输导线逐渐发展成为人体功能的一部分，如图 1-2 所示。它

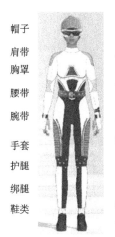

图 1-1 满足人类各种潜在需要的智能纺织品

提供了在远大于硅片的基片上生产分布式电子系统的潜力。然而，目前，电子纺织品的研究大多集中在开发人体穿戴或可穿戴技术上，而大多数可穿戴产品中检测和传输数据的电子传感器是由硬且不易弯曲的材料制成，这将限制穿戴者的自然活动和所收集数据的准确性。相应地，消费者仍在接近智能纺织品时保持谨慎，主要是因为它们包含易碎、易损的金属基材料，这造成更低的效率或中断。在研发领域，总体趋势是逐渐在聚合物及纤维层面集成越来越多的电子元件于纺织结构，而不是把纺织品仅仅当作附载传感器、输出设备及印刷电路板的基底，以研发具有新颖智能功能的纤维基结构，实现可穿戴纺织技术的创新和突破性应用设计。

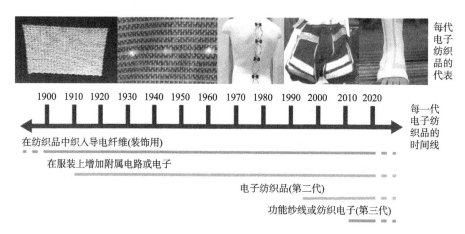

图 1-2 电子纺织品发展时间表及未来的发展趋势。

虽然智能纺织品涉及各类功能材料及纺织敏感材料，本书将主要介绍应用纺织加工技术制备具有传感功能及系统的智能纺织品，并举例说明工业化纺织加工工艺如何应用于设计生产纺织传感器及传感系统的主要相关元器件等。

第二节　纺织纤维材料的特点及属性

千百年来，尽管纺织服装在材料和制造技术上有了巨大的进步，但其两个基本功能——身体防护和身体装饰功能并没有改变，并且一直很好地服务于人类。智能纺织材料及传感器本质上应是在基本功能基础上增加的第三个功能，最好具备或不显著弱化纺织品及纺织材料的基本特点。

一、纺织品（服装）的特点

纺织品及服装之所以在这么长的历史时期内能一直很好地服务于人类，是因为下面八个最显著特点，以满足服装两大功能的相关属性。

（1）足够的伸缩性和弹性。为了保证人们正常活动，服装必须容易拉伸以适应人体的运动。

（2）质轻合体。服装应使穿着者显得优雅，至少不致看起来像"铁皮人"。

（3）透气性和舒适性。必须维持身体舒适度，使人们的皮肤能够"呼吸"，分泌的汗液被导出和蒸发。

（4）保暖性。服装的首要功能是在寒冷的天气帮助人们御寒。

（5）皮肤的安全性和接触舒适性。衣物在任何情况下都应避免对身体和皮肤造成任何难以忍受的感觉或潜在危险。

（6）翻新能力。服装必须具有一定强度和耐久性，是可反复清洗/清洁的。

（7）审美考虑。服装需要经过设计、印花、染色等工艺以使其赏心悦目。

（8）成本。价格尽管不是一种商品的固有特性，但毋庸置疑是决定消费者接受度及产品是否能成功售出的重要因素。

二、纺织材料及属性

纺织材料可以大规模快速生产，价格合理并不断拓展功能性，主要有如下特点。

（1）大部分用于常规服装的纤维为高分子聚合物，故质轻，具有可加工性，能够大规模加工成纱线、织物，最终成为服装。因此，可以以合理的成本实现上述的质轻、柔软和耐久性。

（2）由纤维、纱线、织物到服装，采用了多级递增结构，以形成具有不同尺寸毛细孔的多孔材料，实现亲水性、可染性、透气性和舒适性。

（3）摩擦力是服装中唯一的"黏合剂"，通过加捻、缠结、交织或编织以同时保证整个结构的整体性和内部部件间的可移动性两个相互矛盾的性能。纤维网由于摩擦力保持足够的完整性，使得包括强度、柔韧性、拉伸、合体性等在内的看似相反的性能能够和谐共存。

上述三个基本要求（单个或多个组合）就确定了目前纺织服装的形式。如果试图背离它们，必然会导致纺织服装性能的严重恶化，极大地降低消费者对纺织服装产品的认同度。从这种意义上讲，如果智能纺织敏感材料及传感器的应用目标是近人纺织产品，则应该满足纺织服装及纤维的基本属性及要求。

第三节　智能纺织材料

一、智能纺织材料的内涵

一般认为，智能是相对人和动物而言的，是一种获取、存储知识并运用知识解决问题的能力。顾名思义，所谓智能材料与结构即一种对所给的特别的刺激能进行判别，并按预定方式做出反应的材料。这样的材料可以是自然产生的或由人工引入多种性能产生的智能系统，在一定意义上具有感知功能、信息处理功能和执行功能，即具有获取、识别、处理和执行信息的能力，并具有自动调解、自诊断、自适应、自修复、损伤抑制、寿命预报等能力，表现出动态的自适应性。

师昌绪院士主编的《材料大辞典》中对于智能材料（Smart Materials）的解释为模仿生命系统同时具有感知和驱动双重功能的材料。即不仅能感知外界环境或内部状态所发生的变化，还能通过材料自身或外界的某种反馈机制，实时地将材料的一种或多种性质改变，做出所期望的某种响应的材料，又称机敏材料。感知、反馈和响应是智能材料的三大要素。

关于怎样定义智能纺织品，科学家持有两种不同观点：一些人认为其具有感应环境变化的能力；而其他人认为其不仅具有感应的能力，且能根据感应信息采取一些预设的行动。目前，对智能纺织品的分类都延续了美国 NEUNHAM R E 教授对智能材料的分类方法，将智能纺织品分为消极（被动）智能纺织品、积极智能纺织品和高级智能纺织品。消极（被动）智能纺织品仅能感知外界环境变化或刺激，主要指传感器；积极智能纺织品具有感知外界环境的变化或刺激，并做出反应的能力，如形状记忆、变色、防水透气、储热、热调节、热变形织物及电加热服等；高级智能纺织品除感知、反应外，还能自我调节，以适应外界环境的变化或刺激，被归入第三代智能纺织品。智能纺织品本质上由多个模块构成，像人的大脑一样工作，具有认知、推理和激活能力的感知单元、反馈单元和响应单元是智能纺织品的三大要素。此外，在一些场合也可以通过适度的人为干预来达到智能化的目的。香港理工大学陶肖明教授提出的"交互式智能纺织品"的概念，就具有很强的现实意义和指导意义。东华大学于伟东教授采用"自适应纺织品"的概念来表达智能纺织品，并将其分为形态自适应、性质自适应和功能自适应纺织品，也有一定的合理性。

智能纺织材料以其独特的延展性及其高效、低成本的制造工艺，在信息、能源、医疗、国防等领域具有广泛应用前景。近几年，随柔性电子技术呈现出迅速发展的趋势，可以承受拉、压、弯曲等大变形的柔性电子器件的研究已成为电子、力学、材料和物理等学科的一个研究热点。当前正处于此阶段的初始，材料科学家正致力于研制各种电活性纤维，以实现具有计算、感知和执行功能的纱线；纺织工程专家尝试利用现有设备，设计这些新型纱线和织物系统的自动纺纱织造方案。

智能或功能材料通常是形成智能系统的一部分，如 1-3 所示为主动或被动功能性，这种智能系统能感应环境及类似响应，如果真正智能，还能通过主动控制装置对外部刺激产生响应。智能材料和系统包含了广泛的技术范畴，包括传感器、驱动器领域。

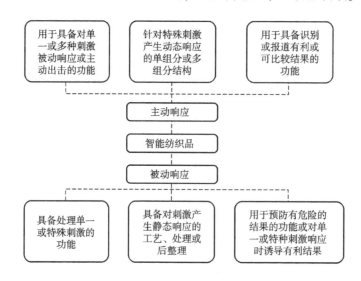

图 1-3　主动或被动功能性（器件性能与属性之间关系）

　　而今，智能纺织品概念已超越土工工程、农业、航空器、运动服装和防弹背心，正成功应用于各类领域。许多品牌对智能电子纺织品作为可穿戴技术展现浓厚兴趣，包括"Hi-call"蓝牙驱动电话手套、阿迪达斯的 miCoach、耐克的 Fit、Cute-Circuit 的银河连衣裙和 T 恤操作系统。此外，能源危机已成为世界面临的最大挑战之一，智能纺织品已成为解决日益严重的能源危机的最有潜力的材料之一。由于其兼具导电性和弯折性，很多人工程化棉、Lyocell、绵纶及毛织物等已被应用于电池、燃料电池、超级电容器和太阳能电池、传感及显示等。

　　总之，智能纺织品是一类新纤维、织物和由其制备的各类纺织产品。这一点认识很重要，这一代纺织新材料，除它们的技术及智能用途外，主要为了军事人员的安全和防护，同时，增加时尚和便利性。图 1-4 显示了多孔碳材料如何用于制备纤维和纱线而形成导电织物，其可进一步用于智能服装的元器件。要注意的是，具有单一材料特性的智能纺织品，或以一系列新材料生产的复合及混合结构智能纺织品，它们的出现把工程科学的各个学科结合在一起。例如，电气、机械、化学、电子和纺织等学科相互交叉，共同用于生产满足各种应用的智能和电子纺织品。

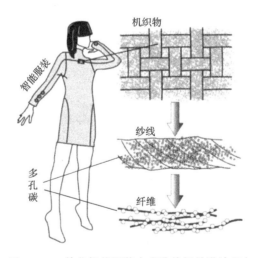

图 1-4　一体化智能服装中多孔纺织品设计理念

二、智能纺织材料的外延

　　在认识智能敏感纺织材料的同时，有必要区分常说的普通材料和功能材料。从定义来看，性能是材料对外部作用的抵抗特性，功能是从外部向材料输入一种信号时，材料内部发生质和量的变化而产生输出另一种信号的特性。智能材料来源于功能材料，功能材料是智能材料的基础。

　　功能材料是指那些具有优良的电学、磁学、光学、热学、声学、力学、化学、生物医学性能，特殊的物理、化学、生物学效应，能完成功能相互转化，主要用来制造各种功能元器件，被广泛应用于各类高科技领域的高新技术材料。功能材料包括驱动材料、感知材料和机敏材料。这些材料的特点见表 1-1。

表 1-1　功能材料与智能敏感材料特征

材料类别	材料特征
驱动材料	可根据温度、电场或磁场的变化改变自身的形状、尺寸、位置、刚性、阻尼、内耗或结构等，对环境具有自适应功能，被制成各种执行器
感知材料	能够感知来自外界或内部的刺激强度及变化（如应力、应变、热、光、电、磁、化学和辐射等），被制成各种传感器
机敏材料	兼具敏感（传感）材料与驱动材料的特征，即同时具有感知与驱动功能的材料。自身不具备信息处理和反馈机制，不具备顺应环境的自适应性
智能材料	机敏材料和控制系统相结合的产物，集传感、控制和驱动三种性能于一身，是传感材料、驱动材料和控制材料（系统）的有机合成。可通过自身对信息进行感知、处理并将指令反馈给驱动器执行和完成相应的动作，对环境做出灵敏、恰当的反应

目前所讲的智能敏感材料，通常是宏观意义上的智能材料，即所谓智能材料系统与结构，它包括以下五部分：母体材料、传感器、作动器、通信网络、中央处理器，如图 1-5 所示。

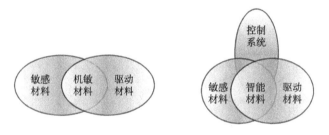

图 1-5　智能材料系统与结构组成之间的关系

对照智能纺织品的基本概念，可以把目前现有的或者正在研究中的智能纺织品（含智能纤维、智能纱线、智能织物等智能纺织材料），从是否符合智能材料的原始定义出发，即是否同时具有感知、反馈和响应三大基本要素出发进行分类讨论。智能纺织品是多学科交叉融合的产物（图 1-6）。

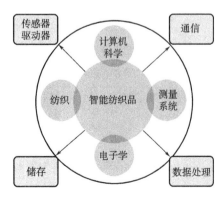

图 1-6　涉及智能纺织品的各个学科

"智能"本质上是模仿生命系统的一种概念，具体来说，就是生命系统的感受器感应、神经系统的加工和反馈、对中枢神经系统指令的执行。生命系统不是输入—输出这样简单的线性关系，同时具备兼顾其他变量进行逻辑加工的能力。否则，它只是"机械"的，停留在功能材料的智慧水平。也就是说，考核智能纺织品的又一个判断依据是与生物的相似程度。

就这三大基本要素而言，可以认为"感知"是接收器，接收特定的一种或几种外界刺激；"反馈"

是指令的传输，把经过系统实际存在的智能体系的运算判断"反馈"给执行器；"响应"是指令的实施，执行器的动作。因此，具体判断某纺织品是否是智能纺织品，可以检查分析其是否存在执行感知、反馈和响应的元件。

智能纺织材料主动与环境产生相互作用，即其对环境的变化或外在输入产生响应或适应。为了完成这种交互作用，智能纺织材料往往融入一个系统中，该系统由纺织和非纺织部件组成。这个系统理论上由传感器、驱动器、内外通信、电源和数据处理器六个元件组成。迄今为止，这些元件至少部分已通过机织、针织、编织或非织造工艺实现生产，相关的研究活动仍持续增加。

特别是伴随新型灵活导电纺织材料的开发、电子元件不同纤维化的组建、消费者对可穿戴技术的互动体验和舒适性的要求，需要重新定义柔性可穿戴智能纺织：新型的电子元器件和纺织技术相结合形成柔软灵活的、扁平化的纤维集合体微电子器件，越来越贴合穿戴者身体且获得高度的舒适感，无缝成为日常穿着服装的一部分，探测感知外界环境或穿着者的信息或刺激，通过运行系统的信息传递和处理，向使用者提供实时反馈，智能自主地对外界刺激做出调节反馈。在将来，这种探测和反馈的过程是操作处理系统不断学习升级的过程，人机智能交互深入，涉及的相关主要技术如 1-7 所示。智能纺织品技术可对人体的温度和湿度舒适安全程度进行调节管理，对身体健康情况进行检测、实时反应和多端共享，保护人体生命健康安全，提高穿着者体育运动成绩，提供更高效、便捷的医疗康健治疗，丰富日常生活娱乐等。嵌入式电子元件往往在电子纺织品设计中使用。电子纺织品是基于电子技术，将传感、通信、人工智能等高科技手段应用到纺织技术上而开发出新型纺织品。现在，欧美国家对电子纺织品研究较多，如美国高级防御研究计划机构（DARPA）和欧盟 7 框架协议探索性研究计划，已资助多个项目开发定位、生理监控用电子纺织品，以及飞利浦公司开发的情感体验衣。

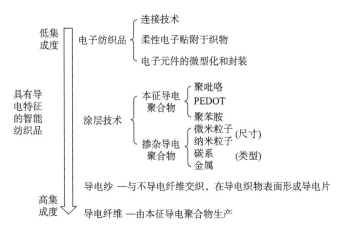

图 1-7 具有导电特征的智能纺织品示意图

三、智能纺织材料特性

柔性多孔是智能纺织材料的最大特点，得益于此特点，产品轻盈，可大面积接触皮肤，贴合人体皮肤形态，可随意大幅度变形而不影响人的活动与产品功能，并可实现长期穿戴。产品设计也变得更加时尚、舒适，是一项颠覆性科技。实现这类产品柔性化的转变，纤维材料科学是基础，而可穿戴器件是以这类纤维材料为基础的柔性电子、光子等技术的集成。由于其柔性，可穿戴技术更稳定、更多样、更安全。

1. 三维的探测范围　纺织面料可在三维方向随意揉搓，因此，可测得更大范围的应变，尤其是拉伸和弯折性能，可探测的刺激范围大大拓宽，获取更多的外界环境或穿着者状态信息。

2. 轻薄和快速的反应　纺织柔性传感器因独创的纤维材料而硬度降低，甚至可达到无缝贴合穿着身体部位，接触面积扩大，可快速而精准地探测外界的刺激，因此，无论当穿戴者是处于静止状态还是处于高速、大幅度的运动中，产品均可达到高度精准的测量水平，尤其适用医科理疗方面的高精度仪器。

3. 长久的使用寿命　织物自身具有弹性和自我恢复性能。同时，因为纺织材料具有良好的拉伸、弹性回复、弯折性能，一些产品的疲劳寿命已可超过 150 万次，意味着如果将柔性压力传感器植入运动鞋，穿戴者可自由奔跑 500km。

4. 柔性的连接及稳定的性能　目前，电子器件之间相互连接方式有刚性连接、柔性连接两种。刚性连接是指电子器件之间采用金属导线直接连接，这种连接的缺点是会对服装外观设计、舒适性及电子器件在服装中的配置部位有影响，例如，在穿戴过程中，金属导线因受拉伸、压缩、剪切等力的反复作用导致金属导线断裂。而柔性连接是指采用柔性的导电材料连接。如采用电子印刷技术将导电材料印刷在服装上或将金属丝缝制在服装上，巧妙地解决了刚性连接不稳定及不可拉伸的问题，同时，为了进一步提高电子服装功能稳定性，研制具有导通单元结构的织物连接件。

5. 安全的导电功能　包括电磁屏蔽、防静电等功能。由导电纤维织造的市场化的产品经过 OEKO-TEX Standard 100 生态纺织品认证，符合标准 ISO 9001—2008《质量管理体系要求》，孕妇儿童同样可以适用，且不会引起过敏等安全问题。

6. 舒适和透气性能　将柔性智能纺织纤维和服装用面料技术相结合，可得到舒适透气的柔性织物电子元器件，即使是柔性织物电极，植入贴身衣物，如若无物。

7. 可水洗性能　普通机洗寿命超过 35 次，科技与生活完美融合。

第四节　纺织材料及结构成型

近代以来，在传统手工操作向机械化和工业化转变方面，以纺丝、纺纱、织造、针织等为代表的纺织行业一直处于最前沿，下面将简要介绍主要纺织结构材料及成型技术（图 1-8）。

一、长丝

长丝又称连续长丝，是化学纤维形态的一类，指连续长度很长的丝条。各种已有研究的典型纺丝方法列于表 1-2 中。

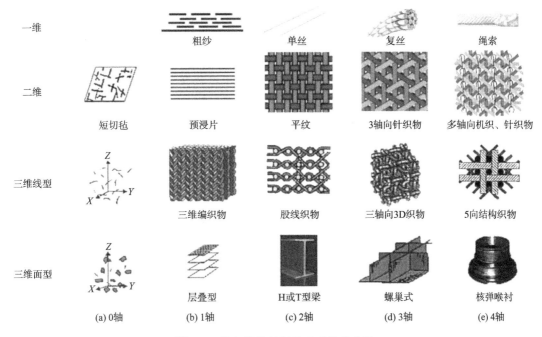

图 1-8　纺织结构材料及成型技术分类

表 1-2　主要纺丝方法及工艺条件

纺丝方法	熔体纺丝	溶液纺丝	冻胶纺丝
温度范围	熔融温度以上，分解温度以下	熔融温度以下	熔融温度以下
纺丝过程	挤压熔体，在空气中冷却成型	挤压溶液，在凝固浴或热气体中析出成型	挤压高浓度纺丝溶液，主要靠冷却固化成型
适宜产品	聚对苯二甲酸（PET）、锦纶 6（PA6）、锦纶 66（PA66）、聚丙烯（PP）、改性聚酯、聚对苯二甲酸（PTT）、聚对苯二甲酸丁二醇酯（PBT）、聚萘二甲酸乙二醇酯（PEN）	黏胶纤维、聚丙烯纤维、聚乙烯纤维、聚氯乙烯纤维、聚对苯二甲酰对苯二胺纤维、聚间苯二甲酰对苯二胺纤维	超高分子量聚乙烯纤维、聚丙烯腈纤维、蛋白质/聚乙烯醇纤维、高强碳纤维等

1. 熔体纺丝　将高聚物加热至熔点以上的适当温度以制备熔体，熔体经螺杆挤压机，由计量泵压出喷丝孔，使之形成细流状，射入空气中，经冷凝而成为细条。熔体纺丝适用于耐热性较高的高聚物成型过程，该高聚物应当具备熔融而分解的性能，熔体纺丝过程简单，纺丝后的初生纤维只需拉伸机热定型后即得到成品纤维。因此，通常具有熔融而不分解的性能的高聚物，大多采用熔体纺丝。

2. 溶液纺丝　选取适当溶剂，把成纤高聚物溶解成纺丝溶液，或先将高分子物质制成可溶性中间体，再溶解成纺丝溶液，然后将该纺丝溶液从微细的小孔喷出进入凝固浴或是热气体中，高聚物析出成固体丝条，经拉伸—定型—洗涤—干燥等候处理过程便可得到成品纤维。黏胶、维纶、腈纶多采用此法。

溶液纺丝按凝固条件不同分为湿法纺丝、干法纺丝及干湿法纺丝。

（1）干法纺丝。利用易挥发的溶剂对高分子聚合物进行溶解，制成适于纺丝的黏稠液。将纺丝黏液从喷丝头压出形成细丝流，通过热空气套筒使细丝流中的溶剂迅速挥发而凝固，通过牵伸成丝。氯纶、腈纶、维纶、醋酸纤维多采用此法。

（2）湿法纺丝。将成纤高分子聚合物溶解于溶剂中制成纺丝溶液，将纺丝溶液由喷丝头喷出后进入凝固浴中，由于黏液细丝流内的溶剂扩散以及凝固剂向黏液细丝流中渗透，使细丝流凝固成丝条。湿法纺丝的特点是喷丝头孔数多，但纺丝速度慢，适合纺制短纤维，而干法纺丝适合纺制长丝。通常，同品种化学纤维利用干法纺丝较湿法纺丝所得纤维结构均匀，质量较好。

（3）干湿法纺丝。干湿法纺丝是溶液纺丝中的一种，又称干喷湿纺法，它将湿法纺丝与干法纺丝的特点相结合，特别适合液晶高聚物的成型加工，因此，也常称为液晶纺丝。即将成纤高聚物溶解在某种溶剂中制备成具有适宜浓度的纺丝溶液，再将该纺丝溶液从微细的小孔喷出，首先经过一段很短的空气夹层，在此处由于丝条所受阻力较小，处于液晶态的高分子有利于在高倍拉伸条件下高度取向，而后丝条再进入低温的凝固浴中完成固化成型，并使液晶大分子处于高度有序的冻结液晶态。制得的成品纤维，具有高强度、高模量的力学性能。

二、纱线

当代纺纱工艺技术概括为六大类：环锭纺、紧密纺、转杯纺、喷气纺、涡流纺和包缠纺。这六种纺纱体系具有不同的特征、不同的纺纱结构，可纺纱线密度范围、自动化程度、成本、结构、最终产品外观等的优缺点都各不相同。

（一）环锭纺纱

环锭纺纱的工作原理为经牵伸后的纤维须条通过环锭钢丝圈旋转引入，钢丝圈由纱管上的纱条带动，绕回转对须条加捻，而钢领的摩擦使须条转速略小于纱管而得到卷绕（图1-9），广泛应用于各种短纤维的纺纱，包括普梳、精梳及混纺等方式。环锭纱中纤维大多呈内外转移的圆锥形螺旋线，纤维在纱中内外缠绕联结，适用于制线、机织、针织和编织等各种产品。

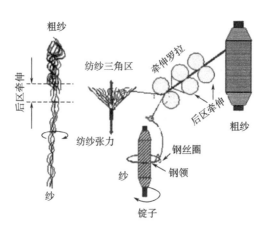

图1-9 环锭纺纱原理

（二）紧密纺

紧密纺或集聚纺的工作原理为在纱线从前罗拉到加捻点之间的纺纱三角区增加负压吸力，形成牵伸钳口线与纱线形成点之间的集聚区（图1-10）。集聚纺环锭纱的显著优点是纱线结构的改进，成纱非常紧密，有较好的强力及伸长率，纤维散失少，显著减少质量不达标的现象，即强力弱环和毛羽减少，织机效率增加。

（三）转杯纺

转杯纺，也称气流纺，采用转杯凝聚单纤维。该纺纱技术不用锭子，主要靠分梳辊、纺杯、假捻装置等多个部件。分梳辊用来抓取和分梳喂入的棉条纤维，通过高速回转所产生的离心力把抓取的纤维甩出。纺杯是一个小的金属杯，旋转速度比分梳辊高出10倍以上，由此产生的离心作用把杯子里的空气向外排，使棉纤维进入气流杯，形成沿杯内壁不断运动的纤维流。这时，杯子外的一根纱头把杯子内壁的纤维引出并连接起来，再加上杯子带着纱尾高速旋转所产生的钻入作用，就好像一边"喂"棉纤维，一边加纱线搓捻，使纱线与杯子内壁的纤维连接，在纱筒的旋绕拉力下进行牵伸，连续不断地输出纱线，完成气流纺纱的过程，如图1-11所示。

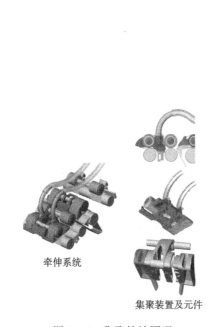

牵伸系统

集聚装置及元件

图1-10 集聚纺纱原理

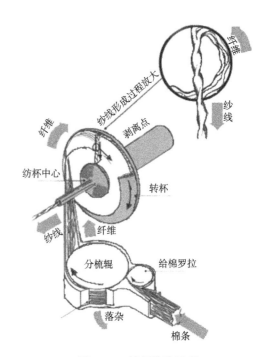

图1-11 转杯纺纱原理

（四）喷气纺

喷气纺是利用高速旋转气流使纱条加捻成纱的一种新型纺纱方法。方法为将棉条喂入，用四罗拉双短胶圈超大牵伸，经固定喷嘴加捻成纱。纱条引出后，通过清纱器绕到纱筒上，直接绕成筒子纱，如图1-12所示。因喷气纺的特殊成纱机理，喷气纱的结构、性能与环锭纱有明显的差异，成纱强力比环锭纺低5%～20%，其他物理特性如条干 CV 值、粗细节和纱疵均优于环锭纱。

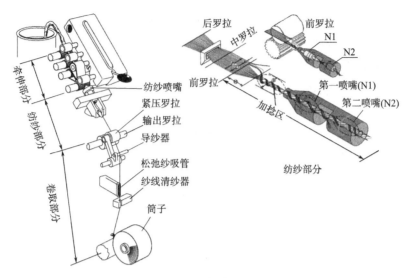

图 1-12　喷气纺纱原理

（五）涡流纺

涡流纺纱靠涡流作用使开松成单根状态的纤维凝聚和加捻成纱，利用固定不动的涡流纺纱管代替高速回转的纺纱杯进行纺纱。从某种意义上说，涡流纺纱才是真正意义上的气流纺纱。先把纤维条经刺辊开松呈单根纤维状态，然后靠气流的作用使纤维通过切向通道进入涡流管内，形成纤维流。在涡流管的适当位置沿圆周切向开若干进气孔，涡流管的尾端经总风管和过滤网接抽风机，使涡流管内始终保持负压。高速回转的涡流沿涡流管的轴向运动，与切向通道送入的纤维流同向回转，达到轴向平衡。在平衡位置上，涡流推动自由端纱尾作环形高速回转。不断喂入的纤维与运动着的纱尾相遇而凝聚到纱尾上。自由端在高速回转时，纱条即被加上捻度。纺成的纱由一对输出罗拉积极输出，经槽筒或往复导纱器绕成筒子纱（图 1-13）。

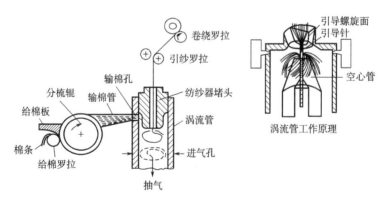

图 1-13　涡流纺纱原理

（六）包缠纱

包缠纺纱是在成纱过程中把部分纤维或另一种纱（丝）包缠在纱芯（芯丝）上制成

特种结构的纱线（图1-14），也是智能敏感纺织材料的典型结构形式。部分纤维包缠在纱芯外的称为包缠纱，包缠在芯丝外的称为包芯纱。包覆纱（Covered-Spandex Yarn），一般有单包、双包等包覆形式。其中锦氨、涤氨多以单包的方式包覆居多。包缠纱包括空气包覆纱和机械包覆纱。空气包覆纱（ACY简称空包）是将外包纤维长丝与氨纶丝同时牵伸经过一定型号喷嘴，经高压缩的空气规律性的喷压形成节律性的网络点的纱线。机械包覆纱（SCY简称机包）是将外包纤维长丝不断地旋转并缠绕在被匀速牵伸的芯丝氨纶上，经加捻而具有捻度。包覆纱的强伸度随氨纶预牵伸倍数增大而增大，在牵伸到一定数值后，氨纶丝的回缩性使外包纤维呈卷曲状态，氨纶芯丝被拉直。适当增大预牵伸倍数，氨纶百分含量降低，外包纤维卷曲程度大。若当牵伸过大，氨纶丝变形幅度接近变形的临界值，就会使包覆纱强伸度下降，但有利于包覆纱条干均匀。在恒定牵伸力作用下，变形随时间变化的现象称作蠕变。一般认为，包覆纱在氨纶丝预牵伸为3.5倍时，抗蠕变性能最好。

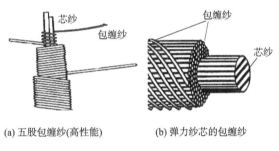

(a) 五股包缠纱(高性能)　　　　(b) 弹力纱芯的包缠纱

图1-14　包缠纱结构及纺纱原理

包芯纱是以氨纶丝为芯，外包非弹性短纤维，拉伸时，芯丝一般不会外露。包覆纱也可以氨纶丝为芯，非弹性短纤维或长丝螺旋式对伸长的氨纶丝予以包覆而形成弹力纱，在张紧状态下有露芯现象。纺制包芯纱的方法很多，主要有以下几种。

（1）空心锭子法。短纤维粗纱自牵伸装置输出后引入一空心锭子，锭子上有长丝卷装。长丝自锭子顶端喂入，长丝卷装以锭速回转，因而包缠在短纤维纱上形成包芯纱。

（2）空气涡流法。两根须条由同一前罗拉输出，一根为长丝纱芯，一根为外包短纤维，然后分别引入一导管。当纱芯须条被旋转气流加捻时，脱离前罗拉钳口的松散短纤维便以真捻方式围绕纱芯包缠，从而得到空气涡流包芯纱。

（3）自捻包芯纱。用两根粗纱和两根合成纤维长丝喂入，两根分开的粗纱经牵伸后各与一根长丝经假捻机构而包缠，然后两根包芯纱自捻并合成为双股包芯线。

（4）转杯纺包芯纱。短纤维进入转杯，长丝由杯底轴心处喂入，在离心力作用下，长丝靠向杯壁并进入凝棉槽，长丝在抽出时获得假捻。喂入的短纤维包覆在长丝外形成包芯纱。此外，还可以在其他自由端纺纱机或花式捻线机上制成各种包缠纱或包芯纱。

三、绳索

绳索是由纱线或纤维束（天然纤维、化学纤维）经过并、捻或编等工艺制成的柔软而且细长的物体。相对于弯曲、扭转载荷来说，绳索能承受比较大的轴向拉伸载荷。绳

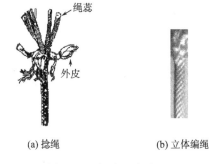

(a) 捻绳　　(b) 立体编绳

图 1-15　绳索及成形原理

索可分为捻绳和编织绳。其中编织绳根据结构可分为圆编绳和立体编绳。圆编结构的绳一般由绳蕊和外皮组成。如图 1-15（a）所示，绳（股）蕊在绳股捻制和使用时，起支撑外层绳股、保持绳股形状完整的作用，纤维绳芯还起增加柔软性和润滑减磨作用。绳蕊可以为纤维、非织造布或者纤维和非织造布。立体编绳的结构如图 1-5（b）所示，一般没有明显的皮芯结构，各绳股产生整体的穿插绞合，形成立体结构。

四、二维片状材料

（一）平面正交机织加工技术

正交机织物是经纱、纬纱互相垂直沉浮交织而成，最基本的是由互相垂直的一组经纱和一组纬纱在织机上按一定规律纵横交错织成，有时简称为织物。有多种交织方法，相应形成不同的织物结构。现代的多轴向加工，如三相织造、立体织造等，已打破"垂直相交"这一定义的限制。其一般织造原理如图 1-16 所示。

（二）平面三向织物与技术

三向织物是在同一平面内的三组纱线互成 60°夹角交织而成的一种新型织物。平面三向织机有 8 个织轴均匀分布在顶部的大齿轮上，织轴在退绕的同时又随大齿轮旋转移动，通过特殊的开口机构形成开口，采用剑杆引纬，形成的织物由卷取机构卷取（图 1-17）。

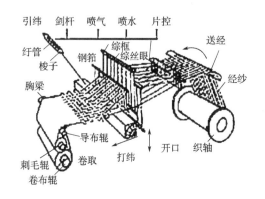

图 1-16　织造原理示意图

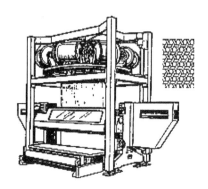

图 1-17　平面三向织机示意图

（三）平面四向织物与技术

平面四轴向织物由经纱和纬纱以及第一和第二斜向纱（Bias Yarn）组成，它们沿着两个不同的对角线方向相互交叉，斜向纱也与经纱和纬纱交叉。四组纱线以 45°相互交织，在交织点处呈米字形结构的织物，其概念图如图 1-18 所示。

平面四轴向织机的织造原理与三向织机的织造原理相似，也需要添加纱线的横移机构。图 1-19 表示平面四轴向机织物的织造原理。在织造过程中，斜纱按图中矢向做横向移动，每织入两根纬纱，则两组斜纱反向移动一个经纱间隔。当它们移动到两极端位置后就各自转

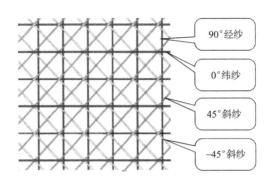

图 1-18 平面四轴向机织物示意图

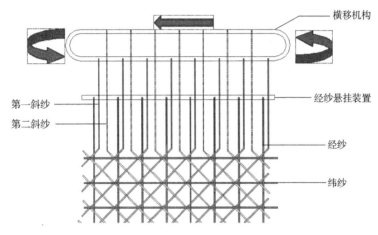

图 1-19 平面四轴向机织物的织造原理

移到另一组中做相反方向移动。一组经纱相对固定，不做纬向运动，在水平面内做前后运动，与纬纱交织，对两组斜纱具有一定程度的绑缚作用。

（四）二维针织加工

针织物一般是由一组或多组纱线，在针织机上按一定规律彼此沿纵向或横向相互串套成圈连接而成的织物，如图 1-20 所示。线圈是针织物的基本结构单元，也是该织物有别于其

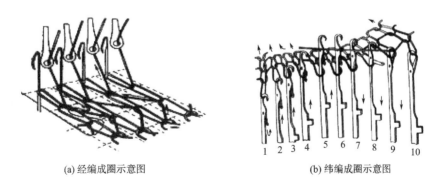

(a) 经编成圈示意图　　　　　(b) 纬编成圈示意图

图 1-20 针织成形原理

他织物的标志。现代多轴垫纱、填纱或者多轴铺层技术中，针织已变为一种绑定方式，亦统称为针织物。针织工艺主要分为两类：经编为多根纱线同时沿织物的纵向（经向）顺序成圈，如图1-20（a）所示，纬编为用一根或多根纱线沿织物的横向（纬线）顺序成圈，如图1-20（b）所示。这种工艺使针织物具有不同于机织物和编织物的特性。

（五）二维非织造加工

非织造材料种类很多，广义角度而言，非织造技术的基本原理是一致的，一般可分为四个工艺过程：纤维/原料的选择、成网、纤网加固、后整理。

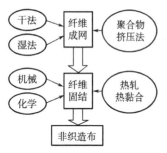

图1-21　非织造布流程图

非织造布加工的两个主要步骤是纤维成网和纤维间固结。根据纤维成网工艺和固结方法的不同，非织造布加工又可进一步按图1-21所示细分。

（六）二维编织加工

编织加工指采用编辫子的原理制备纺织品的技术。编织纱系统分成两组，一组在轨道上沿一个方向运动，另一组沿相反方向运动，这样纱线相互交织，并和织物成形方向有一定角度，如图1-22所示。在常规编织物中，两组编织纱与编织物成形方向所夹的角大小相同，方向相反；而且，同一组编织纱的各根纱线相互平行，两组编织纱相互呈圆筒形相交。影响编织织物规格的因素包括纱锭的个数、纱锭运动速度、卷取速度和纱线粗细。

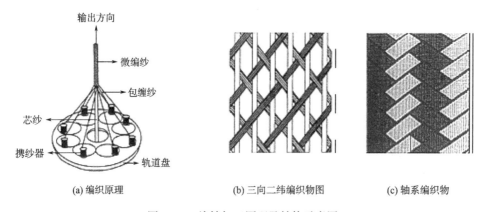

(a) 编织原理　　　　　　　(b) 三向二纬编织物图　　　　　　(c) 轴系编织物

图1-22　编结加工原理及结构示意图

五、三维立体纺织材料

（一）三维机织技术

三维（立体）织物至今没有标准的定义，一般是指采用连续纤维成形、厚度至少超过典型织造单元——纤维/纱直径的三倍，在织物中纤维相互交织或交叉，并且沿多个方向在平面内或平面间取向，从而连成整体的一种纤维制品构造形式。

如图1-23所示，2.5D机织物是采用特殊的组织结构沿织物厚度方向引入接结纱，接结纱将经纱和纬纱沿厚度方向连接起来而织成三维纤维集合体。根据接结纱穿越织物厚度的方

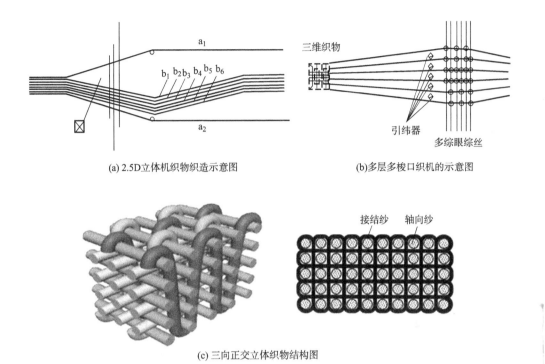

(a) 2.5D立体机织物织造示意图　　　　　　(b)多层多梭口织机的示意图

(c) 三向正交立体织物结构图

图 1-23　立体织物成型原理及结构

式不同，正交组织可分为穿越织物整体厚度的整体接结和穿越织物部分厚度的层间接结两种结构。与传统织物的经、纬两组纱线相比，三维立体机织物沿厚度方向增加了将多层互相垂直的经、纬纱缝合在一起的第三向纱线。这类织物也可以采用多层多梭口织机织制，形成多层接结立体织物。

（二）　立体圆形织造技术

三维正交立体圆形或环形织造技术是使三个系统的纱线通过部分开口，沿圆形旋转梭子完成纱线系统相互交织。三个系统的纱线即从中心扩展排列的轴向纱、同心圆排列的圆周纱和沿着半径方向排列的射纱，典型立体圆形织物如图 1-24 所示。

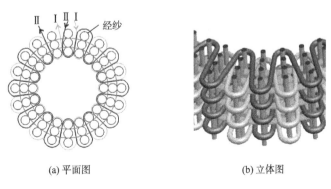

(a) 平面图　　　　　　　　　(b) 立体图

图 1-24　三维正交圆筒织造原理及织物结构

（三）三维针织加工

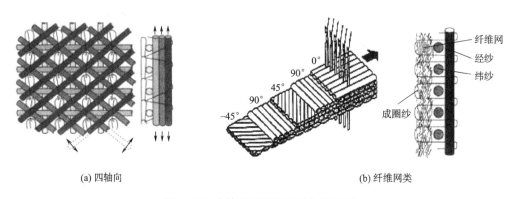

图 1-25 立体针织物

立体针织物主要通过多层循环钩结与双针床夹层钩联等方式进行成型，如图 1-25 所示。多轴向立体针织物可以在纵向、横向或是斜向直接衬入平行的纱线，并且这些纱线能够按照使用要求平行伸直地衬在所需要的方向上，理论上不需要弯曲，内部应力为零，不会产生纱线的蠕变和松弛现象。

多轴向经编织物是在 0°、90° 和 θ 方向（θ 在 -20°~20° 变化）衬经、衬纬和衬入轴向增强纱线，通过经编组织（编链、经平、编链+经平）将多层纱线绑缚在一起而形成的一种多层织物。图 1-26（a）为一种典型的四轴向经编织物结构图，四组衬纱的衬入次序和方向依次为：90°/0°/-30°/30°，绑缚组织采用经平组织。图 1-26（b）为纤维网类四轴向经编织物，在成形过程中，用于编织的纱线在成圈机构的作用下，穿过整个纤维网，在厚度方向将所有预先铺设好的承载纱精确地束缚在一起。

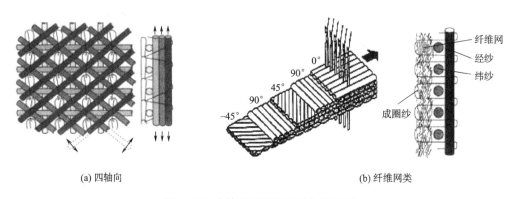

(a) 四轴向   (b) 纤维网类

图 1-26 多轴向经编织物结构示意图

经编间隔织物是指织物的两个表面由单丝（或纱线）连接在一起的一种拉舍尔经编织物。贯穿于上下两表层织物之间的单丝（或纱线）称为间隔丝（或间隔纱）。织物中间具有间隔，因此，称作间隔织物或三明治织物，主要产品形式如图 1-27 所示。

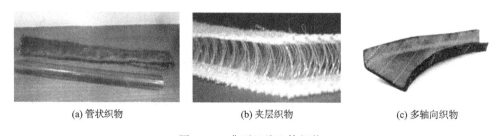

(a) 管状织物   (b) 夹层织物   (c) 多轴向织物

图 1-27 典型经编立体织物

（四）三维编织加工

三维编织技术由二维线带和绳索编织发展而来。三维编织立体织物是通过纤维束间的相互交缠形成完整的空间精细网状结构，相对于传统的二维织物，三维编织立体织物消除了

"层"的概念。三维编织立体织物的成形工艺主要有两步法编织和四步法编织（图1-28），此外还有多步法编织和实体编织等。典型的三维编织技术为角轮编织技术。角轮编织技术就是各枚纱锭在角导轮的带动下运动，并在交点处从一个角导轮转移到另一个相邻的角导轮上，该过程重复循环，使每一枚纱锭都以相互连接的数字"8"的轨迹运动，从而使各根纱线相互交织交叉在一起而形成织物。在编织时，将纱线的一端全部装在机器底盘上，另一端则沿织物成形的方向挂起，并将其集中在一起。所有参与编织的纱线可分为两个系统，一个是编织纱系统，另一个是轴纱系统。

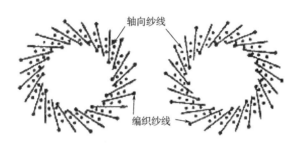

(a) 管状结构和立体结构的两步法编织

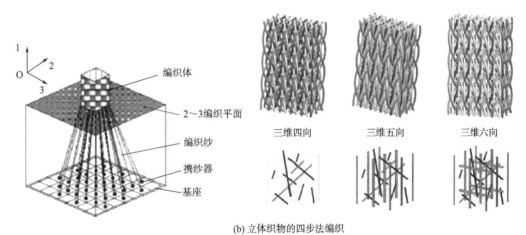

(b) 立体织物的四步法编织

图1-28　编织原理及编织物结构

六、涂层技术

涂层是通过在纤维、纱线或织物基底材料的一面或两面覆盖一层以上的合成或天然高聚物或混合材料膜而组成。典型织物涂层机的工作原理如图1-29所示。由于薄膜层的介入，

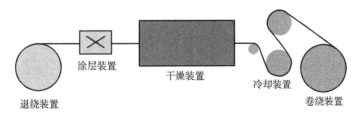

图1-29　涂层机工艺简图和加工技术原理

复合后纺织品的性能发生明显变化，功能得到强化和提升，或增添新的功能，因而成为智能纺织材料加工的主要途径之一。

气相沉积技术是利用气相中发生的物理、化学过程，在工件表面形成功能性或装饰性的金属、非金属或化合物涂层。气相沉积技术按照成膜机理，可分为化学气相沉积、物理气相沉积和等离子体气相沉积，基本工作原理如图 1-30 所示。

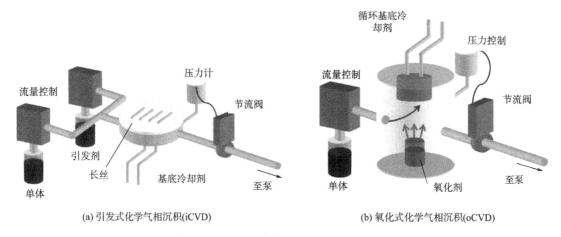

(a) 引发式化学气相沉积(iCVD)　　　　(b) 氧化式化学气相沉积(oCVD)

图 1-30　导电聚合物的气相沉积涂层技术

化学气相沉积（CVD，Chemical Vapor Deposition），指把含有构成薄膜元素的气态反应剂或液态反应剂的蒸汽及反应所需其他气体引入反应室，在衬底表面发生化学反应生成薄膜的过程。在超大规模集成电路中，很多薄膜都是采用 CVD 方法制备。沉积温度低，薄膜成分易控，膜厚与沉积时间成正比，均匀性、重复性好，台阶覆盖性优良。CVD 一般包括三个步骤：产生挥发性物质；将挥发性物质输运到沉积区；于基体上发生化学反应而生成固态产物。

物理气相沉积（PVD，Phsical Vapor Deposition）是将材料源通过蒸发、电离或溅射等物理过程气化或部分电离成离子，并通过低压气体或等离子过程沉积在基体表面。物理气相沉积的主要方法有真空蒸镀、溅射镀膜、电弧等离子体镀、离子镀膜及分子束外延等，目前应用较广的是离子镀。物理气相沉积技术基本原理可分三个工艺步骤：镀料的气化，即使镀料蒸发、升华或被溅射，也就是通过镀料的气化源；镀料原子、分子或离子的迁移，由气化源供出原子、分子或离子经过碰撞后，产生多种反应；镀料原子、分子或离子在基体上沉积。

七、印制技术

目前存在不同印刷方式，适用不同范畴，见表 1-3。并且，不同印刷方式形成的墨层厚度各异，取决于印刷工艺，图 1-31 给出了墨层厚度及印刷分辨率与印刷速度之间的对应关系。

表 1-3　不同印刷方式及其适用范畴

印刷方式	适用油墨黏度 （mPa·s）	单次成膜厚度 （μm）	可印最小尺寸 （μm）	印刷速度 （m/s）
压电喷墨	5~20	0.05~1.0	>20	≤0.5

续表

印刷方式	适用油墨黏度 （mPa·s）	单次成膜厚度 （μm）	可印最小尺寸 （μm）	印刷速度 （m/s）
气流喷印	1~1000	0.1~5.0	>8	≤0.01
网版印刷	500~10000	≤100	>50	0.1~10
凹版印刷	50~500	0.8~8.0	>20	3~60
柔版印刷	50~200	0.8~2.5	>50	3~30
凹版胶印	>50	0.5~6.0	>20	0~30
凸版胶印	50000~150000	0.5~1.5	>50	0.5~2
激光转移印刷	固体	微纳米尺度	—	—

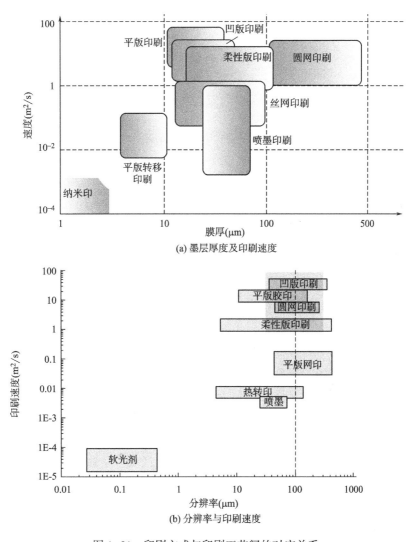

(a) 墨层厚度及印刷速度

(b) 分辨率与印刷速度

图 1-31 印刷方式与印刷工艺间的对应关系

各种非接触式或接触式印刷技术均可用于装配电路，如图 1-32 所示。非接触式，即能在不接触目标基底时沉积导电材料，常规方法诸如气相沉积、溅射、平版印刷、丝网印刷、喷墨打印和凝胶打印等；接触式，是使用工具直接接触将被印图案的基底表面，诸如印模转移、柔性版印刷和凹版印刷。在一些情况下，如丝网印刷，扩展导电材料的刮刀或滚轴与基底的接触可使用厚掩模预防，掩模用于确定导电电路的最后分布。要注意的是，当印刷技术用于制备纺织敏感电子元件时，有别于传统图文印刷，二者之间区别列于表 1-4 中。

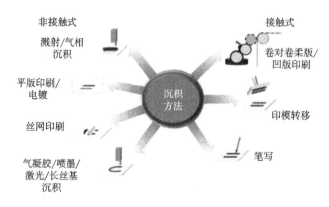

图 1-32　沉积方法分类

表 1-4　传统图文印刷与印刷电子对比

内容	图文印刷	纺织敏感电子元件
产品	可视化信息传播	功能器件
图案内容	网点、实底、线条	线条、实底
关注要素	色彩、阶调、清晰度	功能、精度、用途
要求	较低	线条边缘光滑、无毛刺、密实、无断线
油墨	颜料、染料油墨	导体、半导体、介电材料功能油墨，连接料很少或没有，多次印刷，要求油墨转移率、传递效果
套准精度	$10 \sim 30 \mu m$	$<5 \mu m$
印刷方式	纸媒体为主，多种方式	追求卷对卷，包括喷墨、纳米压印，还有微接触印刷、气溶胶喷印、综合印刷、纳米图像软印刷技术等，印刷精度高、后处理烧结
测试性能	密度、网点百分比	电学性能、介电性能、IV 曲线、力学性能等

以丝网印刷为代表的非接触方法，或以印模转移及柔性版印刷为代表的接触沉积技术，均采用将被转移到基底的布图设计的模板或丝网，使得易于将导电材料图案化到平面衬底上，具有仪器设备成本相对低。但是，如果规划的设计改变，这些方法将受到局限，而且丝网印刷需要大量导电材料。

（一）丝网印刷

印刷过程如图 1-33 所示，主要包括刮板压力、刮板运动速度、刮板型号、刮板与网版的承印角等方面。通过探究以上因素对印制 UHF RFID 天线电学性能的影响可知，随着刮板施加给网版的压力（即刮印压力）增大，印刷天线电阻值呈现先减小后增大的趋势，较小的电阻值出现在压力为 15~20N 时；刮板运动速度及刮印角度与压力对电阻值的影响趋势一致，在 70m/min，刮印角度为 45°，印刷天线的电阻值最小；刮板材料型号一般采用肖氏硬度 60°较为适合。相对而言，有关印刷参数与印刷导电层电阻之间的关系研究已比较深入。

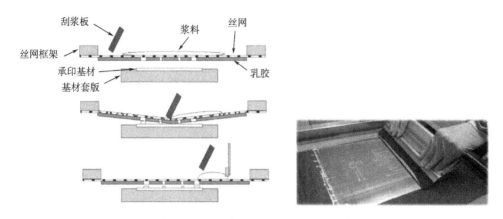

图 1-33　丝网印刷工艺原理及过程示意

（二）柔性版印刷

柔性版印刷（Flexography），也常简称柔版印刷，是使用柔性印版，通过网纹传墨辊传递油墨的方法进行印刷，是凸版印刷工艺的一种，印刷原理如图 1-34 所示。柔性印版的图文部分凸起，印刷时，网纹辊将一定厚度的油墨层均匀地涂布在印版图文部分，然后在压印滚筒压力的作用下，将图文部分的油墨层转移到承印物的表面，形成清晰的图文。柔性版印刷机的输墨机构通常是两辊式输墨机构。印版一般采用厚度为 1~5mm 的感光树脂版。

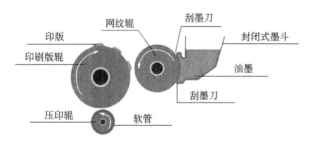

图 1-34　柔性版印刷

（三）凹版印刷

凹版印刷是使整个印版表面涂满油墨，然后用特制的刮墨机构，把空白部分的油墨去除干净，使油墨只存留在图文部分的网穴之中，再在较大的压力作用下，将油墨转移到承印物表面，获得印刷品，如图 1-35 所示。凹版印刷属于直接印刷。印版的图文部分凹下，且凹陷程度随图像的层次有深浅的不同，印版的空白部分凸起，并在同一平面上。

（四）直写打印

直写打印，又叫快速成型直写技术，是通过计算机控制的机械台，把几何形状材料沉积在目标表面（图 1-36）。为电子设备及传感器的微电路、电极及阵列制备提供了一种适当的

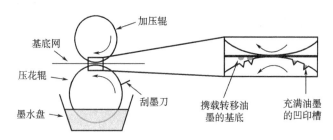

图 1-35 凹版印刷流程图

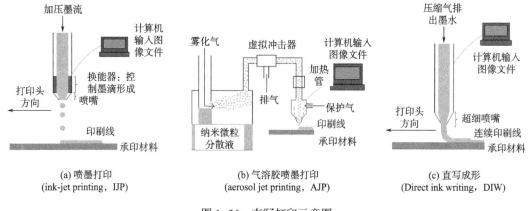

(a) 喷墨打印
(ink-jet printing，IJP)

(b) 气溶胶喷墨打印
(aerosol jet printing，AJP)

(c) 直写成形
(Direct ink writing，DIW)

图 1-36 直写打印示意图

沉积方法。该技术的精度高，不需要刻蚀或切除材料，在输出设计和电路制备之间一步直接实现，电路布图通过易更新设计的 CAD 软件修改。

常规直写方法可分为四类：墨滴基、长丝基、指尖基和激光基方法。这些方法使直接选择性沉积导电图成为可能，不需要借助掩模、印模或丝网，因此，在生产速度提高和降低环境影响方面具有许多优势。但是，一些直写方法与复杂技术紧密联系，如原子力显微镜（AFM），或需要高功率源的激光传输或沉积材料，因此，在资源有限的环境中限制了其使用和便携性。

诸如喷墨打印、气溶胶喷涂工艺等基于液滴的方法在最近十几年来备受关注，这些打印技术之间的比较列于表 1-5。就常用的脉冲模式而言，喷墨打印方法迫使墨滴通过恰当的喷嘴喷向基底。喷嘴大小、油墨黏度（一般低于 20mPa·s）、表面张力、微粒大小和重量是需要控制的重要参数，它们显著影响沉积线的精度和导电性。

表 1-5 不同直写打印技术比较

打印方法	油墨黏度（cP）	喷嘴直径（μm）	特征尺寸（μm）	线最小细度（μm）	关键优点
IJP	$1\sim30$	$20\sim60$	$20\sim100$	0.6	低成本，多头
AJP	$1\sim10^3$	$150\sim300$	$10\sim200$	0.1	高通量、薄层、细特征
DIW	$1\sim10^6$	$0.1\sim1$	$1\sim10^3$	0.5	最精准、最高分辨率

1. 连续沉积直写 长丝沉积方法采用压力挤压流体材料通过小口径喷嘴，直接沉积在衬底表面，是克服许多油墨流变性能的又一种有效方法。事实上，材料黏度可以在很宽范围内变化，从液体油墨到糊状物。而且，通过精密瓣膜控制气压有助于精准计量流体，甚至能沉积到不均匀衬底或曲面衬底表面。但应用这种方法装配成功能设备的传感单元尚需进一步开发。

最近，受连续长丝成型概念的启发，便携式笔类写字工具被用于接触式直写分析装置的电子电路和制备敏感单元（图 1-37）。事实上，笔管可填充可调油墨，其在书写过程中连续流出，而铅笔是由石墨铅制成，可看作固态可写碳基长丝。这些日常办公工具使导电线的快速绘制成为可能。它们可以简便且重复性高的方式接触式划过衬底，而且，可在必要的地方沉积导电轨迹。

如图 1-37 所示，其中（a）为装有导电银墨水的中性笔，显示了在办公纸表面书写的导电文字；（b）和（c）为中性笔侧面和表面的 SEM 图；（d）为中性笔笔尖的光学图，显示了在办公纸上写导电银轨迹时的形貌。

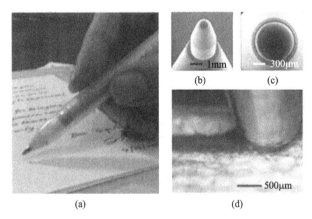

图 1-37 便携式笔类直写（Russo and Ahn, 2011）

2. 喷墨打印 随着导电油墨制造技术的不断发展和成熟，研究人员提出一种利用类似喷墨印花技术的喷墨打印方法来成型导电线路，该技术具有非接触、精度高等特点，是一种新型的导电线路成型方法。

数字喷墨印刷是一种无接触、无压力、无掩膜的数字成像技术，它可以把计算机中存储的任意图像信息通过喷墨打印机印刷到基体材料上。该技术节省了耗材，缩短了印刷时间，同时可在任意基体材料上进行图案化，不受承印物形状和尺寸的限制。由于该技术的诸多优势，其在各领域的应用飞速发展。喷墨印刷的机理是将油墨从微米级的喷嘴中喷出，形成小墨滴后经电压驱动，使小墨滴产生水平方向的偏转，喷印到承印物设定好的位置上，无数的小墨滴喷射后便形成所需要的图案。墨滴尺寸的大小决定了图案的清晰度。

喷墨印刷的分类如图 1-38 所示，按工作原理可分为连续喷墨印刷和按需喷墨印刷，如图 1-39 所示。所谓连续式喷墨就是喷头中连续喷出墨滴，无须喷墨时墨滴便会流入回收装置；按需式喷墨就是在所需的承印物位置上喷印墨滴，无须喷墨的时候，喷嘴中没有墨滴喷出。热喷墨和压电喷墨与其他喷墨印刷方式相比，优势明显，近年来发展很快。

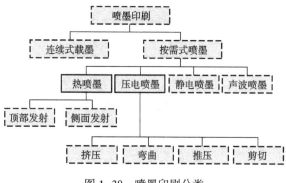

图 1-38 喷墨印刷分类

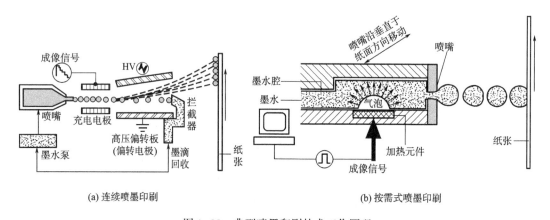

(a) 连续喷墨印刷   (b) 按需式喷墨印刷

图 1-39 典型喷墨印刷技术工作原理

（1）连续式喷墨印刷。连续式喷墨印刷技术是指墨水在压电驱动装置产生的压力下，从微米尺寸的喷嘴中高速喷射出细小的墨滴，静电荷与电场是控制墨滴是否喷出的关键。当墨水离开喷头时，静电荷被施加到小墨滴上，喷头附近存在电场，当墨滴脱离喷头，电场将控制带静电荷墨滴的运动方向。当某点需要喷墨时，便不向小墨滴施加电场力，此时便可喷印到承印物上；当某点不需要墨滴时，此时向小墨滴施加一个电场力，使墨滴发生偏转进入回收系统中。

（2）按需式喷墨印刷。按需式喷墨又叫脉冲给墨或随机喷墨，与连续式喷墨不同，按需式喷墨技术只在需要喷印时才喷出墨滴。按需喷墨技术由计算机图形信息形成电脉冲信号，这些信号控制在基板上的喷墨头或封闭图形的面积空白区域，只有形成图文区时才产生液滴。按需喷墨包括热喷墨、压电喷墨、静电喷墨和声学喷墨，其中的热喷墨技术和压电喷墨技术，相比其他喷墨技术具有更明显的优势，故一直受到广泛应用。

热喷墨技术按照结构的不同可分为顶部发射和侧面发射两种。其基本原理如图 1-40 所示。墨水受到动力驱使进入校通道中，在喷头的附近有一个很小的加热板，当需要印刷时，这个加热板使墨水快速加热到沸点，此时接触到加热板的墨水汽化，变成小蒸气泡，小气泡逐渐增大到一定程度时便会推动小通道出口处的墨滴喷出。当小墨滴脱离喷头时，小气泡破裂消失。

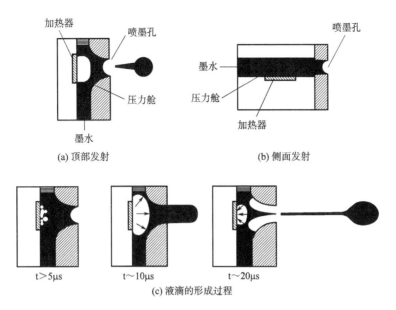

图 1-40 热喷墨打印机的液滴形成

压电喷墨技术，喷嘴的附近有一个压电陶瓷晶体，当有电场存在时，该陶瓷晶体发生伸缩迫使墨滴喷出。压电喷墨根据压电陶瓷晶体位置的不同，分为挤压式、弯曲式、推压式和剪切式，其中弯曲和推压模式如图 1-41 所示。

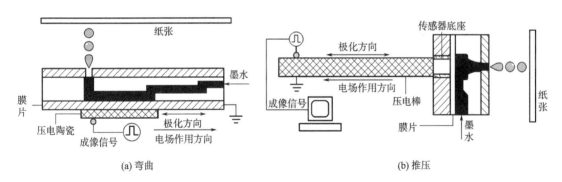

图 1-41 压电喷墨打印原理

喷墨具有灵活性和通用性，可以设置相对较低的工作量。喷墨机的吞吐量较低，约为 $100m^2/h$，分辨率较低（约 $50\mu m$）。它非常适用于低黏度、可溶性材料，如有机半导体。使用高黏度材料（如有机电介质）和分散颗粒（如无机金属墨水）会导致喷嘴堵塞。墨水通过液滴沉积，降低了厚度和分散均匀性。同时使用许多喷嘴和预先构建基板可提高生产率和清晰度。

对于喷墨打印，油墨应具有高导电率和抗氧化性，在打印过程中干燥后不会堵塞喷嘴，对基材有良好的附着力、较低的颗粒聚集、合适的黏度和表面张力。油墨还可能含有添加剂，用于调节油墨性质或添加特定性质，从而提高其性能。喷墨印刷金属纳米粒子基油墨之后，为了形成导电印刷图案，必须烧结颗粒使颗粒间形成连续的连接并获得电渗流。烧结是在低于相应金属熔点的温度下将颗粒焊接在一起的过程，涉及表面扩散现象而不是固体和液体之间的相变。例如，使用基于金纳米颗粒（$\phi = 1.5nm$）的油墨，实验发现熔化温度低至380℃，而对于基于银纳米颗粒（$\phi = 15～20nm$）的油墨，完全烧结后熔化温度低至180℃。英国、中国、意大利的研究人员展开合作，利用传统的喷墨打印技术以及安全、环境友好的石墨烯油墨，将可洗、可拉伸、透气的电子电路直接印刷到织物上，为未来智能织物和可穿戴电子设备的制造提出一种新方案。

3. 气溶胶喷墨打印 气溶胶喷墨打印是基于气流积聚喷射原理实现直写的一种技术，其工艺原理如图1-42所示，主要包括两个关键部分。首先，通过超声或气动雾化将溶液形成溶胶，再将气溶胶输送到特殊设计的喷头，气溶胶流经同轴气流聚集喷射至沉积基材表面。Optomec公司于2014年成功申请气溶胶喷射3D打印技术专利，2016年8月16日宣布其气溶胶喷射技术（Aerosol Jet Technology）已经可以在嵌入式电子元件中打印微米级的3D聚合物和复合结构。微米级的气溶胶喷射技术是气溶胶喷射精细打印与一种可实现快速、即时凝固的原位固化专有技术相结合而来。与其他高分辨率3D打印技术的不同之处在于，其他3D打印技术是在进行全面的材料沉积之后再根据图案局部固化，而气溶胶喷射技术则是进行局部材料沉积和局部固化，这使得整个过程在材料的消耗方面更少，同时也是该技术实现高分辨的关键。

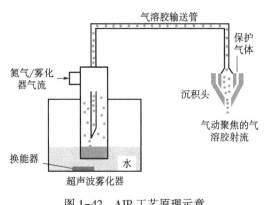

图1-42 AJP工艺原理示意

使用该技术可以在无支撑结构的情况下使用光聚合物等材料，打印出微米级的高纵横比以及拥有不规则形状的3D结构。将这些3D结构直接喷印在天线、传感器、半导体芯片、医疗设备或工业零部件等结构上，在一台设备上即可制造出功能性3D电子组件。气溶胶喷射3D微结构打印技术已具有超高的分辨率，可以实现最低$10\mu m$的侧面特征尺寸，其横向和垂向构建分辨率分别在$1\mu m～100nm$，而且可以实现超过$100:1$的长宽比。这种技术可用黏度从$1～1000mPa \cdot s$的材料，可选常规材料列于表1-6，而常规高/低气压及溶剂如图1-43所示。

表1-6 满足气溶胶喷墨打印的材料

类别	材料
导电金属	纳米颗粒：金、银、铜、铂、钯等
导电聚合物	聚乙烯二氧噻吩（PEDOT），碳纳米管（CNTs）
半导体	聚-3己基噻吩（P3HT），聚十二烷基噻吩（PQT），CNTs等
电阻	碳、金属氧化物等
介电	树脂、丙烯酸、聚甲基丙烯酸甲酯（PMMA）、聚酰胺、聚四氟乙烯（PTFE）等

4. 喷射打印 微滴喷射自由成型技术是在喷墨打印技术的基础上发展起来的一项新的材

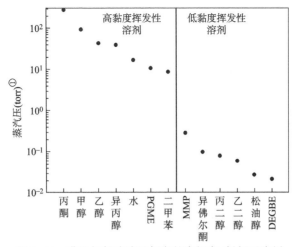

图 1-43　满足气凝胶喷墨打印的常规高/低气压溶剂

PGME—丙二醇甲醚　NMP—N-甲基吡咯烷酮　DEGBE—二乙二醇单乙醚

料精确分配技术。该技术具有材料利用率高、微滴尺寸和精度可控、喷射沉积材料范围广、非接触、成本低、无污染、效率高等优点，且喷嘴孔径能根据需要改变，是一种颇具发展潜力的材料成型方法。典型的一种喷射打印技术类似于点胶机，如图 1-44 所示。国内外多个研究机构针对该技术在电子封装、微小器件的快速成型制造、柔性导电线路及天线制备等领域的应用开展研究。因该技术可与计算机技术结合，能将电路信息直接从 CAD 文件打印在基板上，形成完整的导电路径。在当前导电织物制备工艺复杂、成本高的现状下，为织物表面导电线路的制备开辟了一种新的思路。目前，常见的喷射导电材料有纳米离子墨水、有机金属墨水和导电聚合物墨水等，其中纳米粒子易团聚而堵塞喷嘴，后续还需高温烧结以提高导电性。有机金属化合物需在较高温度下进行分解产生金属线路，对织物本身性能产生影响。

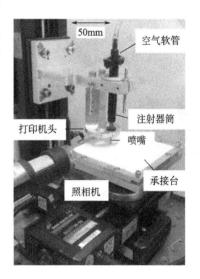

图 1-44　点胶机打印机

八、刺绣加工技术

刺绣是用针将丝线或其他纤维、纱线以一定图案和色彩在绣料上穿刺，以绣迹构成花纹。它是用针和线把人的设计和制作添加在任何织物上的一种艺术。刺绣工艺灵活多样，以导电纱线为绣线，可制备各种电路。

刺绣技术可达到的几何精度对于复杂的天线和传输线结构是很重要的，目前，通过刺绣工艺可达到的结构精度为 0.1mm。具有较高结构精度的刺绣天线往往会表现出优异的反射性能和增益，同时拥有良好的柔软性、机械强度以及耐疲劳性。而刺绣结构精度的提高往往需要采用细度较小的导电纱，尽管电脑绣花系统已在国内得到广泛应用，但导电纱由于强度

① 1torr=133.3Pa

较低以及表面粗糙度较高，在刺绣过程中容易出现断线、断针情况，在实际应用中需进行操作过程的优化。

电脑绣花机及其工艺原理如图 1-45 所示。刺绣图案可用绣花软件设计，应用 CAD/CAM 工具将扫描的图案数字化，也可以手动设计所需图案的几何形状，再将设计好的花样输入到绣花机中，利用自动刺绣工艺得到所需的图样。刺绣花样的尺寸、排列、针迹类型以及针迹间距等参数都通过绣花软件来控制。

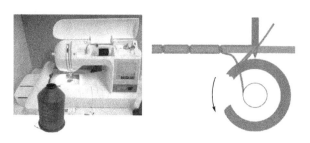

图 1-45　电脑绣花机及工作原理

根据输入的刺绣图案，电脑绣花机通过底线和面线的相互缠结而固定成样。其中面线由绣花机的外部线轴引出，通过张力装置施加一定的张力，穿过挑线杆和刺绣针的针孔，最后通过刺绣压脚；底线则是从绣花机的内部线轴中引出。在刺绣过程中，面线随刺绣针穿过织物基底并在表面形成导电路径，底线由于内部线轴的运动，穿过面线与织物基底之间的空隙，从而使面线和底线在织物背面相互缠结，防止纱线滑脱。一般情况下，底线不会出现在织物基底的正面，只在织物背面起固定面线的作用。在刺绣过程中，刺绣张力和刺绣速度可以通过绣花机进行调整，对于表面粗糙的导电纱，应选择合适的刺绣速度，通常情况下，速率设置为最小以避免纱线受损。

影响电子元器件性能的主要刺绣工艺参数概述如下。

（一）针迹类型

刺绣运动是指刺绣针穿过织物基底并在织物下方使面线与底线相互成圈，从而在织物的两侧形成纱线路径的过程。针迹类型则是由这种运动引起的导电纱在织物表面的不同排列形态。在导电织物中，电流沿导电纱的路径流动，而不是在相邻纱线间跳跃传递，尤其是当纱线间距较大时，因针迹类型的改变而导致的电流流向与导电纱方向之间的关系通常分为平行、垂直和成一定角度这几种，如图 1-46 所示。早期研究发现，当导电纱的排列方向与电

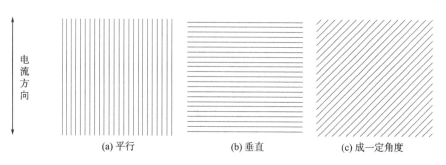

电流方向

(a) 平行　　　　　(b) 垂直　　　　　(c) 成一定角度

图 1-46　导电纱排列方向与电流流向的关系

流流向平行时，刺绣传输线往往具有更好的导电性和较低的传输损耗。刺绣传输线中导电纱排列方向的改变可以通过设置不同的针迹类型来实现。基于导电纱路径与电流流向的关系，可以相应地选择周线针、它它米针和直线针的针迹类型。目前，针迹类型的变化对刺绣传输线性能影响的有关研究主要集中在直流电阻这一方面，而较少涉及交流情况下的电参数变化以及对 S 参数的分析探讨。

（二）针迹间距

针迹间距是指在刺绣传输线中两个平行针脚间的距离，如图 1-47 所示，S 即为针迹间距。刺绣时选择的针迹间距直接决定了单位长度内导电纱的根数。例如，采用周线针刺绣形成的轨迹如图 1-47（a）所示，当 S 较大时，单位长度内导电纱根数减少，导电纱密度较小，刺绣传输线的传输损耗较大。随着 S 的减小，相邻两根导电纱之间的紧密接触使刺绣传输线的表面连续性较好，从而增强了导电性。然而，刺绣时 S 的减小不可避免地导致了织物柔软性降低，并且当刺绣传输线因外力作用而产生形变时，其导电纱之间的间距反而会增大，不适合应用于服装。其次，过小的 S 会引起导电纱相互之间的重叠和交互影响，反而增大了传输线的电阻值。因此，要在平衡刺绣传输线的力学性能和导电性能的同时选择一个相对较小的针迹间距，使传输线有一个较小的直流电阻，而当高频信号通过传输线时，针迹间距的变化又会对电路分布参数产生影响。

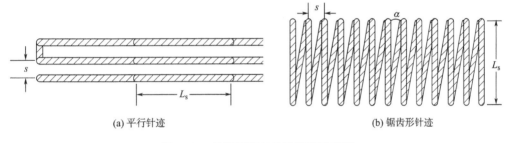

(a) 平行针迹 (b) 锯齿形针迹

图 1-47 针迹间距与针迹长度示意图

（三）针迹长度

针迹长度是指沿着针迹运动方向上的两个针脚尖的距离，如图 1-47 所示，L_s 即为针迹长度。针迹长度的改变会使相同长度的刺绣传输线中的针迹结点个数发生变化，通过影响所用导电纱的长度以及纱线与织物基底之间的结合状态而使刺绣传输线的电参数发生变化。在较小的针迹长度下，纱线往往与织物基底之间结合较紧密，表面平整度较好，但容易发生断线的情况；而针迹长度的增大容易引起线圈的松动，使刺绣传输线的表面起皱从而影响其性能。最佳的针迹长度应使导电纱线能平整地贴于织物基底表面，同时使用较少量的导电纱线，并且在刺绣过程中不易引起断线和断针。

（四）刺绣张力

刺绣张力是指在刺绣过程中纱线受到的张力。电脑绣花机中张力系统主要控制面线，根据其他刺绣参数的改变，通过调节张力刻度盘的刻度使各个参数之间配置平衡，从而使面线和底线相互缠结，形成的刺绣图案表面较为平整。

与普通纱线相比，导电纱的柔软性差且表面更为粗糙，为防止纱线在刺绣过程中发生断裂，导电纱应在较低的张力下使用。纱线在刺绣过程中会通过机器上的一些金属接触点（导线槽和针孔等），这些接触点的曲率半径通常较低，当刺绣张力增大时，接触面的压力也会随之增大。而导电纱往往回复性较差，这意味着这些纱线会保持变形时的形态，对刺绣线迹的平整度产生一定影响。但过小的刺绣张力则易使面线在织物基底表面成圈，造成布面不平整，在制作具有良好连续性的刺绣图样时应尽量避免。

九、固化烧结技术

电子墨水或浆料经过印刷或涂布后，除了少数特殊配置的浆料在干燥后就可以达到所需要的性能，大多需要经过烧结才能获得最终需要的功能。烧结技术，作为一项重要的加工步骤，直接关系印刷电子产品的性能。发展快速、高效、低成本的后处理烧结技术，对印刷电子实现产业化发展起着重要作用。从原理上看，烧结技术包括热烧结技术、热压烧结技术、光子烧结技术、等离子烧结技术、电烧结技术、化学烧结技术。以下主要介绍前三项技术。

（一）热烧结技术

热烧结（Thermal Sintering）是一种最传统的烧结方法，一般是在管式炉或烘箱中，置于空气或特殊气氛下进行加热处理。对于有机电子墨水，一般不需要高温烧结，对于无机电子墨水，通常需要进行高温烧结来实现优异的电学性能。通过升高温度，去除多余有机物，促进分散于墨水间的颗粒连接，获得具有良好导电性的致密层。加热温度越高，加热时间越长，颗粒间连接越致密，导电性能越优异，如图所示。

随着纺织材料越来越多地用作柔性电子的基底材料，但大多数普通纺织材料对温度敏感，要实现电子墨水在其表面的印刷烧结，烧结温度必须低于纺织基底材料的玻璃化转变温度，以避免高温对基材的破坏。对于传统烧结技术而言，要适应纺织基电子器件的印制，必须降低烧结温度。而降低墨水中颗粒的尺寸，是一种有效的方法。根据 Gibbs-Thomson公式：

$$T_{\mathrm{m}}(d) = T_{\mathrm{MB}}\left(1 - \frac{4\sigma_{\mathrm{sl}}}{H_{\mathrm{f}}\,\rho_{\mathrm{s}}d}\right) \tag{1-1}$$

式中：T_{MB} 为块体材料熔点，σ_{sl} 为固液界面能，H_{f} 为块体材料熔化点，ρ_{s} 为固体密度，d 为颗粒直径。图1-48为金纳米颗粒熔点与颗粒尺寸间的关系，当颗粒尺寸达到5nm时，熔点可下降至200℃以下。此外，日本关西大学Sugiyama等研究人员选用2-氨基-1-丁醇作为包覆剂，在室温下合成了（4.4±1.0）nm的铜纳米颗粒，最低烧结温度为60℃，在150℃氮气氛围下烧结30min，电阻率可达到 $5.2 \times 10^{-7}\,\Omega \cdot m$。

（二）热压烧结

热压烧结（Hot Pressing Sintering）是一种广泛用于粉末冶金的烧结方法。基于烧结的基本原理，在加热的基础上，通过施加压力增加烧结动力，促进颗粒烧结，形成致密化薄膜。在烧结过程中，压力起到了两方面作用，一是增加纳米颗粒间接触面积或接触点数目；二是压力可以促使更为均匀和致密的微观结构的形成。相比于激光烧结、微波烧结、UV辐照烧结、等离子烧结等烧结方法，该烧结方法具备简单、价格低廉的优点。

（三）光子烧结

光子烧结（Photonic Sintering）是一种新型印刷导电浆料快速烧结技术，其工作原理是

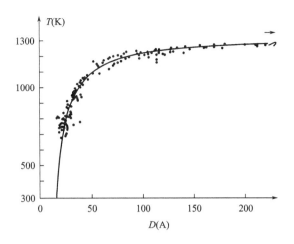

图 1-48　金纳米颗粒熔点与颗粒尺寸间的关系

利用纳米材料颗粒对宽频紫外区域至近红外线区域光的选择性吸收，使光能快速转化为热能，加热纳米材料颗粒达到熔融状态，随后快速冷却凝固形成功能材料薄膜。光子烧结技术包括脉冲光烧结、近红外烧结和激光烧结。

脉冲光烧结技术是通过一个氙灯（Flashlamp）的脉冲光照，对薄膜进行高温热处理过程。当这种瞬变处理在类似塑料或纸的低温基底上完成时，就可以获得一个非常明显的高于基底温度的温度。由于绝大多数热处理过程［包括干燥固化（Drying）、烧结（Sintering）、反应（Reacting）、退火（Annealing）等］通常都会随温度呈指数增长，而光子烧结技术这个处理过程允许材料在极快时间内固化（小于1ms），而其他固化技术需要数秒到数分钟。光子烧结技术不但可以使处理速度急剧提高，而且还可以创造新材料。

近红外烧结（NIR Sintering）是利用近红外光的光热效应实现对纳米金属材料墨水的固化烧结。近红外波长为 780~2526nm，多数近红外设备波长在 780~2000nm。与传统中远红外相比，近红外的色温高、效率高，可以在短时间内使目标墨水材料升温到金属颗粒烧结的温度。同时，由于普通纺织基材基本不吸收近红外波段的光线，所以，在金属墨水快速固化烧结过程中，此类基材可以保持低温状态。近红外的这一特性使它成为一个非常理想的烧结方式，可应用在不耐高温的基材上烧结纳米金属墨水，使其具有良好的导电性、致密度、附着力和微结构的表面平整度。

光子烧结技术，只需在大气环境中以 0.8ms 的超短时间来照射 6000J 能量的光，即可将铜布线的导电率降至 9μΩ·cm。如果使用热烧结技术：在氮气环境下的热烧结技术，以 300℃ 的温度烧结后导电率降至约 100μΩ·cm，350℃ 烧结可使导电率降至约 18μΩ·cm。纯铜块的导电率为 1.7μΩ·cm。

第五节　纺织传感器技术

一、发展历史

纺织传感器技术源于可穿戴计算技术。斯蒂夫·曼（Steve Mann）被称为可穿戴计算之

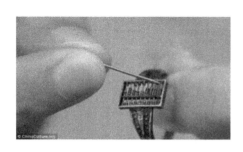

图1-49 指环算盘

父。指环算盘是第一项可穿戴技术（图1-49），也带动纺织敏感材料及传感器的不断研发。从20世纪80年代开始，人们开始研究可穿戴传感系统在纺织品和服装中的集成。然而，这种笨重的装置在纺织品中的使用可能导致纺织品的重量增加。为了解决这一问题，以纤维或纺织品为基础的可穿戴传感器设备和系统已被深入研究。在许多不同类型的传感器设备中，应变/运动和触摸/压力传感器一直是研究热点。为了在纺织平台上构建这些不同类型的传感器，导电纤维通常是必要的，以便检测应变、触摸和压力的变化并将它们转换成电信号。由于大多数的普通纤维都是绝缘体，所以必须将导电部件涂覆或嵌入到纤维中。

柔性纺织传感技术经历了三个发展阶段。第一阶段以服装作为载体，将传感器件简单依附结合于服装之上。第二阶段的特点是多学科技术的交叉融合，例如纤维技术、机械电子技术、无线通信、计算机网络等技术的有机融合，实现人机交互的目的。第二代技术的特征是主要采用模块化技术、嵌入式技术、基于纤维的传感技术这三种方法。而现阶段，智能纺织技术刚刚迈入第三阶段，特点是基于网络技术、蓝牙、GPS技术，与手表、眼镜、手套、服饰及鞋等穿戴式智能设备共同配合使用，实现各种功能，它是广义的"第三代智能服装"，是目前最前沿的领域。图1-50中，（a）为 E-broidery 设计的刺绣键盘；（b）为2003年佐治亚理工学院发布的主板T恤；（c）为杜邦在 Printed Electronics 2014 年会上推出可拉伸导电油手套；（d）为 Bebop Sensors 公司推出可穿戴高科技纺织电路。

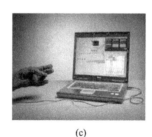

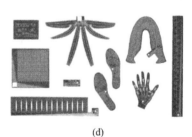

(a)   (b)   (c)   (d)

图1-50 纺织传感系统技术

二、加工技术

智能纺织品的加工方法多种多样，但可大体上分为三类：在织物表面增加功能膜（如铜、铝膜等）；采用针织、机织、非织造工艺形成功能结构或增加功能纱；在织物表面印刷活性材料。

这三类都是完全可行的生产方法，具有各自的使用范围和特点。但是，仅在织物表面印刷功能材料的方法高效、快速、可靠，具有电子工业的批量生产特性。

下面以基于电活性材料的智能纺织品为例介绍相关加工技术。由各种方法赋予纺织品必要的导电性（详见第三章），这些方法具有本质差异。表1-7显示了在织物加工前后实现导电性的方法。

表1-7　织物的导电化实现技术

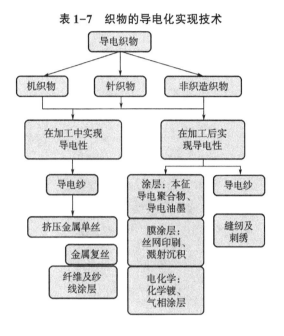

（一）基于导电纤维的智能材料

此类智能材料主要通过纳米纤维及芯壳结构实现。由导电纤维或纤维超级电容器生产的纱线可通过机织、针织或缝编形成纺织品或可穿戴服装，甚至用作可穿戴电子设备。因此，许多学者一直关注基于可机织纤维的能量收集设备。图1-51显示了几种纤维化设计，可在电子纺织品中用作能量收集及储存装置，相关的详细介绍见第九章。

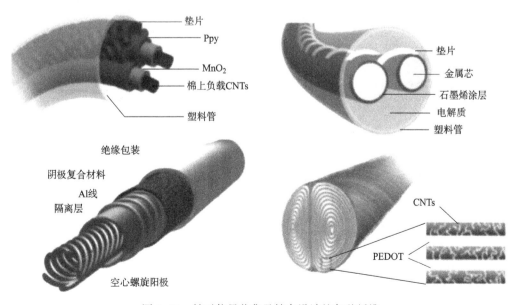

图1-51　针对能量收集及储存设计的各种纤维

（二）机织或针织导电织物

用导电纱经机织或针织工艺形成织物是导电纺织品生产的可靠和稳定的工艺。但是，导电纱用于制备这些电子纺织品时存在一定局限性。在机织和针织过程中，纱线承受较大张力而形成结构紧密的织物。因此，经纱需要耐织造应力且必须足够柔软。但金属纱不柔软，且易脆断，因此，生产金属纱织物时存在难度。从图 1-52 可以看出，金属长丝纱被用于针织导电织物时，往往在针织物的固定位置。且铜丝被一些合成长丝纱包缠，并被织成平纹织物。显然，这三种结构具有不同导电性，性能强弱取决于导电纱用量。

(a) 全导电纱针织物　　　　　(b) 局部导电纱针织物　　　　(c) 羊毛/铜丝包芯纱平纹织物

图 1-52　导电纱织物

（三）导电碳材料涂层

碳材料是目前研究最多的导电材料之一。诸如活性炭、碳纳米管、石墨烯及其复合材料都已被开发生产导电涂层纤维、纱线和织物。针织或机织棉织物已通过简单浸渍、烘干技术制成导电材料。但是，由于棉纤维的内在亲水性，最好直接用这些碳材料涂层。

（四）缝纫或刺绣

由于刺绣或缝纫技术的灵活性，在纺织敏感材料的加工中已被应用于生产不同结构的部件，诸如信号传输线、天线、电路、传感器电极等。但在缝、绣过程中，导电纱承受不同程度的拉、压、弯、磨等机械作用，将破坏导电纱的导电性。

（五）印制技术

柔性印刷电子是一项发展的正在新兴技术。相对而言，纺织行业传统的丝网印花等接触式印花工艺已被改进，用于印制织物基传感器件或组成单元。并且，随着新兴导电油墨的喷墨打印和喷射直写技术的发展，这些技术也被用于在纺织基材上打印各类电子元器件。特别是，丝网印刷技术已广泛用于纺织基电子器件开发。最近，南安普顿大学的研究人员开发了一种创新的丝网印刷电极网络，与医疗用纺织品上的导电轨迹相关［图 1-53（a）］。将聚氨酯浆料丝网印刷到编织织物上，以形成光滑的高表面能界面层，随后将银浆印刷在该界面层的顶部以提供导电轨迹。银浆被用于非织造布，以制作可穿戴的健康监测设备。也有研究人员开发了不同的使用干电极和导电油墨作为信号轨迹的生物电位传感系统，以证明该技术可应用于生物医学，如面部肌电图［图 1-53（b）］。但是，由于纺织品表面的粗糙性、多尺度纹理性和可压缩性等内在特征，导致在纺织品表面打印时难以形成连续、均匀、均质的导体或半导体结构材料，给印刷技术在制备纺织基柔性电子及传感器件中的应用提出了很多挑战。

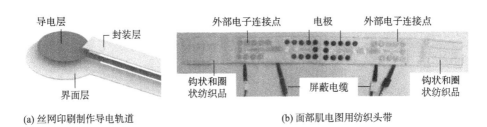

图 1-53 丝网印刷柔性电子

(a) 丝网印刷制作导电轨道   (b) 面部肌电图用纺织头带

总之，与传统电子设备相比，针织、机织、缝纫和印刷技术最吸引人的优点是便携、柔韧、舒适。但是，纤维尺度集成传感器和电路生产过程困难，因为服装的导电部分需要在加工之前就设计好。此外，如果电子元件硬而粗，则织物内在的柔韧性和舒适性将受到影响。相对于针织和机织方法，在电子纺织品中的缝纫技术有助于生产高精密的图案，且能直接在已完成的服装上应用。而且，就批量化生产而言，缝纫法比印刷更经济。不同集成技术的比较见表 1-8。

表 1-8 不同集成技术的比较

集成技术 优点	机织	针织	缝纫	印刷
生产相对简单	否	否	是	是
对导电性有不利影响	是	是	是	否
对柔韧性有不利影响	是	是	否	是
高精准	否	否	是	是
批量生产	否	否	是	是
低成本	是	是	是	否

第六节 应用领域

智能纺织材料及传感器的不断研发和商业化，已分布在各个领域，按产品和用户划分市场，如图 1-54 所示。

一、医疗卫生保健

人体功能、参数及特性的测量监控对人类健康很重要。基于光电子、微纳传感器和远程会诊的方法正被研发和精细化。从人体收集数据用于预防损伤或帮助患者及时得到治疗。人类的健康和安全受到环境、人体功能、参数的侵入式及非侵入式监控，如图 1-55 所示，诸如温度、湿度、压力、负载、紧张、心率、出汗率、血压等。监控需要力、电、光学传感器，以及驱动器、数据传递及通信设备、记录设备和数据采集及信息处理。

在医疗卫生保健方面，通过在衣服内置入智能柔性传感器，可制成医疗保健服装。保健

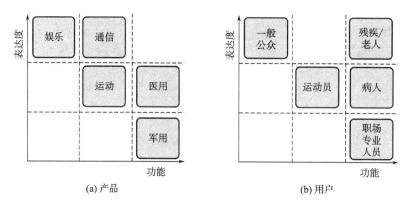

(a) 产品　　　　　　　　　　　(b) 用户

图 1-54　智能服装市场划分

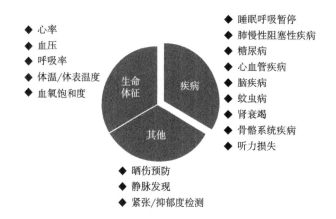

图 1-55　可穿戴生物医用智能纺织器件的应用

服装作为人体的第二层皮肤，有内层和外层两个接触面，外层用来观测天气，获取气候特征，内层可检测穿着者的生物生理状态，代表性器件如图 1-56 所示。利用表面涂有导电聚合体的织物作为传感器，开发了会根据胸部运动，自动地收紧、放松肩带或加固、松弛罩杯来约束胸部运动的智能文胸，可避免胸部有疼痛的感觉或产生乳房下垂现象。英国波尔顿大

(a) 可穿戴织物传　　　(b) 基于等离子处理涂层纤维　　　(c) 可防老年人摔倒的"魔法地毯"
感器的在体测试　　　的心电图长时测量刺绣垫

图 1-56　典型医疗保健用纺织传感器件

学材料研究和创新中心的科学家研制、开发出一种可以检测早期乳腺癌的智能文胸。德国科学家曾开发出可以监测心跳频率的内衣，它在穿衣人心脏病发作时甚至可以自动拨打急救电话求救。胡吉永等开发足底压力监测用无源鞋垫，以静电纺 PVDF 纤维膜和信号调理电路组成夹心式多层结构传感器，嵌在织物衬底来检测足底部的压力分布。英国曼彻斯特大学的帕特里夏·史考利博士最近使用一种新颖的电磁层析成像技术，实时记录下踩踏者的行走模式，只要有人踏上地毯，地毯里的光学纤维就会弯曲，经分析识别其行走过程中的细小变化，判断是否会突然跌倒。

二、电子电工

在电子电工的应用领域，柔性传感器主要用于织物柔性键盘和软开关方面。在织物或者服装中封装一个非常小的柔性压电纺织传感器和芯片，再与个人通信系统结合，同时，织物中优良的传导材料提供所需的电子连接。其应用主要包括个人信息终端、科学探索器材、残障设备等领域。英国 Eleksen 公司有一项技术称为 ElekTex，在大约几毫米厚的机织物结构中，实现在 X、Y 和 Z 轴向有感知，织物能够很准确地探测出受压力的部位。新西兰研究者在羊毛中添加一种特殊的可以在受压时从绝缘体变成导体的合成纤维，成功编织出了计算机键盘。该毛织品键盘利用 Softswitch 工艺，可以像围巾一样卷起来。根据特殊纤维的性能，只要按压键盘，信号就可以传送给计算机。

三、运动器材和服装

随着新科技的发展，一些技术密集型运动器材和运动服装的功能性和智能性得到了很快的发展，其中纺织结构柔性传感器起着越来越重要的桥梁作用。把光电传导纤维织进衣服的布料中，通过这种纤维监测人的心跳和呼吸频率。在高性能滑雪服、滑雪袜中嵌入电子滑雪通行证、无线电连接、全球定位系统、温度传感器和热敏材料等。Lapland 大学与其他一些机构合作开发一种滑雪运动服，使用了综合传感器，包括加速计、罗盘和全球定位系统，提供穿着者的健康信息、位置及运动情况，并通过数据分析给出合理的运动量建议；同时智能卡记录了穿着者的训练计划，能够感知穿着者的疲劳程度，或建议继续运动，或建议改天再训练。美国 Reebok 公司生产的智能运动鞋，能准确地显示穿着者跑或走的路程、节奏的快慢和消耗的热量，甚至可根据心跳有选择地播放某种特定的音乐，必要时对音乐的旋律进行调整，使穿着者跑得更快或慢下来。

四、数字化多媒体娱乐

作为飞利浦情绪感知创意工作的一部分，Van Heerden 的团队研制了一件会"脸红"的礼服，该礼服可以根据穿着者情绪的改变而变换外观颜色。通过接收礼服与穿着者身体接触而得到的生物传感信息，识别人的情绪变动。如图 1-57 所示，依靠埋入织物的光纤或导线可以实现与电子产品的连接，然后通过置入织物的软键盘来实现对随身携带的手机或播放器的控制，在衣领内置一个微型的麦克风和一个可随意调节左右声道的立体耳机，就可以实现与外界对话或收听广播等，实现服装的电子化和数字化。便携式设备处于飞速发展和创新的时代，显示了巨大的市场份额。因此，低成本纺织材料与便携电子设备的合并和集成引起了

图 1-57　带 MP3 播放控件等的数字化夹克衣

工程师和科学家的兴趣。但是，这些服装没有真正商业化的两大主要原因是：洗衣不方便；需要电池，且必须充电。

五、工业工程设施

在现代工业工程设施的开发与应用方面，要求其更实用、响应更灵敏、性能或者功能更强大。传感器在这些设备上的应用大大提高了他们的价值，也使得工业得到快速的发展。例如，随着汽车年产量的不断增加，随之而来的交通问题也变得非常严峻，在短时间里完成对路上车辆承重的检测，意义重大。将高分子压电材料做成压电薄膜交通传感器，即把压电材料、金属编织芯线、金属外壳做成同轴结构，在轮胎经过传感器时产生一个与施加到传感器上的压力成正比的模拟信号，并且输出的周期与轮胎停留在传感器上的时间相同，通过分析压电波形得到车速、车型等数据。

六、军事安全设施

近年来，具有高性能或多功能的军服越来越受到军方的关注与欢迎。它能够实时检测军服受到外力作用（子弹、弹片、刺刀等）引起的穿透状态信息（位置、大小、数量等），并将其传送到指挥中心，对实施最优化的救治行动具有重要意义。有研究在衣物中嵌入光纤来检测穿透状态，其能够根据光纤中光反射信息以及光纤在织物中的分布位置，判断出衣物是否发生穿透现象，以及当穿透发生时进一步判断其位置。然而，现有技术提供的穿透传感器不具有可弯曲、可折叠和可洗涤的特点，使用不便。还可在作战服的面料中嵌入 pH 感应传感器等，检测士兵的生命特征，以便对有需要的士兵进行及时诊治。

第七节　发展潜力与趋势

一、发展动力

（一）纺织产业结构升级改造

21 世纪已经是属于高技术产业的时代，纺织业也已是现代纺织工业，要常变常新，纺织产业的发展需要创新来驱动，创新来支撑。目前，发达国家在纺织技术研究方面主要着力于三方面：一是新材料的研究开发及应用；二是利用新技术对旧材料实现再开发（新功能）、再应用（新用途）；三是通过新构思再造旧材料的新价值。

纺织业是中国的传统工业，虽然历史悠久，但由于环境的限制，物质水平低下，高新技术落后，欧美国家由此向中国的纺织品实施技术壁垒。"十三五"期间，中国纺织工业被重新定义，其中一层含义即为"科技与时尚相融合的产业"。面对近年来全球经济低迷、市场需求偏弱的形势，我国纺织服装行业几年前就开始深入推进转型升级。智能制造是整个产业提质增效的必然选择，以纺织敏感材料为依托的智能纺织产品是纺织工业的未来载体。未来纺织行业的多/跨学科交叉研究是核心，多/跨领域技术交叉互用是主途径，多/跨领域联合研究开发是大趋势。

（二）医疗健康的推动

美国和欧洲国家对智能纺织品在医疗卫生方面的应用也给予高度的关注和倾力研发，并预测在未来的 20 年间智能纺织品将大为普及，在人生命的各个阶段，智能纺织传感器将呵护人们的健康，如图 1-58 所示。特别是在新生儿、术后病人、老年人的健康状况和非传染性疾病等慢性病的监测方面将起到非常积极的作用。

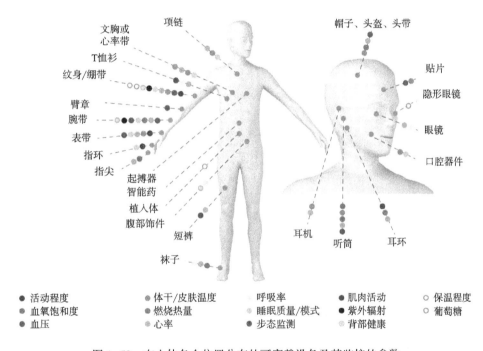

图 1-58 在人体各个位置分布的可穿戴设备及其监控的参数

非传染性疾病作为慢性病的一种，是全球人口死亡的关键因素。根据世界卫生组织的统计数据，在非传染性疾病当中，排名前四的分别是：心血管疾病（1790 万）；癌症（900万）；呼吸系统疾病（390 万）；糖尿病（160 万）。这四种疾病的死亡人数占据了非传染性疾病致之人数的 80%，如果不采取有效的预防措施，那么非传染性疾病导致的死亡人数将更多。由国家 20 多个部门共同起草的《健康中国 2030 年规划纲要》提出了应更注重预防，而不是治疗。智能纺织传感技术可监测健康状况，提醒病人和医生初期的健康问题。并且，随着卫生信息技术的进步，整合分子和基因组数据，智能纺织传感技术将有助于疾病的预防。同时，算法实现数据驱动的医疗决策可以帮助医生使用最好的可用资源。著名的心脏学家 Eric Topol 表明六大技术的技术融合（智能手机、个人计算机、互联网、电子产品设备和生物传感器、基因测序、社会网络）将会促成主动健康的新时代。

（三）大数据的促进

健康工程的目的是研发创新技术、系统和解决方案用于疾病的早期预测、早期预防、早期诊断、早期干预以及疾病的早期治疗，尤其是非传染性疾病。健康工程的主要研究领域包括但不限于适于人体的可穿戴生物传感技术、生物电子微型化多模态远程成像、闭环给药系统、家庭人工智能/机器人技术、健康信息学等。相信通过人工智能，将健康信息和分子、细胞、器官、系统的多尺度传感技术整合，健康工程发展将引领从目前的被动医疗向未来的主动健康的革命性转变。

二、智能纺织品市场

目前，整个服装行业，消费者已经不满足于简单的生活需求，对时尚、潮流，以及品质、个性化的要求越来越高。而传统服饰品牌则普遍陷入同质化的格局，如果加上一点科技元素，可以契合当下对服装领域的个性化需求。同时外加一些其他作用，诸如检测身体健康、隔离外界病菌等，用更加积极进取而健康的价值观刺激目前不太景气的服装零售业。近些年，基于大数据、物联网、技术创新等层面应运而生的智能服装。因为其极具想象和发挥的空间，正逐渐成为未来服业发展的一个关键风口。德国海恩斯坦研究院预测，智能服装是一个数十亿人需要数百万种应用产品的市场，表 1-9 给出了全球军用智能纺织品的不同需求量。市场调研公司 Allied Market Research 的一份报告预测，到 2022 年，全球智能纺织品市场规模将从 2015 年的 9.43 亿美元，增长到 53.69 亿美元，2016 年到 2022 年间的复合年增长率为 28.4%，此外，n-tech Research 也预测了智能纺织品的发展趋势，如图 1-59 所示。

表 1-9　全球军用智能纺织品市场划分（按产品类型）

应用领域	复合增长率（2015~2020 年）	2015 年市场份额
主动智能纺织品	9.95%	44%
被动智能纺织品	7.1%	28%
超级智能纺织品	11.4%	27.3

（资料来源：摘自 technavio。）

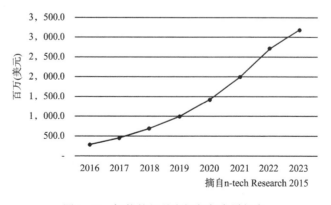

摘自 n-tech Research 2015

图 1-59　智能纺织品市场年复合增长率

据 IDTechEx 预测（图 1-60），到 2025 年全球可穿戴传感器市场需求量为 30 亿，销售额将达到 700 亿美元，相对于 2015 年将增长 30%，且这些可穿戴传感器大多数处于研发起步阶段。其中，表面生物电传感器的年复合增长率为 10.8%。据 n-tech Research 预测，医疗行业是智能纺织品的最大市场，至 2021 年将达到 84.3 亿美元；智能纺织传感器市值达 13.4 亿美元，且一半来自压力传感器。据 Transparency 市场研究预计，2014 年全球智能纺织品市值为 70 亿美元，其中传感智能纺织品占比约 14.1%，至 2023 年预计达到 773 亿美元，自 2015 年起年复合增长率约 30.8%；此外，至 2020 年，全球智能交互式纺织品市值将达到 38 亿，年复合增长率为 14%。全球电子纺织品产值到 2027 年将达到 50 亿美元。

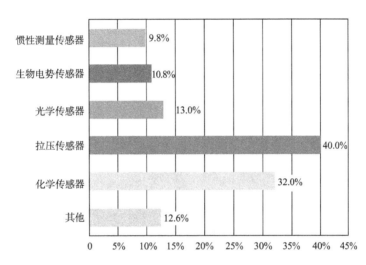

图 1-60　2020 年可穿戴传感器市场份额预报［按传感器类型 10 年预报（年复合增长率）］

从地域方面看，印度和中国等新兴经济体的需求日益增长，随着这些国家对智能纺织品市场的研究与开发越来越频繁与深入，它们将在全球智能纺织市场上占据重要地位。北美地区是 2015 年创收最高的地区，预计 2016~2022 年，年均复合增长率将达到 27.9%。此外，在预测期内北美将保持主导地位，欧洲和亚太地区分别是智能纺织市场的第二和第三大领域。

人类生命中 90% 时间与纺织品接触，这些纺织品正实现趋向智能化，满足体内、外环境的感测需求（图 1-55）。这种新功能源于纺织品与电子的集成。从服装到绷带，从床单到工业用布，不断创造集成电子纺织品的新产品。如图 1-61 和图 1-62 所示，集成电子纺织品发展迅猛。集成本征导电或电活性纤维的电子纺织品已开始整合到早期产品中，但是，在可靠性、功能性（包括可洗性、可拉伸性和其他新功能）和舒适性方面出现许多相关挑战。因此，对产品设计师而言，这是一个不同材料、元件、连接方式的选择的复杂生态系统。

就目前来看，世界一流的服装企业在智能化、互联网化方面的布局仍处于起步阶段，这对于中国企业来说是非常好的追赶机会，智能化会是服装企业发展新的战略点。

三、技术难题和挑战

虽然纺织敏感材料及智能纺织品具有诸多优点，但目前的应用主要集中在军事、国防和

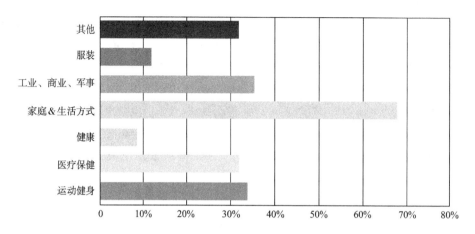

图 1-61 主要电子纺织品市场年复合增长率（2016~2022 年）

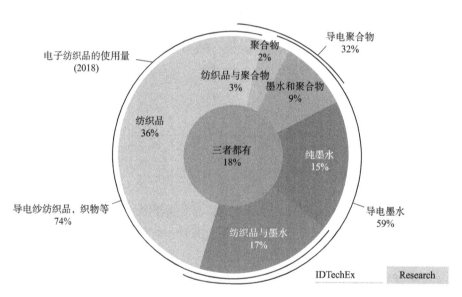

图 1-62 应用每种材料的电子纺织品竞争对手百分比预报

（资料来源：E-Textiles 2018~2028：Technologies，Markets and Players）

医疗等高端用途行业，距离实际广泛应用还有许多路要走，主要存在以下阻碍。

（一）概念多，产品落地应用少

国内外包括爱慕、豌豆客、安踏智、NIKE、ADIDAS、维多利亚的秘密、飞利浦、杜邦、谷歌等都有智能可穿戴监测产品亮相，但目前多为浅尝辄止，这也是整个智能服装行业的现状——纷纷推出概念性产品，但无后续技术和产业链进一步的完善，缺乏明晰的产业架构，掌握不了智能纺织品的核心技术。诸如谷歌、西门子等科技企业掌握大量智能纺织品技术，但这些科技企业由于品牌影响力、用户群有限，且缺乏渠道等因素难以获得销量，而服装渠道商没有核心技术，也只能望洋兴叹。

（二）学科交叉不充分

智能传感监测服装产业刚刚起步，无论是技术，还是产品都不成熟，也无质量评价标准，仅仅这些功能还不足以打动消费者。即使在应用最多的运动健康监测领域，智能服装的表现也是不尽如人意，如因为涉及生物测量传感器紧贴皮肤的限制，跑动引起的运动伪影、舒适程度也是影响智能服装的用户体验因素。此外，传统服装加工流程已经非常成熟，后续配套也是问题。因此，产品的发展需要电子信息技术、传感器技术、纺织材料以及加工技术的进一步提升融合。

（三）可持续发展技术不成熟

无论生产技术，还是使用保养及安全规范技术均存在挑战。大多数商业化智能纺织品采用高端材料，并且内部制作复杂，电子设备与组件的成本居高不下，这些无疑都抬升了它的价格成本，阻碍了市场发展。以 Hexoskin 为例，其一套智能背心的售价高达 400 美元（约合 2500 元人民币），国内智裳科技推出的智能恒温服装也要 1000 元人民币，附属配件也价格不菲。智能服装想要真正走入大众市场，其首要前提是价格符合消费者预期。

此外，还存在清洗问题，不论是传感器还是智能系统的其他组件，无论是附着于柔软衣物上还是是衣物的一部分，这些精密设备的防水性或耐水洗性差，目前还没有技术方案能真正解决该问题。此外，作为跨界结合产物，要实现可持续发展，就得从化学安全和物理安全两个方面考虑，在织物毒物释放与残留、电子安全、电容、电池、织物的舒适度、电子辐射、电子产品回收等可能对人体健康造成危害的方面做出技术要求。

总之，来自应用领域和研究学科的共同问题是：纺织传感器及激励器和相关电子元器件的可靠性和稳定性，在柔性纺织材料和非柔性电子元件之间的连接，通过电池供电而不妨碍纺织品的柔软性等内在特性，克服能批量生产电子纺织品的制造约束。因此，加强智能纺织品相关科学技术的稳步提升，加深相关行业的紧密交流与合作，引导资本向实实在在的技术流入，解决价格昂贵、穿戴不适以及可持续等问题是今后智能纺织品的发展方向。不论从纺织技术未来发展的必然趋势，从满足用户对个性、智能化服装的需求，还是服装以及相关材料行业的发展需要，新兴高科技与传统的纺织品合二为一的智能纺织品，在"互联网+"和智能制造战略下，必然成为服装行业转型升级的重大拐点，在未来大放异彩！

第八节　本章总结

显然，机敏及智能纺织材料不仅已找到监测人们健康及生理状态的方法，也延伸到柔性显示屏、服装一体化键盘、印刷电子等领域。织物是一类将来能代替硅片的柔性材料，实际上，许多学者认为织物是新型硅片。目前，仍处在我们尚在使用便携可穿戴电子设备或柔性电子设备的初始阶段，这类电子设备将为纺织品发展开辟一条新路径。但是，这对纺织敏感材料的开发和加工技术提出了新的要求，面临的主要挑战是在生产智能或电子纺织品过程中怎样保留织物本质特征。为了解决这一关键问题，许多学者开始关注织物的基本构成单元——纺织纤维及利用这些纤维形成的纱线。

一般而言，纺织传感器件及智能纺织品的开发要满足可穿戴计算思想，或电子设备满足服装设计、工程和设备设施设计，是纺织行业和电子及信息行业之间富有挑战而又令人激动的融合。围绕纺织敏感材料及产品这一新产业，各个领域正追求各种各样的功能。总之，智能纺织及传感系统在各个领域的应用是在初步的探索阶段，在将来代替新型硅片和建立商业化市场及标准化生产流程之前，还有许多障碍需要克服，所以还有很大的改进发展空间。

思 考 题

1. 名词解释：智能纺织品，敏感材料，电子纺织品。
2. 简述柔性纺织电子的发展趋势及技术挑战。
3. 简述敏感材料纤维化的特点及其分类。
4. 简述柔性纺织传感器的发展趋势及技术挑战。
5. 举例说明纺织电子及传感器的应用领域。

参考文献

［1］ AGARWALA S, GOH G L, YEONG W Y. Optimizing aerosol jet printing process of silver ink for printed electronics ［J］. IOP Conference Series：Materials Science and Engineering, 2017, 191：12-27.

［2］ AHMED Z, TORAH R, YANG K, et al. Investigation and improvement of the dispenser printing of electrical interconnections for smart fabric applications ［J］. Smart Mater Struct, 2016, 25：105021.

［3］ BLUMENTHAL T, FRATELLO V, NINO G. Aerosol Jet ® Printing onto 3D and flexible substrates, Quest Integrated Inc. , Kent, WA, USA, 2017.

［4］ CHANG S, LI J, HE Y, et al. A high-sensitivity and low-hysteresis flexible pressure sensor based on carbonized cotton fabric ［J］. Sensors and Actuators A, 2019, 294：45-53.

［5］ DOSSI N, TERZI F, PICCIN E, et al. Rapid prototyping of sensors and conductive elements by day-to-day writing tools and emerging manufacturing ［J］. Electroanalysis, 2016, 28：250-264.

［6］ ECKSTEIN R. Aerosol jet printed electronic devices and systems ［J/OL］. 2017. https：//www. optomec. com/printed-electronics/aerosol-jet-technology/.

［7］ HEDGES M, MARIN A B. 3D aerosol jet ® printing-adding electronics functionality to RP/RM ［C］. DDMC 2012 Conference, Berlin, 2012：1-5.

［8］ KURRA N, KULKARNI G. Pencil-on-paper：electronic devices ［J］. Lab Chip, 2013, 13：2866.

［9］ KUNAL Mondal. Recent advances in soft e-textiles ［J］. Inventions, 2018, 3（2）, 23.

［10］ LE H P. Progress and trends in ink-jet printing technology ［J］. Journal of Imaging Science and Technology, 1998, 42（1）：49-62.

［11］ MONJE M H G, FOFFANI G, OBESO J, et al. New sensor and wearable technologies to aid in the diagnosis and treatment monitoring of parkinson's disease ［J］. Annu Rev Biomed Eng, 2019, 21：111-143.

［12］ REIN M, FAVROD D F, HOU C, et al. Diode fibres for fabric-based optical communications, Nature, 2018, 560：214-218.

［13］RUSSO A，AHN B Y，ADAMS J J，et al. Pen-on-paper flexible electronics ［J］. Adv Mater，2011，23：3426.

［14］STOPPA M，CHIOLERIO A. Wearable electronics and smart textiles：A critical review ［J］. Sensors，2014，14（7）：11957-11992.

［15］TEN B M，TOMICO O，KLEINSMANN M，et al. Designing smart textile services through value networks：team mental models and shared ownership ［C］. the ServDes. 2012 Conference Proceedings Co-Creating Services：The Third Service Design and Service Innovation Conference，Espoo，Finland，2013，February 8-10.

［16］WANG B，FACCHETTI A. Mechanically flexible conductors for stretchable and wearable e-skin and e-textile devices ［J］. Adv Mater，2019，19：01408.

第二章 纺织传感器基础

第一节 传感器的基本概念

人类为了从外界获取信息，必须借助于感觉器官。随着科学技术的发展，一系列代替、补充、延伸人的感觉器官功能的手段应运而生，出现各种用途的传感器。传感器是与人的感觉器官功能相对应的。传感器技术是一个汇聚物理、化学、材料、器件、机械、电子、生物工程等多类型的交叉学科知识，涉及传感检测原理、传感器件设计、传感器开发和应用的综合技术。

一、传感器的定义

国家标准 GB/T 7665—2005 对传感器有如下定义："能够感受规定的被测量并按照一定的规律转换成可用输出信号的器件或装置，通常由敏感元件和转换元件组成"。"可用输出信号"是指便于加工处理、便于传输利用的信号。现在电信号是最易于处理和便于传输的信号。"敏感元件"是指传感器中能直接感受或响应被测量（输入量）的部分；"转换元件"是指传感器中能将敏感元件感受的或响应的被探测量转换成适于传输和（或）测量的电信号的部分。

传感器是一种检测装置，能感受到被测量的信息，并能将检测感受到的信息，按一定规律变换成为电信号或其他所需形式的信息输出，以满足信息的传输、处理、存储、显示、记录和控制等要求。转换电路将转换元件的输出量进行处理，如信号放大、运算调制等，使输出量成为便于显示、记录、控制和处理的有用电信号或电量，如电压、电流或频率等。辅助电路主要是辅助电源，即交、直流供电系统。

传感器的基本原理如图 2-1 所示。

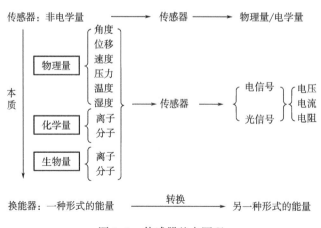

图 2-1　传感器基本原理

传感器的工作方式与人体的机能相仿,并且正按照人体机能模式向着自动化、智能化的方向发展。图2-2给出了传感系统的工作模式与人体机能的对应关系框图。

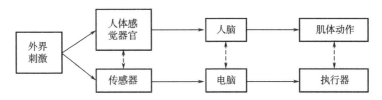

图2-2　传感系统的工作模式与人体机能的对应关系框图

传感器是根据一些敏感材料和元器件的物理、化学和生物的特性或某些特殊效应设计加工制造而成。其基本组成和工作模式如图2-3所示,一般来讲,传感器是由敏感元件、转换元件和其他辅助部件组成。如果敏感器件直接输出电量,则它同时为转换器件,也就是二者合一,例如,压电材料、热电偶、光电器件都是这种形式的传感器。

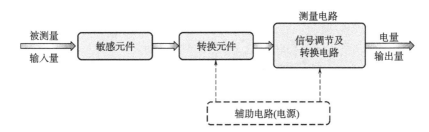

图2-3　传感器的基本组成和工作模式框图

二、传感器的分类

传感器种类繁多,功能各异,分类依据各异,主要分类见表2-1所示。按输入量(被测量)、工作原理(机理)、能量的关系、输出信号的形式等分类。在了解传感器原理的基础上,明确要求,选用传感器设计合适的信号转换电路,确定信号处理方法及硬件。传感器按激励源可分为物理型、化学型和生物型三类。物理型传感器主要是根据被测物理量变化时,敏感元件的电学量(如电压、电阻、电容等)发生明显的变化的特性制成。化学型传感器是用能把化学物质的成分、浓度等化学量转变为电学量的敏感元件制成的。生物型传感器是利用生物体组织的各种生物、化学与物理效应制成的,有酶传感器、免疫传感器、抗原体传感器等。

传感器的其他分类有以下几种。

(1)从有无信号源分类。可分为无源传感器和有源传感器,前者被动地接收来自被测物体的信息;后者可以有意识地向被测物体施加某种能量,并将来自被测物体的信息变换为便于检测的能量后再进行检测。

(2)从功能角度分类。传感器可分为位移传感器、压力传感器、声传感器、速度传感器、pH传感器、湿度传感器等。

（3）从使用材料分类。传感器可分为陶瓷传感器、半导体传感器、复合材料传感器、金属材料传感器、高分子材料传感器等。

表2-1 传感器的分类依据及类别

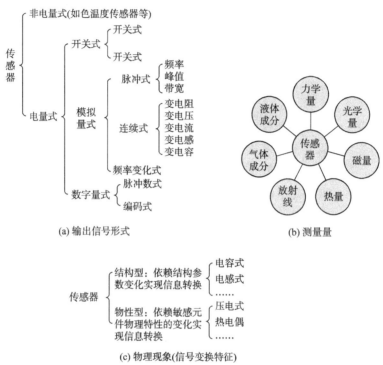

(a) 输出信号形式

(b) 测量量

(c) 物理现象(信号变换特征)

第二节 传感器的主要性能指标

在检测控制系统和科学实验中，需要对各种参数进行检测和控制，而要达到比较优良的控制性能，则必须要求传感器能够感测被测量的变化并且不失真地将其转换为相应的电量。这主要取决于传感器的基本特性。传感器的基本特性主要分为静态特性和动态特性。

一、传感器的静态性能指标

静态特性指传感器本身具有的特征特点。静态特性是指对静态的输入信号，即输入为不随时间变化的恒定信号，传感器的输出量与输入量之间具有的相互关系。因为这时输入量和输出量都与时间无关，所以它们之间的关系，即传感器的静态特性可用一个不含时间变量的代数方程，或以输入量作横坐标，把与其对应的输出量作纵坐标而画出的特性曲线来描述 [式（2-1）]。

$$Y = f(x) = a_0 + a_1 + X + a_2 X^2 + \cdots + a_n X^n = a_0 + \sum_{i=1}^{n} a_i X^i$$

输出量　零点　理论　输入　非线性
　　　　输出　灵敏度　量　项系数

(2-1)

静态特性可以用一组性能指标来描述，如线性度、灵敏度、迟滞、重复性、漂移、测量范围、量程、精确度（精度）、阈值和分辨率、稳定性、静态误差等。

（一）线性度

线性度指传感器输出量与输入量之间的实际关系曲线偏离拟合直线的程度，也称非线性误差。可表达为在全量程范围内，实际特性曲线与拟合直线之间的最大偏差值（Δ_{max}）与满量程输出值（Y_{FS}）之比，反映了实际特性曲线与拟合直线的不吻合度或偏离程度如图2-4所示，可表示为：

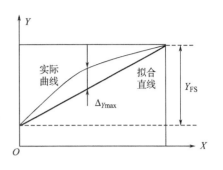

图2-4 线性度定义示意图

$$E_L = \frac{|\Delta_{max}|}{Y_{FS}} \times 100\% \qquad (2-2)$$

非线性误差是以一定的拟合直线或理想直线为基准直线算出来的。因此，基准直线不同，所得线性度也不同。

根据传感器的输入输出函数关系，当 $a_0 = 0$ 时，表示静态特性曲线通过原点。此时，传感器的静态特性有三种典型情况，分别如图2-5所示。

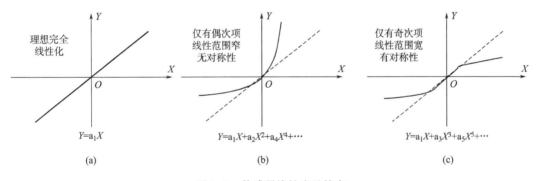

图2-5 传感器线性度及特点

传感器静态特性的非线性，使其输出不能成比例地反映被测量的变化情况，而且对动态特性也有一定影响。因此，在使用非线性传感器时，必须对传感器输出特性进行线性处理。

造成传感器非线性的因素很多，主要分为外界干扰和传感器材料性能变化两类，相关典型因素具体如图2-6所示。

（二）灵敏度

灵敏度是传感器静态特性的一个重要指标。其定义为在稳态工作情况下，传感器输出量的增量 Δy 与引起该增量的相应输入量增量 Δx 之比。它表示单位输入量的变化所引起传感器输出量的变化，显然，灵敏度 S 值［式（2-3）］越大，表示传感器越灵敏。如果传感器的输出和输入之间呈线性关系，则纯线性传感器灵敏度 S（或 K）是一个常数，如图2-7（a）所示。非线性传感器的灵敏度是一个变量，如图2-7（b）所示，用微分表示在某一工作点的灵敏度，显然，如果非线性度大，则相对误差 γ_s 大。

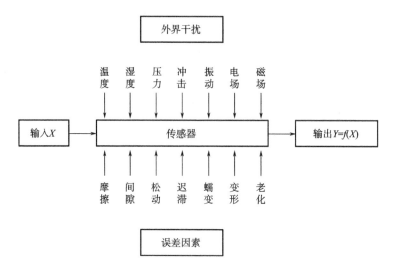

图 2-6 引起传感响应非线性的因素

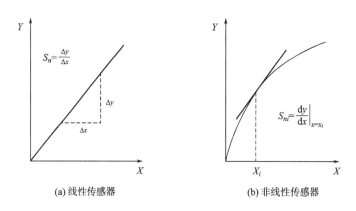

(a) 线性传感器   (b) 非线性传感器

图 2-7 线性和非线性传感器的灵敏度

$$\text{灵敏度 } S = \frac{\text{输出量增量}}{\text{输入量增量}} = \frac{\Delta y}{\Delta x}, \text{相对误差 } \gamma_s = \frac{\Delta S}{S} \times 100\% \qquad (2\text{-}3)$$

（三）迟滞

传感器在输入量由小到大（正行程）及输入量由大到小（反行程）变化期间，其输入输出特性曲线不重合的现象称为迟滞，如图 2-8 所示。也就是说，对于同一大小的输入信号，传感器的正、反行程输出信号大小不相等，这个差值称为迟滞差值，可表示为：

$$\gamma_H = |\ y_i - y_d\ | \qquad (2\text{-}4)$$

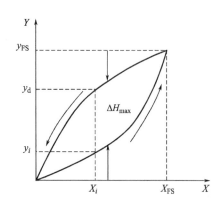

图 2-8 迟滞性示意图

传感器在全量程范围内最大的迟滞差值或最大的迟滞差值的一半与满量程输出值之比称为迟滞误差，

又称为回差或变差（最大滞环率）。

$$\gamma_{Hmax} = \frac{\Delta H_{max}}{Y_{FS}} \times 100\% \tag{2-5}$$

产生这种现象的主要原因是传感器敏感元件材料的物理性质和机械零部件的缺陷（反映了机械部件和结构材料等存在的问题）。

（四）重复性（E_x）

重复性为在同一工作条件下，传感器对同一被测量按同一方向全量程进行连续多次测量，所得结果之间的一致性，如图2-9所示。上述定义中的"一致性"是定量的，可以用重复性条件下对同一量进行多次测量所得结果的分散性来表示。表示测量结果分散性的量，最为常用的是实验标准差。重复性可表示为：

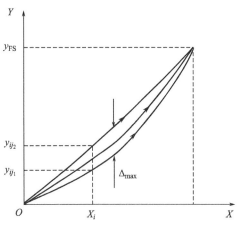

图2-9 重复性计算示意图

$$重复性(E_x) = \frac{|\Delta_{max}|}{Y_{FS}} \times 100\% \tag{2-6}$$

式中：Δ_{max} 为最大不重复误差。不重复误差属于随机误差，按标准误差处理比较合适，即：

$$\sigma = \sqrt{\frac{\sum_{j}^{n}(y_{ij} - \bar{y_i})^2}{n(n-1)}}, E_x = t_n \frac{\sigma_{max}}{y_{FS}} \times 100\% \tag{2-7}$$

（五）漂移

传感器的漂移是指在输入量不变的情况下，传感器输出量随着时间变化。产生漂移的原因有两方面：一是传感器自身结构参数；二是周围环境（如温度、湿度等）。

$$零漂 = \frac{\Delta Y_0}{Y_{FS}} \times 100\% \tag{2-8}$$

式中：ΔY_0 为最大零点偏差；Y_{FS} 为满量程输出。

最常见的漂移是温度漂移，即周围环境温度变化而引起输出量的变化。温度漂移主要表现为温度零点漂移和温度灵敏度漂移。温度漂移通常用传感器工作环境温度偏离标准环境温度（一般为20℃）时，输出值的变化量与温度变化量之比。

$$温度漂移 = \frac{\Delta_{max}}{Y_{FS} \Delta T} \times 100\% \tag{2-9}$$

式中：Δ_{max} 为输出最大偏差；ΔT 为温度变化范围；Y_{FS} 为满量程输出。

（六）测量范围（Measuring Range）

传感器所能测量的最小输入量与最大输入量之间的范围称为传感器的测量范围。

（七）量程（Span）

传感器测量范围的上限值与下限值的代数差，称为量程。

（八）精确度（Accuracy）

传感器的精确度是指测量结果的可靠程度，是测量中各类误差的综合反映，测量误差越小，传感器的精度越高。传感器的精度用其量程范围内的最大基本误差与满量程输出之比的百分数表示。其基本误差是传感器在规定的正常工作条件下所具有的测量误差，由系统误差和随机误差两部分组成。

工程技术中为简化传感器精度的表示方法，引用了精度等级的概念。精度等级以一系列标准百分比数值分档表示，代表传感器测量的最大允许误差。

如果传感器的工作条件偏离正常工作条件，还会带来附加误差，温度附加误差就是最主要的附加误差。

注意区分传感器的精确度和准确度。精确度（Accuracy）表征的是测量结果与真实值之间的偏差，而准确度（Precision）表征的是多次测量的结果一致性。

（九）分辨率和阈值（Rresolution and Threshold）

1. 分辨率　传感器能检测到的输入量最小变化量的能力称为分辨力。对于某些传感器，如电位器式传感器，当输入量连续变化时，输出量只做阶梯变化，则分辨力就是输出量的每个"阶梯"所代表的输入量的大小。对于数字式仪表，分辨力就是仪表指示值的最后一位数字所代表的值。当被测量的变化量小于分辨力时，数字式仪表的最后一位数不变，仍指示原值。当分辨力以满量程输出的百分数表示时则称为分辨率，如式（2-10）所示。它是一个相对数值，如0.01%、0.2%。

$$分辨率 = \frac{\Delta x_{\min}}{Y_{FS}} \times 100\% \tag{2-10}$$

2. 阈值　阈值是指能使传感器的输出端产生可测变化量的最小被测输入量值，即零点附近的分辨力。有的传感器在零位附近有严重的非线性，形成所谓"死区"（Dead Band），则将死区的大小作为阈值；更多情况下，阈值主要取决于传感器噪声的大小，因而有的传感器只给出噪声电平。

（十）稳定性（Stability）

稳定性表示传感器在室温条件下，在一个较长的时间内，保持其性能参数的能力。通常以传感器的输出与起始标定时的输出之间的差异表征，也称稳定性误差。稳定性误差可用相对误差表示，也可用绝对误差表示。通常用其不稳定度表征传感器输出的稳定程度。稳定性有短期稳定性和长期稳定性之分。对于传感器而言，一般以长期稳定性描述其稳定性。

理想的情况是，不论什么时候，传感器的特性参数都不随时间变化。但实际上，随着时间的推移，大多数传感器的特性会发生改变。这是因为敏感元件或构成传感器的部件，其特性会随时间发生变化，从而影响了传感器的稳定性。

（十一）静态误差

静态误差是指传感器在其全量程内，任一点的输出值与其理论输出值的偏离程度。它是一项综合指标，基本上包含非线性误差（γ_L）、迟滞误差（γ_H）、重复性误差（γ_R）和灵敏度误差（γ_S）等。

$$\delta = \pm\sqrt{\gamma_L^2 + \gamma_H^2 + \gamma_R^2 + \gamma_S^2} \tag{2-11}$$

二、传感器的动态特性指标

动态特性是指检测系统的输入为随时间变化的信号时，系统的输出与输入之间的关系。

一个动态特性好的传感器，随时间变化的输出曲线能同时表现输入随时间变化的曲线，即输出—输入具有相同类型的时间函数。在动态输入信号情况下，输出信号一般来说不会与输入信号具有完全相同的时间函数，这种输出与输入间的差异就是所谓的动态误差。

动态特性的主要性能指标有时域单位阶跃响应性能指标和频域频率特性性能指标。研究传感器的动态特性主要是从测量误差角度分析产生动态误差的原因以及改善措施。在实际工作中，传感器的动态特性常用它对某些标准输入信号的响应来表示。这是因为传感器对标准输入信号的响应容易用实验方法求得，并且它对标准输入信号的响应与它对任意输入信号的响应之间存在一定的关系，往往知道了前者就能推定后者。最常用的标准输入信号有阶跃信号和正弦信号两种，所以，传感器的动态特性也常用阶跃响应和频率响应来表示。

研究传感器动态特性的方法一般为时域瞬态响应法和频域频率响应法。

分析传感器动态特性，必须建立数学模型，根据相应的物理定律，用线性常系数微分方程表示系统的输入 x 与输出 y 关系的方程式，通过微分方程求解，得出动态性能指标，如式（2-12）所示。

$$a_n \frac{\mathrm{d}^n y}{\mathrm{d}t^n} + a_{n-1} \frac{\mathrm{d}^{n-1} y}{\mathrm{d}t^{n-1}} + \cdots + a_1 \frac{\mathrm{d}y}{\mathrm{d}t} + a_0 y = b_m \frac{\mathrm{d}^m x}{\mathrm{d}t^m} + b_{m-1} \frac{\mathrm{d}^{m-1} x}{\mathrm{d}t^{m-1}} + \cdots + b_1 \frac{\mathrm{d}x}{\mathrm{d}t} + b_0 x \quad (2-12)$$

式中：a_i、b_i（$i=0$，1，2，……）为系统结构特性参数，为常数，系统的阶次由输出量最高微分阶次决定。

采用式（2-12）的优点是概念清晰，输入—输出关系明了，可区分暂态响应和稳态响应。但求解方程麻烦，传感器调整时分析困难。为此，式（2-12）微分方程可写为传递函数，即初始条件为零时，输出量（响应函数）的拉普拉斯变化与输入量（激励函数）拉普拉斯变换之比。

$$\frac{Y(s)}{X(s)} = W(s) = \frac{b_m s^m + \cdots + b_1 s + b_0}{a_m s^m + \cdots + a_1 s + a_0} \quad (2-13)$$

该式直观反映了传感器系统本身特性，与时间无关，且相同的传递函数可以表征不同物理系统。可以逐个分析系统各个环节的影响，以便对系统进行改进，也可以通过实验获取。

常见的传感器动态特性系统为零阶、一阶、二阶系统。它们的输入—输出关系可分别描述为：

$$零阶传感器：a_0 y = b_0 x \quad (2-14)$$

$$一阶传感器：a_1 \frac{\mathrm{d}y}{\mathrm{d}t} + a_0 y = b_0 x \quad (2-15)$$

$$二阶传感器：a_2 \frac{\mathrm{d}^2 y}{\mathrm{d}t^2} + a_1 \frac{\mathrm{d}y}{\mathrm{d}t} + a_0 y = b_0 x \quad (2-16)$$

由上式，一阶传感器的时域动态特性可表示为：

$$y = 1 - \mathrm{e}^{-t/\tau} \quad (2-17)$$

令 $z = \ln [1 - y(t)]$

则

$$z = -\frac{t}{\tau} \quad (2-18)$$

由式（2-18）看出，z 和 t 成线性关系，并且 $\tau = \Delta t / \Delta z$，则可以根据测得的 $y(t)$ 值作

出 $z-t$ 曲线，从而获得时间常数 τ。当 $t=\tau$ 时，$y=0.63$。在一阶系统中，时间常数值是决定响应速度的重要参数。传感器的响应时间应该小于需要的采样时间，这样才能够提高控制精度。

二阶传感器的阶跃响应可表示为：

$$y(t)=k\left[1-\frac{\exp(-\xi\omega_n t)}{\sqrt{1-\xi^2}}\sin\left(\omega_n t\sqrt{1-\xi^2}+\varphi\right)\right] \tag{2-19}$$

$$\varphi=\arcsin\sqrt{1-\xi^2} \tag{2-20}$$

显然，二阶传感器有固有频率 ω_n 和阻尼比 ξ 两个参数。

对传感器而言，输出并不一定完全反映了输入特性，引起二者差异的因素有很多，可归纳概括于图 2-10 中。

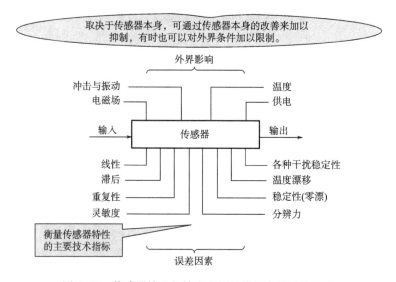

图 2-10　传感器输入与输出之间的作用中的误差因素

除了上述传感器技术指标，还有一些针对不同情况需要确定的指标，这些技术指标见表 2-2。

表 2-2　传感器的技术指标

参数指标		指标内容
基本参数指标	量程指标	量程范围、过载能力等
	灵敏度指标	灵敏度、分辨力、满量程输出等
	精度有关指标	精度、误差、线性、滞后、重复性、灵敏度误差、稳定性
	动态性能指标	固定频率、阻尼比、时间常数、频率响应范围、频率特性、临界频率、临界速度、温度时间等
环境参数指标	温度指标	工作温度范围、温度误差、温度漂移、温度系数、热滞后等
	抗冲振指标	允许各项抗冲振的频率、振幅及加速度，冲振所引入的误差
	抗冲振指标	抗潮湿、抗介质腐蚀能力、抗电磁场干扰能力

参数指标		指标内容
可靠性指标		工作寿命、平均无故障时间保险期、疲劳性能、绝缘电阻、耐压及抗飞弧等
其他指标	使用有关指标	供电方式（直流、交流、频率及波形等）、功率、各项分布参数值、电压范围及稳定度；外形尺寸、重量、壳体材质、结构特点等；安装方式、馈线电缆等。

三、传感器的标定

任何一种传感器在装配完后都必须按设计指标进行全面、严格的性能鉴定。使用一段时间后（中国计量法规定一般为一年）或经过修理，也必须对主要技术指标进行校准试验，以便确保传感器的各项性能指标达到要求。传感器标定就是利用精度高一级的标准器具对传感器进行定度的过程，从而确定传感器输出量与输入量之间的对应关系。同时，也确定不同使用条件下的误差关系。根据系统的用途，输入可以是静态的，也可以是动态的。因此，传感器的标定有静态标定和动态标定两种。

传感器的静态标定一般包括线性度、灵敏度、滞后和重复性，而动态标定一般为频率响应、时间常数、固有频率和阻尼比。

第三节 传感器封装

封装是传感器设计和制造的一个关键因素。据国外多项统计表明，封装成本占传感器产品的 50%～90%。

纺织传感器的封装包括了微电子封装的部分，即电源分配、信号分配、环境保护等，封装能使此类传感器产品发挥其应用的功能。

第四节 智能传感器系统

虽然纺织传感器在很多行业和领域成为智能纺织品的代名词，但其本身在当前技术水平下还不具备智能功能。纺织材料在智能系统中主要有数据采集、行为驱动、信号传输和简单的信号处理的功能，真正实现智能还离不开外围设备中的数据分析软件及硬件等。

思 考 题

1. 名词解释：传感器、智能传感器。
2. 传感器的主要性能指标有哪些？
3. 传感器的主要分类方式是什么？
4. 简述传感器的构成方法。
5. 什么是传感器的静态特性？描述静态特性的主要指标有哪些？
6. 什么是传感器的动态特性？如何描述动态特性？

7. 某纱线传感器为一阶系统，当受到阶跃函数作用时，在 $t=0$ 时，输出为 10mV；在 $t=$ 10s 时，输出为 80mV；在 $t\to\infty$ 时，输出为 120mV，试求该传感器的时间常数。

参考文献

［1］PIZARRO F，VILLAVICENCIO P，YUNGE D，et al. Easy-to-build textile pressure sensor ［J］. Sensors，2018，18（4）：1190.

［2］LIU YA-FENG，LI YUAN QING，HUANG PEI，et al. On the evaluation of the sensitivity coefficient of strain sensors ［J］. Adv Electron Mater，2018（4）：1190.

［3］蒋亚东，谢光忠. 敏感材料与传感器 ［M］. 成都：电子科技大学出版社，2008.

［4］赵勇，王琦. 传感器敏感材料及器件 ［M］. 北京：机械工业出版社，2012.

第三章 导电材料与导电纺织材料设计

本章关注导电纺织材料，介绍面向智能纺织品的导电材料的各种生产方法，包括金属化纺织品、导电聚合物纺织品、导电油墨、纳米碳系导电纺织品。同时，介绍了纺织品金属喷涂的传统和新方法，以及用导电聚合物生产导电织物的新方法及其导电机理。此外，也报道了诸如石墨烯和碳纳米管等其他导电新材料的无缝集成。

第一节 材料的电学性能

导体的特点在于传导电流，电介质的特点在于极化电流，而磁性材料的特点在于磁化电流。传导电流密度和电场强度通过导体的电导率 σ 联系起来。各种有机化合物与典型无机材料的导电性如图 3-1 所示。

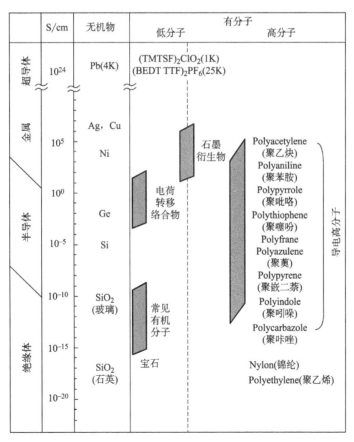

图 3-1 各种有机化合物与典型无机材料的导电性

材料电学性能反映了材料的导电特性。基于材料的电学性能，材料可被大致分为四类，如图 3-2 所示。

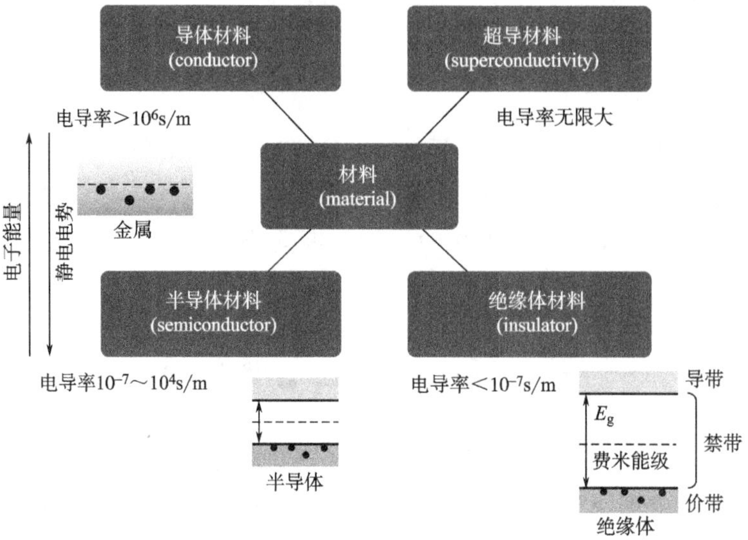

图 3-2 基于电学特性的材料分类

一、半导体

半导体可分为本征半导体、P 型半导体、N 型半导体。如硅和锗都是半导体，而纯硅和锗晶体称本征半导体。硅和锗为 4 价元素，其晶体结构稳定。P 型半导体是在 4 价的本征半导体中混入了 3 价原子，譬如，极少量（一千万分之一）的铟或硼合成的晶体。由于 3 价原子进入 4 价原子中，因此，这晶体结构中就产生了少一个电子的部分［图 3-3（a）］。由于少一个电子，所以带正电。此类半导体中多子为空穴，少子为自由电子。P 型的"P"正是取"Positive（正）"一词的第一个字母。若把 5 价的原子，譬如砷混入 4 价的本征半导体，将产生多余 1 个电子的状态结晶［图 3-3（b）］，显负电性。此类半导体中多子为电子，少子为空穴。这 N 是从"Negative（负）"中取的第一个字母。

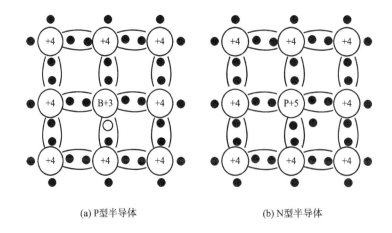

(a) P 型半导体   (b) N 型半导体

图 3-3 杂质半导体

二极管就是基于半导体原理。PN 结外加正向电压（P 区接电源正极，N 区接电源负极，或 P 区的电位高于 N 区电位），称为正向偏置。在外电场作用下，多子将向 PN 结移动，结果使空间电荷区变窄，内电场被削弱，有利于多子的扩散而不利于少子的漂移。P 区的多子空穴将源源不断地流向 N 区，而 N 区的多子自由电子不断流向 P 区，这两股载流子的流动就形成了 PN 结的正向电流。

PN 结外加反向电压（P 区接电源的负极，N 区接正极），称为反向偏置。在外电场作用下，多子将背离 PN 结移动，结果使空间电荷区变宽，内电场被增强，有利于少子的漂移，而不利于多子的扩散，漂移运动起主要作用。漂移运动产生的漂移电流的方向与正向电流相反，称为反向电流。因少子浓度很低，反向电流远小于正向电流。当温度一定时，少子浓度一定，反向电路几乎不随外加电压而变化，故称为反向饱和电流。

二、导体

导体材料的电学性能可以用能带理论解释。考虑能带分布，可把材料精确划分为导体、半导体和绝缘体。根据泡利不相容原理，原子中每个电子必须有独自一组四个量子数，一个原子中不可能有运动状态完全相同的两个电子。电子总是按能量最低的状态分布。基本能级受原子轨道影响，物质可以具有许多能带；但是，对于电子导电而言，最后两个能带之间距离是最重要的。最后一个能带，由远离原子核的许多能级构成，称作导带。紧邻的称为价带。价带至导带的距离称作能隙 ΔE。能隙和在导带中空能级的可及性构成三类导电性的划分依据（图 3-4）。

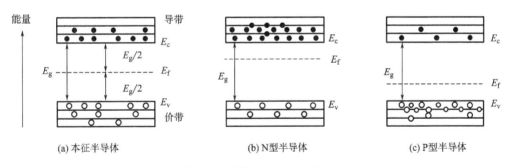

(a) 本征半导体　　　　　(b) N 型半导体　　　　　(c) P 型半导体

图 3-4　能带分布和电子分布

下面简要介绍能带理论涉及的几个基本概念。

（一）能级（Enegy Level）

在孤立原子中，原子核外的电子按照一定的壳层排列，每一壳层容纳一定数量的电子，如图 3-5 所示。每个壳层上的电子具有分立的能量值，也就是电子按能级分布。简明起见，在表示能量高低的图上，用一条条高低不同的水平线表示电子的能级，称为电子能级图。越接近原子核，电子能级越低，电子越稳定；越远离原子核，电子能级越高，电子不稳定。电子可以在轨道间跃迁，从低能级轨道跃迁至高能级轨道（吸收能量）。

（二）能带（Enegy Band）

晶体中，大量的原子集合在一起，而且原子之间距离很近。以硅为例，每立方厘米的体

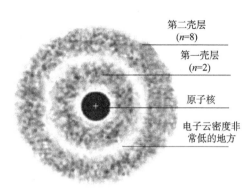

第二壳层
（*n*=8）

第一壳层
（*n*=2）

原子核

电子云密度非
常低的地方

图 3-5　原子核电子分布示意图

积内有 5×10^{22} 个原子，原子之间的最短距离为 0.235nm。离原子核较远的壳层发生交叠，壳层交叠使电子不再局限于某个原子上，有可能转移到相邻原子的相似壳层上，也可能从相邻原子运动到更远的原子壳层上，这种现象称为电子的共有化。使本来处于同一能量状态的电子产生微小的能量差异，与此相对应的能级扩展为能带。

（三）禁带（Forbidden Band）

允许被电子占据的能带称为允许带，允许带之间的范围是不允许电子占据的，此范围称为禁带。原子壳层中的内层允许带总是被电子先占满，再占据能量更高的外面一层的允许带。被电子占满的允许带称为满带，每一个能级上都没有电子的能带称为空带。

（四）价带（Valence Band）

原子中最外层的电子称为价电子，与价电子能级相对应的能带称为价带。

（五）导带（Conduction Band）

价带以上能量最低的允许带称为导带。

导带的底能级表示为 E_c，价带的顶能级表示为 E_v，E_c 与 E_v 之间的能量间隔称为禁带 E_g。

导体或半导体的导电作用是通过带电粒子的运动（形成电流）来实现的，这种电流的载体称为载流子。导体中的载流子是自由电子，半导体中的载流子则是带负电的电子和带正电的空穴。对于不同的材料，禁带宽度不同，导带中电子的数目也不同，从而有不同的导电性。例如，绝缘材料 SiO^2 的 E_g 约为 5.2eV，导带中电子极少，所以导电性不好，电阻率大于 $10^{12} \Omega \cdot cm$。半导体硅的 E_g 约为 1.1eV，导带中有一定数目的电子，从而有一定的导电性，电阻率为 $10^{-3} \sim 10^{12} \Omega \cdot cm$。金属的导带与价带有一定程度的重合，$E_g = 0$，价电子可以在金属中自由运动，所以导电性好，电阻率为 $10^{-6} \sim 10^{-3} \Omega \cdot cm$。

此类分析中常用的能量单位有以下几种。单位为 1eV，即一个基本电荷被 1V 电势差加速。因此，$1E_v = 1.6 \times 10^{-19}J$。在半导体和绝缘体之间划分并不明显。有时候 3eV 能隙被用作划分标准。能隙为 10eV 意味着完全缺乏导电性。

电子是没有内部结构的基本点微粒，具有静态质量 $9.1 \times 10^{-31}kg$ 和基本电量 $1.6 \times 10^{-19}C$（库仑）。金属中有自由电子，形成所谓电子气。这些电子处于混沌运动状态，受原子之间的碰撞、缺陷和其他载流子影响。这类混沌集的平均速度达到 $10^6 m/s$。电子气的压力超过标准大气压。但是，如此高的电子速度源于何处。可从能量角度来解释，具体用能级图。在原子世界，更确切地说是量子世界，一个能级仅能容纳两个电子。这称作泡利不相容原理。第三个电子，与初始的两个电子形成一个系统，必须进入下一个可进入的能级，如图所示。因此，能级被划分或量化。在实际材料中，电子浓度的数量级为 $10^{13} \sim 10^{28}/m^3$，它们的能级依次划分而形成能带。换句话说，电子被迫以能量区分，因此，具有如此高的混沌速度。

第二节 导电材料

柔性导电纺织材料是柔性纺织电子及传感器发展的重要基础技术。由导电纤维打造而成的导电纺织品，其技术限制点在于电性（电阻、电容等），而导电纺织品的表面电阻特性受所用的导电材料或导电纤维的百分比、所成织物结构以及制造方法等因素的影响。纵观近年来学术界和业界取得的成果，依据原材料和导电性能的不同，将柔性导电纺织材料进行分类，见表3-1。这些导电纺织材料的导电性与拉伸杨氏模量的关系如图3-6所示。导电材料从最早的金属材料开始发展至今，已出现了以碳系和导电聚合物为代表的新一代导电材料。

表3-1 柔性导电智能纺织材料

种类	产品	优点	缺点
导电金属/金属氧化物纤维	1. 不锈钢纤维 2. 铜纤维 3. 以铜、银、镍和镉的硫化物、碘化物或氧化物为导电材料，如多孔镍氟化物	高强度；型态稳定；使用寿命长；具有良好的可水洗性能；稳定的高导电性能；闪光的金属色泽；防腐性能卓越；良好生物惰性，抗汗性能好；拉伸至不同纱线参数，用于纺制不同纺织品	质重，低弹性，相较为硬、脆，易损伤纺纱机、机织机、针织机等纺织机器；金属纤维抱合力小，纺纱性能差，成品色泽受限制；成高细度纤维时价格昂贵；铜、镍和镉的硫化物和碘化物的导电性不良，电磁屏蔽性能一般，主要用于抗静电
导电聚合物合成纤维	本质型导电聚合物，如聚苯胺复合物、PP&PET聚合物导电纤维	柔软、质轻、灵活、舒适；低抗弯强度；不同纺织品的多种参数选择；良好的可水洗性能	导电性能相比较而言较低；但其导电性妨碍机织机、针织机等自动制停装置
导电碳纤维	1. 碳黑纤维 2. 碳纳米管纤维 3. 石墨烯纤维	碳纤维导电性能好；耐热，耐化学药剂；石墨烯的透明和柔韧，及其强导电性是解决电池续航问题的出路之一	碳黑纤维颜色单一，通常为黑色或灰黑色，或碳黑涂层易脱落，手感不好，且碳黑在纤维表面不易均匀分布，在使用上受到了一定的限制；碳纤维模量高，缺乏韧性，不耐弯折，无热收缩能力，适用范围有限
导电金属涂层纤维	镀银导电锦纶	柔软、质轻、灵活、舒适；良好的导电、导热性能；保持芯材良好的柔软性能；不同程度导电性能的选择，可通过不同导电添加剂材料的添加比例来控制；多种纱线参数选择，可用于纺制多种不同纺织品；其中涂层，如铜、银及其化合物还具有一定的附加功能，如抗菌、除臭等	成本偏高；外表镀层容易脱落；低耐磨性；其导电性妨碍机织机、针织机等自动制停装置

续表

种类	产品	优点	缺点
有机导电涂层/导电墨水	1. 导电金属/金属氧化物涂料 2. 导电纳米管涂料 3. 导电碳系/石墨烯涂料 4. 导电有机硅涂料	轻薄柔软，且易设计导电涂层图案，可用于棉花、非织造布和聚丙烯纺织品等不同基地材料上，实现多层一体化，可制成更小、更轻量的微电子设备；同时具有导电和高分子聚合物，例如高粒伸力，的许多优导特性；可在较大范围内根据使用需要调节涂料的电学和力学性能；成本较低，简单易行，具有良好导电性能，具有防电磁波干扰屏蔽功能	实际操作工艺温度较高，对基材有一定影响和限制；制备成本高，不耐水洗；在使用过程中，有大量有机溶济蒸发，污染环境也危害工作人员身体健康

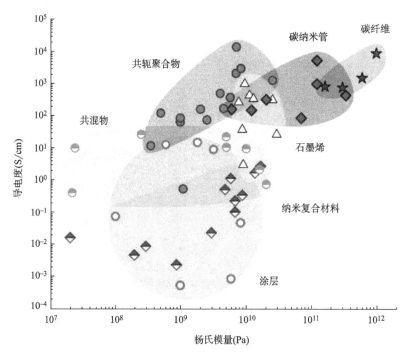

图 3-6　常见导电纺织材料的导电性与拉伸杨氏模量的关系

一、本征导电材料基纺织品

(一) 金属纤维/纱线

导电纱的应用可追溯到 17 世纪的伊丽莎白时代，闪闪发光的金线被织入服装中。现在，人们经常用银线、镍线、铜线作为导线，但是金属纱在几个世纪之前就已用于服装装饰。

金属本身具备优良的挠性、导电性、导热性、耐磨性、耐腐蚀性以及高强度等优点。因此，金属类纤维是最先诞生的导电纤维品种，主要为不锈钢纤维、铝纤维和铜纤维。其中，美国 Brunswich 公司开发生产的 Brunsmet 不锈钢纤维最早应用于纺织加工之中。虽然金属纤维具备了以上诸多优点，但其制造工艺比较困难，造价昂贵，并且与纺织纤维间的抱合能力差，两者混纺十分困难，手感和使用性能均不佳。在此基础上，人们对含导电成分的导电纤维做了研究，采取了以下两种方式，一种是将金属粉末混入成纤聚合物切片，再纺制成导电纤维，另一种是将金属粉末沉积在多孔纤维的空穴中。虽然以上述两种方法可以制备出金属导电纤维，但其存在着明显不足。第一种方法在纺丝的过程中易出现喷丝孔堵塞的现象，第二种方法则需要纺制特种纤维，给工业生产带来困难，对纤维牢度等性能也存在着一定的损伤。虽然金属纤维导电性优异，但较差的服用性能限制了其应用。

（二）碳基纺织品

这类纺织品以导电碳纤维为代表。导电碳纤维是一种高导电性材料，其综合性能优异，具有很多其他材料无可比拟的优点，除具有高导电性能之外，其还具有耐腐蚀、耐磨、耐高温、强度高、质轻等特点，应用非常广泛。碳纤维结构中有石墨的六面体结构单元，在一片石墨层结构的两侧有类似金属的电子气存在。

碳纤维导线系列主要有以下优点：强度为普通导线的 2 倍。普通钢丝的抗拉强度为 1240~1410MPa，而碳纤维复合芯导线（ACCC）的碳纤维混合固化芯棒，是前者的两倍；导电率高，由于碳纤维导线不存在钢丝材料引起的磁损和热效应，在输送相同负荷的条件下，具有更低的运行温度，可以减少输电损失约 6%；低弧垂，碳纤维导线与金属导线相比具有显著的低弛度特性，在高温条件下弧垂不到钢芯铝绞线的 1/2，提高了导线运行的安全性和可靠性；重量轻，碳纤维导线的密度约为钢的 1/4，在相同的外径下，碳纤维的截面积为常规导线的 1.29 倍。碳纤维导线单位长度重量比常规导线轻 10%~20%，显示了碳纤维导线重量轻的优点；耐腐蚀，使用寿命为普通导线的 2 倍以上，碳纤维复合材料与环境亲和，同时避免了导体在通电时，铝线与镀锌钢线之间的电化腐蚀问题，有效地延缓导线的老化。

二、导电聚合物纤维

Shirakawa 等人在 1977 年首次发现导电聚合物，将半导体聚合物、反式聚乙炔与各种卤素掺杂。他们报道了聚乙炔薄膜在溴蒸气下暴露 10min 后电导率提高了 4 个数量级。1991 年，Ranby 及其同事将导电聚合物视为"第四代聚合物材料"。导电聚合物开创了聚合物材料的新时代，它结合了金属或半导体的电学和光学特性与聚合物材料的机械和加工特性。第一个已知的稳定金属聚合物，可加工的金属形式是聚苯胺（PANI）。

（一）本征导电聚合物

1. 本征导电聚合物特性　由于导电聚合物本身既具备了金属所特有的导电性、光学性和电磁性能，又具有良好的柔韧性、低成本等生产特性。因此，自第一种导电聚合物聚乙炔被发现以来，导电高聚物不断被开发。其中以聚噻吩、聚吡咯、聚苯胺、聚苯撑、聚苯撑乙烯等最为常见，而结构型导电高分子则是其中的研究重点。

导电高分子材料也称导电聚合物，是由许多小的、重复出现的结构单元组成，具有明显聚合物特征。如果在两端加上电压，材料中应有电流通过，同时具有导体的性质。同时具备上述两条性质的材料称为导电高分子材料。虽然同为导电体，导电聚合物与常规的金属不同，它属于分子导电物质，而后者是金属晶体导电物质，因此其结构和导电方式也就不同。

2. 导电高分子聚合物的导电机理及生产　　导电高分子必须具备以下两个条件：有足够数量的载流子（电子、空穴或离子等）；大分子链内和链间能形成导电通道。这类材料的导电原理如图3-7所示。导电高分子材料按结构特征和导电机理还可分成以下三类：载流子为自由电子的电子导电聚合物，载流子为能在聚合物分子间迁移的正负离子的离子导电聚合物；以氧化还原反应为电子转移机理的氧化还原型导电聚合物，其导电性能由可逆氧化还原反应中电子在分子间的转移实现。有机材料（包括聚合物）与金属导电体不同，以分子形态存在。有机聚合物成为导体的必要条件为能使其内部某些电子或空穴具有跨键离域移动能力的大共轭结构。事实上，所有已知的电子导电型聚合物的共同特征为分子内具有大的共轭π电子体系，具有跨键移动能力的π价电子成为这类导电聚合物的唯一载流子。

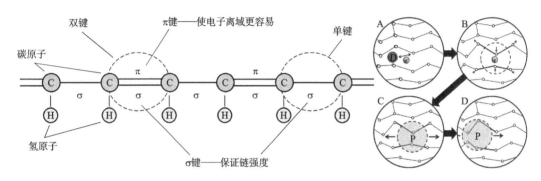

图3-7　导电聚合物导电原理示意

ICP是共轭聚合物，具有未配对的π电子。共轭结构中的这些π电子在轨道中沿着聚合物主链方向重叠。因此，这些电子沿着整个聚合物链的主链移动，从而能够导电。当然，仅具有上述结构及电导率的聚合物还不能称其为导电体，因为它的导电能力仍处在半导体材料范围，而只能称其为半导体材料。

可赋予半导体或金属行为的ICPs取决于他们的价电子和导电带之间的差异。这个能量不同于π轨道最高能级和π*轨道最低能级之间的能隙。能带隙值取决于聚合物的分子结构，可以通过掺杂导电聚合物来控制。由于在纯净的或未"掺杂"的上述聚合物高分子中，各π键分子轨道之间还存在着一定的能级差，在电场作用下，它的内部载流子（孤子、极化子和双极化子）迁移必须跨越这一能级差。另外，能级差的存在也导致π价电子不能在共轭聚合物中完全自由的跨键移动，从而影响其导电能力，使其电导率不高。

简单地说，掺杂是将电荷注入聚合物大分子的可逆过程。掺杂有以下几种方式：化学掺杂，其中氧化还原反应用于氧化（p型掺杂）或还原（n型掺杂）π-共轭聚合物；电化学掺杂，其中氧化还原电荷是使用电解质中的电极提供给聚合物，从而控制掺杂水平，优于化学掺杂；涉及导电聚合物的局部氧化（和附近区域的减少）的光掺杂，物质通过光吸收，形成电子—空穴对而产生电荷分离；在导电聚合物和金属的界面处注入电荷，其中包括从金属接触点电子和空穴直接注入到π轨道和π*轨道，这不同于电化学和化学掺杂，因为没有反离子。图3-8显示了一些常见ICP的结构及其带隙值。

"掺杂"指在纯净的无机半导体材料（锗、硅、镓等）中加入少量不同价态的物质，从

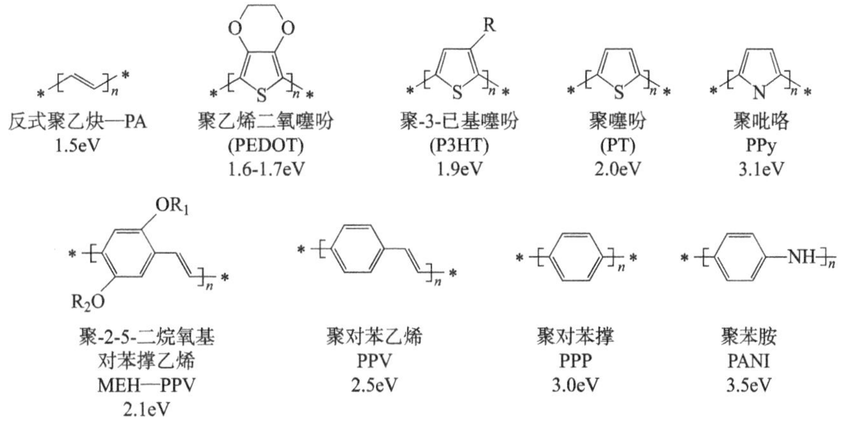

图 3-8 一些常见 ICP 的结构及其带隙值

而改变半导体材料中空穴和自由电子的分布状态。在制备导电聚合物时，为了提高材料的电导率，也可以进行类似的"掺杂"操作。根据掺杂剂与聚合物的相对氧化能力不同，分成 P 型掺杂剂和 N 型掺杂剂两种。比较典型的 P 型掺杂剂（氧化型）有碘、溴、三氯化铁和五氟化砷等，在掺杂反应中为电子接受体。N 型掺杂剂（还原型）通常为碱金属，是电子给予体。在掺杂过程中，掺杂剂分子插入聚合物分子链间，通过电子转移，使聚合物分子轨道电子的占有情况发生变化，同时，聚合物能带结构本身也发生变化。这样使亚能带间的能量差减小，电子的移动阻力降低，使线性共轭导电聚合物的导电性能从半导体进入类金属导电范围。

3. 导电聚合物的纺织加工 如果所有的电子功能均能以纤维形式实现，这样的纤维将为智能服装提供完美的构建材料，因为这些材料能在织造工序中自然集成到纺织品中。高级电子功能整合进入纺织纤维的工艺复杂，目前仅有几个这样的纤维实例。目前最优前景的材料是有机聚合物或小分子复合材料，因为它们本身具有柔韧性或能混入纤维制备复合材料。此外，因它们是由基本单元合成，能被调制成特别的化学、物理和电学属性。自发现共轭聚合物能被掺杂形成导体以来，在导电聚合物纤维领域已展开大量研究。因为其特有的电子、电学、磁学和光学属性，这些导电聚合物在科学和技术上具有重要性。纳米尺度的 π 共轭有机分子和聚合物已被研究，用于纺织系统的传感器、驱动器、晶体管、柔性电子设备和场发射显示体。

各种导电聚合物纤维的制备路线不同。聚苯胺纳米纤维通过苯胺单体聚合而成。类似，聚吡咯纳米纤维在对羟基苯磺酸作为功能掺杂剂的条件下合成，直径为 60~100nm。这些纤维在室温下导电率高（120~130S/cm），且经质子掺杂及偶氮苯基团同分异构化形成具有光异构化功能。特别是，聚乙烯二氧噻吩（PEDOT）已成为最成功的导电聚合物，由于其导电率高且可溶液加工，已被用作柔性可穿戴电容器或光电二极管电极。但是，由 PEDOT 和其他导电聚合物制作的膜往往易发蓝，限制了其在显示体中的应用。此外，类似于半导体聚合物，其稳定性问题也限制了它们用于可穿戴 LEDs 和太阳能电池。几个研究组最近证实了全纤维有机晶体管具有通过机织形成电子逻辑电路的潜力。尽管面临环境不稳定性的巨大挑战，正在进行的研究继续生产电学性能更好和更稳定的有机半导体和导体，最终实现真正柔软和可拉伸的有机材料电子设备的制备。

（1）导电聚合物作为纺丝组分。导电聚合物纤维，是指以导电高分子材料为导电剂制备的导电纤维。其中，将结构型导电聚合物以纺丝拉伸的方法制备导电纤维，不仅使纤维无须添加其他材料即可导电，又可在纺丝过程中提高纤维轴向导电性能。但是，导电高分子聚合物材料本身存在难溶、难熔、难成型等缺点。

通过湿法纺丝和电纺丝将 ICPs 制备成纳米纤维。Bowman 和 Mattes 报道了一种通过湿纺制备无缺陷 PANI 的纤维的方法，据报道，他们制备的聚苯胺纤维单丝电导率值为 $72cm^{-1}$，当拉伸到初始长度的 5 倍时可增加到 $725cm^{-1}$。这种纤维的导电机理一方面可以归结为，在湿法纺丝过程中纤维所引起的热应力和机械应力引起的拉伸对准，可以改善纤维金属区域的力学性能，从而增加纤维金属区域的有序性以及增加聚合物无定形区域的无序性，从而将后者与前者分离。他们提出的另一种解释是，纤维在高温下的机械拉伸导致金属区域的尺寸增大（称为"高度有序的区域"），从而导致平均自由程的增加，提高导电性。

Jalili 等报道了聚 3,4-亚乙基二氧噻吩：聚甲基丙烯酸酯（PEDOT：PSS）导电纤维的湿纺制备。他们报道了一种含有 PEDOT：PSS 与聚乙二醇（PEG）共混的纺丝溶液的使用，消除了 PEDOT：PSS 与 PEG 纺丝后处理的需要。通过这样，使 PEDOT：PSS 纤维的电导率从未处理的 9S/cm 增强到 PEG 处理纤维的 264S/cm，以及减少后处理的步骤。他们将导电性的增强归因于 PEDOT 链在纤维轴方向上分子排列的改善，导致聚合物链的线性构象增强，从而使这些纤维的导电性更好。他们还报道了 PEG 处理使 PEDOT 链符合类醌共振结构而不是类苯共振结构，前者是使 PEDOT 更导电的构象结构。值得注意的是，他们制备的 PEDOT：PSS 纤维在水中放置一周后仍保持完整，而未处理的 PEDOT：PSS 纤维放入水中后立即分散。这为能够承受传统纺织品面料的洗涤过程的 ICP 基互连提供了一些借鉴。

静电纺丝是一种相对便宜的以聚合物网的形式产生从亚微米到纳米的连续纳米纤维的方法。Cardenas 等人在一项开创性研究中报道了通过静电纺技术不使用聚氧化乙烯（PEO）掺杂制造聚苯胺纤维，如先前 Pinto 等人所做的那样。在他们的研究中，Cardenas 等人开发了一种静电纺丝方法，他们不直接在接地电极上收集纤维，而是在丙酮浴中的电极上收集。丙酮通过确保射流中多余的溶剂可以溶解在纤维中而形成纤维，而丙酮本身在聚合物射流到达电极时不会完全蒸发。他们报道由此生产的纯聚苯胺纤维的电导率值从 10^{-3}S/cm 提升到 10^2S/cm，该值归因于溶剂蒸发。在另一项开创性的工作中，Chronakis 等人通过静电纺丝制备了直径在 70~300nm 的导电聚吡咯（PPy）纳米纤维。这些 PPy 纳米纤维是由 PPy 和 PEO 溶液制备而成，根据 PPy/PEO 的比例可定制 PPy 纳米纤维的电导率和平均直径，他们报道的电导率随 PPy/PEO 纳米纤维中 PPy 浓度而变，范围为 $4.9×10^{-8}$ ~ $1.2×10^{-5}$S/cm。

基于 ICP 的纤维和纳米纤维的制备方法和导电性能见表 3-2。请注意，虽然表 3-2 中不一定涉及使用这些纤维作为通过纺织品传递信号的一种手段，但这些纤维是一种纺织品互连的潜在材料，特别是因为一些纤维具有可靠的导电性，并且可以通过传统的纺织品加工方法制造。其中，这些纤维往往具有多功能角色，作为织物的一部分起传递信号的作用，也可以在同一纺织结构的另一部分起传感器的作用。

表3-2　一些纤维形式的导电聚合物的性质

材料	制备	传导机理	力学属性	电学属性
高分子量PANI	湿纺	聚合物分子链中的离域自由基阳离子提供电子导电；	杨氏模量：3~6GPa；抗拉强度：100~300MPa	导电率：72S/cm（未拉伸）；725S/cm（拉伸）
		拉伸使分子链重排对齐，增加平均自由程和导电性	断裂伸长：5%~60%	—
PANI：AMPSA	湿纺	由于在非晶区聚合链的重排对齐，导电性随拉伸增加	杨氏模量：40~60MPa；抗拉强度：20~60MPa	导电率：70~150S/cm
		由于PANI主链上侧链AMPSA阳离子的运动，增加了整块聚合物中的离子输运，导电性随温度增加而增加	—	—
掺杂PANI纳米管	采用无模板法掺杂质子酸	PANI纳米管的管间接触电阻决定了电阻率	—	PANI—CSA电导率：大于300S/cm
		结晶纳米管PANI比粒状PANI具有更低的接触电阻	—	HCl、H_2SO_4、H_3PO_4掺杂PANI的导电率分别为：6.4、1.5、0.35S/cm
PANI—DBSA/Co—PAN复合纤维	湿纺	掺杂程度、在聚合物基体中PANI的分散性、测量技术，这些均影响PANI的导电率	单纤维强度：2.5cN/dtex	导电率：10^{-3}S/cm
		这里导电率受纤维成型时强水洗作用影响，导致PANI-DBSA的脱掺杂		
PEDOT：PSS微纤	湿纺	准1D变范围跳跃模型，归因于在PEDOT：PSS微纤和膜中的电荷传输	杨氏模量：$(1.1±0.3)$GPa；抗拉强度：$(17.2±5.1)$MPa；断裂伸长率：$(4.3±2.3)$%	导电率：10^{-1}S/cm
PEDOT：PSS/PVA复丝	湿纺	PEDOT：PSS聚合物链沿纤维轴向排列对齐提高了混合物的导电性	线密度：1177dtex/30；单纤维强度：$(0.26±0.2)$cN/dtex	导电率：$(7±1)$S/cm
PEDOT：PSS微纤	湿纺，热牵伸	垂直热牵伸使分子链沿纤维方向排列，用乙二醇处理后由于偶极子对的相互作用促使PEDOT链从线圈状转换为线状，且消除PSS绝缘体，从而增强导电性	杨氏模量：8.3GPa；拉伸强度：409.8MPa；断裂伸长率：21%	导电率：2804S/cm

尽管人们已经付出了巨大的努力来提高这些聚合物的导电性，但它们仍然需要进一步的

改进来取代金属导体。ICPs 的另一个缺点是其共轭性质形成的强链接使材料不易纺成细丝和纤维，但是它们可以被涂在非导电纤维上形成导体。

（2）固有导电聚合物作为涂料。第二种方法是通过涂层的方式将导电性聚合物涂覆于纤维表面，从而赋予织物导电性，此方法虽然简单易行，但所涂覆的导电聚合物仅仅覆盖于纤维的外表面，无法达到均匀分布于整根纤维的效果。目前，最常用的方法是以纤维直接作为基材，通过吸附聚合法，使导电化合物在纤维表面氧化聚合，均匀沉积，并有效地渗透于内部，此种制备手段不仅可赋予纤维良好的导电性，而且不损害纤维自身的力学性能。

导电聚合物也用于涂覆纱线或部分织物。在这种情况下，导电聚合物可以通过原位聚合、包覆导电套的芯纱、电化学沉积和化学气相沉积（CVD）等方法应用于基体或纱线表面。聚合物 CVD 是一种有趣的技术，它可以通过各种导电聚合物的薄涂层进行表面改性。在 CVD 中，用于在纱线上沉积 PEDOT，基体表面用液体氧化剂处理，暴露在 3,4-亚乙二氧基噻吩单体蒸气中，这些蒸气聚合成 PEDOT，形成聚合涂层。PEDOT 沉积在聚对苯二甲酸乙二醇酯（PET）和黏胶上，同样的使用 CVD 技术使 PPy 沉积在莱卡上。Yue 等人开发了一种可拉伸电极，该电极由涂覆在高度可拉伸的锦纶—莱卡织物上的聚吡咯制成，用于超级电容器。采用化学聚合的方法对织物进行了改性，该电极表现出了良好的性能，比电容基本保持不变，仅在 100% 的应变幅值下，应变循环 1000 次时略有下降（小于 10%）。他们还报道了在循环伸长和放松周期期间电阻的相对降低（初始表面电阻为 $149\Omega/\text{sq}$）。电导率的提高是由于涂层纱线在拉伸过程中可能增强了表面接触，从而导致 PPy 深入纱线。织物中连续连接的纱线产生了更高的接触电阻，由于纤维间接触增加，纱线的伸长率下降，从而降低了总接触电阻。电感耦合等离子体涂层的纱线或织物在施加应变时出现电阻降低的现象，在可能遇到高应变的应用中具有优势。在另一项研究中，Kim 等人研究了将掺杂的 PANI 通过溶胶—凝胶涂层技术应用于 PET 上的聚丙烯腈包覆聚酯纱线。溶胶—凝胶涂层涉及从胶体溶液到固体凝胶涂层的相变。在这种情况下，PANI 与十二烷基苯磺酸（DBSA）掺杂来增强其电导率。他们研究的电阻从约 $10^2\Omega$（在 10% 浓度的 PANI 条件下）到 $10^6\Omega$（在 3% 浓度的 PANI 条件下），其长度从 1cm 到 20cm。Kim 所检测的溶胶—凝胶涂层的缺陷是，涂层浓度大于 7% 的聚苯胺涂料的凝胶化时间过快会导致纤维涂层多相。

研究发现，为保证涤纶纱线具有高导电性和均匀的保型涂层，需要在浓度、溶液浴温度与取纱速度之间达到微妙的平衡。电化学沉积还提供了一种方便又可控的方法：将 ICP 沉积到各种基底上。用这种方法，单体就会溶解在高度游离的电解液中，通过对该电解液施加外部电位而进行聚合。利用电化学沉积法将 PPy 沉积在包覆有聚氨酯—棉芯—碳纳米管（CNT）的纱线上，用作纱线基超级电容器。采用这种 PPy 涂层机制的优点是它易于应用，且这些超级电容纱线可以发生弹性变形，在高达 80% 的应变下，其电容值变化很小。

表 3-3 总结了一些使用导电聚合物涂覆纱线的方法——说明了与导电聚合物纤维（表 3-2）之间本质导电的区别。

表 3-3　用作纺织纱线上的涂层的导电聚合物

导电材料	基底	制备	导电机理	力学属性	电学属性
PANI	PET 纱	溶胶凝胶涂层	主要是 PANI 导电率随 PANI 含量增加（3%~10%）而降低	涂层 PET 纱比原始 PET 纱模量高	电阻约 600Ω
PP/多壁碳纳米管（MWCNT）	PET 纱	以 PET 为芯的熔融挤出	导电性依赖于 MWCNT 含量，在 100r/min 卷绕速度下为 4.8×10^{-7} S/cm	比应力：250~450MPa/（g·cm^3），与卷速度有关	导电率：0.004~0.88S/cm
PPy	毛纱	原位聚合	相比于对甲苯磺酸盐阴离子掺杂剂，AQSA 阴离子掺杂增加 PPy 涂层羊毛纱的导电率	涂层纱拉伸断裂：17%~21%	电阻：10~50Ω
PEDOT	PET 纱	氧化 CVD	PET 涂层纤维的导电率比黏胶涂层纤维的高，由于黏胶纤维的氧化（$FeCl_3$）更高	拉伸断裂强力（强度）：107N（0.44N/tex）	—
PPy	不锈钢丝纱	电化学沉积	PPy 层使高超级电容器性能成为可能，包覆 Fe_3O_4 磁性粒子阻止在应用中劈裂	拉伸强力：持续维持到应变高达 84% 的周期性拉伸；杨氏模量：持续直到 86% 伸长	电阻：26.1Ω

（二）外源导电聚合物

1. 掺杂　碳黑和金属化合物导电纤维，是将碳黑或铜、银、镍等的硫化物或碘化物通过吸附、涂覆以及与成纤聚合物共混、纺丝等方法制备出复合导电纤维。1974 年，美国杜邦公司最早成功开发并工业化生产了以碳黑高聚物为芯，锦纶 66 为皮的圆状皮芯型复合导电纤维 AntronⅡ。此后，同本东丽公司的海岛型导电腈纶 SA-7，日本钟纺合纤公司的三层并列型导电锦纶 Belltron，东洋纺公司的 KE-9 导电腈纶等一系列碳黑导电纤维和以 CuS 等为代表的金属化合物导电纤维相继问世，大大促进了此类导电纤维的发展。虽然这些导电纤维具有良好的导电性、耐热性、耐化学性等优势，但也存在着径向强度等力学性能不理想的不足，并且碳黑复合纤维的黑色外观也限制了其应用范围。

2. 离子导体　离子导体依靠导体中离子荷载的定向运动（也称定向迁移）而导电。电流通过导体时，导体本身发生化学变化，导电能力随温度升高而增大。顾名思义，这类导体称为离子导体（或称为第二类导体）。在离子导体中可动离子溶度较低，其电导率很小。电解质溶液、熔融电解质等属于此类。金属的电导由电子运动引起，半导体的电导与电子或空穴的运动有关。离子导体则有别于导体和半导体，它的电荷载流子既不是电子，也不是空穴，而是可运动的离子。离子有带正电荷的阳离子和带负电荷的阴离子之分，相应地也就有阳离子导体和阴离子导体之别。

电子导体能够独立地完成导电任务，而离子导体则不能。要想让离子导体导电，必须有电子导体与之相连接。因此，在使离子导体导电时，不可避免地会出现两类导体相串联的界面。即为了使电流能通过这类导体，往往将电子导体作为电极浸入离子导体中。当电流通过这类导体时，在电极与溶液的界面上发生化学反应，与此同时，在电解质溶液中正、负离子分别向两极移动。

在离子导体中，离子参与导电与固体中的点缺陷密切相关。纯净固体中的点缺陷是本征缺陷，有弗仑克尔缺陷和消特基缺陷两类，前者是空位和填隙原子，后者为单纯的空位。它们的浓度决定于固体的平衡温度以及缺陷的生成能。含有杂质的固体多出非本征点缺陷，如 KCl 晶体含有少量 $CaCl_2$ 时，Ca^{2+} 是二价离子，为了保持固体电中性，必须存在一个正离子空位（它带一个负电荷），这种空位便是非本征点缺陷。

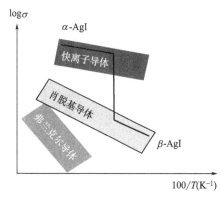

图 3-9 各种离子导体电导率与温度的关系

在外加电场作用下，离子固体中本征的和非本征的点缺陷都会对离子电导作贡献。离子电导率 σ 与温度 T 的关系，如图 3-9 所示，遵从阿伦尼乌斯定律：

$$\sigma = \sigma_0 e^{(-E_a/kT)/T} \qquad (3-1)$$

式中：σ_0 为常数；E_a 为电导激活能；k 为玻耳兹曼常数。

固体中可动离子是阳离子的称为阳离子导体，若是阴离子的则称为阴离子导体。

三、纳米碳基导电材料

截止到目前已开发的各类碳材料的同素异构体见 3-4。碳的同素异构体不同，其性能大不相同。无序结构的炭黑就是常用的铅笔芯材料，三维结构的金刚石就是钻石首饰。

表 3-4 不同碳类材料结构介绍

结构	名称	发明年代	发明人
零维结构	富勒烯	1985 年诞生	德国科学家 Huffman 和 Kraetschmer
一维结构	碳纳米管	1991 年诞生	日本电子公司饭岛博士
二维结构	石墨、石墨烯	2006 年诞生	英国曼切斯特大学安德烈·海姆和康斯坦丁·诺沃肖洛夫教授
三维结构	金刚石	1953 年诞生	—
无序结构	炭黑	—	—

（一）碳纳米管（CNTs）

碳纳米管，又名巴基管，是一种具有特殊结构（径向尺寸为纳米量级，轴向尺寸为微米量级，管子两端基本上都封口）的一维量子材料。碳纳米管可以看作将石墨烯平面卷起，将平面内性质转化为轴向的一种材料，其轴向强度是最高的。因此，与石墨烯类似，碳纳米管也易于进行弯曲、扭曲等形变。与多层石墨烯类似，碳纳米管也有单壁碳纳米管（SWNT）和多壁碳纳米管（MWNTs）等嵌套结构，其机械性能等有显著区别。2017 年 10 月 27 日，世界卫生组织国际癌症研究机构公布的致癌物清单初步整理参考，碳纳米管、多壁 MWCNT-7 在 2B 类致癌物清单中。

碳纳米管主要由呈六边形排列的碳原子构成数层到数十层的同轴圆管，如 3-10 所示。层与层之间保持固定的距离，约 0.34nm，直径一般为 2~20nm。并且根据碳六边形沿轴向的不同取向，可以将其分成锯齿形、扶手椅型和螺旋型三种。其中螺旋型的碳纳米管具有手性，而锯齿形和扶手椅型碳纳米管没有手性。

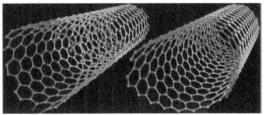

图 3-10　碳纳米管形态示意

碳纳米管中碳原子以 sp^2 杂化为主，同时六角型网格结构存在一定程度的弯曲，形成空间拓扑结构，其中可形成一定的 sp^3 杂化键，即形成的化学键同时具有 sp^2 和 sp^3 混合杂化状态，而这些 p 轨道彼此交叠，在碳纳米管石墨烯片层外形成高度离域化的大 π 键，碳纳米管外表面的大 π 键是碳纳米管与一些具有共轭性能的大分子以非共价键复合的化学基础。

对多壁碳纳米管的光电子能谱研究结果表明，不论单壁碳纳米管还是多壁碳纳米管，其表面都结合有一定的官能基团，而且不同制备方法获得的碳纳米管由于制备方法各异，后处理过程不同而具有不同的表面结构。一般来讲，单壁碳纳米管具有较高的化学惰性，其表面要纯净一些，而多壁碳纳米管表面要活泼得多，结合有大量的表面基团，如羧基等。以变角 X 光电子能谱对碳纳米管的表面检测结果表明，单壁碳纳米管表面具有化学惰性，化学结构比较简单，而且随着碳纳米管管壁层数的增加，缺陷和化学反应性增强，表面化学结构趋向复杂化。内层碳原子的化学结构比较单一，外层碳原子的化学组成比较复杂，而且外层碳原子上往往沉积有大量的无定形碳。由于物理结构和化学结构的不均匀性，碳纳米管中大量的表面碳原子具有不同的表面微环境，因此，也具有能量的不均一性。

碳纳米管不总是笔直的，而是在局部区域出现凹凸现象，这是由于在六边形编织过程中出现了五边形和七边形。如果五边形正好出现在碳纳米管的顶端，即形成碳纳米管的封口。当出现七边形时，纳米管则凹进。这些拓扑缺陷可改变碳纳米管的螺旋结构，在出现缺陷附近的电子能带结构也会发生改变。另外，两根毗邻的碳纳米管也不是直接粘在一起的，而是保持一定的距离。

碳纳米管具有良好的导电性能，由于碳纳米管的结构与石墨的片层结构相同，所以具有很好的电学性能，已广泛应用于功能纺织品开发，诸如紫外防护、抗菌、导电、电磁屏蔽纺织品等。理论预测其导电性能取决于其管径和管壁的螺旋角。当 CNTs 的管径大于 6nm 时，导电性能下降；当管径小于 6nm 时，CNTs 可以被看成具有良好导电性能的一维量子导线。有报道，通过计算认为直径为 0.7nm 的碳纳米管具有超导性，尽管其超导转变温度只有 $-2.72×10^{-2}$℃（$1.5×10^{-4}$K），但是预示着碳纳米管在超导领域具有应用前景。

（二）石墨烯

石墨烯（Graphene）是一种由碳原子以 sp^2 杂化轨道组成六角型呈蜂巢晶格的二维碳纳米材料。石墨烯具有优异的光学、电学、力学特性，在材料学、微纳加工、能源、生物医学和药物传递等方面具有重要的应用前景，被认为是一种未来革命性的材料。单层石墨烯的电导率最高可到 10^7S/cm。英国曼彻斯特大学物理学家安德烈·盖姆和康斯坦丁·诺沃肖洛夫，用微机械剥离法成功从石墨中分离出石墨烯，因此共同获得 2010 年诺贝尔物理学奖。石墨烯常见的粉体生产方法为机械剥离法、氧化还原法、SiC 外延生长法，薄膜生产方法为化学气相沉积法。

如图 3-11 所示，石墨烯中 C—C 键距：0.142nm，层高：0.33nm。一般把 3~9 层厚度的称为石墨烯，更多层数的称作石墨薄膜。就外延生长的石墨烯单原子层而言，从基底到外延石墨烯存在显著的电荷转移，在一些情况下，基底原子的 d 轨道和石墨烯的 π 轨道的杂化对改变外延石墨烯的电子结构也起到重要作用，如图 3-12 所示。

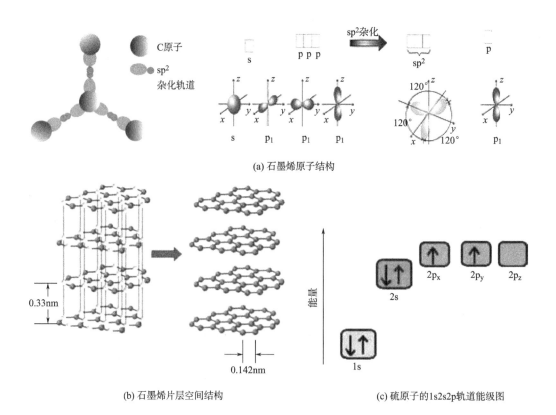

(a) 石墨烯原子结构

(b) 石墨烯片层空间结构

(c) 硫原子的1s2s2p轨道能级图

图 3-11　石墨烯结构模型

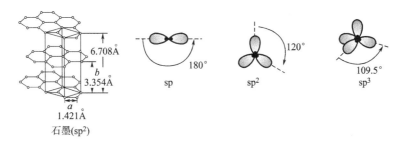

图 3-12　碳的不同杂化形式

如图 3-12 所示，在单层石墨烯中，π 轨道相交，形成了零带隙的导带（空带）和价带（满带）。由于密度状态呈抛物线形，就形成了一股圆锥的形状。

石墨烯层包含了面内 σ 键和面外 π 键。π 键使石墨烯具有电子传导性，并使石墨烯层之间产生了较弱的相互作用，如图 3-13 和图 3-14 所示。（a）为单层石墨烯；（b）为 AA 堆叠的双层石墨烯，石墨烯上层的面外 π 键与下层 σ 键交替，形成一个零间隙的能带；（c）为 AB 堆叠的双层石墨烯，可以形成类似的间接零间隙的能带-X；（d）为在 C 轴施加电场时，能带-Y 上略微增加了约 250meV；黑线表示另一个碳原子的 σ 键共价 σ

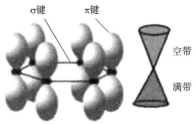

图 3-13　石墨烯片上的面内 σ 键和垂直于平面 π 轨道的示意图

键形成了六边形结构和 e 轴面的刚性主链，即 π 键控制着不同的石墨烯层之间的关联。石墨烯在面内的杨氏模量接近 1TPa，其碳碳键具有相当的刚度，且单原子超薄层状特性使得其在弯曲、扭曲和其他形变中表现出良好的柔性。在已知材料中，其面内电导和热导率是最高的，但层间的各项性能大大下降。

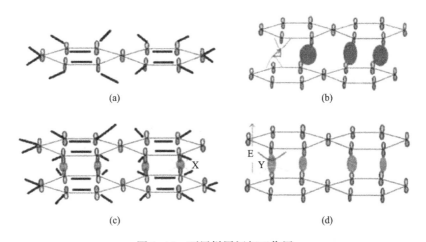

图 3-14　石墨烯层间相互作用

（三）碳纳米材料的纺织加工

通过把具有光电等特性的材料与衣服一体化，或许能制备出智能衣服，如今研究人员通过相关技术成功将单层石墨烯移植到纺织纤维上。如图 3-15 所示，首先通过化学沉积法在铜箔上形成单层石墨烯，再在其上面旋涂 PMMA 薄膜，再刻蚀除去铜箔剩下 PMMA—单层石墨烯薄片，将其转移至聚丙烯纤维或者硅片上并将 PMMA 刻蚀，成功实现了纤维与单层石墨烯一体化。

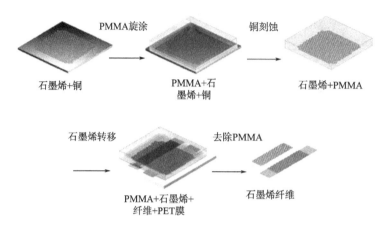

图 3-15　单层石墨烯移植到纺织纤维

与石墨烯一体化后的纤维具备石墨烯的电性能，如图 3-16 所示。这项颠覆性的技术为可穿戴电子设备开辟了广泛的应用前景，有望应用于安防和医疗领域。

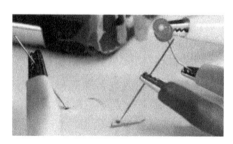

图 3-16　导电石墨烯纤维

作为所谓的"万金油"，碳纳米管或石墨烯复合材料是近年来研究的热点，利用碳纳米管和石墨烯连续纺丝，以及合成各种可控的碳纳米管和石墨烯结构都取得了很大的进展，应用前景令人期待。然而，近二十年的研究并没有使碳纳米管和石墨烯复合材料大规模进入实用领域，载荷转移、界面、分散性和黏度等问题依然悬而未决。通常来说，由于石墨烯和纳米管的微观结构几乎不存在缺陷，其测量得到的局部刚度非常高。但当与其他基质材料复合时，研究发现以下现象。

（1）石墨烯和碳纳米管都是以微粒的形式与其他材料复合，其尺寸（石墨烯的横向尺寸/碳纳米管的长度）可达几百微米，而这种短纤维载荷转移能力较弱，在用碳纳米管或石墨烯分散制备复合材料时此问题较为突出。

（2）石墨烯和碳纳米管的表面平滑，几乎不存在悬挂键或缺陷位点（边缘除外），导致填料—基质界面相互作用力不强，使得在机械变形过程中界面载荷的传递差，电子和声子的散射度高，影响了导电性和导热性。在工业上，此类界面问题是复合材料的主要障碍，目前工业上通过化学改性来指定颗粒的尺寸，但是对于纳米管和石墨烯来说，对其表面官能化可能损害它们的固有性质。

（3）这种改性就涉及第三个问题，也就是在基质中碳纳米管和石墨烯分散不均匀。若不经表面处理,它们之间的范德华力使得碳纳米管或石墨烯容易团聚,生成连接性较差的界面和一些应力集中的位点,严重影响复合性能。非共价官能化方法可部分解决分散问题,但对于解决界面问题是无效的。

(三) 其他非碳 2D 导电材料

加利福尼亚大学尔湾分校的 XIA Jing 表示,一种称为 CGT 的新型材料可用于制造具有单一原子厚度的超快速计算机存储器件。他们在《Nature》杂志上发表的论文中展示了 CGT 的单原子层膜,即铬锗碲化物,与石墨烯具有许多相同的性质,但也是磁性的。这打开了使用 CGT 用于 2D 计算机内存设备的大门。在常规电子学中,电子作为消息载体,以每秒大约一百万米的速度流过电路(确定的是电磁能本身流动得更快)。但 XIA 和他的同事正在探索完全放弃电子,而是使用不同种类的粒子传输信息。其中之一是狄拉克费米子,可以以每秒 3 亿米的速度流动,——接近光速。在《Science Advances》上发表的一篇论文中,XIA 表明,使铋和镍接触可以创造出一种异乎寻常的 2D 超导体,它可利用另一个叫作 Majorana 费米子的粒子作为消息载体,并表明它们可以传播而不会产生耗散或发热。此外,Majorana 费米子也可以用来增加称为量子计算机的超强功能的稳定性。XIA 和他的同事证明了称为六硼化钐的材料可以稳定在一个 2D 表面状态,也可用于发送由狄拉克费米子承载的极限电流信号。以前,当冷却到超低温-200℃时,材料才能用于此目的。但在他们的新实验中,XIA 及其同事设法将温度控制在接近-30℃。

四、高导电复合材料

导电复合材料是由两种成分构成的复合物:绝缘基体和导电电荷。基体一般为电绝缘的聚合物,增强体是以各种形式存在的导电材料。在导电复合材料中使用的导电体主要包括三类。一类是金属(铜、银、铝、镍等)。这些具有良好的导电和导热性,同时它们的表面能高,易于氧化;一类是碳[石墨、石墨烯、碳黑(CB)、碳纳米管等]。它们具有优良的稳定性和相对低成本性,当然除了 CNT 和石墨烯。一类是导电聚合物(PPy、PANI、PEDOT 等)。这些材料才出现不久,它们的特性前面已介绍。

在树脂基体中填充导电粒子获得高导电复合材料的导电机理,主要包括渗滤理论、有效介质理论和隧道效应理论等。

(一) 渗滤理论 (Percolation Theory)

最早阐述渗流作用理论数学家是 HAMMERSLEY J M,1957 年在研究无序介质中的流体时提出该理论。当导电填料含量较少时,其孤立分散于树脂基体中,无法形成导电通路,随导电填料含量的增加,填料之间相互接触,形成导电通路,复合材料的体积电阻率骤减,这个现象称为导电渗滤现象,与之对应的导电填料含量称为渗滤阈值。根据渗滤理论,当复合材料发生渗滤以后 ($\varphi > \varphi_c$),复合材料的电导率和填料自身电导率、渗滤阈值、体积分数之间具备如下关系:

$$\sigma = \sigma_0 \cdot (\phi - \phi_c)^t \qquad (3-2)$$

式中:σ 为复合材料体积电导率;σ_0 为导电填料自身电导率;Φ 为导电填料的体积分数;Φ_c 为渗滤阈值;t 为与导电填料尺寸、形貌等相关的常数(1.6~1.9)。

渗滤理论从宏观趋势上阐述了导电复合材料电导率与导电填料体积分数间的关系(图

3-17），但其未考虑颗粒形状、粒子的分布形式、基体与填料的界面结合等与导电相关的微观机制，因而理论值与实际结果可能存在较大偏差。

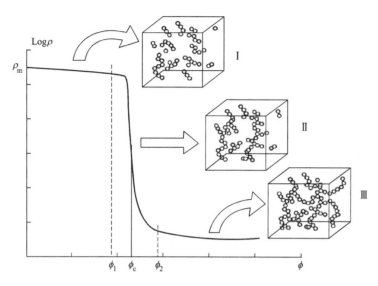

图 3-17　导电聚合物复合材料电阻率的对数与导电微粒浓度之间的关系
子图为在聚合物基体中导电微粒的排列示意图

（二）有效介质理论

该理论主要是指纳米金属颗粒弥散于电介质基体，所构成的复合纳米金属复合材料微结构的模型理论。将无规非均匀复合材料的每个颗粒视为处于相同电导率的有效介质中，是一种处理二元无规对称分布体系中电子传输行为的有效方法。根据有效介质理论，Mclachlan提出了有效介质普适方程，认为材料导电行为与导电填料和基体都有关，该方程将有效介质理论和渗滤理论有机结合在一起，可以预测具有不同形态和分布的两相复合体系的导电性能，但该理论没有揭示出基体和界面是如何参与导电的。

金属导电性（微粒之间直接接触，图 3-18）为仅当微粒之间直接接触才能出现。电子从一个微粒自由移动到另一个微粒，类似于在金属导体内导电。跳跃效应（微粒之间没有直接接触，图 3-18 中 B 类微粒）是源自某个微粒的电子必须跳跃到另一个微粒上，利用其动能穿过聚合物基体内部的间隙，该动能必须超过所要穿过的禁带势能。导电性建立在具有足够势能的微粒间，不仅仅是相距最近的微粒间。

（三）隧道效应理论

该理论认为在聚合物导电复合材料中，只有部分导电填料是直接接触形成导电通路，另一部分孤立分布的导电填料间（图 3-18 中 A 类粒子）则依靠热振动或填料间激发的电场作用激发的电子，穿越聚合物层（小于 10nm），跃迁到邻近填料上，形成隧道电流，从而形成导电通路（图 3-19）。应用量子力学来研究材料的电阻率与导电粒子间隙的关系。材料电阻率与导电填料的浓度及材料环境的温度有直接关系。在二元组分导电复合材料中，当高电导组分含量较低（在渗滤阈值附近）时，隧道导电效应对材料的导电行为影响较大。与跳跃效应的区别是，即使电子没有足够的动能跨过带隙，隧道效应发生的概率也不等于 0。电

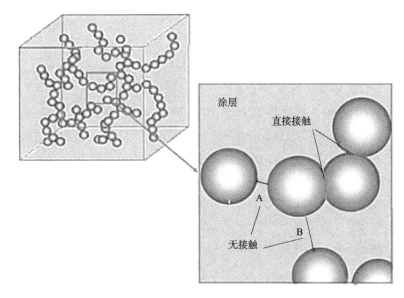

图 3-18　聚合物基体内导电微粒间接触和无接触位置示意图

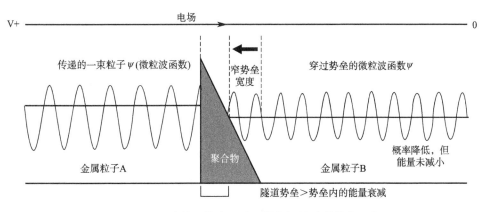

图 3-19　聚合物基体内两导电微粒间的隧道效应示意

子类似于一种电磁波,在微粒内移动。当波碰到势垒时,它不是立即消失,而是在跨越该势垒过程中呈指数级减小。如果势垒不太高,则波达到势垒另一面的波幅不为零,因此,电子在另一个微粒处出现的概率不为零。简单来说,量子力学认为,即使粒子能量小于阈值能量,很多粒子冲向势垒,一部分粒子反弹,还会有一些粒子能穿过,好像有一个隧道,故名隧道效应(Quantum Tunneling)。

五、导电油墨

导电油墨作为印制技术的专属材料,是一种具有一定程度导电能力的特殊油墨,由导电颗粒(银、铜、石墨、炭黑)分散在连接料(有机载体)中,形成一种导电性复合材料。其印刷到承印物[纸、聚乙烯(PE)、聚酯(PET)等]上后,可起到导线、天线、电阻、电感、电容等基本电子元件的作用。也就是说,导电油墨在未固化的状态下是一种分散体系，导电颗粒分散在连接料中，是不能导电的；导电油墨在干燥时，随着溶剂的挥发和聚合物前驱体的聚合反应，导电颗粒间距离变小，自由电子沿外加电场方向移动形成电流，从而具有良好的导电性能。

常见导电油墨为固化型导电浆料。固化型导电浆料由导电填料、黏结剂、溶剂、添加剂等组成。其外观是黏稠的浆状物，习惯上称为导电油墨。浆料经丝网印刷、喷墨打印等印刷、固化（一般低于150℃）制得导电膜层。图 3-20 给出了纳米银烧结黏附机理模型。固化型电子浆料应具有优异的工艺性能和使用性能。工艺性能主要包括两个方面：一是在印刷过程中需要具有良好的丝印特性；二是在固化过程中，导电膜层电阻能在较低的温度和较短的时间内实现稳定。浆料的使用性能是指浆料的固化膜与基材要有比较高的附着力，固化膜的方阻较低，同时要不易氧化、性能稳定、耐酸碱和溶剂腐蚀。按功能相的不同，固化型导电浆料分为导电银浆和导电碳浆。导电银浆的方阻一般小于 50mΩ，成本高。导电碳浆的方阻一般都大于 30Ω，成本低廉，性价比高。

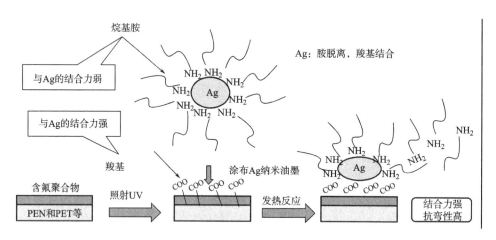

图 3-20　纳米银烧结黏附机理示意

根据导电油墨中导电粒子的填充量，其导电机理分为渗流效应和量子力学隧道效应。渗流效应和量子力学隧道效应受导电粒子之间的间隙的影响。导电油墨在转印到承印物上时是不导电的，随着油墨的干燥固化，导电性能才逐渐显著，这期间就发生隧道和渗流效应。当导电金属粒子之间的间隙小于 10nm 或者是导电油墨中金属微粒的含量过高时，导电油墨层会沿外加电场的方向形成导电通道。在导电通道中，自由电子移动形成电流，粒子间隙越小，占有的比重越大，形成的导电通路导电能力就越强，这就是导电油墨的渗流效应。导电油墨的导电通道的形成可以用图 3-21 来表示。

所以，导电油墨是否能实现导电与其导电粒子的数量和接触情况密不可分。导电油墨的导电机理还在不断研究和完善中，比较有代表性的理论有渗流作用、隧道效应和场致发射。图 3-22 中的导电机理模型图能更加直观地理解导电油墨导电过程中所涉及的渗流理论、隧道效应和场致发射机制等导电机理；另外，也能在一定程度上帮助理解这些理论中的数学模型和方程关系式。本质上，导电油墨在固化或烧结后也是一种高导电复合材料。

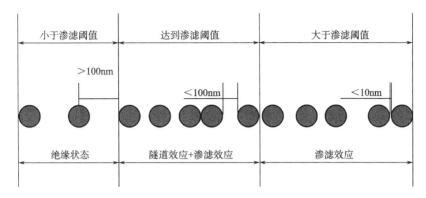

图 3-21 导电油墨的导电通道示意图

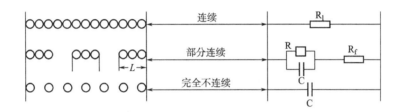

图 3-22 导电油墨的导电机理模型

导电油墨之所以能够导电，不仅是因为导电粒子的相互接触形成导通电路，也会因为热振动和内部电场作用使导电粒子间产生迁移而形成导通电路。当复合体系中的导电填料占有率比较低时，渗流理论解释不了复合体系的导电机理。但可以用隧道效应和场致发射机制来解释。当在导电填料的含量较低，外加电压也较低的情况下，导电粒子间距较大，形成链状导电通道的概率非常小，此时，隧道效应起主要导电机理作用；当在导电填料含量较低和外加电压较高的情况下，导电粒子间的强烈的内部电场使电子能够飞跃树脂界面层，跃迁到相邻的导电粒子上而产生电流，这就是场致发射机制。

针对以上理论，研究学者主要从导电油墨银粒径、形状及银含量、烧结固化方面对印刷导电层的电阻进行了相关分析。

导电油墨银形状主要分为球状、片状及带状。研究发现片状和带状的银墨印制质量优于球状，拥有较小的电阻值。从印刷质量方面考虑，不同含银量主要影响导电油墨的黏度，对印刷过程有较大影响。从印刷天线电学性能考虑，当导电油墨中的银微粒含量在 35% 以下时，导电油墨印刷射频识别（RFID）标签天线的表面电阻率很大，此时 RFID 标签天线内部损耗的能量大，发射出去的能量少，导致 RFID 标签天线成为不合格产品，且 RFID 标签天线墨膜转角处粗糙，印刷品质较低；当导电油墨中的银微粒的含量增到 55% 时，标签天线的表面电阻率降低，导电性能变好；当导电油墨中的银微粒的含量增到 65% 以上后，标签天线细导线的印刷均匀度严重下降，墨层的表面粗糙度增加，电阻率增大，线路的电阻也增大。所以，要想印制 RFID 标签天线的表面电阻率很低，既不能让其银微粒填充量过高，也不能让其过低，银含量在 60% 左右较为适合。由此可见，控制导电油墨参数获得电学性能较好的导电层是开发丝网印刷传感器件的关键。

随着电子元件的微型化，电子浆料印刷越来越精细。印刷的线条越细，则要求线条扩边率越低、边缘清晰度越高。对于丝网印刷低温浆料，线宽要求达到100μm。低温银浆高分辨率印刷需要具有以下特性：印刷过程中浆料受到刮刀的剪切与丝网的摩擦，黏度急剧下降，从而在网板上被涂布均匀，通过丝网，流平弹起后丝网空隙；转移至基材后黏度急剧提高，在基材上不流动，浆料黏弹性以弹性为主，保持线路边缘光滑和较小的扩边率。低温银浆干燥后树脂收缩，片状银粉间搭接面积大，电子流动通道增多，电阻值低。选用粒径小、分布窄、振实密度大、比表面积小、表面疏水的片状银粉制备银浆，有利于载体与颗粒的亲和，丝印时颗粒转移至基材。影响银浆精密印刷性的主要因素为有机载体。研究有机载体中溶剂黏度、表面张力、树脂分子量、触变剂种类和银粉含量对低温银浆触变性和黏度的影响，在此基础上制备高分辨率丝印低温银浆，实现电子元件线路精密布线。

导电油墨的烧结固化是形成高导电性导体的关键。影响固化过程主要因素包括固化温度和固化时间。考虑到导电油墨在固化过程中溶剂的挥发速率和分子链段的热运动，固化温度和时间对以上两种问题具有显著的影响，导电油墨中溶剂挥发速率过快或过慢均对印刷导电层天线结构有破坏。同时，固化温度影响导电油墨和基片间分子链段的热运动，决定油墨与基片间的分子间作用力。比如，就不同固化温度对印刷纳米银墨与PVP聚合物间黏结力的影响而言，固化温度高于基片材料的玻璃化温度，有利于油墨和基片间黏结力的增强，随着固化温度的改变，印刷银墨表面结构亦会发生变化。实际上，在不同固化条件下纳米银薄膜的表面结构发生了显著变化（图3-23），从刚开始150℃的小颗粒团聚到300℃的大块团聚。对此，相关学者对不同固化条件下的银墨膜层电阻变化进行了研究，发现延长固化时间或提高固化温度可使导电油墨的电阻减小。为了制备导电性较好的导电薄膜，需要进一步优化固化条件，尤其是针对织物型基片，还要考虑温度对基片的影响。

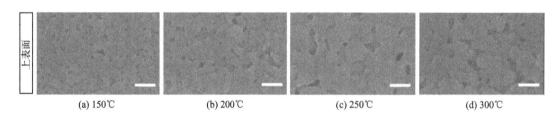

|上表面|

(a) 150℃　　　　　(b) 200℃　　　　　(c) 250℃　　　　　(d) 300℃

图3-23　不同固化条件下的纳米银薄膜表观形貌

六、导电水凝胶

导电聚合物已成功地在水凝胶网络中聚合，这使得电活性水凝胶的生产成为可能。它将聚合物的氧化还原转换能力与水凝胶快速离子迁移性和生物相容性结合起来。这些电活性水凝胶可以产生的尺寸范围广泛，可以结合生物活性分子，并且可以被纳米化来模拟细胞外基质。这些特性使它们成为植入式生物传感器、药物释放装置和脑深部刺激器的理想选择。电活性水凝胶的例子是PANI—聚乙烯吡咯烷酮（PVP），PANI—聚丙烯酰胺和PPy/PANI聚丙烯酰胺水凝胶。

通过电化学方法，PPy 还被添加到由聚 2-甲基丙烯酸羟乙酯（HEMA）制成的支撑水凝胶中，或者用 PMAS 掺杂剂来制成水凝胶。以这种方式合成的 PPy 具有极大的比表面积，从而使 PPy 水凝胶的阻抗比 PPy 薄膜低得多。用 PPy 和复合黏多糖制备了一种类似的水凝胶复合材料，并被证明在合成过程中，通过施加电势，能够释放出结合在它上面的蛋白质。该水凝胶复合材料被证明是无细胞毒性的，是一种理想的释药材料，也是用于神经和肌肉组织工程的理想材料。

第三节 导电纺织材料的加工技术

上述柔性导电纤维多数具有良好的可纺性能，可与单一或多种不同导电材料混纺，或与不导电材料混纺得到不同规格和不同导电性能的柔软纱线，再根据不同的应用场景和产品设计等因素，选择合适的纱线织造成为多功能的柔软智能面料，应用于不同的智能服装设计。与此同时，服装的设计制造也非局限于面料的裁剪缝制，辅料的添加、装饰的细节、饰品的搭配等，都是不可或缺的环节，因此，新兴的导电材料也可运用于其中。如将导电纱线镶嵌于拉链、魔术贴、衬里等服装辅料中，而这些新型的导电拉链、魔术贴不仅能帮助形成完整的导电回路，也可充当开关的功能。导电衬里或黏剂，可以实现多层结构的柔性导电材料，实现电池、电容、传感器、制动器等不同功能的柔性电子元件。运用这些导电材料，根据纺织传感系统中不同样品的不同特点和规格要求，将采用不同的工艺，而这些工艺分类如图 3-24 所示。

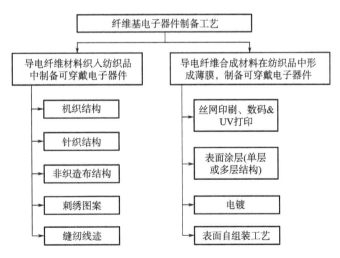

图 3-24 纤维基传感系统电子器件制备工艺分类

通过这些技术可制作：智能电子纺织品元件，纤维集合体器件，如纤维场效应管和纱线超级电容；微电子与纤维集成器件，以实现可视、可听、可传感、可通信的多功能性能等；微电子与纤维集合体集成器件，如嵌入式柔性可拉伸电子器件；纤维集合体微电子器件，其中包括 3 种电子元件电子纺织部件。一是纤维织物形式的电路功能元件，如纤维晶体管、织物天线、织物显示器、织物电路板；二是传感器与传感网络、压力和剪切应力、大平面内应变、生物电势、人造电子皮肤；三是可穿戴的能量采集与能源存储设备，基于纤维结构的纳米发电器可转换环境、人体运动产生的能量为电能，如单纤维型超级电容器、织物型超级电容器，储存并应用于可穿戴微电子系统和柔性纺织电池。其中，柔性纺织电池可基于石墨烯材料制成，外部采用简单的丝网印刷技术，电动机会因为油墨和纺织品之间的强烈相互作用而表现得十分稳定，并具有良好的操作安全性和长循环寿命，可支持快速充电，允许水洗。

在制造加工之后，导电纤维/纱线分为：本征导电纤维/纱线（天然导电）和外部导电纤维/纱线（经过处理后导电），这些纤维/纱线的优缺点见表3-5。

表3-5 本征和外在导电纤维/纱线的优缺点

工艺制备	纤维/纱线	优点	缺点
本征型	金属系	高导电率（10^6 S/cm）	成本高，质量重、脆；延展性和舒适性差；对水洗及出汗敏感，在服装中非均匀加热
	碳系	高导电率（$10^4 \sim 10^6$ S/cm）；强度高、刚性大、耐疲劳；	黑色；难于集成到结构中；对健康有害
	ICPs	质量轻	机械强力低；脆，难加工
外在型	导电填充	高导电率；可成型	工艺影响；加工成本高
	导电涂层	高导电率（10^6 S/cm）；机械性能好	加工成本高；硬而脆；质量重

一、导电纤维/纱线

（一）本征导电纤维/纱线

本征导电纤维/纱线由具有高导电性的材料（完全导电的基材）制成。

1. 金属纤维/纱线　金属纤维由导电材料制成，如铁合金、镍、不锈钢、钛、铝、铜，通过束拉或刮削工艺剃掉薄金属薄板的边缘。这些纤维具有高导电性，但比大多数纺织纤维更脆、更重。斯普林特金属公司2015年根据其直径识别金属纤维（2~40mm）和细金属线（1.4~30mm）。由金属纤维制成的金属纱/线非常细，可以编织成织物或用于在部件之间形成互连。

最初，导线主要用于洁净室服装、军用服装、医疗应用和电子制造等领域。他们可具有多种功能，如抗静电应用、电磁干扰屏蔽（EMI）、电子应用、红外线吸收和爆炸区域防护服。生产金属纤维的常规方式是机械生产方法进行拉丝。这一过程分多种拉伸步骤，分别为粗伸、中伸、细伸和梳理（图3-25）。

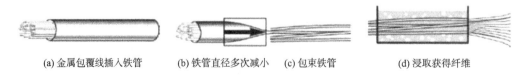

(a) 金属包覆线插入铁管　(b) 铁管直径多次减小　(c) 包束铁管　(d) 浸取获得纤维

图3-25 金属纤维生产图

金属线最初的直径由材料决定。比如，铜，通常为8mm，而铁则采用5mm。拉伸之后，金属线在600~900℃的温度范围内退火。随后进行淬火。最终将金属线缠绕在旋转的拉丝圆筒上。目前，国内外一些公司生产的金属单丝已可以与各种纤维混纺，也可以直接用于编织和针织。重要的是，根据所使用的材料的不同，可呈现不同的电学性能（表3-6）。产品包括铜（Cu）和镀银铜（Cu/Ag）丝，黄铜（Ms）和镀银黄铜（Ms/Ag）丝，铝（Al）丝到铜包铝（CCA）丝。

表3-6　金属单丝纤维的电学性能

电学性能					
金属	电导率（S/m）	电阻率（Ω·m）	热阻系数		
			最小值	一般值	最大值
Cu	58.5	0.0171	3900	3930	4000
Cu/Ag	58.5	0.0171	3900	4100	4300
Ag99%	62.5	0.0160	3800	3950	4100
Ms * 70	16.0	0.0625	1400	1500	1600
Ms/Ag	16.0	0.0625	1400	1500	1600
AgCu	57.5	0.0174	3800	3950	4100
Bronze	7.5	0.1333	600	650	700
Steel 304	1.4	0.7300	—	1020	—
Steel 316L	1.3	0.7500	—	1020	—

* 德国 Milbe 名词，其中"Ms"伴随的数字表示 Cu 中的成分对于 Zn 补充至100%。

满足一定纺织纤维特性的金属单丝并入基础纱线，如棉、聚酯、聚酰胺和芳族聚酰胺中。金属单丝由铜、黄铜、青铜、银、金、铝等制成。图3-26展示了一种典型的导电纱线，由基础纤维和围绕它们扭转的金属单丝组成。

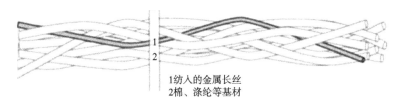

1 纺入的金属长丝
2 棉、涤纶等基材

图3-26　普通纤维与导电纤维扭曲示意

2. 碳纤维/纱线　碳纤维/纱线是碳含量大于90%的纤维状碳材料。它们通过1000~1500℃的热处理从有机物转化而来。这些纤维/纱线具有优异的性能（强度高、导电性好、稳定、密度低、热膨胀系数低至负、耐热性好）。他们用作吸附材料、防静电（ESD）材料和复合材料中的增强材料。其生产条件和结构中存在的杂质的组成和结构的变化是其电阻率变化的原因，导致从导体到半导体的转换。

3. 复合导电纤维/纱　这类纤维采用导体与基体混合液经不同的纺丝方法生产。通过将导电填料（金属粉末、金属纳米线、炭黑（CB）、碳纳米管（CNT）、ICP）添加到非导电聚合物（聚丙烯，聚苯乙烯或聚乙烯）中制备导电填充纤维/纱线。熔纺和湿纺是制备这种纤维/纱线的常用方法。湿法纺丝工艺确保纤维/纱线的电气和力学性能优于熔融纺丝生产的纤维/纱线。

完全由 ICP 制成的纤维/纱线通常通过熔融纺丝、湿纺丝或静电纺丝生产。ICP 主要是非热塑性材料，在低于其熔点的温度下分解。因此，熔融纺丝不是用于 ICPs 纤维/纱线纺丝的非常好的技术。在静电纺丝的情况下，不稳定性和低浓度问题是该过程的主要局限。有研究通过熔融纺丝低成本热塑性反式–1,4–聚异戊二烯和掺杂碘制备 ICPs 纤维，其精度可达 0.01mm，电阻率可低至 10^2S/m［图 3–28（a）］。拉伸可以改善纤维中反式–1,4–聚异戊二烯晶体的取向和纤维的导电性。这种纤维可用于纺织和其他领域。

Soroudi 和 Skrifvars 对通过熔融纺丝工艺制备的导电聚合物长丝进行了研究（图 3–27）。PP/PA6/PANI 复合物的三元共混物显示出基质核—壳分散相形态，具有变化的液滴尺寸。二元 PP/PANI 络合物和三元 PP/PA6/PANI 络合物共混物的电导率取决于纤维拉伸比。三元混纺纤维具有更光滑的表面和更均匀的纤维。

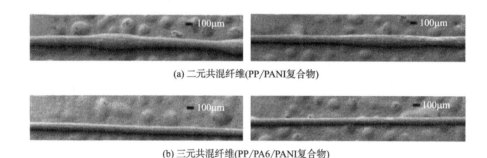

(a) 二元共混纤维(PP/PANI复合物)

(b) 三元共混纤维(PP/PA6/PANI复合物)

图 3–27　低真空 SEM 图像

Jalili 等人报道了一种新型的一步纤维湿法纺丝生产聚 3,4–亚乙基二氧噻吩：聚苯乙烯磺酸盐—聚乙二醇（PEDOT：PSS—PEG）纤维，其电导率从 9S/cm 增加到 264S/cm 和经乙二醇（EG）后处理的 PEDOT：PSS 纤维的氧化还原循环性能［图 3–28（b）］。

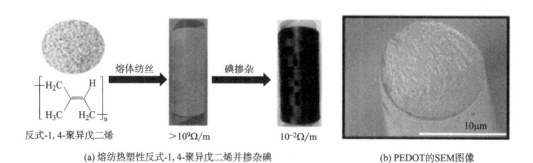

反式-1,4-聚异戊二烯　　>10^9Ω/m　　10^{-2}Ω/m

(a) 熔纺热塑性反式-1,4-聚异戊二烯并掺杂碘

(b) PEDOT的SEM图像

图 3–28　ICPs 纤维

纤维的质量受到纺丝配方和凝固浴的影响。一步法制备 PEDOT：PSS—PEG 纤维的方法比经 EG 后处理的 PEDOT：PSS 纤维具有优势。所得纤维的电学、电化学和机械性能对分子

排序、电荷离域、纺丝参数和处理条件的依赖性是明显的。

为了合成 CB—聚合物纤维/纱线，将一定量的 20~100mm 的 CB 颗粒直接加入熔体或热塑性聚合物中，将聚合物熔体熔纺成导电聚合物纤维/纱线。纤维中 CB 的浓度高于10%，而纱线中的浓度为 10%~40%。随着 CB 浓度的增加，已开发纱线的力学性能下降，这限制了纱线的导电性。CB 填充聚合物纱线的主要优点是 CB 为低成本，商业可用性以及纱线的合成过程的容易性。由于 CB 为黑色，所生产的纱线外观在许多应用中不符合需要。

CNT 具有独特的一维结构和非凡的物理特性（高纵横比、重量轻、良好的导电性和导热性）。由于这些特征，CNT 被认为是比 CB 更好的导电添加剂，用于制造纤维/纱线。与原始纤维/纱线相比，CNT 填充的纤维/纱线的力学性能得到改善。这些纤维/纱线可以通过熔融纺丝、湿法纺丝或静电纺丝技术纺丝。

（二）外部导电纤维/纱线

外部导电纤维/纱线通过导电和非导电材料的组合制成，并且他们显示出高电性能。这类纤维材料也是经处理的导电纤维，特殊处理涉及混合、复合或涂层过程。

纺织品的纱线可以用电子设备进行功能化，而不是将电子设备连接到纺织品基材上。也可以通过用金属包裹、电镀或金属盐涂覆纤维来生产导电纤维。可以将涂料填加到纤维、纱线甚至织物的表面上制造导电纺织品。常见的纺织涂层工艺包括化学镀、蒸发沉积、溅射，用导电聚合物涂覆纺织品。有研究以传统的基于预成型件的纤维加工为基础，在加工过程中可以轻松生产数千米长的功能性纤维。

另一项相关工作是使用纺织品中的交叉纱线来制造晶体管。图 3-29 展示了基于纱线的晶体管的示意图。所得晶体管在栅极电压为 1.5V 下的开关瞬时电流比大于 1000。图 3-29 表示涂有 PEDOT：PSS 的两根纱线，一根用作晶体管的栅极接触，另一根用作漏极和源极接触。在两根纱线的交叉处放置电解质。在电解质和 PEDOT：PSS的界面上进行的氧化还原过程使晶体管导通和断开。

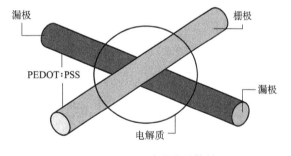

图 3-29　基于纱线的晶体管

图林根—沃格兰纺织研究所（TITV，Greiz，德国）成功通过在传统纱线上涂覆金属层生产导电线，命名为 ELITEX®。他们使用涂有薄银层的 Shieldex 锦纶 66 线作为基础材料。比电导率为 1.2×10^3S/cm，导电线的电阻率为 $8.34\Omega \cdot mm^2/m$。因此，电阻率太高而无法传导电流。

导电涂层纤维/纱线是通过用导电纤维/纱线（金属、CB、CNT 或 ICP）涂覆绝缘纤维/纱线而生产。这些纤维/纱线的特性取决于导电材料的类型和制造工艺。各种类型的金属，例如，银、铜、铝和金，可以沉积在由 PA6、PP 等制成的聚合物纱线上。可以使用多种涂层技术，包括聚合物—金属层压、物理气相沉积、金属漆刷和化学镀。金属涂层纱线的缺点是金属层可能由于洗涤或其他类型的机械磨损而剥落。有研究在棉线上采用化学镀铝，并且导电棉线的阻值为 0.2Ω/cm。在聚合物纱线上通过简单的浸渍和干燥技术涂覆 CNT 或 CB。图 3-30 展示了在棉/PU 复合纱上涂 CNT 的工艺。纱线或长丝的实验体积电阻率为 0.2～1kΩ·cm，这些导电纱线已被用于一种满足智能织物的压阻式应变传感器。

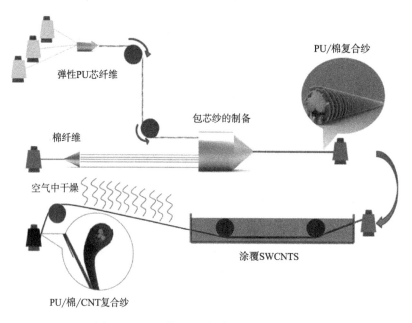

图 3-30　PU/棉/CNT 复合纱制备工艺流程

通常使用两种技术将 ICP 层涂覆到纺织纱线上：浸渍—干燥方法和化学溶液/蒸气聚合。涂层基底、材料和方法对应导电性列于表 3-7 中。ICP 涂层对纱线力学性能的影响取决于 ICP 和纱线类型、ICP 和氧化剂的浓度、涂层均匀性和厚度。

表 3-7　涂覆本征导电聚合物的纱线

纱线	ICP	涂层技术	线电阻（导电率）
羊毛、棉、锦纶、聚酯	PANI	湿聚合	长丝：23kΩ/cm
PET（聚酯）	PANI	浸渍烘干	100Ω/cm
羊毛	PPy	湿聚合	4.8kΩ/cm
羊毛，棉，尼龙	PPy	气相聚合	0.37～3kΩ/mm
锦纶 6，聚氨酯	PPy	气相聚合	—
丝	PEDOT：PSS	浸渍烘干	8.5S/cm
丝	PEDOT：PSS	电化学聚合烘干	2kΩ/cm
黏胶	PEDOT：PSS	气相聚合	—

二、导电织物

现阶段，导电织物的制备，既可采用将导电纤维编织入织物内部的方法，也可用织物金属化处理的方法，即通过金属涂层、化学镀等方法使织物表面获得金属导电层，实现织物导电。根据导电织物的制备方法不同，主要可分为复合法、刺绣法、涂层法、化学镀法、化学聚合法等。

（一）复合法制备导电织物

复合法是制备导电织物最传统和最重要的方法，其主要可分为两种情况。第一种情况是将金属基导电纤维/纱线与普通纱线整合到织物的组织结构中。有多种不同的方法生产金属基纱线：加捻金属丝、金属涂层和金属纤维（图3-31）。图3-31（a）采用金属丝缠绕聚酯纱的方法，图3-31（b）为在聚酯纱表面用化学方法涂薄金属层，图3-31（c）为直接由金属长丝构成金属纱。另一种方法是改变织物的结构层，采用嵌织等手段，使织物具有导电层和不导电层在复合法制备导电织物的方法中，将金属纤维及纱线织入织物，如何保证导电织物的手感柔和及穿着舒适性是一个需要着重解决的问题。

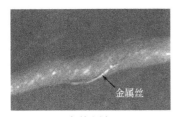  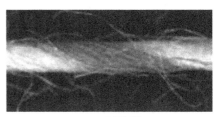

(a) 加捻金属丝　　　　　　　　(b) 金属涂层　　　　　　　　(c) 金属纤维

图3-31　生产金属基纱线方法图

就在织物中插入导电纱线而言，导电纱通常通过机织、针织或编织技术集成在纺织品结构中。然而，它们在结构中的整合是一个复杂的过程。采用德国P-D玻璃纤维集团生产的E-玻璃/聚丙烯（GF/PP）混合纱，以及PEDOT：PSS涂覆的纱线作为应变传感器，织制织物传感器（图3-32）。其中，四个PEDOT：PSS纺织传感器（间隔2cm）分别在经线和纬线方向上集成。

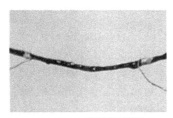 

(a) PEDOT：通过卷对卷涂　　　　(b) 带有集成纺织品
　　布的PSS纱线　　　　　　　　　传感器的2D织物

图3-32　纺织品传感器插入织物

镀银锦纶和弹性纱线通过平床针织技术制造传感针织物。导电纱线仅位于针织物的工艺面（图3-33）。在编织传感器伸长之前，在力加载阶段时，接触压力和导电环之间的接触区域的数量显示了他们的阻值高。增加导电层的数量会产生更大的弯曲倾向，这会影响线性工作范围的起点。

苏黎世联邦理工学院（ETH）的电子部门和可穿戴计算实验室的研究人员设计了一种

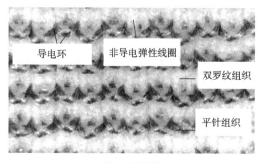
(a) 具有导电纱线的技术面

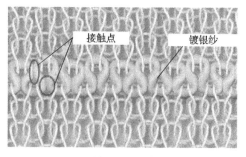
(b) 导电环之间的接触点

图 3-33 感测针织物

平纹纺织结构，由涤纶纱线和一根铜线绞合而成。最初，他们从标准设计开始构思[图 3-34（a）]，随后研究人员设计了一种名为 PETEX 的混合织物[图 3-34（b）]。它由直径为 42μm 的编织聚酯单丝纱（PET）和直径为（50±8）μm 的铜合金丝组成。每根铜线本身都涂有聚氨酯漆作为电绝缘物质。纺织品中的铜线栅格间有 570μm 的间距（经线和纬线中的网眼数量为 17.5 个/cm）。

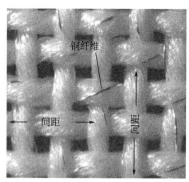
(a) 用聚酯纤维和铜纱混捻的标准设计

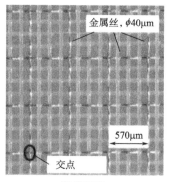
(b) PETEX

图 3-34 平纹纺织结构图

　　通过 PETEX，ETH 研究人员介绍了一种新的导电纺织品制造方法。目标是实现定制纺织电路（图 3-35）。通过连接织物嵌入的铜线建立电路元件之间的布线结构。必须将切口放置在布线中的特定位置，以避免铜线短路。用激光烧蚀去除在特定交叉点的铜线上的涂层，切断电线，避免激光下信号泄漏，用一滴导电黏合剂创建互连点，用环氧树脂附着以增加机械和电子保护。

　　以 28dtex/5f 碳黑型涤纶基质复合导电纤维为实验基材，通过和 13tex 涤/棉纱并捻、嵌织的手段，以针织圆机为实验仪器，开发了抗静电面料。主要研究了经纬向的导电纤维间距和导电长丝含量与抗静电之间的关系，寻找了合适的导电纤维含量，为实际的生产实践起指导作用。英国公司 Baltex（英国伊尔克斯顿）采用针织技术将金属丝并入纺织结构中。他们以 Feratec® 名称商业化的面料主要用于可加热纺织品和电磁屏蔽材料。美国公司 Thremshield LLC 生产不同形状和型材的金属化锦纶编织物。他们所用的金属为银、铜或者铜镍合金。丹

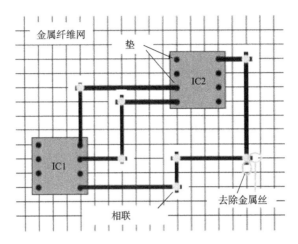

图 3-35 用线栅将织物中的电路集成的方法

麦公司 Chr. Dalsgaard 致力于将电子产品织入织物，将电子导体织入服装，将操作面板（软键盘、显示器等）织入纺织品以及微型传感器的开发。他们使用镀有银层并涂有聚酯的铜线作为导电纱线。

总之，导电织物的制备技术存在很久，但是在织物结构中集成导电纱的工艺是复杂的，很少有标准工艺。导电织物需要保证导电织物穿着舒适或触摸柔软而不刚硬。可以通过不同类型的纱线来保证电导率，机织物结构可以提供复杂的网络，用作具有多个导电和非导电组分的精细电路，并且可构造多层空间结构，以容纳电子器件。

（二）刺绣法制备导电织物

制备导电织物的另一种可能方式是刺绣技术。刺绣法将高度集成的导电原件刺绣于纤维纱线中，制成含集成电路的数字化纤维，再制成导电织物。2000 年，麻省理工学院技术媒体实验室通过研究，首次提出了一种缝合图案的方法。这种方法中的图案可以限定电路轨迹和元件连接线路，也可以用传统 CAD 工具设计的传感表面进行电路布局（图 3-36）。此外，该研究室曾利用 e-broidery 针步模式，在指定精确电路布局和计算机辅助下，将不锈钢纤维在织物上刺绣出不同的电路，制备出织物键盘。飞利浦公司和 Levig 公司采用金属纤维在织物上刺绣的方法，成功制备了导电织物，并以此为基础陆续开发了音乐夹克、音乐键盘和运动夹克等一系列产品，其通过埋入的光纤与电子产品连接，实现了服装的电子化和数字化。

（三）涂层法制备导电织物

涂层法制备导电织物，就是将导电性微粒或导电性树脂涂覆于纤维或织物表面而赋予织物导电特性。与在高聚物中填充导电性制备导电织物的传统方法相比，涂层法具有涂层剂易选择、生产条件易控制、对织物力学性能影响小等诸多优点。例如，将导电聚苯胺纳米颗粒直接涂布在纤维或织物表面，使其形成了导电涂层或薄膜，聚苯胺形貌和用量以及不同种类黏合剂将影响织物的导电性能和耐洗涤性能。此方法简单易行、成本低廉，但织物导电性能的优劣取决于聚苯胺的粒径大小。利用合成的纳米管状聚苯胺，通过涂层法制备导电织物，通过控制其与普通盐酸掺杂聚苯胺混配比、纳米管掺杂剂用量、有机黏合剂用量、织物涂层

(a) 音乐夹克   (b) 织物键盘

图 3-36　导电织物图

用量四个因素，确定织物涂层整理剂的合理配方。

日本可乐丽生命公司和松文产业公司等共同开发了碳纳米管涂层的导电纤维。利用碳纳米管均匀分散液，向所有涤纶单丝表面进行精密涂层，形成碳纳米管网络，成功开发了碳纳米管涂层的导电纤维。利用此导电纤维即可制出所需的导电织物。也可使用不同的方法来获得可拉伸的导电纺织品，如通过使用单壁碳纳米管（SWNT）油墨的简单浸渍和干燥工艺，可生产出高导电性的纺织品，其电导率为 125S/cm，薄层电阻小于 $1\Omega/cm^2$，这种导电织物与普通织物的拉伸性相同。实际上，纺织品的多孔结构有利于任何电解质的接近，并且这种多孔可拉伸导体在电子纺织品领域中具有广泛的应用。

（四）化学镀法制备导电织物

化学镀法制备导电织物是在金属的催化作用下，通过可控制的氧化还原反应在活化处理过的织物表面逐渐产生金属沉积，最终覆盖一层一定厚度的均匀致密镀层，赋予织物导电性。化学镀法制备的导电织物服用性能远远优于金属纤维混纺织物，是一种优势明显的材料金属化技术手段。采用化学镀法制备镀铜和镀镍导电涤纶织物。基材经表面粗化、敏化和活化后再进行化学镀铜和化学镀镍。也可采用化学镀法制备导电聚酯类化纤织物，且碱减量处理对涤纶织物表面化学镀层性能及化学镀后织物电磁屏蔽性能均有影响。采用适当浓度的氢氧化钠处理，既可使纤维表面形成微观凹坑，增大比表面积，又可改非极性疏水表面为亲水表面，提高表面活性，使机体与金属形成平整的结合，提高镀层均匀性，从而提高了织物与镀层之间的结合力以及导电织物的导电性能。

（五）化学聚合法制备导电织物

化学聚合法制备导电织物是采用化学聚合的方法，将聚苯胺、聚吡咯等导电高聚物沉积于纤维和织物表面，通过控制聚合工艺和聚合参数，在织物表面达到导电高聚物的沉积最大化，最终覆盖上均匀致密的导电层，实现织物导电。例如，以锦纶/氨纶织物为基体材料，采用原位吸附聚合沉积法制备聚苯胺/锦纶/氨纶复合导电织物。在对织物进行前处理的基础上，将苯胺单体在盐酸反应液的作用下聚合沉积生成聚苯胺，且盐酸浓度、过硫酸铵浓度、反应时间、反应温度等工艺条件对导电织物聚苯胺含量及经纬向电阻率有不同程度的影响，需要在结合反应机理的情况下进一步优化制备导电织物的工艺参数。也可采用浸轧工艺，以浸轧的工艺手段，采用原位化学氧化聚合法制备聚苯胺/涤纶导电织物，并且在氧化聚合过程中的氧化剂和质子酸浓度、浸液时间、氧化液温度、带液率等因素对导电织物的表面电阻率、聚苯胺增重率有一定影响，需要优化氧化聚合条件，实现导电聚苯胺在织物表面的大面积均匀沉积。

（六）静电纺丝法制备导电织物

静电纺丝法是一种用途十分广泛的工艺方法，利用该方法，可以将聚合物制成纳米级和微米级的纤维。在静电纺丝过程中，通过对聚合物溶液施加高压静电场来提取射流，在射流向接收装置运动的过程中，溶剂蒸发，形成聚合物纤维。

已尝试通过静电纺丝将导电聚合物加工成纳米级和微型纤维。导电聚合物可以单独静电纺，但是就有机可溶的PPy和PANI来说，它们需要有一定的化学条件（如在热硫酸中掺杂和溶解），否则可能使所生成的纤维不适于生物应用。因此，导电聚合物通常与可纺性聚合物（如聚环氧乙烷、聚苯乙烯）混合使用。

导电纤维在细胞方面的应用有以下方法实现一种方法是用导电聚合物涂覆静电纺纤维，PPy包覆的丝素纤维能支持骨髓间充质干细胞和成纤维细胞的黏附和增殖。PPy也可以涂覆在PLGA纤维上，并能促进PC-12细胞和海马神经元的生长和分化。另一种方法是在电纺前与载体材料（如聚环氧乙烷或聚肉桂酸乙烯酯）共混。聚苯胺就采用这种方法与聚碳酸酯（PCL）共混，进行了静电纺丝，制成的纤维为心肌和骨骼肌组织工程奠定了基础。PANI—聚乳酸—己内酯（PLCL）共混液也已经经静电纺成纳米纤维。共混均匀性影响合成纤维材料的导电性。

（七）其他方法制备导电织物

在现阶段，关于导电织物制备方法的研究，除了上述方法外，还有其他几种方法。如通过喷墨打印的方法，利用DOD喷射技术，将纳米银等导电油墨印制在织物表面，赋予织物导电性，明显改善成本高、污染重等缺点；利用等离子体对涤纶织物表面进行处理，利用微乳液法制备聚苯胺/涤纶导电织物；使用超声波导电介质浴，将超声分散均匀的导电粒子嵌入或吸附到聚氨酯纤维表层，制备新型聚氨酯基导电织物等。

第四节　本章总结

导电材料是开发纺织敏感材料及传感器的主要原材料，受到各个学科学者及工程技术人员的关注。虽然科学技术的进步带来了日益增多的导电材料，但是满足纺织纤维材料特性及可加工性的导电材料仍旧有限，有待进一步开发。导电材料与传统纺织材料的复合技术，有望满足多样化纺织传感设备及电子元器件的发展需求。

思考题

1. 简要谈谈半导体材料的电响应机理。
2. 常用导电材料及导电纺织材料有哪些？
3. 导电纺织纤维材料的导电机理是什么？
4. 导电纺织材料有哪些加工工艺？
5. 导电纺织材料的应用要求是什么？

参考文献

［1］ RADZUAN N A, SULONG A B, SAHARI J, et al. A review of electrical conductivity models for conductive polymer composite ［J］. International Journal of Hydrogen Energy, 2017, 42 (14): 9262-9273.

［2］ ALAO, FAN Q. Applications of Conducting Polymers in Electronic Textiles ［J］. Research Jounal of Textile and Apparel, 2009, 13 (4): 51-68.

［3］ VLADAN KONCAR. Smart Textiles for In Situ Monitoring of Composites ［M］. Amsterdam: Elsevier Ltd, 2019.

［4］ WANG BINGHAO, FACCHETTI A. Mechanically Flexible Conductors for Stretchable and Wearable E - Skin and E - Textile Devices ［J］. Adv. Mater, 2019, 1901408.

［5］ HUANG Q, ZHU Y. Printing Conductive Nanomaterials for Flexible and Stretchable Electronics A Review of Materials, Processes, and Applications ［J］. Adv Mater Technol, 2019 (4): 1800546.

［6］ BALINT R, CASSIDY NJ, CARTMELL SH. Conductive polymers: towards a smart biomaterial for tissue engineering ［J］. Acta Biomater, 2014 (10): 2341-2353.

［7］ BOWMAN D, MATTES B R. Conductire Fibre Prepared From Ultra-High Moleuar Weight Ployaniline for smart Fabric and Interactire Textire Applications ［J］. Synth Met, 2005, 154 (1): 29-32.

［8］ JALILI R, RAZAL J M, INNIS P C, et al. One-step wet-spinning process of poly (3, 4-ethylenedioxythiophene): poly (styrenesulfonate) fibers and the origin of higher electrical conductivity ［J］. Adv. Funct. Mater, 2011, 21: 3363-3370.

［9］ CARDENAS J R, FRANCA M G O, VASCONCELOS E A, et al. Growth of sub-micron fibres of pure polyaniline using the electrospinning ［J］. F. , J. Phys. D: Appl. Phys. 2007, 40: 1068.

［10］ PINTO N J, JOHNSON A T, MACDIARMID A G, et al. Electrospun polyaniline/polyethylene oxide nanofiber field-effect transistor ［J］. Appl. Phys. Lett, 2003, 83: 4244.

［11］ CHRONAKIS I S, GRAPENSON S, JAKOB A. Conductive polypyrrole via electrospinning: electrical and morphological properties ［J］. Polymer, 2006, 47: 1597.

［12］ AGCAYAZI T, CHATTERJEE K, BOZKURT A, et al. Flexible interconnects for electronic textiles ［J］, Adv Mater Technol, 2018: 1700277.

［13］ NEVES A I S, BOINTON T H, MELO L V, et al. Transparent conductive graphene textile fibers ［J］. Scientific Reports, 2015 (5): 9866.

第四章 力敏材料与电阻/电容/电感传感器设计

感知机械力刺激的柔性力敏纺织材料在人机交互、医疗康复、智能假肢、灵巧机械手等方面具有广阔的应用前景，成为可穿戴柔性电子传感器领域的研究热点。力敏传感器一般是由柔性电极层和活性功能层组成：柔性电极层通常是在活性功能层两侧用于电信号的接收与传输；活性功能层是将外界刺激的压力转换为可检测的电信号。

根据活性功能层传感原理（图4-1），可基于导电纺织材料的力敏材料将传感器分为四类：电容式传感器、压阻式传感器、压感式传感器和离子渗透式传感器。

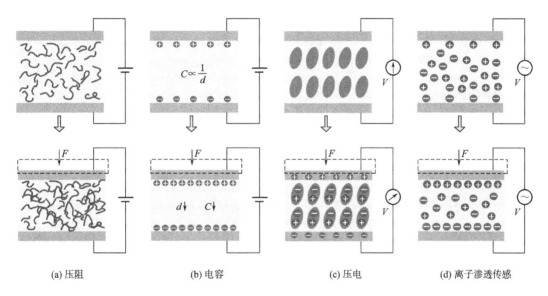

(a) 压阻　　　　　(b) 电容　　　　　(c) 压电　　　　　(d) 离子渗透传感

图4-1　不同感应模式的力学传感器的工作原理

第一节　电容式传感器件

电容式力敏传感器是以电容器作为敏感材料，将被测力的变化转化为电容变化的一种传感器，具有结构简单、分辨力高等优点。电容式传感器广泛用于消费者电子产品触摸屏，具有高敏感性、低功耗及自适应传感结构的优点。

通常，电容式压力传感器是在纺织品上制造的，可以缝合、断裂或黏附在织物基板上，并焊接到其他电子产品或电线上。纺织电容器也可以由兼容的导电材料制成，这些导电材料充当导电板。导电板可以编织、缝制，并绣有导电螺纹织物，也可以用导电油墨或导电聚合物进行涂装、印刷、溅射或屏蔽。所使用的电介质通常是合成泡沫、织物垫片和软导电聚合物。电容状纤维也可以用类似于柔性电子技术的技术制造，例如，用金属溅射的硅纤维。在应用于可穿戴设备时，传统电容式压力传感器受限于检测信号强度（几十到几百皮法），会受到来自人体自身电容信号（可高达几百皮法）的强烈干扰。

一、传感原理

（一）平行板结构

平行板结构是在主流电容传感器设计中普遍采用的构架，如图 4-2 所示。这是因为它容易搭建和建模直接。由绝缘介质材料分开的两个平行电极板则组成平板电容器，当忽略边缘效应影响时，其电容量与真空介电常数 ε_0（8.854×10^{-12}F/m）、极板间介质的相对介电常数 ε_r、极板的有效面积 A 以及两极板间的距离 δ 有关，满足经典方程：

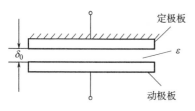

图 4-2 平行极板结构电容式传感器

$$C = \varepsilon_r\varepsilon_0 A/d \tag{4-1}$$

在外载荷作用下，若被测量的变化使极板正对面积、间距或相对介电系数三个参量中任意一个发生变化，都会引起电容量的变化，从而引起电容读数变化。该值要么用被动电容器测量，要么修正主动元件的响应曲线而测量，再通过测量电路就可转换为电量输出。因此，电容式传感器可分为变极距型、变面积型和变介质型三种。

1. 变极距 图 4-3（a）为这种传感器的原理图。当传感器的 ε_r 和 A 为常数，初始极距为 δ_0，由平行单极板电容表达式可知其初始电容量 C_0 为：

$$C_0 = \varepsilon_0\varepsilon_r A/\delta_0 \tag{4-2}$$

当动极端板因被测量变化而向上移动使 δ_0 减小 $\Delta\delta_0$ 时，电容量增大 ΔC 则有：

$$C_0 + \Delta C = \varepsilon_0\varepsilon_r A/(\delta_0 - \Delta\delta_0) = C_0/(1 - \Delta\delta_0/\delta_0) \tag{4-3}$$

可见，传感器输出特性 $C = f(\delta)$ 是非线性的，如图 4-3（b）所示。电容相对变化量为：

$$\Delta C/C_0 = \frac{\Delta\delta_0}{\delta_0}\left(1 - \frac{\Delta\delta_0}{\delta_0}\right)^{-1} \tag{4-4}$$

如果满足条件（$\Delta\delta_0/\delta_0$）≪1，上式按级数展开并略去高次项，可得近似的线性关系和灵敏度 S 分别为：

$$\Delta C/C_0 \approx \frac{\Delta\delta_0}{\delta_0} \text{ 和 } S = \Delta C/\Delta\delta_0 = C_0/\delta_0 = \varepsilon_0\varepsilon_r A/\delta_0{}^2 \tag{4-5}$$

如果考虑级数展开后的线性项及二次项，则：

$$\Delta C/C_0 = \frac{\Delta\delta_0}{\delta_0}\left(1 + \frac{\Delta\delta_0}{\delta_0}\right) \tag{4-6}$$

因此，由图 4-3 可知，以线性关系作为传感器的特性使用时，其相对非线性误差 e_f 为：

$$e_f = \left|\left(\frac{\Delta\delta_0}{\delta_0}\right)^2\right|\bigg/\left|\frac{\Delta\delta_0}{\delta_0}\right| \times 100\% = \left|\frac{\Delta\delta_0}{\delta_0}\right| \times 100\% \tag{4-7}$$

由上讨论可知以下几点。

（1）变极距型电容传感器只有在 |$\Delta\delta_0/\delta_0$| 很小（小测量范围）时，才有近似的线性输出。

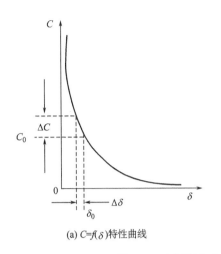
(a) $C=f(\delta)$特性曲线

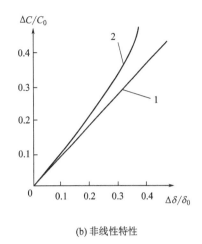
(b) 非线性特性

图 4-3 变极距电容传感器的传感特性曲线

（2）灵敏度 S 与初始极距 δ_0 的平方成反比，故可用减少 δ_0 的办法来提高灵敏度。例如，在电容式压力传感器中，常取 $\delta_0 = 0.1 \sim 0.2\text{mm}$，$C_0$ 为 $20 \sim 100\text{pF}$。由于变极距型的分辨力极高，可测小至 $0.01\mu\text{m}$ 的线位移，故在微位移检测中应用最广。

要注意的是，由该误差项计算式可知，δ_0 的减小会导致非线性误差增大；δ_0 过小还可能引起电容器击穿或短路。为此，极板间可采用高介电常数的材料（如陶瓷纤维、玻纤材料等）作介质，如图 4-4 所示。设两种介质的相对介电质常数为 ε_{r1}（空气：$\varepsilon_{r1}=1$）、ε_{r2}，相应的介质厚度为 δ_1、δ_2，则有：

$$C = \frac{\varepsilon_0 A}{\delta_1 + \delta_2/\varepsilon_{r2}} \tag{4-8}$$

图 4-5 所示为差动结构，动极板置于两定极板之间。初始位置时，$\delta_1 = \delta_2 = \delta_0$，两边初始电容相等。当动极板向上有位移 $\Delta\delta$ 时，两边极距为 $\delta_1 = \delta_0 - \Delta\delta$，$\delta_2 = \delta_0 + \Delta\delta$；两组电容一增一减。采用前面同样分析方法，可得电容总的相对变化量为：

$$\Delta C/C_0 = \frac{\Delta C_1 - \Delta C_2}{C_0} = 2\frac{\Delta\delta}{\delta_0}\left[1 + \left(\frac{\Delta\delta}{\delta_0}\right)^2 + \left(\frac{\Delta\delta}{\delta_0}\right)^4 + \cdots\right] \tag{4-9}$$

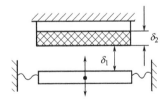

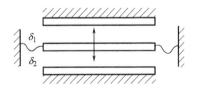

图 4-4 具有固体介质的变极距型电容传感器　　　　图 4-5 差动型电容传感器

略去高次项后可得近似的线性关系：

$$\Delta C/C_0 = 2\frac{\Delta\delta}{\delta_0} \tag{4-10}$$

相对非线性误差 e'_f 为：

$$e'_f = \frac{|2(\Delta\delta/\delta_0)^3|}{|2(\Delta\delta/\delta_0)|} = (\Delta\delta/\delta_0)^2 \times 100\% \tag{4-11}$$

对比单极式和差动式非线性误差可知，差动式比单极式灵敏度高一倍，且非线性误差大为减小。由于结构上的对称性，它还能有效地补偿温度变化所造成的误差。

2. 变面积型电容传感器 这种传感器的原理结构如图4-6（a）所示。它与变极距型不同的是，被测量通过动极板移动，引起两极板有效覆盖面积改变，从而得到电容的变化。设动极板相对定极板沿长度 l_0 方向平移 Δl 时，则电容为：

$$C = C_0 - \Delta C = \frac{\varepsilon_0\varepsilon_r(l_0 - \Delta l)b_0}{\delta_0} \tag{4-12}$$

式中 C_0 为初始电容。电容的相对变化量为：

$$\Delta C/C_0 = \Delta l/l_0 \tag{4-13}$$

很明显，这种传感器的输出特性呈线性。因而其量程不受线性范围的限制，适用于测量较大的直线位移和角位移。它的灵敏度为：

$$S = \frac{\Delta C}{\Delta l} = \frac{\varepsilon_0\varepsilon_r b_0}{\delta_0} \tag{4-14}$$

必须指出，上述讨论只在初始极距 δ_0 精确且保持不变时成立，否则将导致测量误差。为减小这种影响，可以使用图4-6（b）所示中间极移动式的结构。变面积型电容传感器与变极距型相比，其灵敏度较低。因此，在实际应用中，也采用图4-6（c）所示的差动式结构提高灵敏度。

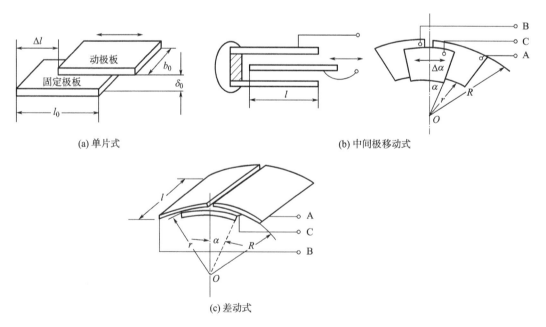

(a) 单片式   (b) 中间极移动式

(c) 差动式

图4-6　变面积型电容传感器

3. 变介质型电容传感器 具有较多的结构型式，可以用来测量纤维集合体、纤维复合材

料等的厚度，也可用来测量纺织品、木材或纸张等非导
电固体物质的厚度。

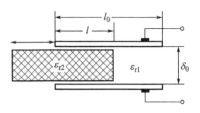

图 4-7 为变介质型电容传感器的原理结构。图中两
平行极板固定不动，极距为 δ_0，相对介电常数为 ε_{r2} 的电
介质以不同深度插入电容器中，从而改变两种介质的极
板覆盖面积。传感器的总电容量 C 为两个电容 C_1 和 C_2
的并联结果，即：

图 4-7　变介质型电容传感器

$$C = C_1 + C_2 = \frac{\varepsilon_0 b_0}{\delta_0}[\varepsilon_{r1}(l_0 - l) + \varepsilon_{r2}l] \tag{4-15}$$

式中：l_0、b_0 为极板长度和宽度；l 为第二种电介质进入极间的长度。当介质 2 进入极间后
引起电容的相对变化为：

$$\frac{\Delta C}{C_0} = \frac{C - C_0}{C_0} = \frac{\varepsilon_{r2} - 1}{l_0}l \tag{4-16}$$

可见，电容的变化与电介质 2 的移动量 l 呈线性关系。上述原理可用于非导电散材物料的物
位测量。

（二）叉指结构

另一类电容传感器为叉指结构电容器。所谓叉指型电容传感器是有叉指电极与介电材料
构成的电容器件，其基本结构如图 4-8（a）所示。根据电容器电容计算式，叉指电容传感
器的电容可表示为：

$$C_L = (n-1)\frac{\varepsilon \varepsilon_r W t}{d} \tag{4-17}$$

式中：C_L 为电容值；ε 和 ε_r 分别为自由空间和介电层的介电系数；W 和 d 分别是电极的重
叠长度和两电极之间的间距；t 是导电电极的厚度；n 是传感器结构中叉指电极个数。

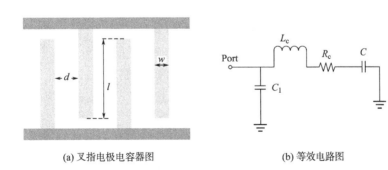

（a）叉指电极电容器图　　　　　　　　（b）等效电路图

图 4-8　叉指式结构电容器

叉指电极是如指状或梳状的面内有周期性图案的电极，这种电极被用来产生与可穿透材
料样品和敏感涂层的电场相关的电容。如图 4-9 所示，列出了几种常见的叉指电极结构，
基本的结构有圆形、矩形等，而每条叉指的形状除简单的矩形外，也可有圆形或矩形突起。

叉指电极传感器主要包括四个结构参数，分别为叉指电极对的对数、叉指宽度、相邻叉
指之间的间隙距离以及叉指电极的厚度。这四个参数对基于叉指电极的生化传感器关键性能

图 4-9　典型叉指电极结构

指标都有很大影响。通过分析叉指电极阻值的计算公式可发现，叉指的长宽比越大，叉指的密度越大，叉指电极的初始电阻越小，传感器的灵敏度和响应速度就会越高。当叉指电极结构尺寸减小到微米量级以下，叉指电极结构间的微弱的电阻变化可以被灵敏地检测到，叉指电极传感器的灵敏度得到显著提高。叉指电极结构周围的电场分布可以通过理论分析以及数值模拟计算得到，计算结果表明叉指电极传感器的电场强度与电极厚度成近似反比关系，电极越厚，电场强度越小。因此，通过优化叉指电极传感器的相关结构参数可以提高传感器的性能，当应用于不同的传感检测领域时，可能需要使用不同结构参数的叉指电极结构。

此外，研究发现叉指电极传感器的电极对数对叉指电极传感器的信噪比没有影响。原因为叉指电极传感器的信号大小和噪声大小都与叉指电极结构的表面积成正比例变化关系。当叉指电极对数增加时，叉指电极结构的表面积随之增大，叉指电极传感器的信号大小和噪声大小同时等比例增大，使得其信噪比基本保持不变。叉指电极间距的减小可以使信噪比增大的同时提高信号幅。如应用于化学传感领域，叉指电极间距的减小还可以有效地提高化学反应的速率、加快建立反应进行过程，从而能够提高传感器性能，并缩短叉指电极传感器反应时间。叉指电极传感器的电极宽度的减小在提高信噪比的同时会使检测信号的幅值降低。

电容式传感器由于带电极板间的静电引力很小（约 10^{-5} N），需要的作用能量极小，又由于它的可动部分可以做得很小很薄，即质量很轻，因此，其固有频率很高，动态响应时间短，能在几兆赫兹的频率下工作，特别适用于动态测量。又由于其介质损耗小，可以用较高频率供电，因此，系统工作频率高。它可用于测量高速变化的参数。

但是，电容式传感器的容量受其电极的几何尺寸等限制，一般为几十到几百皮法，其值只有几个皮法，使传感器的输出阻抗很高，尤其当采用音频范围内的交流电源时，输出阻抗高达 $10^8 \sim 10^6 \Omega$。因此，传感器的负载能力很差，易受外界干扰影响而产生不稳定现象，严重时甚至无法工作，必须采取屏蔽措施，给设计和使用带来极大的不便。

电容式传感器的初始电容量小，而连接传感器和电子线路的引线电缆电容大（1～2m 导线可达 800pF）、电子线路的杂散电容以及传感器内极板与其周围导体构成的电容等所谓"寄生电容"却较大，不仅降低了传感器的灵敏度，而且这些电容（如电缆电容）常常是随机变化的，使得仪器工作很不稳定，影响测量精度。故对电缆的选择、安装、接法都有要求。

二、测量电路

对各种电容传感器的特性分析，都是在纯电容的条件下进行，忽略传感器附加损耗。电容传感器在高温、高湿及高频激励的条件下工作时，不可忽视其附加损耗和电效应影响，其等效电路图如图4-10所示。

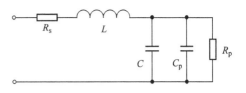

图 4-10 中 C 为传感器电容，R_p 为低频损耗并联电阻，它包含极板间漏电和介质损耗；R_s 为

图 4-10　电容传感器的等效电路

高湿、高温、高频激励工作时的串联损耗电阻，它包含导线、极板间和金属支座等损耗电阻；L 为电容器及引线电感；C_p 为寄生电容，克服其影响，是提高电容传感器实用性能的关键之一。可见，在实际应用中，特别在高频激励时，尤需考虑 L 的存在，注意传感器有效电容变化，此时有效电容为：

$$C_e = \frac{C}{1 - \omega^2 LC} \tag{4-18}$$

引起传感器有效灵敏度的改变，此时灵敏度为：

$$S_e = \frac{S}{(1 - \omega^2 LC)^2} \tag{4-19}$$

在这种情况下，改变激励频率或者更换传输电缆时都必须对测量系统重新进行标定。

以上分析各种电容式传感器时还忽略了边缘效应的影响。实际上，当极板厚度 h 与极距 δ 之比相对较大时，边缘效应的影响就不能忽略。这时，对极板半径为 r 的变极距型电容传感器，其电容值应按下式计算：

$$C = \varepsilon_0 \varepsilon_r \left\{ \frac{\pi r^2}{\delta} + r \left[\ln \frac{16 \pi r}{\delta} + 1 + f\left(\frac{h}{\delta} \right) \right] \right\} \tag{4-20}$$

边缘效应不仅使电容传感器的灵敏度降低，而且产生非线性。为了消除边缘效应的影响，可以采用带有保护环的结构，如图4-11所示。保护环与定极板同心、电气上绝缘且间

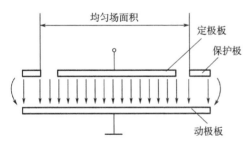

图 4-11　带有保护环的电容传感器原理结构

隙越小越好，同时始终保持等电位，以保证中间工作区得到均匀的场强分布，从而克服边缘效应的影响。为减小极板厚度和重量，往往不用整块金属板作极板，而用介电系数较大的非金属材料，蒸涂一薄层金属作为极板。

电容式传感器将被测非电量变换为电容变化后，必须采用测量电路将其转换为电压、电流或频率信号。如图4-12所示，C_1、C_2 为传感器的两个差动电容。电桥的空载输出电压为：

$$\dot{U}_0 = \frac{\dot{U}}{2} \times \frac{C_1 - C_2}{C_1 + C_2} \tag{4-21}$$

对变极距型电容传感器，代入式（4-21）得：

$$C_1 = \varepsilon_0 A / (\delta_0 - \Delta \delta), \, C_2 = \varepsilon_0 A / (\delta_0 + \Delta \delta) \tag{4-22}$$

$$\dot{U}_0 = \frac{\dot{U}}{2} \times \frac{\Delta \delta}{\delta_0} \tag{4-23}$$

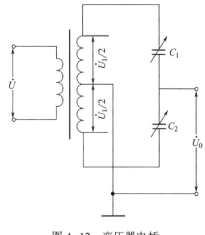

图4-12 变压器电桥

可见，对变极距型差动电容传感器的变压器电桥，在负载阻抗极大时，其输出特性呈线性。

三、纺织电容传感器

电容传感器在纺织领域较多地用于医疗保健相关的生理监测，可监测人体大部分生理参数。将电极放在人体脖子、胸腔、手腕及大腿部位监测人体肌肉运动产生的变化可获取人体咀嚼、吞咽、说话等动作信息。柔软舒适的接触式纺织电容性传感器已实现商业化应用，能相对较容易植入纺织品中，但是其包含的介电材料较容易受到环境湿度的影响，且需要一个小的感应阈值。

当纺织品用于制备柔性电容传感器时，一般以导电纤维、纱线、织物等柔性导电材料通过机织、刺绣或印刷等方式制成纺织电极板，以泡沫、间隔织物、橡胶等电介质弹性材料为间隔层，电容板间的弹性材料性能控制传感器性能。基于同样原理，如果把一层金属纱（线）等导电条铺放在弹性体两侧，相互垂直，则可制备阵列电容传感器。这种柔性电容传感器结构与纺织技术结合制成织物传感器，可通过接触式感应、非接触式感应、压力感应、肌肉活动感应、运动感应等方式进行传感。如压力传感器能够把压力产生的微小位移转化成电容的变化，从而反映外界条件的变化。

（一）单极平板式

电容式压力传感器的电容取决于两个导电平行平面的正对面积、导电材料和彼此之间的距离。保持导电板的正对面积不变，电容会随着它们之间的距离而变化。当导电板之间的距离减小时，电容增大，当导电板之间的距离增大时，电容减小。表4-1列出了用于生产电容式压力传感器的生产技术。从表中可以看出，导电元件和生产技术不仅影响压力范围测量，而且影响测量灵敏度。将导电线刺绣于纺织基材中，可生产低分辨率的电容压力传感器，用于制作无缝的电子纺织按键。交联电容器的生产技术能够生产可以随着时间的推移感知压力变化的更高分辨率的电容式压力传感器。

表4-1　织物电容式压力传感器生产工艺

生产工艺	原理	被测变量	灵敏度	压力	尺寸
刺绣	导电丝	电触头	开关阈值	接触传感	$mm^2 \sim cm^2$
图案化电极	导电油墨	压缩层厚度	0.214V/pF	0~13kPa	$32mm^2$
表面接触	PEDOT 尼龙	电容正对表面	0.02pF/mm	0~2Pa	直径=5cm
复合电极	薄膜沉积金属	交点电容	$0.01\Delta C/mN$	$0\sim50N/cm^2$	直径=250μm
三维纺织电容器	导电织物 3D 纺织品	压缩层厚度	2pF/（N/cm^2）	$0\sim0.75N/cm^2$	$9cm^2$
交叉电容器	镀银织物 PCCR	压缩层厚度	0.05pF/（N/cm^2）	$0\sim30N/cm^2$	$100mm^2$

以炭黑或金属填充橡胶导电混合物、PPy 导电聚合物为材料，弹性纤维为基质，开发了电容式针织结构生物电极，测量 ECG 信号，或开关键盘。同样，以特种闭孔树脂（PCCR，

Prioprietary Closed Cell Resin）材料为间隔层、涂银织物为电容极板开发了压力传感器，内置于滑雪鞋或缝贴于袜表面用于监测滑雪者训练姿势。最近，以一次成型法构建了三维多层织物结构电容传感器（图4-13），该方法可减少织物电容器的手工制作过程。

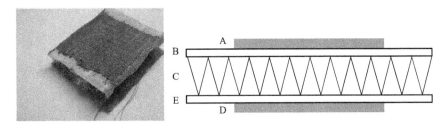

图4-13 典型层合式织物电容传感器结构

意大利的生物技术研究中心生产了一种完全基于商用导电纤维的复合电容式三轴传感器，展示了在操纵下的高度顺应性和稳定性。哈佛大学设计了一种新型高度灵敏的柔性电容传感器，可准确监测人体细微运动，其结构和制备工艺流程如图4-14所示。该传感器被用

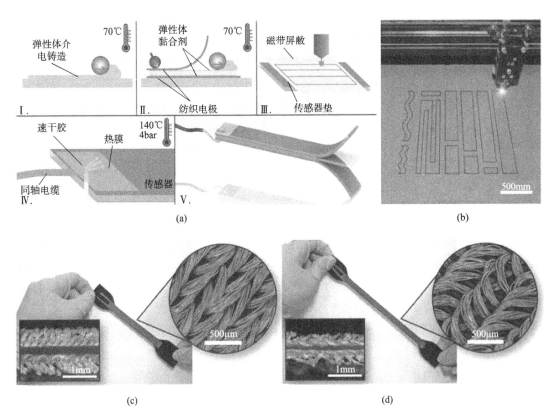

图4-14 导电编织织物和硅氧烷弹性体的电介质层构造电极可扩展的批量制造工艺

（a）复合纺织硅胶传感器的制造工艺示意图：（Ⅰ）介电硅胶铸造，（Ⅱ）通过有机硅弹性体铸造黏合织物电极，（Ⅲ）放置磁带屏蔽和激光切割传感器，（Ⅳ）使用即时黏合剂和热膜在同轴电缆和织物电极之间创建永久电连接，（Ⅴ）传感器和材料层的3D图示；（b）通过激光切割对传感器进行任意整形的示意图；（c），（d）传感器的照片，说明在约为0和100%应变下应用拉伸

于人体关节检测，软机器人和外骨骼的高度可拉伸的纺织—硅胶电容传感器的设计和批量制造。所提出的传感器由导电编织织物制成，电极和有机硅弹性体作为电介质。批量生产技术能够生产大型传感器垫，也能实现传感器的任意成型，这可以通过传感器垫的激光切割精确实现。单个电容传感器具有高线性度、低滞后性和规格系数。将微同轴电缆的细丝与热塑性薄膜的传感器的导电织物电极融合，建立符合标准且坚固的电气连接。电容传感器集成在重建手套上，用于监控手指运动。该研究团队将导电针织物与硅胶结合在一起，批量生产制造这种传感器。将硅氧烷膜作为电介质层浇铸固化，然后较薄的硅树脂铸件将导电织物黏附到每个表面上，通过辊施加压力将织物加在表面上，产生了完整的传感器片，最后可以使用激光精确地切割出任意形状的传感器。另一个优点是从相同的片材上切割出相同的传感器可以具有一致的基线电容值。激光切割工艺还在导电织物边缘处引导纤维，防止电极短路。

该研究团队开发了可定制的可拉伸纺织硅胶复合电容式传感器，用于监测人体关节。使用组合制造大型传感器片材和激光切割的批量制造工艺，可以轻松创建具有一致属性或任意形状的传感器的方法。导电织物结构的网络提供了坚固可靠的电极，复合材料提供了良好的机械性能（图 4-15）。虽然 *GF* 的增加是最小的，但是这项研究证明，通过优化传感器结

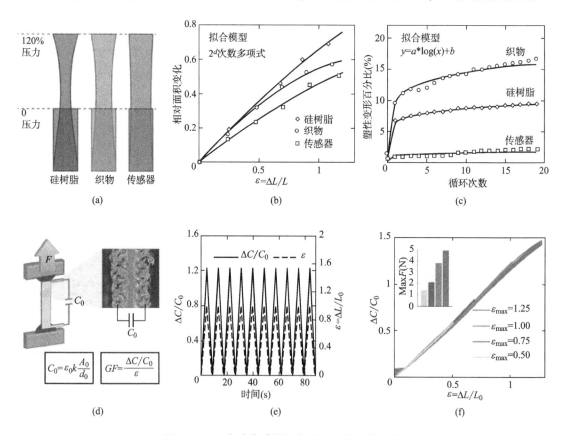

图 4-15　电容式传感器的力学，电学性能表征

（a）导电织物和硅树脂的面积变化的代表性草图；（b）导电织物和硅树脂应变的函数的面积变化；

（c）导电织物和硅树脂的塑性变形百分比；（d）电容式传感器的机电测试设置和截面图；

（e）三角循环应变时传感器电容相对变化为 0.11Hz 时的 100%；

（f）作为施加的应变间隔的函数的传感器的相对电容变化

构，可以超越由介电弹性体的泊松比引起的理论 *GF* 限制。通过利用具有负泊松比的组成材料来完成，并且可以通过设计辅助传感器结构进一步改进。研究结果表明，传感器表现出高线性度和低滞后，当拉伸到100%应变，响应时间快。为了对应用进行可靠的测量，分辨率是与传感器和数字测量设备相关的重要规范。未来的工作将涉及表征传感器性能，如果传感器与定制或现成的嵌入式电子元件结合实现可穿戴应用。同时，这种简单的传感器系统非常便于整合在服装上，用于监测人体活动。这种类型的柔性应变传感器适用于集成到软机器人及可穿戴机器人中，以协助移动和抓握（图4-16）。

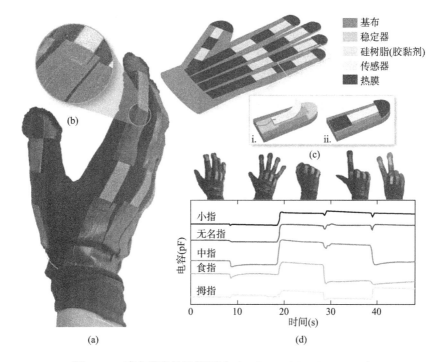

图4-16 感应手套的性能测试（Atalay and Sanchez，2017）

（a）感应手套的照片；（b）电缆布线和应力消除由叠加的热敏膜提供；（c）传感器放置和集成示意图：

（i）使用硅胶黏合剂连接传感器和（ii）带有黏附热膜的传感器；（d）手指运动时手指的电容输出

最近，使用 Ag—SBS 复合导电纤维制造了一种基于织物的压力传感器：对导电纤维添加聚二甲基硅氧烷（PDMS）涂层，并交叉堆叠两个 PDMS 涂覆纤维来制造电容型纺织基传感器，如图4-17（a）所示。图4-17（b）展示了纤维基压力传感器施加的压力负荷时的相对电容变化。基于导电纤维的压力传感器对各种负载响应稳定［图4-17（c）］，并能检测到重量极低的谷粒的装载和卸载。并进一步展示了使用导电纤维压力传感器的电子纺织品的应用：纤维基压力传感器通过编织技术进行像素化，并检测外部压力的空间分布，如图4-17（d）所示。如图4-17（e）展示了此纤维基压力传感器被缝制成智能手套和衣服，可以控制无人机和蜘蛛机器人。这项研究表明，使用可穿戴的纺织基压力传感器可以成功地操作人机界面，并且具有超高的灵敏度和稳定性。

（二）多极阵列式

压力绘制传感阵列也可基于电容传感原理制备，它们已用于医用袜、轮椅垫或床垫监测

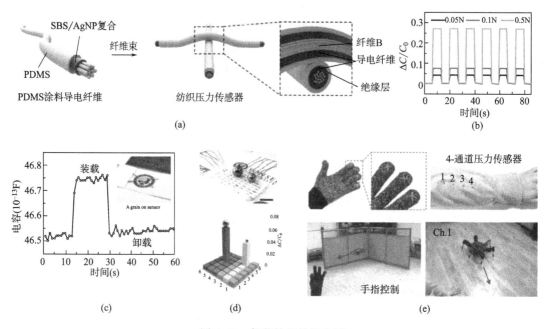

图 4-17 智能纺织品的应用

（a）用 PDMS 涂覆的导电纤维制造的基于织物的压力传感器的示意结构；（b）压力传感器对各种施加载荷的电容响应；（c）压力传感器对放置和取出谷物的电容响应（8 毫克）；（d）像素化压力传感器阵列的制造；（e）使用纺织基压力传感器的智能手套和衣服以及使用智能手套和衣服来控制无人机和蜘蛛机器人的示意图

压力场，也可直接集成到内衣中。在可压缩间隔层两侧垂直相交的导电条交叉点形成电容（图 4-18）。以弹性介电织物为间隔层，在两侧正交平行排列两组导电纱形成电容阵列。传感器原型为传感单元间距为 8mm 的 24×16 阵列，输入电容动态范围为 100fF～10pF，并以机织、刺绣、印制焊接和导电油墨表四种分布导电纱的方法制备压力绘制传感阵列，比较分析四种工艺在难易程度和成本间的差异。同时可内嵌芯片于间隔层，形成感应电容变化的完整集成电路。第一个原型空间分辨率低（每个传感单元 10cm×10cm），且没有考虑寄生电容，诸如滞后性和漂移引起的非线性都没有补偿。注意，电容传感器易受电磁干扰。在传感器表面增加一层导电层可屏蔽电容单元。

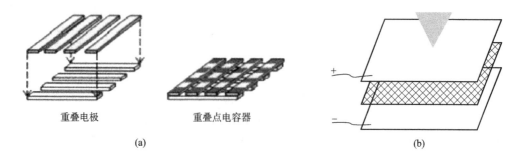

图 4-18 （a）由美国 Pressure Profile Systems 公司开发的电容器传感器方案和
（b）萨里布鲁内尔大学生命中心进行的设计

已有几种技术用于制造电容式平面压力传感器。工作原理是施加的压力引起由弹性泡沫裹覆导电线矩阵的电容变化。对于电容式传感器，寄生电容和电阻的变化可以通过电子元件进行补偿，因此，布线对检测到的信号具有边缘影响。例如，有研究开发出一个带有几个电容压力传感器的矩阵，并集成到一件衣服上（图4-19），且提高分辨率至 2cm×2cm，以 Preisach 模型补偿滞后性后在 0~10N/cm² 压力范围内平均误差低于4%，已分别装配8、16、30 或 240 个感应单元制备压力传感器阵列。填充 6mm 厚的间隔织物电容在加压前后分别为 3.5pF（无载荷）和 5.8pF（压力 5N/cm²）。而且如果相邻活动电极单元不接地，在这些单元和连线间的互串引起误差高于20%，接地后，活动电极和共用电极的寄生电容分别在 100pF 和 150pF；当没有屏蔽层时，传感器外介电常数变化引起电容变化，如接近人体时，经屏蔽防护后，这种变化引起的误差减小且低于1%。Donselaar 等研制了 8×8 压力绘制垫传感阵列，上下两层为导电织物和中间层为浸渍炭黑的导电包装材料，构成三明治结构，棉织物为外绝缘层，传感单元大小为 10mm×10mm，左右间距分别为 25mm 和 35mm。该传感器能够测量人体的压力，并能检测上臂的肌肉活动。将此矩阵应用于身体的不同区域，可以为运动跟踪或肌肉物理状态的检测提供更多细节。

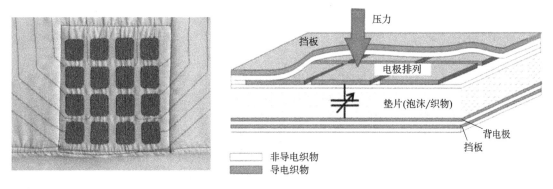

图 4-19　电容式纺织结构压力场传感器和测试原理图

美国加州大学戴维斯分校（UC Davis）潘挺睿（Tingrui Pan）教授课题组报道了一种基于弹性离子—电子界面的柔性全织物超电容可穿戴压力传感器，其中包括通过静电纺技术利用离子材料制备的纳米纤维织物结构。这种可穿戴传感器压力检测范围广泛，灵敏度极高，可以达到 114nF/kPa，这比现有的电容式传感器的灵敏度都要高上至少 1000 倍，也比新近报道过的离子器件灵敏度高一个数量级。除此之外，这种可穿戴传感器压力分辨率为 2.4Pa，响应时间为 4.2ms，并且具有极好的抗干扰性和信号稳定性。他们采用静电纺技术制备离子凝胶材料的纳米纤维层，设计了具有三层结构的全织物超电容压力传感器［图4-20（a）~（c）］。在施加外部压力的条件下，离子材料纳米纤维层被压缩，导电织物与纳米纤维层界面处的接触面积发生变化，从而导致界面超电容层的电容发生改变。由此所产生的信号可被检测，从而完成压力传感过程［图4-20（d）~（f）］。其中，研究者采用［EMIM］［TFSI］作为离子材料，以含氟聚合物 P（VDF—HFP）聚合物为离子凝胶材料基质。通过静电纺技术，这种离子凝胶材料具备纳米纤维结构，并最终形成纳米纤维膜。作为应用示例，该传感器应用于面膜［图4-21（a）~（c）］和手套

［图4-21（d）~（f）］上，来感应面部和手部的压力。这种面膜的作用可不是为了美肤，而是预防局部长时间受压、皮肤受损而导致的压疮和溃疡。在不少手术过程中，比如脊柱手术，患者在被麻醉后需长时间俯卧，面部受压，很容易导致皮肤受损。在这种面膜的帮助下，医生和麻醉师可以很方便地监控病人的面部皮肤受压情况，预防患者皮肤受损。而且这种面膜全部由织物构成，透气性良好，更不易诱发皮肤不适。该传感器也可以做成腕带，感应人体的心率、血压等参数，可用于未来的个性化健康监测。另外，研究人员所选用的材料和制造工艺与现有的产业技术具有良好的融合性，同时兼有低成本、柔性、高灵敏度、抗干扰、快速响应等优势。

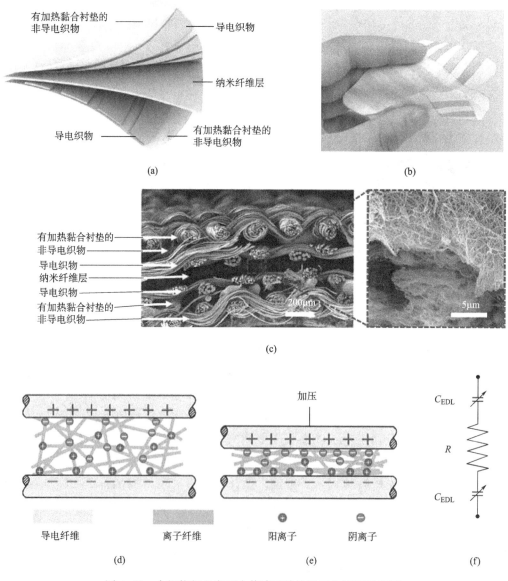

图4-20　全织物超电容压力传感器结构及工作原理示意图

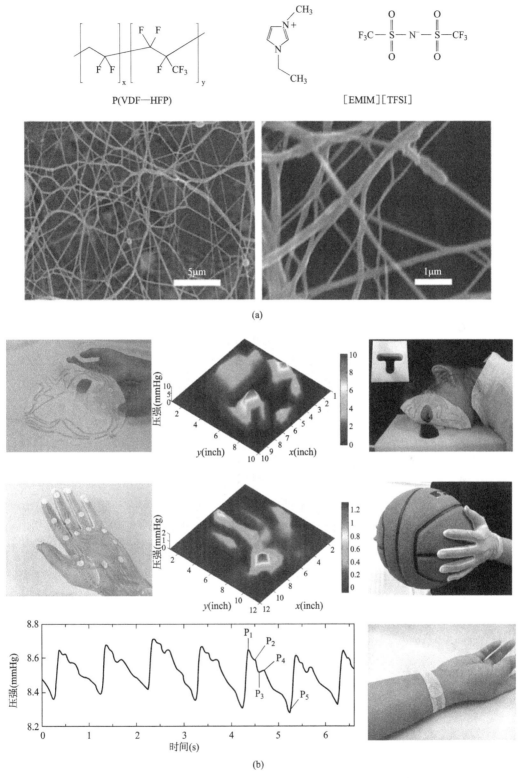

图 4-21 （a）离子材料的组分及电纺纳米纤维层 SEM 图像；

（b）面膜、手套及脉搏测试应用（Li and Si，2017）

显然，纺织结构电容式压力场传感器性能与已商业化压力场传感器相比（表4-2），性能已接近或超过商业化产品。但大多数已商业化压力场传感器不仅价格高，且联合纺织品使用时需要改变系统，几乎不可能不影响穿戴舒适性，比如失去纺织品的可呼吸、柔韧性和可机洗性的优点。唯一遗憾的是，商业化或正研制的压力传感阵列滞后性在19%范围内，漂移量在4%～20%，需要进一步深入研究改善传感器性能。

表4-2　典型商业化压力传感系统（2012年数据）

产品	敏感单元	敏感单元尺寸（mm）	采样率（Hz）		精度（%）	量程	URL
			敏感单元	传感器			
Novel，Pliance	256（1024）	20×20	20k	20	5	$0.1\sim6N/cm^2$	novel.de
Tekscan	1024～16128	10×10	20k	10	10	$0\sim3.3N/cm^2$	tekscan.com
PPS，TactArray	10～10240	2，2.5，3.8，10	5k	10～30	12bit	$0\sim350N/cm^2$	pressureprofile.com
XSENSOR	～65536	1.15～31	47～60	～40	16bit	200mmHg	xsensor.com
GP SoftMess	126～4096	24～28	5K	30	5	200mmHg	gebiom.com
Medilogic	～4096	7.5×7.5	82k	20/60	4	$0.6\sim64N/cm^2$	medilogic.com
Trimedico	～4500	20×20	4.5k	～1		$1\sim100N/cm^2$	trimedico.de
TactoFlex	4，64	0.3×0.3	100	～80	5	1N，10N，100N	tactologic.com

（三）叉指型

研究者们利用叉指电极的形状制备了多种电容传感器。Nag等在织物表面印刷叉指结构电极，得到柔性叉指型电容传感器，可监测拉伸应变，如图4-22所示。电容传感器的时间常数指电容器经电极电阻充电所需的时间。应用阻抗分析仪测量电容式传感器在动态拉伸过程中的阻抗变化，如图4-22（c）所示。

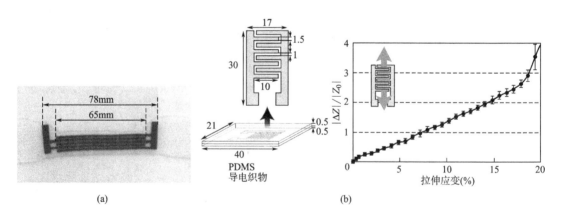

图4-22　（a）插指电容式拉伸应变传感器；（b）嵌入PDMS的导电织物基拉伸应变传感器；
（c）不同拉伸应变下插指结构电容传感器的阻抗随应变的变化（Nag A. et al.，2018）

电容式力敏传感器在消费者电子和工业设备中被广泛应用。近年来，伴随新兴可穿戴趋势，进一步用于人类压力传感界面，包括模仿触觉传感的电子皮肤、人体压力场测绘、关节弯曲检测。作为电容式传感器的关键单元，新的提高弯曲性和可拉伸性的电极材料始终是研究的热点，诸如导电纳米结构材料、聚合物导体。此外，改进的传感结构和界面被用于进一步增加设备敏感性。除了压力，其他传感模式，如拉伸和弯曲，也可用电容传感器。目前，平行板电容传感器占据了商业化柔性压力传感器市场，如压力曲线系统（PPS）和人体压力场测绘系统。虽然平行板电容传感器存在来自人体和环境的寄生电容，但相比于其他传感模式仍具有高敏感性、低功耗和场效应一体化优势。

第二节 变电阻式传感器件

变电阻传感器是将变形转换为电阻值的变化，从而可以测量力、压力、扭矩、位移、加速度和温度等多种物理量。除了导电功能外，一些导电纤维可以用作应变传感单元，电阻随着施加的机械应变而变化。纺织应变压阻式传感器件一般基于导电纺织材料，包括拉伸应变传感器和压敏应变纺织传感器。压敏智能纺织品由传统的纤维结合导电纤维编织而成，织物具有较强的柔韧性。织物中导电纤维或纱线沿经纬向交织形成一个矩阵，可以准确地对织物的受压部位定位。因此，压敏智能纺织品技术被应用于柔性衬垫、柔性遥控器、柔性键盘以及柔性电话中。

一、传感原理

当导电材料经受机械变形时，其电阻性能发生变化，这种机电响应被称为压阻或拉阻效应。

如图 4-23 所示的原型变电阻力敏感材料，在拉力作用下由于泊松效应，被拉伸长的材料也在伸长横向发生收缩。因此，导电材料的电阻将按下式变化：

$$R = \frac{\rho L}{A} \xrightarrow{\quad} \frac{dR}{R} = \frac{d\rho}{\rho} + \frac{dL}{L} - 2\frac{dr}{r} \tag{4-24}$$

$$\frac{dR}{R} = \frac{d\rho}{\rho} + (1+2\mu)\varepsilon_L = \left[\frac{d\rho}{\varepsilon_L\rho} + (1+2\mu)\right]\varepsilon_L = K_0\varepsilon_L \tag{4-25}$$

式中：ρ 是电阻率；L 是沿电流方向导电材料长度；A 是半径为 r 的导体的横截面面积；μ 为泊松效应系数。

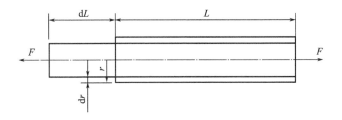

图 4-23 变电阻式传感器原理

上式中，等式右侧前半部分反映了半导体材料在外力作用下的电阻变化，后半部分是金属类导体材料电阻的机械作用响应。因此，灵敏系数为：

$$K=\frac{\Delta R}{R}\Big/\varepsilon_L=\frac{\Delta\rho}{\varepsilon_L\rho}+(1+2\mu) \tag{4-26}$$

对金属类导体材料而言，受到作用后，电阻率不变，其敏感系数为：

$$K=\frac{\Delta R}{R}\Big/\varepsilon_L=1+2\mu \tag{4-27}$$

显然，该值为常数。如果考虑材料的横向变形效应及横向灵敏度，则：

$$\frac{\Delta R}{R}=K_x\varepsilon_x+K_y\varepsilon_y \tag{4-28}$$

式中：ε_x、ε_y 分别为材料在 x、y 方向的应变大小。

对半导体材料而言，受到作用力后，电阻率就要发生变化：

$$\frac{\mathrm{d}\rho}{\rho}=\pi_L\sigma=\pi_L E_e\frac{\mathrm{d}L}{L} \tag{4-29}$$

式中：π_L 为半导体材料的压阻系数，它与半导体材料种类和应力方向与晶轴方向之间的夹角有关；E_e 为半导体材料的弹性模量，与晶向有关。于是：

$$\frac{\Delta R}{R}=(1+\mu+\pi_L E_e)\varepsilon \tag{4-30}$$

对半导体材料而言，$\pi_L E\gg(1+\mu)$，故（$1+\mu$）项可以忽略：

$$\frac{\Delta R}{R}=\pi_L E_e\varepsilon \tag{4-31}$$

半导体材料的电阻值变化，主要是由电阻率变化引起的，而电阻率 ρ 的变化是由应变引起的，因此，半导体材料的电阻应变灵敏系数可表示为：

$$K=\frac{\Delta R/R}{\varepsilon}=\pi_L E_e \tag{4-32}$$

显然，半导体材料的应变灵敏系数还与掺杂浓度有关，它随杂质的增加而减小。

二、测量电路

为了采集变电阻式传感器的电路变化，一般采用电桥电路（图 4-24）。电桥的不平衡输出为：

$$U_{\text{out}}=\left(\frac{R_1}{R_1+R_2}-\frac{R_3}{R_3+R_4}\right)U_{\text{in}} \tag{4-33}$$

$$=\frac{\dfrac{R_4}{R_3}\cdot\dfrac{\Delta R_1}{R_1}\cdot U_{\text{in}}}{\left(1+\dfrac{R_2}{R_1}+\dfrac{\Delta R_1}{R_1}\right)\cdot\left(1+\dfrac{R_4}{R_3}\right)} \tag{4-34}$$

则

$$U_{\text{out}}\approx\frac{n}{(1+n)^2}\cdot\frac{\Delta R_1}{R_1}\cdot U_{\text{in}}\xlongequal{\text{def}}U_{\text{out0}} \tag{4-35}$$

式中：$n=\dfrac{R_2}{R_1}=\dfrac{R_4}{R_3}$

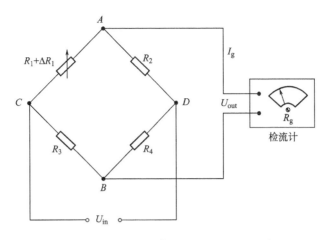

图 4-24　变电阻式传感器的桥式测试电路

于是灵敏度为

$$K_U = \frac{U_{\text{out0}}}{\dfrac{\Delta R_1}{R_1}} = \frac{n}{(1+n)^2} \cdot U_{\text{in}} \qquad (4-36)$$

从上式可以看出，如果要达到最大灵敏度，则由 $\mathrm{d}K_U/\mathrm{d}n = 0$ 得 $n = 1$，$R_1 = R_2$，$R_3 = R_4$，此时 $(K_U)_{\text{max}} = \dfrac{1}{4} U_{\text{in}}$。

由桥式电路作为测试电路时，电桥的非线性误差为：

$$\xi_{\text{L}} = \frac{U_{\text{out}} - U_{\text{out0}}}{U_{\text{out0}}} = \frac{-\dfrac{\Delta R_1}{R_1}}{1 + \dfrac{R_2}{R_1} + \dfrac{\Delta R_1}{R_1}} \qquad (4-37)$$

为了减少电桥的非线性误差，一般采用差动电桥，如图 4-25 所示，其输出关系为：

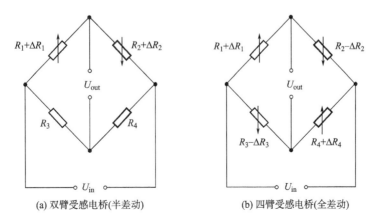

(a) 双臂受感电桥(半差动)　　　　　(b) 四臂受感电桥(全差动)

图 4-25　差动电桥

$$U_{out} = \left(\frac{R_1 + \Delta R_1}{R_1 + \Delta R_1 + R_2 - \Delta R_2} - \frac{R_3}{R_3 + R_4} \right) U_{in} \qquad (4-38)$$

三、纺织变电阻式传感器

可穿戴电阻应变传感器必须满足一定标准，包括高可拉伸性、高可弯曲性、低滞后性和高敏感性。当传感器装在人体表面且长期使用时，能拉伸和弯曲的传感器将是机械可靠的。而且，在承受反复应变时，可穿戴应变传感器最好也不呈现拉伸塑性变形。最重要的是，应变传感器必须对应变具有高敏感度，从而提高动态应变的信号采集和检测精度。

典型拉伸应变传感器包括长丝/纱线/织物表面的薄膜导体。当这些导体被拉伸时，几何变化引起电阻变化。这些应变传感器能被装配在人体检测并量化运动状态，诸如手指、手肘或膝盖弯曲。除了导体的几何变化改变电阻，导体的微裂甚至有助于更高应变敏感系数。注意，虽然微裂应变传感器显示高应变敏感系数，但不能承受大应变。为了克服这个问题，高长径比纳米材料，如碳纳米管已被用于提高可拉伸性。在大应变下，每个纳米粒子长径比高可以保持接触。

一般而言，为了制备高敏感应变传感器，可拉伸性总是被牺牲。相反，高可拉伸应变传感器一般具有低应变敏感系数或应变敏感性。此外，由于纺织基体材料的黏弹性，可拉伸应变传感器存在滞后现象。一些学者通过纺织基体结构调整或引入高弹性纤维增加可拉伸应变范围和高应变敏感系数，但滞后性仍不能消除，使高频动态测量变得困难。

压阻传感器也可设计用于检测微小压力变化，诸如动脉血压或触摸。不同于应变传感器，压阻压力传感器一般由具有标称电阻的两电极彼此逐渐接触形成。标称电阻在压力作用下增减电极间的接触点数量而被调制。压力敏感度定义为：

$$S_P = \frac{\Delta R}{R_0} / \Delta P \qquad (4-39)$$

式中：R 是电阻，R_0 是初始电阻，P 是实时压力。与应变传感器一样，理想的压力传感器将具有高可弯曲、低滞后和高压力敏感性。提高力学顺应性的方法类似于之前针对应变传感器所讨论的办法。

为了提高压阻式压力传感器敏感性，必须对电极进行结构化表面改性。引入微纳结构能实现接触电阻的大变化，使更小压力的检测成为可能。但是，压阻式传感器仍需要外部电源供连续监测。目前可行的压阻式应变传感器包括 Velostat，它是一种浸渍炭黑的可弯曲导电聚合物膜。但是，这种膜缺乏可拉伸性、人体共形性和高敏感性。并且，Velostat 材料对温度变化敏感，且其性能存在黏弹性蠕变效应。因此，需要进一步研究实现商业化高拉伸、敏感且稳健的传感器。

变电阻效应已被广泛应用于设计监测人生理活动的纺织电子器件，因为这种传感器读数简单、灵敏度高、设计简单。根据电阻效应产生方式，变电阻式传感器可分为两类：一类是材料自身的电阻随压力（或力）变化，另一类是两相邻表面（或称电极）间的界面接触电阻随压力变化。

(一) 材料电阻

具有自身电阻的材料可分为导电纤维/纱、导电高聚物（如导电油墨、导电液）或碳纳米管复合材料、导电聚合物［如聚苯胺（PANI）、聚吡咯（PPy）、聚噻吩（PTh）和聚乙炔］涂层织物等。

利用导电纤维的压阻效应，HUANG 等以压阻纤维（碳涂层纤维）和涤纶/弹力纤维混纺纱经包缠工艺制备纱线传感器，可监测呼吸信号，应变敏感系数为 4～17。研究发现，受压时，在包覆纤维和芯纱间出现滑移，电阻和应变间不是线性关系，可能为二次函数，但捻度大小对传感性能没有显著影响。相对而言，双层包缠导电纱的皮芯纤维间滑移量比单层包缠小，电阻—压力关系线性度更高。也可利用变电阻弹力导电线（热塑性橡胶填充 50% 炭黑粉末，直径 0.3mm，应变范围 100%）缝制嵌入普通针织服装中，测量上肢姿势，应变敏感系数为 $2k\Omega/mm$。显然，传感器性能依赖于导电涂层或压阻纤维材料性能，通常动态测量范围低、重复性差、不耐洗、不耐折叠、制备过程复杂。最近，以原位化学氧化聚合法在 PU 纤维表面沉积 PANI 聚合物，制备的导电纤维传导率最大达 $0.001/(\Omega \cdot cm)$，压阻应变高至 1500%，在 0～1500% 应变范围内平均应变敏感系数（电阻率与应变率之比）为 3。美国北卡罗来纳州立大学开发出一种兼具柔性和弹性的触敏纤维，它可以检测到触摸、张力与扭曲，可作为电子设备的人机交互接口，应用于智能织物与可穿戴电子设备等多个领域。瑞士洛桑联邦理工学院（EPFL）的科学家们采用一种简单快捷的方法制造出超弹性、多元材料、高性能的纤维，这种纤维可作为传感器用于机器人手指和智能服装。

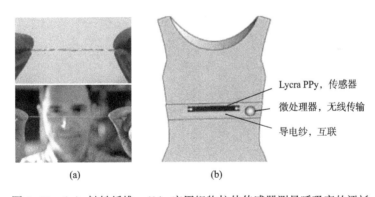

图 4-26 （a）触敏纤维；（b）应用织物拉伸传感器测量呼吸率的汗衫

导电复合材料是一类用于开发织物结构压阻传感器的材料，如导电填料颗粒物和弹性黏合剂（如硅橡胶）混合导电橡胶（也称量子隧道复合物，Quantum Tunnelling Composite，QTC）、吡咯改性聚氨酯导电泡沫等活性复合材料的体积电阻（或弹性电阻，elastoresistance），经涂层工艺沉积到纱线或织物表面。以导电复合物涂层纺织品所制备的传感器类似于商业化柔性应变片，测量承受拉伸应力时的应变，可应用于姿势、运动状态监测或生理信号检测。把导电硅橡胶纹印至于织物表面，研制了传感手套监测手的活动，应变敏感系数约为 2.8，应变-电阻曲线经指数修正后满足线性关系。以变电阻泡沫开发出纺织传感器，测量上臂位置、但是研究发现，导电泡沫等弹性电阻引起的滞后性阻止了上肢位置的准确测量，响应速度慢，且仅可区分四个位置。这些材料也可用于用作纺织触控开关材料，如商业化 Softswitch 和 Eleksen 纺织结构传感器。Softswitch 直接集成传感元件到服装中，为涂有弹性电阻复合物的导电织物，通过复合材料受压电阻减小来测量压力。类似的方法是，导电聚合物膜或油墨以丝网印刷工艺沉积，形成图样化特征。

有研究通过湿法制造可拉伸导电纤维制备传感器。图 4-27（a）展示了由 Ag 纳米颗粒、nAg-MWCNT 和聚（偏二氟乙烯-共-六氟丙烯）（PVDF—HFP）基质组成的导电可拉伸纤维及其表面形态，再通过编织这种可拉伸导电纤维制备纺织基拉伸传感器。传感器在 100% 拉伸应变下显示出可逆特性，具有机械和电稳定性 [图 4-27（b）]。除此之外，研究者将纺织基拉伸传感器应用于机器人手指系统，并证明了实际应用的可行性。也有学者使用湿法纺丝法制备了由 Ag 纳米线（AgNWs）、Ag 纳米颗粒（AgNPs）和 SBS 聚合物组成的高拉伸导电纤维。AgNWs 具有显著的拉伸性能，能够沿着施加的应变单轴排列，并桥接纤维内部的 AgNPs 的断开网络，如图 4-27（c）所示。图 4-27（d）展示了各种不同长度的 AgNWs 组成的复合纤维在拉伸应变下电导率变化。随着拉伸应变的增加，电导率开始下降，但随着

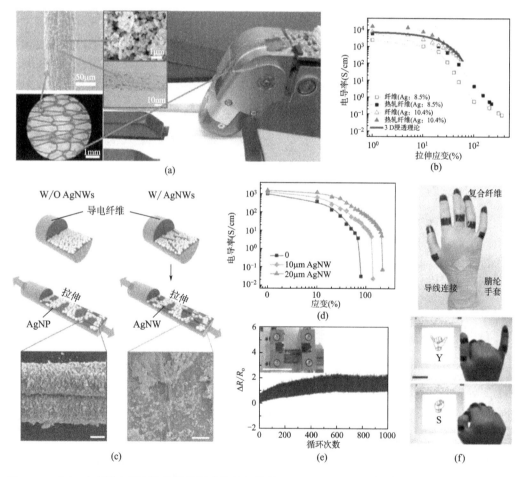

图 4-27 （a）由高导电性可拉伸纤维制成的针织物的 FESEM 和 HRTEM 图像；（b）纤维的电导率随拉伸应变的变化；（c）复合纤维中银纳米线（AgNW）和银纳米颗粒（AgNP）的示意图；（d）复合纤维的长度与导电率的关系；（e）可靠性试验测量复合纤维的归一化电阻的变化；（f）用复合纤维制成的智能手套的照片和使用手语的英文字母的检测

应变的增加而再次提高。可靠性试验表明，在可重复弯曲试验下，传感器能够稳定运行［图 4-27（e）］。研究者进一步验证了使用所制造的可拉伸传感器检测人体运动的能力。传感器集成到智能手套上每根手指上的纤维中，成功检测到了手指的手语。图 4-27（f）展示了通过手指弯曲检测到的字母"Y"和"S"。

使用 AgNW—AgNP 复合材料作为导电元件也可以制备可拉伸导电纤维和应变传感器。如图 4-28（a）所示，将 AgNW—AgNP 复合材料嵌入到苯乙烯—丁二烯—苯乙烯（SBS）弹性体纤维基体中，将这种可伸缩导电纤维用作应变传感器，因为其电阻随施加到纤维上的应变的变化而变化。通过在手套中嵌入这些纤维型应变传感器，可以检测手指关节弯曲运动。类似原理，也有研究报道了石墨烯基光纤传感器，用于监测拉伸应变、弯曲和扭转。如图 4-28（b）所示，在聚酯缠绕的 PU 芯纤维上，通过浸渍 GO 涂层，再用氢碘酸还原，形成 RGO 导电层。光纤应变传感器在 0~1%、50% 和 60%~200% 的应变范围内，可伸展率可达应变的 200%，厚度系数分别为 10、3.7 和 0.06。此外，代替在绝缘纤维上涂覆导电元件，丝和棉纤维的炭化被认为是获得用于应变传感器的导电纤维的独特方法。图 4-28（c）给出了炭化蚕丝织物的制作及其作为可穿戴应变传感器的应用。在氩/氢气氛下，对真丝织物进行 950℃ 热处理，使真丝织物炭化，电导率为 140Ω/sq。采用炭化丝织物作为应变元件，实现了应变范围为 0~1%、250%、250%~500% 的应变传感器，测量因子分别为 5.8、9.6 和 37.5。使用 PEDOT 表面聚合聚酯纤维也可生产高灵敏度纺织应变传感器，如图 4-28（d）所示，进而将纤维缝在织物上实现织物应变传感器，制造的 PEDOT/聚酯应变传感器显示应变率为 0.9，应变为 20%。

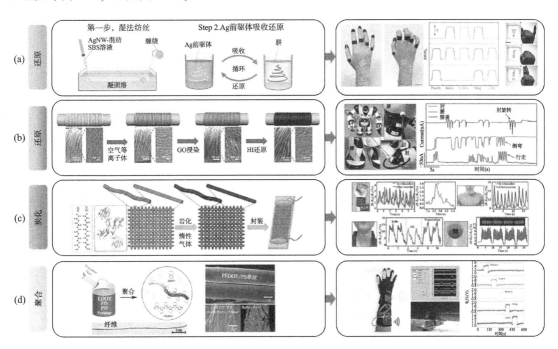

图 4-28 织物应变/运动传感器的制造工艺及应用

（a）使用可拉伸 AgNW AgNP 嵌入 SBS 复合纤维的应变传感器；（b）在聚酯缠绕的 PU 芯纤维上使用 RGO 导电层的应变传感器；（c）使用碳化蚕丝织物的应变传感器；（d）PEDOT 表面聚合聚酯纤维的应变传感器

纳米管屈曲增加了相互连接程度和降低电阻，这种材料的优势是超级可压缩、可恢复和弹性模量高。一些纺织结构传感器利用纯碳纳米管（CNT）的压阻行为。LAXMINARAY-ANA 和 JALILI 采用静电纺工艺制备了聚合物/CNT 非织造复合网，采用锆钛酸铅压电陶瓷 PZT 激励悬臂梁震动法测试相应传感器的敏感性，发现应变感应能力随 CNT 质量百分比浓度增加而提高，且比 P（VdF—TrFE）基静电纺纳米网性能好。此外，多壁碳纳米管也可嵌入 PDMS、PMMA 等聚合物中，采用丝网印刷方法转移碳纳米管分散液至纺织品表面形成对压力非常敏感的柔性皮肤。

（三）结构/接触电阻

接触电阻即相邻导电纤维间或交织导电纱线间的接触电阻，当纺织结构材料受拉伸、压缩等机械作用时，接触面积发生变化而改变系统电阻，其电阻变化原理如图 4-29 所示。导电纤维或纱线要么为金属纤维/纱，要么为在纱线、织物表面沉积或浸渍聚吡咯（PPy）、聚苯胺等导电聚合物。

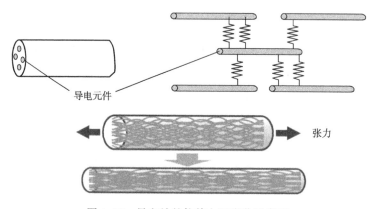

图 4-29　导电纱的拉伸电阻变化示意图

利用导电聚合物 PPy 原位聚合涂层莱卡织物的应变-电阻关系制备电阻式传感器，应变敏感系数可达 25。研究发现，绵纶莱卡织物涂层聚吡咯在空气中易氧化分解，表面电阻稳定性差，放置 54 天后表面电阻增加 10 倍，而在干燥器中同样时间后增加不到两倍。有研究以化学气相沉积（CVD）丝网印刷法制备 PPy 涂层导电织物［基质为锦纶 66/莱卡（85/17）平纹针织物］，发现化学气相沉积法能形成薄而密集且均匀分布的 PPy 涂层织物，在 50% 应变下应变敏感系数超过 400，且在低温（-25℃）条件下比在室温下聚合能显著提升织物传感器的导电性、应变敏感性和环境稳定性，并把这归因于低温 CVD 工艺能在织物表面沉积更薄更有序的 PPy 膜。飞利浦研究实验室（英国 REDHILL）开发了一种集成在服装中的拉伸传感器。由导电和弹性纱线编制而成的拉伸传感器，原理为传感材料被拉伸时电阻发生改变。因此，它可以用来控制音乐的音量或改变音轨。

香港理工大学陶肖明课题组采用钩针手编制备了一种在高温环境中工作的应变传感绳，在 400℃ 以上可测量达 40% 的平面内或平面外应变，传感源于接触纱线间接触电阻，单位长度内接触点多少决定了传感器的灵敏度、可重复性、滞后性、线性度和应变范围。同样，以导电纱为基础可制备针织拉伸传感器用于监测呼吸信号。以四类电阻不同的纱线为原料，以四种针织组织（平纹提花、罗纹、双罗纹和长浮线）为工艺参数，两两组合制备传感器，并比较信号强弱，发现高电阻纱不适合制备呼吸信号传感器，而浮线结构和双罗纹结构最适合。银涂层聚酰胺纱也被用于制备电活性带状机织物传感器，其中涤纶橡胶线为经纱、涤纶为纬纱，在织带中心沿经向织入 4~8 根涂银聚酰胺导电纱。研究发现导电纱根数、纬密和涤纶橡胶比影响应变敏感系数，拉伸应变敏感系数为 0.02~0.6。王金凤等以 4 种镀银纱纬编针织物用作拉伸传感器，发现灵敏度按竖条纹双罗纹针织物、横条纹双罗纹针织物、镀银纬纱针织物顺序依次减小。并且，纬平针织物的敏感系数不随织物宽度变化，但弹力纬平针织物的敏感度受宽度影响。

HO 等用涤纶—不锈钢丝混纺制得拉伸敏感型导电纱（图 4-30），再缠绕在聚氨酯橡胶丝表面形成包芯纱（芯层无捻度）。以此包芯纱为原料采用针织工艺生产毛巾织物，利用织物表面起圈结构及拉伸电阻变化形成滑移检测传感器，可分辨与之接触的材料表面纹理特征。

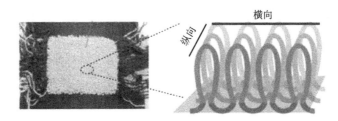

图 4-30　基于表面起圈结构的滑移传感器

TAKAMATSU 等人利用染料涂层导电聚合物（PEDOT：PSS）和全氟聚合物介电膜开发了一种大面积压力传感器。他们通过将纤维编织到 16cm×16cm 的区域中来构造传感器（图4-31）。该传感器的灵敏度范围为 0.98~9.8N/cm^2，足够灵敏，可以检测人体触摸，因此适用于可穿戴键盘和医疗保健系统。

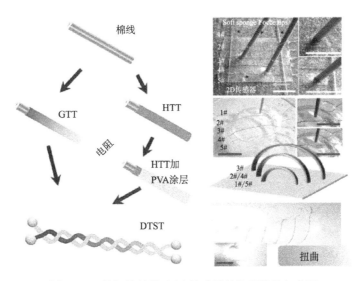

图 4-31　纺织品触觉/压力传感器的装置结构与应用

1996 年，日本研究人员为小型机器人开发了一种柔软、灵活的全身传感套装。他们使用了导电织物片和带有介质的导电线，在施加压力后测量接触电阻，制造出一种能够感知、传导与控制机器人身体相互作用的远程机器人传感器。将导电纤维固定到弹力织物中制备拉伸敏感型传感器，辅以 Kalman 滤波连续测量单轴或多轴关节活动。为了比较不同拉伸敏感型纺织传感器的敏感性、线性度、稳定性和滞后性，以四种弹力或非弹力织物和两种导电材料制备传感器：第一种以聚氨酯/莱卡平纹交织物或涤纶平纹织物为基质、以炭黑填充硅橡胶为涂层材料；第二种以棉（95%）/莱卡（5%）机织物或纯棉平纹机织物为基质、以涤纶/Bekintex 短纤/不锈钢丝混纺纱为导电材料。研究结果显示电阻式纺织结构传感器性能与导电材料和织物基材关系紧密，相对而言，非弹力织物传感器滞后性误差比弹力织物低。

接触电阻传感原理也应用于研制缝编织物结构压力场测绘传感器，如图 4-32 所示。在该传感器中，两组正交接触的导电纱系统形成分布的接触电阻阵列，不需要在织物表面贴附任何其他传感元件，且导电金属纱同时作为传感单元和导线，作用于织物表面的压力大小和位置通过在两组刺绣纱线系统间电阻变化及位置来确定。并且，电阻—压力曲线呈现两级非线性模式，在低压力区接触电阻不稳定，当在两组导电纱线接触点表面涂层后，传感器敏感性和稳定性增加。这种在一种柔性基质上的行和另一基质上的列形成传感器，可大大减少导线数量，减小纺织品本身服用性能的损失。把输出电压送入其他列中消除杂散电流，避免串扰。相对于连续层而言，利用图样化导电层的好处是避免同一平面内行间传导。

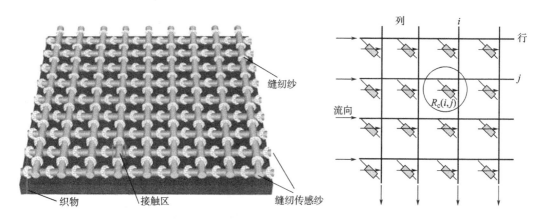

图 4-32　织物结构和等效电路示意图

另一种方法则利用系统电阻随几何构型变化而变化。例如，在覆盖膜下依次层放导电液、阵列电极和膜基层，施加电压于液体表面并测量相邻电极间电压，获得电阻，电阻大小取决于相关电极间膜的压入量。SoftMess 柔性压力坐垫为织物封装独立箔电阻的阵列式压力传感器，每片传感阵列由 4096 个传感单元组成。

从以上研究可以发现，接触电阻式纺织结构传感器的性能与织物形貌、纱线及织物结构有关。电阻式压力传感器是利用压力和电阻之间有一定的相关性。这些传感器可以使用不同的生产技术由不同结构、不同的导电材料制成。可变电阻材料可以缝制、刺绣或粘接在纺织品基材上以测量压力。电阻压力传感器的工作原理是电阻材料被拉伸或压缩时，电阻会增加。根据欧姆定律，对于相同的电流，较高的电阻输出的电压较大。因此，拉伸或压缩时，感应电压会有相关的变化。表4-3是用于生产纺织品压力传感器的纺织生产技术列表。导电材料和生产技术会影响灵敏度和传感压力范围。

表4-3　基于电阻结构的纺织品压力传感器

生产技术	原理	灵敏度	压力范围	尺寸	特征
开关触觉传感器	镀铜织物	阈值在500g/mm^2	70~500g/mm^2	8mm^2	主动传感单元
齿形结构	导电织物	$2.98 \times 10^{-3} kPa^{-1}$	~2000kPa	760mm^3	负压织物应变
聚氨酯泡沫	PPY聚氨酯	0.0007mS/N	1~7kN/m^2	4cm^3	电导随压力增加
导电橡胶	碳聚合物	250Ω/MPa	0~0.2MPa	9mm^2	电阻随所施加的负载而变化
QTC-镍基	压力复合材料	~10^6Ω/(1%压缩)	可压缩25%	直径=5.5mm	转换行为

四、典型器件制备原理与性能评价

目前，大多数研究关注包覆纱的导电处理工艺或验证导电包覆纱用作传感器的应用潜力。已发现纱线的包覆度不同，拉伸应变电阻变化不同。实验分析包覆纱传感器的结构参数与传感性能之间的关系。研究包覆纱线结构参数；尤其是长丝纱线包覆度对传感性能的影响，可以优化纱线传感器的传感性能。采用氨纶长丝作芯纱，锦纶作外包纱，控制纱线的包覆度和外包纤维数，制备不同包覆度的单层和双层包覆纱线，对其进行导电处理制作纱线式传感器，对比分析其应变传感性能，选出传感性能最佳的包覆结构。

(一) 包覆纱应变传感器结构及传感原理

包覆纱应变传感器的传感依赖于包覆纱结构变化引起的电阻变化，图4-33（a）为单层包覆纱传感器的拉伸应变传感原理图。从图中可以看出，包覆纱电阻取决于外包纤维电阻与其螺旋之间的接触电阻。未被拉伸时，外包纤维螺旋间相互接触，接触程度取决于包覆度。当受到外力拉伸时，包覆纱被拉伸时，外包纤维的螺旋节距逐渐增加，纱圈由紧密接触趋向分离，接触电阻增加。在一定拉伸应变范围内，外层包覆纤维几乎不被拉伸，其电阻变化可以忽略不计。

如图4-33（b）所示，双层包覆纱传感器由外层纤维、内包纤维和芯纱组成，包覆纱电阻取决于包覆纤维电阻、内/外包纤维螺旋之间的接触电阻、内包与外包纤维间的接触电阻。同单层包覆纱传感器一样，在拉伸初始阶段各层包覆纤维的螺旋之间由相互接触到逐渐分离，同时内包与外包纤维之间的交叉接触面积增加。相对而言，在一定拉伸应变范围内，前者引起的电阻变化大于后者，以致传感器的电阻变化比较大。当双层包覆纱传感器的螺旋节距增加至分离时，电阻变化主要由内、外层纤维之间的交叉接触电阻引起。

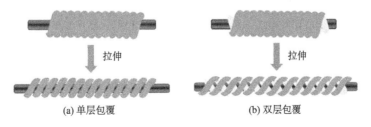

(a) 单层包覆　　　　　　　　　(b) 双层包覆

图4-33　包覆纱式传感器拉伸传感原理图

显然，包覆纱的结构参数影响相应纱线传感器的性能，主要是外包纤维数和包覆度这两个参数。包覆度以单位长度内外包纱的捻回数表示。就结构而言，包覆纱分为单层和双层包覆纱。而且，从力学作用的平衡上来讲，以相反的螺旋角对称地包缠，包缠纱的弹力平衡好。纱线弹力平衡好是获得稳定传感器的基础。

（二）单层包覆纱传感器性能

图 4-34 是不同包覆度（20 捻/厘米、25 捻/厘米、30 捻/厘米、35 捻/厘米、40 捻/厘米）的单层包覆纱传感器的应变—电阻变化曲线，其斜率即为传感器灵敏度。从图中可以看出，在小应变时电阻几乎随应变呈直线上升，而应变较大时上升缓慢。由图中传感器的应变—灵敏度曲线，显然灵敏度先急剧上升，然后快速下降至趋于平缓。这些现象与已有研究一致，用 ZnO 处理弹性纤维，其灵敏度在应变小于 10% 时较大，在大于 10% 时较小；或采用氧化石墨烯处理弹性包覆纱，其应变—电阻变化曲线上升趋势由快到慢。这种现象主要是由于原位聚合或化学镀导电纱在受到拉伸时，纱线结构及表面导电层结构的复杂变化。

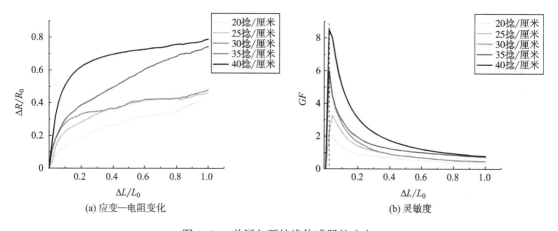

(a) 应变—电阻变化　　　　　　　(b) 灵敏度

图 4-34　单层包覆纱线传感器的响应

从图 4-34 可以看出，包覆度从 20 捻/厘米增加到 40 捻/厘米时，纱线的电阻响应灵敏度越来越高，40 捻/厘米的纱线灵敏度在小变形下可达到 8.5，而 20 捻/厘米时，小变形下灵敏度接近 2，仍高于普通金属应变传感器灵敏度。纱线包覆度不同，外包纤维螺旋线圈间的接触紧密度不同，以致在相同拉伸应变下，分离状态存在差异，引起不同的电阻变化率。

图 4-35 为 30~40 捻/厘米纱线在循环拉伸下的电阻—应变曲线。从图中可以看出，在 100 次循环拉伸下，包覆度为 30 捻/厘米的纱线传感器的电阻随应变呈现稳定的周期变化。35 捻/厘米和 40 捻/厘米的电阻变化值随着拉伸次数的增加而缓慢上升，出现漂移。其中，35 捻/厘米纱线电阻幅值漂移量约为 8.3%，40 捻/厘米的漂移量约为 11.8%。因此，对于单层包覆纱式传感器，包覆度越大，其重复稳定性越差，包覆度较低的重复性较好。这是由于循环拉伸频率较高，在拉伸过程中外包纤维与芯纱的相对位置出现不同程度的滑移，二者之间摩擦限制其回复至原始位置。根据上述传感原理，纱线电阻将随周期性拉伸伸长而变化。而且，在一定范围内，外包纤维与芯纱之间抱合力随纱线包覆度增加而增加，纤维之间摩擦阻力越大，对回复的限制越大。

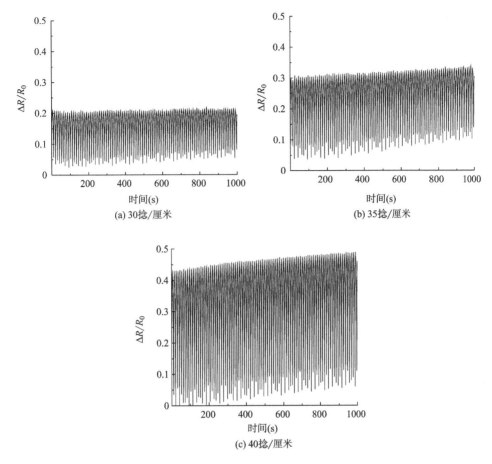

图 4-35　不同包覆度的单层包覆纱传感器在 100 次循环拉伸下的电阻变化

此外，早期研究以导电聚吡咯处理氨纶纤维，测试其电阻随拉伸变化情况，发现拉伸后，因纤维表面聚吡咯导电层的断裂而导致电阻急剧增大，重复性较差。同样，包覆纱传感器本质为聚吡咯原位聚合导电包覆纱，在反复拉伸过程中，纱线表面的导电层有一定程度的破坏，也是引起电阻随周期性应变漂移的原因。

图 4-36 为包覆度分别为 30 捻/厘米、35 捻/厘米和 40 捻/厘米的包覆纱分别在 5%、2%、1% 和 0.5% 应变下循环拉伸 20 次的电阻变化曲线。拉伸应变越小，其电阻变化越小。这是因为应变越小，纱线外包纱的拉伸变化状态越小，对纱线表面导电层的破坏越小，接触电阻变化越小。从图中可以看出纱线传感器均可以在应变率为 0.5% 时做出较稳定的响应，说明包覆纱传感器能够检测小应变下的肢体运动等。而且，在小应变下的电阻峰值随包覆度增加而增加。

（三）双层包覆多维力纱线传感器

图 4-37 是不同包覆度双层包覆纱的电阻和灵敏度随应变变化曲线。从图中可以看出，变化趋势类似于单层包覆纱。包覆度从 20 捻/厘米增加到 40 捻/厘米时灵敏度越来越高，小变形下达到 6.5 左右。整体而言，在相同包覆度下，单层包覆纱的最大灵敏度高于双层包覆纱，但是后者灵敏度随应变增加更早趋于稳定。这种现象产生的原因是包覆纱结构差异。

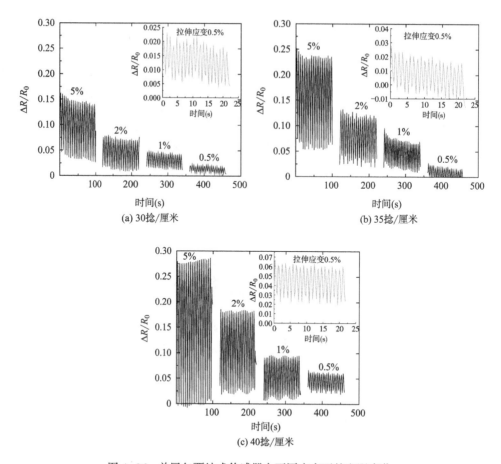

图 4-36　单层包覆纱式传感器在不同应变下的电阻变化

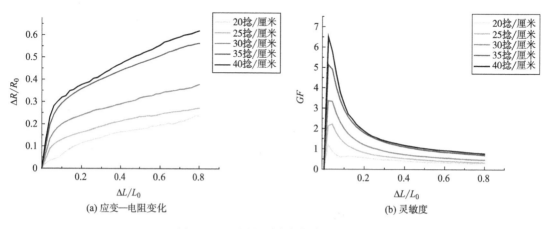

图 4-37　双层包覆纱线传感器的响应

　　图 4-38 是包覆度为 25~40 捻/厘米的双层包覆纱在循环拉伸下的电阻变化曲线。从图中可以看出，随着拉伸次数增加，包覆度为 40 捻/厘米的纱线传感器的电阻响应漂移较小，约 3.7%，而 35 捻/厘米、30 捻/厘米和 25 捻/厘米的纱线传感器电阻漂移从 18.2% 增加至

50%。这一点与单层包覆纱的电阻漂移随包覆度变化趋势相反，可归因于纱线结构。对于双层包覆纱而言，在拉伸过程中芯纱、内层和外层纤维的应变量不同，包覆度较小时，内层与外层包覆纤维之间在拉伸时易发生相对滑移，包覆度越大，包覆纱线之间抱合力增强，相对滑移越难，循环拉伸时电阻漂移越小。

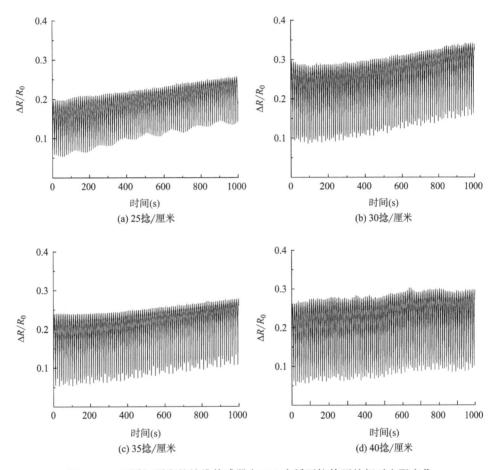

图 4-38　不同包覆度的纱线传感器在 100 次循环拉伸下的相对电阻变化

图 4-39 是不同包覆度双层包覆纱传感器分别在应变为 5%、2%、1% 和 0.5% 时的电阻变化曲线，拉伸应变越小，其电阻变化越小。包覆纱应变越小，纱线外包纤维的拉伸变化越小，对纱线表面导电层的破坏越小，接触电阻变化越小。从图中可以看出，传感器均能在应变为 0.5% 时实现有效平稳的监测。并且，在 0.5% 应变下，电阻响应峰值随包覆度增加而增加，这一点类似于单层包覆度下的响应趋势。

对比研究单层和双层纱线结构及包覆度对传感性能的影响发现，包覆纱应变传感器灵敏性随包覆度增加而增加，能在应变为 0.5% 时实现平稳监测；单层包覆纱传感器的重复稳定性随包覆度的增加而降低，而双层包覆纱传感器的稳定性随着包覆度的增加而增强。对于包覆度在 20~40 捻/厘米的包覆纱传感器而言，综合考虑灵敏性、极限检测阈值和重复稳定性，性能最优的为 40 捻/厘米的双层包覆纱应变传感器，其灵敏度可达到 5，具有较好的重复稳定性。

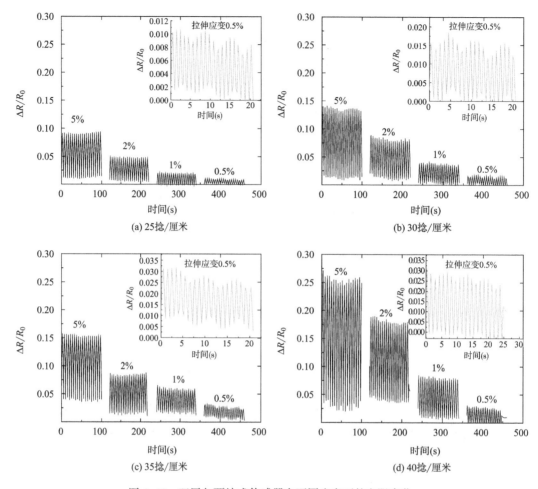

图4-39 双层包覆纱式传感器在不同应变下的电阻变化

第三节 电感式传感器

电感式传感器是利用线圈自感或互感系数的变化来实现非电量电测的一种装置。利用电感式传感器，能对位移、压力、振动、应变、流量等参数进行测量。它具有结构简单、灵敏度高、零点稳定、输出功率大、输出阻抗小、抗干扰能力强及测量精度高等一系列优点。它的主要缺点是响应较慢，不宜用于快速动态测量，而且传感器的分辨率及线性度与测量范围相互制约，测量范围大，分辨率低，反之则高。

一、传感原理

电感式传感器的工作原理是电磁感应。它是把被测量，如位移等，转换为电感量变化的一种装置，其工作原理及作用方式如图4-40所示。

按照转换方式的不同，可分为自感式传感器（或可变磁阻式）、互感式传感器（差动变压器式）和电涡流式传感器三种。

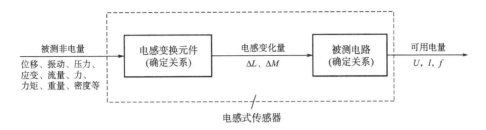

图 4-40　电感式传感器工作原理及作用

（一）自感式传感器（或可变磁阻式）

变磁阻式传感器（自感式）由线圈、铁芯
及衔铁三部分组成，如图 4-41 所示。自感式
传感器是把被测量变化转换成自感 L 的变化，
通过一定的转换电路转换成电压或电流输出。

传感器在使用时，其运动部分与动铁心
（衔铁）相连，当动铁芯移动时，铁芯与衔铁
间的气隙厚度发生改变，引起磁路磁阻变化，
导致线圈电感值发生改变，只要测量电感量的
变化，就能确定动铁芯的位移量的大小和方
向。当线圈匝数 N 为常数时，电感 L 仅仅是磁
路中磁阻的函数，只要改变 δ 或 S 均可导致电
感变化。因此，变磁阻式传感器又可分为变气
隙 δ 厚度的传感器和变气隙面积 S 的传感器。

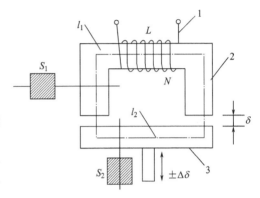

图 4-41　变磁阻式传感器
1—线圈　2—铁芯（定铁芯）　3—衔铁（动铁芯）

$$L = \frac{\Psi}{i} = \frac{N\Phi}{i} \tag{4-40}$$

$$\Phi = \frac{iN}{R_m} \tag{4-41}$$

$$L = \frac{N^2}{R_m} = \frac{N^2 \mu_0 S_0}{2\delta} \tag{4-42}$$

其中，磁路的总磁阻为：

$$R_m = \sum \frac{l_i}{\mu_i S_i} + \frac{2\delta}{\mu_0 S} \tag{4-43}$$

式中：S_1 为铁芯的截面积；S_2 为衔铁的截面积；μ_0 为空气的导磁率；S_0 为气隙的截面积；
δ 为气隙的厚度；R_m 为总磁阻；N 为线圈匝数。

从上式可知，L 和 δ 之间满足非线性关系。而且，电感相对变化量与气隙变化成正比关
系，即：

$$\frac{\Delta L}{L_0} \approx \frac{\Delta \delta}{\delta_0} \tag{4-44}$$

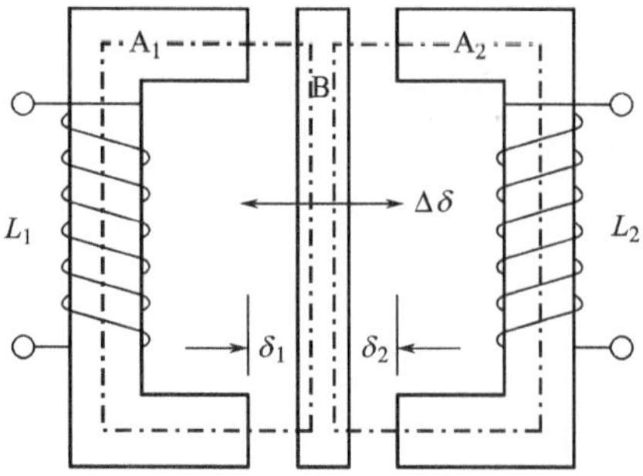

由此得到变磁阻式传感器的灵敏度为：

$$k_0 = \frac{\Delta L / L_0}{\Delta \delta} = \frac{1}{\delta_0} \qquad (4-45)$$

图 4-42 差动变隙式传感器

差动变隙式由两个相同的线圈 L_1、L_2 和磁路组成。当被测量通过导杆使衔铁（左右）产生位移时，两个回路中磁阻发生大小相等、方向相反的变化，形成差动形式。

差动变隙式总的电感变化为：

$$\frac{\Delta L}{L_0} \approx 2\frac{\Delta \delta}{\delta_0} \qquad (4-46)$$

对差动式电感变化进行级数展开及线性处理，忽略高次项得：

$$\frac{\Delta L}{L_0} \approx 2\frac{\Delta \delta}{\delta_0}$$

则差动形式的灵敏度为：

$$k_0 = \frac{\Delta L / L_0}{\Delta \delta} = \frac{2}{\delta_0} \qquad (4-47)$$

比较单线圈，差动式的灵敏度提高了一倍；差动式非线性项与单线圈相比，多乘了 $(\Delta \delta / \delta)$ 因子；不存在偶次项使 $\Delta \delta / \delta_0$ 进一步减小，线性度得到改善。差动式的两个电感结构可抵消部分温度、噪声干扰。

（二）互感式传感器

把被测的非电量变化转换为线圈互感变化的传感器称为互感式传感器。这种传感器是根据变压器的基本原理制成的，把被测位移量转换为一次线圈与二次线圈间的互感量变化的装置。并且次级绕组用差动形式连接，故称差动变压器式传感器（图 4-43）。当一次线圈接入激励电源后，二次线圈就将产生感应电动势，当两者间的互感量变化时，感应电动势也相应变化。传感器由初级线圈 W 和两个参数完全相同的次级线圈 $W1$ 和 $W2$ 组成。线圈中心插入圆柱形铁芯 P，次

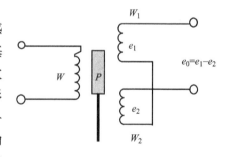

图 4-43 差动变压器式传感器的
结构示意图

级线圈 $W1$ 和 $W2$ 反极性串联。根据电感变化来源，可划分为变隙式、变面积式和螺线管式。差动变压器的结构形式较多，应用最多的是螺线管式差动变压器。

差动变压器式传感器输出的电压是交流量，如用交流电压表指示，则输出值只能反映铁芯位移的大小，而不能反映移动的极性；同时，交流电压输出存在一定的零点残余电压，使活动衔铁位于中间位置时，输出也不为零。因此，差动变压器式传感器的后接电路应采用既能反映铁芯位移极性，又能补偿零点残余电压的差动直流输出电路。

二、测量电路

电感式传感器的线圈并非是纯电感，该电感由有功分量和无功分量两部分组成（图 4-

44)。有功分量包括线圈线绕电阻和涡流损耗电阻及磁滞损耗电阻，均可折合成为有功电阻，其总电阻可用 R 表示；无功分量包含线圈的自感 L，绕线间分布电容，为简便起见，可视为集中参数，用 C 表示。因此，电感式传感器的端口阻抗为：

$$Z = \frac{(R + j\omega L)\left(\dfrac{-j}{\omega C}\right)}{R + j\omega L - \dfrac{j}{\omega C}} \tag{4-48}$$

式中 ω 为输入激励频率。将该式有理化并应用品质因数 $Q = \omega L/R$，可得：

$$Z = \frac{R}{(1 - \omega^2 LC)^2 + \left(\dfrac{\omega^2 LC}{Q}\right)^2} + \frac{j\omega L\left(1 - \omega^2 LC - \dfrac{\omega^2 LC}{Q^2}\right)}{(1 - \omega^2 LC)^2 + \left(\dfrac{\omega^2 LC}{Q}\right)^2} \tag{4-49}$$

当 $Q \gg \omega^2 LC$ 且 $\omega^2 LC \ll 1$ 时，上式可近似为：

$$Z \approx \frac{R}{(1 - \omega^2 LC)^2} + j\omega \frac{L}{(1 - \omega^2 LC)^2} \tag{4-50}$$

考虑 R、L、C 等影响后的灵敏度为：

$$K_L = \frac{\mathrm{d}L'}{L'} = \frac{1}{1 - \omega^2 LC} \frac{\mathrm{d}L}{L} \tag{4-51}$$

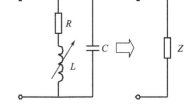

在测量中，若更换连接电缆线的长度，在激励频率较高时则应对传感器的灵敏度重新进行校准。

图 4-44 电感式传感器等效电路

三、纺织基电感式传感器

电感传感器被用于应变测量时一般以线圈形式集成导电纱到弹力织物中而形成。因此，当织物被拉伸时，这些线圈改变其尺寸而引起线圈中电感的变化。Vivometrics 公司基于电感传感器开发了一件生命衫，监测患者的体征。有学者采用电感原理，利用管状纤维网的三维变化引起自感变化，研制管状导电纤维网应变及位移传感器，可监测呼吸或运动位置信息。

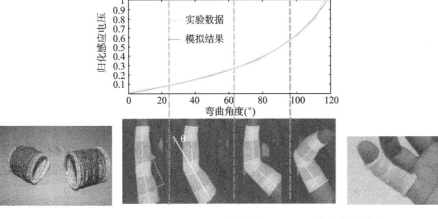

图 4-45 针织结构管状纤维网电感式角度传感器

Roh 等也采用金属复合绣线制备了金属复合刺绣电路，该电路含有电感元件。GI 等利用机器刺绣方法开发了一种纺织基感应传感器的可行结构，并将其应用于基于磁感应电导率原理的非接触式生命体征传感装置。通过在织物上绣有导电纺织品的感应传感器，获得的机械心脏活动信号与 Lead II ECG 信号和呼吸信号进行比较，呼吸信号在每种情况下同时用五个受试者测量。用于电感式传感器的纺织基电极的基本形状是扁平螺旋，其灵感来自线圈形电感器，用作导电线的十匝螺旋线通过刺绣机安装到聚酯织物上（图 4-46）。分析结果显示，ECG 信号中 R 峰的位置与通过基于纺织基感应传感器获得的信号中的尖峰高度相关（$r = 0.9681$）。基于这些结果，确定了开发的基于纺织品的电感式传感器作为心率和呼吸特征的测量装置的可行性。需要对用于开发线圈形电感式传感器的导电纺织材料进行优化，包括适当的导电性、合适的柔韧性和适当的耐久性。

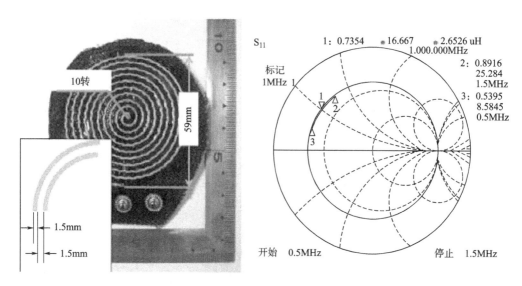

图 4-46　纺织基刺绣电感器及其电磁特性（Gi and Lee，2014）

GEHIN 等设计了一种基于电感体积描记原理检测下肢水肿周长的可移动电感式传感器（图 4-47）。目前，由于缺乏合适的设备，对人身体的几何变化的监测尚未得到普遍应用。例如，对于下肢，通常使用简单的测量带，周期性地测量关键尺寸。这种测量方法不仅缺乏复现性，也不适用于动态监测。为了更有意义地监测小腿，需要精确的、标准化的参考点。GEHIN 等介绍了一种专用于测量下肢几何变化的新型传感器系统，该系统可以在日常活动中对腿部肿胀进行动态监测。该传感器能直接集成到纺织带中的感应回路中，并连接到微型电子系统，电子系统通过无线传输将腿的周长值（假设其形状为圆形）发送到笔记本电脑，并能在不久的将来实现手机同步。使用 Matlab 对感应回路进行建模，以预测电感值并确定电路的必要参数，精度可达到 0.3cm。传感器在一段时间内的稳定性非常好（满量程的 3.4%）。当纺织品在两个极值之间拉伸时，传感器会发生滞后现象，这种现象可以通过定期校准系统来最小化。该系统所呈现的结果明显优于使用传统卷尺测量的结果。

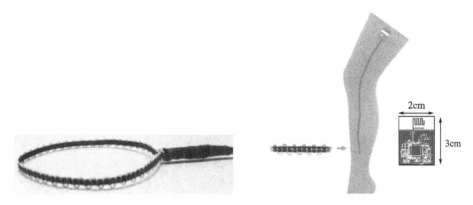

图 4-47　设想的电感传感器及其在腿上的集成（Gehin and Grenier，2018）

第四节　本章总结

随着柔性传感器在各行各业的应用深入，纺织力敏感传感器引起了广泛关注。但是，由于材料结构形式多样，以及纺织材料在力学性能方面的固有不足，给此类力敏材料及传感器的研究带来巨大挑战，也为评价不同传感器之间的性能差异提出了新的要求。此外，虽然各类纺织柔性力敏感器被开发，但是迄今被商业化的传感器仅屈指可数。主要问题在于对激励应变或应力响应的高非线性和大滞后性，以及纺织传感器的电性能随时间及重复使用次数的漂移。现有大多数研究重点关注新型电活性材料被如何引入纺织材料中形成传感器敏感材料，很少深入探讨纺织加工工艺参数在提升传感器的传感性能中的作用。

思 考 题

1. 变电阻式传感器的主要类型。

2. 变电容式、变电感式与变电阻式传感器的比较。

3. 举例说明传感器的负载特性、横向效应、温度效应。

4. 比较应变效应与压阻效应；压阻效应与压电效应；热电阻效应与热敏电阻效应；压电效应与电容式变换原理。

5. 电桥原理在传感器中的应用特点。

6. 差动检测原理及其在传感器中的应用实例分析。

7. 传感器技术的自补偿方式及其实现。

参考文献

［1］HALÍN N, JUNNILA M, LOULA P, et al. The life shirt system for wireless patient monitoring in the operating room［J］. Journal of Telemedicine and Telecare, 2005, 11（suppl 2）：41-43.

［2］ROH J S, CHI Y S, LEE J H, et al. Characterization of embroidered inductors［J］. Smart Materials and

Structures, 2010, 19 (11): 115020.

[3] GI S O, LEE Y J, KOO H R, et al. Application of a textile-based inductive sensor for the vital sign monitoring [J]. Journal of Electrical Engineering and Technology, 2015, 10 (1): 364-371.

[4] KOO H R, LEE Y J, GI S, et al. The *Effect of Textile-Based Inductive Coil Sensor Positions for Heart Rate Monitoring* [J]. Journal of Medical Systems, 2014, 38 (2): 2.

[5] GEHIN C, GRENIER E, CHAIGNEAU C, et al. Ambulatory sensor for the monitoring of the edema circumference in lower limbs [J]. Sensors and Actuators A: Physical, 2018, 272: 83-91.

[6] HO V A, MAKIKAWA M, HIRAI S. Flexible fabric sensor toward a humanoid robot's skin: fabrication, characterization, and perceptions [J]. IEEE Sensors Journal, 2013, 13 (10): 4065-4080.

[7] CHENG Y, WANG R, SUN J. A stretchable and highly sensitive graphene-based fiber for sensing tensile strain bending, and torsion [J]. Adv Mater, 2015, (27): 7365-7371.

[8] WANG Y, WANG L, YANG T. Wearable and highly sensitive graphene strain sensors for human motion monitoring [J]. Adv Funct Mater, 2014, 24 (29): 4666-4670.

[9] LIAO X, LIAO Q, ZHANG Z. A highly stretchable ZnO@fiber-based multifunctional nanosensor for strain/temperature/UV detection [J]. Adv Funct Mater, 2016, 26: 3074-3081.

[10] 张晓峰, 李国豪, 胡吉永. 面向人体上肢运动监测的聚吡咯涂层机织物机电性能评价 [J]. 中国生物医学工程学报, 2016, 34 (6): 670-676.

[11] WIJESIRIWARDANA R. Inductive fiber-meshed strain and displacement transducers for respiratory measuring systems and motion capturing systems [J]. IEEE Sensors Journal, 2006, 6 (3): 571-579.

[12] GIBBS P T, ASADA H. Wearable conductive fiber sensor arrays for measuring multi-axis joint motion [J]. Journal NeuroEngineering and Rehabilitation, 2005, 2 (1): 7-24.

[13] FUSS F K, TAN A M, WEIZMAN Y. Electrical viscosity of piezoresistive sensors Novel signal processing method, assessment of manufacturing quality, and proposal of an industrial standard [J]. Biosensors and Bioelectronics, 2019, 141: 111408.

[14] ATALAY A, SANCHEZ V, ATALAY O, et al. Batch fabrication of customizable silicone-textile composite capacitive strain sensors for human motion tracking [J]. Advanced Materials Technologies, 2017, 2 (9): 1700136.

[15] LI R, SI Y, ZHU Z, et al. Supercapacitive *Iontronic Nanofabric Sensing* [J]. Adv Mater, 2017, 29 (36): 1700253.

[16] NAG A. et al. A transparent strain sensor based on PDMS-embedded conductive fabric for wearable sensing applications [J]. IEEE Acess, 2018 (6): 71020-71026.

第五章　光敏感纺织材料与传感器设计

第一节　光敏感纺织材料

光敏材料是指特征参数随外界光辐射的变化而明显改变的敏感材料，可以分为光敏半导体和光敏高分子两种。光敏感纺织材料是能够根据光线强度变化改变电阻值的敏感纺织材料。为了掌握光敏感材料的性能及变色和传感机理，有必要了解关于光与色的基础知识，如光电效应、光的发射和吸收等。

一、材料的光学性能

光是由带有能量的微粒组成的，这种微粒称为光子或光量子。光子的能量与频率成正比，或与波长成反比，而与光的强度无关。被辐射激发的振动质点的能量是量子化的，当振子从高能级向低能级跃迁时就有一个光子的能量发射出来。人类眼睛可以看见的电磁波称为可见光，其光的波长范围为 $0.4 \sim 0.8\mu m$，仅占电磁波谱（$10^{-5} \sim 10^{5}$）的一小部分，而材料的光敏则源于多样化的光学现象，如图 5-1 所示。爱因斯坦光电方程建立了光波动性和粒子性之间关系。光的频率、波长和辐射能都是由光子源决定的。

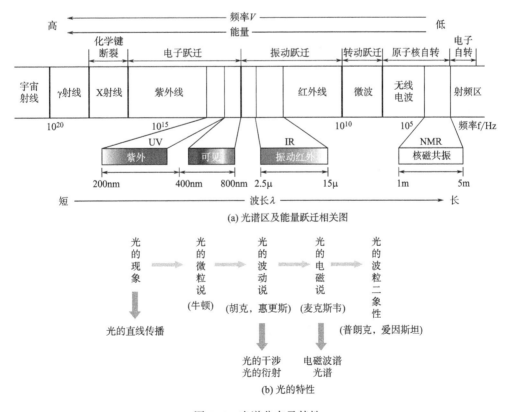

(a) 光谱区及能量跃迁相关图

(b) 光的特性

图 5-1　光谱分布及特性

光学传感技术本质是光与物质的相互作用（图5-2），一般基于光学反射、折射、透射、吸收、散射以及利用各种物理效应和敏感材料，可实现绝大多数物理量、化学量的检测问题。光学传感技术由于其灵敏度高、抗电磁干扰、测量速度快等诸多优点而成为当今一种先进的感测技术。

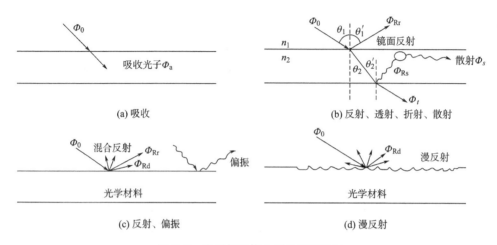

图5-2　光子与固体介质的相互作用

入射到材料表面的光辐射能流率为 Φ_0，透过、吸收、反射和散射到材料表面的光辐射能流率为 Φ_t、Φ_a、Φ_r、Φ_s，则：

$$\phi_0 = \phi_t + \phi_a + \phi_r + \phi_s \tag{5-1}$$

光辐射能流率指单位时间内通过与光传播方向垂直的单位面积的能量，单位为 W/m^2，若以 Φ_0 除以上式两边得：

$$t + a + r + s = 1 \tag{5-2}$$

式中：$t = \Phi_t/\Phi_0$ 为透射系数；$a = \Phi_a/\Phi_0$ 为吸收系数；$r = \Phi_r/\Phi_0$ 为反射系数；$s = \Phi_s/\Phi_0$ 为散射系数。

从微观分析，光子与固体材料相互作用，实际上是光子与固体材料中原子、离子、电子等相互作用，会产生如下结果。

电子极化：电磁辐射电场分量，在可见光频率范围内，电场分量与传播过程中每一个原子都发生作用，引起电子极化，造成电子云和原子核重心发生相对位移。其结果是光的一部分能量被吸收，同时光速度被减小，导致折射发生。

电子能态转变：光子被吸收和发射，都可能涉及固体材料中电子能态转变。

1. 光的反射及传感　光的反射指光在传播到不同物质时，在分界面上改变传播方向又返回原来物质中的现象 [图5-3（a）]。在非垂直入射的情况下，反射率与入射角有关。根据光的反射定律，由于粗糙表面上各点的法线方向不同，光线反射后，沿不同的方向射出，形成漫反射。大多数物体表面是粗糙的，由于漫反射的作用，能从各个方向观察到它。

利用光学反射现象，可以实现多种物理量的测量，典型应用有镜反射传感器 [图5-3（b）]、反射式光纤传感器等。

2. 光的折射及传感　当光线进入材料内部时，因电子极化消耗部分能量而使光速降低，

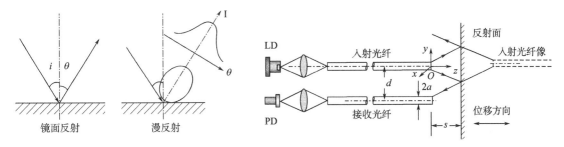

图 5-3　光的反射及镜反射传感器传感原理

光线在界面上拐弯，这种现象叫作折射。材料折射率定义为：

$$n = \frac{c}{v} = \sqrt{\varepsilon_r \mu_r} \tag{5-3}$$

式中：c 为光线在真空中的传播速度；v 为光线在材料中的传播速度；ε_r 为介质的相对介电系数；μ_r 为介质的相对磁导率。

光速在介质中的降低是电子极化引起的，而介质中原子或离子的大小对于介电系数的影响很大。一般来说，原子或离子越大，则电子极化程度越高，光速越慢，从而折射率越高。由于大多数非金属的磁性都很小，即 $\mu_r = 1$，则 $n = \sqrt{\varepsilon_r}$。

利用光学折射现象，可以实现液体浓度、成分含量的测量。

3. 光的吸收及传感　光的吸收是指原子在光照下，会吸收光子的能量由低态态跃迁到高能态的现象。非金属材料对光的吸收有下列三种机理。电子极化只有当光的频率与电子极化松弛时间的倒数位于同一数量级时才发生；电子受激吸收光子而越过禁带；电子受激进入位于禁带中的杂质或缺陷能级而吸收光子。

在电磁波谱可见光区，金属和半导体吸收系数都很大（图 5-4）。但电介质材料（包括玻璃、陶瓷等无机材料）大部分在这个波谱区有良好的透光性，吸收系数很小。因为电介

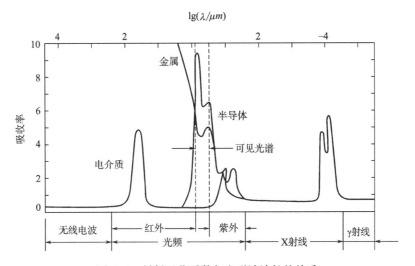

图 5-4　材料吸收系数与电磁波波长的关系

质价电子所处能带是填满的，它不能吸收光子而自由运动，而光子能量又不足以使价电子跳跃到导带，所以在一定波长范围内，吸收系数很小。但是，在紫外区却出现紫外吸收段，原因是波长变短，光子能量变大，一旦光子能量达到电介质禁带宽度能量时，电子便会吸收光子而跃迁到导带，则产生紫外吸收峰。

对于光的吸收，重要的不是物质层的厚度，而是光通过的物质层中包含的吸收物质的质量。1852 年比尔用实验证明，对于气体或溶解于不吸收的溶剂中的物质，线性吸收系数 ca 正比于单位体积中的吸收分子数，也就是正比于吸收物质的浓度 c，$a=Ac$。因而，吸收定律可写为：

$$I = I_0 e^{-Acl} \tag{5-4}$$

式中：c 为溶液的浓度，A 是只与吸收物质的分子特性有关，而与浓度无关的常数。

任何介质，对各种波长的电磁波能量会或多或少地吸收。完全没有吸收的绝对透明介质是不存在的。光通过介质时，其强度随介质中吸光物质的增加而减小的现象，称为介质对光的吸收。所谓透明是就某些波长范围来说，仅有少量的吸收。吸收光辐射或光能量是物质具有的普遍性能。

光的吸收分为一般吸收和选择吸收。一般吸收指介质对各种波长的光能几乎均匀吸收，即吸收系数 α 与波长 λ 无关。选择吸收指介质对某些波长的光的吸收特别显著，如图 5-5 所示钠蒸气的吸收光谱。一切介质都具有一般吸收和选择吸收两种特性。

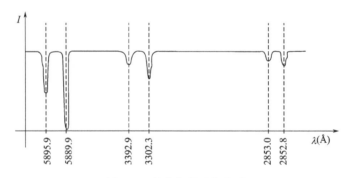

图 5-5　钠蒸气的吸收光谱

选择吸收是物体呈现颜色的主要原因。一些物体的颜色，是由某些波长的光透入其内一定距离后被吸收而引起的。

光的吸收在科学技术方面有广泛的应用。根据物质的吸收光谱可得到高灵敏度的定性或定量化学分析方法，如吸收光谱分析、分光光度测定、比色法等。吸收光谱的线型也可用于确定物质的化学结构，研究金属中电子的运动及半导体的能带结构等。

4. 光的色散/散射与传感　材料的折射率随入射光的频率（或波长）而变化的现象，称为（折射率）色散（图 5-6）。在光学中，将复色光分解成单色光的过程，叫光的色散。其数值大小为 $\mathrm{d}n/\mathrm{d}\lambda$，也可用色散系数来表征：

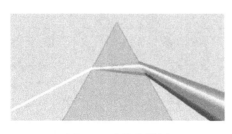

图 5-6　光的色散图

$$\gamma = \frac{n_\mathrm{D} - 1}{n_\mathrm{F} - n_\mathrm{C}} \tag{5-5}$$

式中 n_D、n_F、n_C 分别为钠 D 谱线、氢 F 谱线和氢 C（红光）谱线（589.93nm，486.1nm，656.3nm）为光源时测得的折射率。

当复色光在介质界面上折射时，介质对不同波长的光有不同的折射率，各色光因所形成的折射角不同而彼此分离产生色散。色散也是对光纤的一个传播参数与波长关系的描述。

光在材料中传播时，遇到不均匀结构产生的次级波与主波方向不一致，会与主波合成出现干涉现象，使光偏离原来的方向的现象，称为散射。材料中小颗粒的透明介质、光性能不同的晶界、气孔等因素，都会引起一部分光束被散射，从而减弱光束强度。

对于相分布均匀的材料，光减弱的散射规律与吸收规律具有相同的形式，即：

$$I = I_0 e^{-sL} \tag{5-6}$$

式中：s 为散射系数，L 为光传输长度。

5. 材料的透射性　材料的透光性用光透过率来表征。光透过率是指光线通过材料后剩余的光能占原来入射时能量的百分比。光的能量可以用光照射强度来表示，也有采用放在一定距离外的光电管转换得到的电流强度来表示。

在光路上分别插入厚度为 L 的材料，前、后的光变电流强度 I_0 和 I。由于光既在材料的两个表面发生折射，又在材料内有吸收损失和散射损失，故光透过率为：

$$\frac{I}{I_0} = (1 - R)^2 e^{-(\alpha+s)L} \tag{5-7}$$

式中：R 为材料的反射系数。

二、光学传感特性

材料的光电效应是材料发射电子，或电导率发生变化，或产生光电动势的现象。光电效应可分为三类：在光照射下，使电子从物体表面逸出的"外光电效应"；使半导体中的电子由束缚态变为自由态，只在物质的内部运动而不会逸出物质外部，材料阻值发生改变的"内光电效应"；使半导体 PN 结两端产生一定方向的电动势的"光生伏特效应"。可归纳为两大类：光内电效应和光外电效应。

光敏材料一般可分为光敏高分子材料和光敏半导体材料。光敏高分子材料也称为光功能高分子材料，是指在光的参与作用下能够表现出某些特殊物理或化学性能的高分子材料。这些变化可以分为化学变化和物理变化。光敏半导体材料是将光能转换为电信号的半导体材料。半导体与光之间的相互作用比导体和绝缘体强，这是半导体可以作为光敏元器件材料的基础。半导体与光的相互作用分为光电导效应、光伏效应、外光电效应和光折变效应。

1. 光电导效应　光电导效应是光照变化引起半导体材料的电导率发生变化的现象。该效应的机理是利用光子能量来产生自由载流子，即当光照射到半导体材料时，材料吸收光子的能量。若光子能量大于或等于半导体材料的禁带宽度，就激发电子—空穴对，使非传导态电子变为传导态电子，引起载流子浓度增大，因而导致材料电导率增大，阻值降低。利用光电导效应，如图 5-7 所示，可以制作各种光探测器，如光敏电阻、红外光电导探测器、高速光导开关等。

2. 光生伏特效应　光生伏特效应指光照使不均匀半导体或半导体与金属结合的不同部位之间产生电位差的现象，如图 5-8 所示。它首先是由光子（光波）转化为电子、光能量转

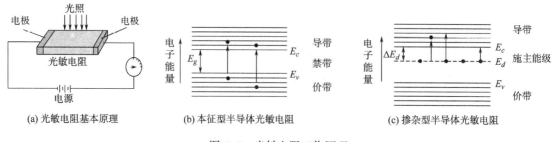

(a) 光敏电阻基本原理　　　　(b) 本征型半导体光敏电阻　　　　(c) 掺杂型半导体光敏电阻

图 5-7　光敏电阻工作原理

化为电能量的过程；其次，是形成电压过程。有了电压，就像筑高了大坝，如果两者之间连通，就会形成电流的回路。

在 N 型材料中，电子浓度大而空穴浓度很小；在 P 型材料中，空穴浓度大而电子浓度很小。N 型半导体和 P 型半导体接触时，在两种材料的交界面处就形成了 PN 结。当 N 型与 P 型两者开始紧密接触时，由于存在浓度梯度，将发生空穴和电子的扩散运动。即电子要从费米能级高的 N 区向费米能级低的 P 区流动，在 N 区留下不可移动的带正电的电离施主。空穴流动的方向相反，在 P 区留下不可移动的带负电的电离受主。这些正负离子在结区产生内建电场，内建电场方向为从 N 区指向 P 区。在内建电场作用下，载流子出现漂移运动，方向与扩散运动相反，扩散运动和漂移运动形成动态平衡，以载流子停止流动为止。

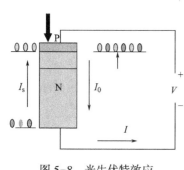

图 5-8　光生伏特效应

太阳光照在半导体 PN 结上，形成新的空穴—电子对，在 PN 结电场的作用下，空穴由 N 区流向 P 区，电子由 P 区流向 N 区，接通电路后就形成电流。这就是光电效应太阳能电池的工作原理。Ge、InAs、PbS、CdS 等许多半导体材料都呈现较明显的光生伏特效应。

3. 外光电效应　外光电效应指材料受到光照后向外发射电子的现象，这种效应多发生于金属和金属氧化物。外光电效应又称光电发射效应，源于光的波粒二象性，是光的粒子（光子）性的表现。一束频率为 v 的光是一束单个粒子能量为 hv 的光子流，有如下爱因斯坦方程：

$$hv = \frac{1}{2}mV_0^2 + A_0 \tag{5-8}$$

式中：h 为普朗克常数；m 为光电子质量；V_0 为光电子的初速度；A_0 为电子的逸出功。

该方程称为爱因斯坦光电效应方程或光电发射第一定律。上述理论也可以理解为，光子是一个个能量为 hv 的小能包。当它与固体的电子碰撞并为电子所吸收时，电子便获得了光子的能量，一部分用于克服金属的束缚，转变为逸出功 A_0，剩下的便成为外逸光电子的初动能 $mV_0^2/2$。

4. 光折变效应　光折变效应是指一种光致折射率变化的现象，它同时具有电光效应和光电导特性，集光电探测功能和电光调制功能于一体。入射光将束缚在某些晶体或有机物里的杂质或缺陷形成的浅阱中的载流子（电子或空穴）激发出来。如果光强是不均匀的，光激发载流子将通过扩散等过程进行迁移，在介质里出现光感生电场。光感生电场再通过介质的电光效应产生折射率变化。但折射率变化不是即时发生，而需要一定的建立时间。即使是弱光，只要照射时间足够长也可产生明显的光折变效应。只有在介质里空间分布不均匀的光场中才能产生光折变效应，而一旦出现光折变，可在黑暗里保持很长时间。光折变效应是发生在电光材料中的一种复杂的光电过程，是由于光致分离的空间电荷产生相应空间电荷场。由于晶体的电光效应而造成折射率在空间的调制变化，形成一种动态光栅，由电光效应形成的动态光栅对于射入光束的自衍射引起光波的振幅、位相、偏振甚至频率的变化，从而为相干光的处理提供了全方位的可能性。

光折变效应由三个基本过程形成。

（1）光折变材料吸收光子而产生分布不均匀的自由载流子（空间电荷）。

（2）空间电荷在介质中的漂移、扩散和重新俘获形成了空间电荷的重新分布并产生空间电荷场。

（3）调制的空间电荷场再通过线性电光效应引起折射率的调制变化，即形成折射率的光栅。作为一种光折变材料，需具有光电导性能，即能够吸收入射光子并因此产生可以迁移的光生载流子，材料本身具有非零的电光系数。

第二节　光纤材料与传感器设计

光纤传感器（FOS：Fiber Optical Sensor）是20世纪70年代中期发展起来的一种基于光导纤维的新型传感器。它是光纤和光通信技术迅速发展的产物，与以电为基础的传感器有本质区别。光纤传感器用光作为敏感信息的载体，用光纤作为传递敏感信息的媒质。因此，它同时具有光纤及光学测量的特点。光纤具有良好的计量性能，诸如低敏感性、低零点漂移、大带宽、高准确度和不受电磁波干扰等，能在少量损耗乃至不损耗信号完整性的前提下远距离传输数据。同时也具有便宜、柔软、质轻、稳健的优点，也能在无任何损害下测量大应变。光纤光栅是利用光纤中的光敏性制成的，所谓光纤中的光敏性是指激光通过掺杂光纤时，光纤的折射率将随光强的空间分布发生相应变化的特性。

一、光纤材料

（一）光导纤维的构造及工作原理

光导纤维是一种能够传输光或图像的光学纤维，简称光纤。它实际上是一根或者多根组成皮芯结构的玻璃纤维丝，直径只有 $1 \sim 100 \mu m$，其结构如图5-9所示。内芯的折射率大于外套的折射率。光从光纤一端射入，会在内芯和外套界面上发生多次全反射，传送到光纤的另一端。当满足一定条件时，光就被"束缚"在光纤里面传播。

光在光纤中的传播具有以下特性。

1. 光纤的数值孔径　并非以任何角度射入光导纤维的光纤都能发生全反射。全反射存在一个临界角 Φ，所以，入射光线与主轴的夹角也只有小于某一临界值 θ，才能够发生全发射，如图5-10所示。这一临界值 NA 被称为光纤的数值孔径，由内芯和包层的折射率决定。数值孔径决定了光纤可接受的入射光的锥度角。光纤的数值孔径越大，光纤接受入射光的角度越大。

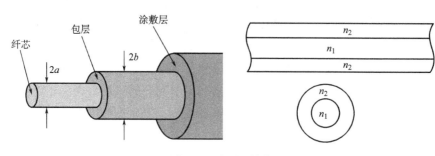

图 5-9 光纤的结构

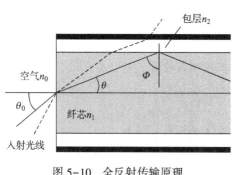

图 5-10 全反射传输原理

2. 阶跃光纤 阶跃光纤内芯的折射率是均匀的,光纤在内芯直线传播,在内芯与外套的交界面发生全发射,光线做锯齿形的传播,如图 5-11 (a) 所示。因此,入射端以不同入射角射入的光纤不能在某一点上聚焦。意味着,单根阶跃光纤只能导光而不能成像,也就不能传送图像。

3. 自聚焦光纤 自聚焦光纤是针对阶跃光纤不能传送图像这一缺点而进行的改良。如图 5-11 (b) 所示,自聚焦光纤内芯的折射率是不均匀的,在中心轴上最大,沿径向逐渐减小,减小的规律按抛物线规律。因此,光会在光纤内芯连续发生折射,并在界面发生全发射,在光纤中沿着正弦曲线传播。从某一点射入的光线经过一段路程后又在另一点聚焦。因此,单根自聚焦光纤能够成像。

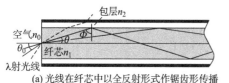

(a) 光线在纤芯中以全反射形式作锯齿形传播

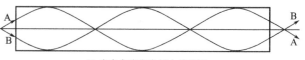

(b) 光在自聚焦光纤中的传播

图 5-11 光在阶跃和自聚焦光纤中的传播

(二) 光纤传感器的工作原理

光纤传感器的基本工作原理是将来自光源的光经过光纤送入调制器,使待测参数与进入调制区的光相互作用后,光的光学性质 (如光的强度、波长、频率、相位、偏正态等) 发生变化,成为被调制的信号光,再经过光纤送入光探测器,经解调后,获得被测参数。

根据传感原理,光纤传感器可分为两类。

1. 功能型光纤传感器 也称物性型光纤传感器或本征型光纤传感器。利用光纤对环境变化的敏感性,将输入物理量变换为调制的光信号。如图 5-12 所示,它利用对外界信息具有敏感能力和检测能力的光纤 (或特殊光纤) 作传感元件,将"传"和"感"合为一体。功能性光纤传感器中光纤不仅起传光作用,而且还利用光纤在外界因素的作用下,其光学特性

（光强、相位、频率、偏振态等）的变化来实现
"传"和"感"的功能。因此，传感器中光纤是
连续的。由于光纤连续，增加其长度，可提高灵
敏度。这类传感器主要使用单模光纤。

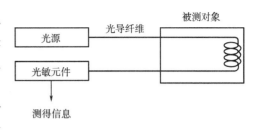

图5-12　光导纤维传感模式

这类传感器的典型代表是光纤布拉格光栅
（FBG）传感器，利用"光"作为介质取代
"电"。基本原理是将光纤特定位置制成折射率
周期分布的光栅区（图5-13），特定波长（布
拉格反射光）的光波在这个区域内将被反射。反射的中心波长信号跟光栅周期及纤芯的有
效折射率有关（图5-14）。将光栅区用作传感区，当被传感物质温度、湿度、结构或位置发
生变化时，光栅的周期和纤芯模的有效折射率将会发生相应的变化，从而改变 Bragg 中心波
长。通过光谱分析仪或是其他的波长解调技术对反射光的 Bragg 波长进行检测可以获得待测
参量的变化情况。

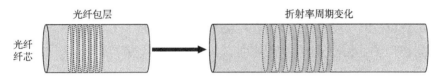

图5-13　光纤布拉格光栅（FBG）结构

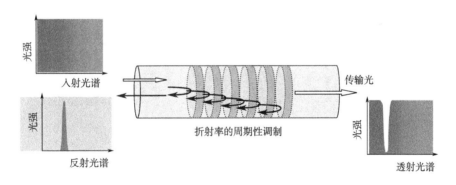

图5-14　光纤布拉格光栅（FBG）传感器工作原理

光纤布拉格光栅传感器（FBS）是一种使用频率最高、范围最广的光纤传感器，这种传
感器能根据环境温度以及应变的变化来改变其反射的光波的波长。光纤布拉格光栅是通过全
息干涉法或者相位掩膜法将一小段光敏感的光纤暴露在一个光强周期分布的光波下（图5-
15）。这样，光纤的光折射率就会根据其被照射的光波强度而永久改变。这种方法造成的
光折射率的周期性变化叫作光纤布拉格光栅。此类传感器具有测量精度高、定位能力强
（可达到厘米级）、监测距离长（可达数十公里）、可大规模复用等优点。宽带光进入光
纤，经过光栅反射回特定波长的光。通过测量光栅反射波长，换算为被测体温度/应变等
物理量。

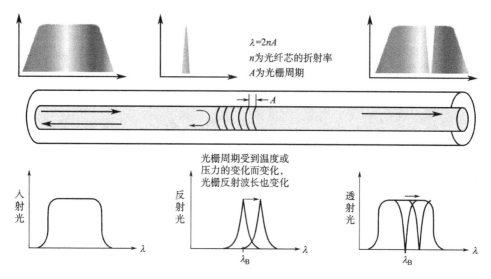

图 5-15　FBG 工作原理及其谱图

采用波分复用技术（图 5-16），可在一根光纤上串联 18 个传感器。通过对不同波长光栅进行特定封装，在一根光纤上可实现温度、应变等多参数实时测量。

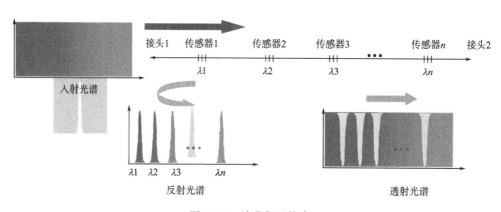

图 5-16　波分复用技术

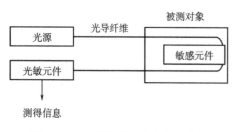

图 5-17　非功能型（传光型）光纤传感器工作原理

2. 非功能型（传光型）光纤传感器　这类光纤传感器中光纤仅起导光作用，只"传"不"感"，对外界信息的"感觉"功能依靠其他物理性质的功能元件完成，光纤在系统中是不连续的，也称结构型或非固有型光纤传感器。此类光纤传感器由光检测元件（敏感元件）与光纤传输回路及测量电路所组成的测量系统，如图 5-17 所示。结构型光纤传感器无须特殊光纤及其他特殊技术，比较容易实现，成本低，但灵敏度也较低，用于对灵敏度要求不太高的场合。

非功能型光纤传感器使用的光纤主要是数值孔径和芯径大的阶跃型多模光纤，如传感探针型光纤传感器。光纤把测量对象辐射、反射或散射的光信号传播到光电元件上，通常使用单模或多模光纤。典型的例子有光纤激光多普勒速度计、辐射式光纤温度传感器等。

根据被调制的光波的性质参数不同，这类光纤传感器可再分为强度调制光纤传感器、相位调制光纤传感器、频率调制光纤传感器、偏振态调制光纤传感器和波长调制光纤传感器。

（三）光纤纺织传感器设计

过去最主要的尝试是将非光学传感器集成到纺织品中，主要用于照明或发光。包含光纤传感器的智能技术纺织品是新的领域。相对而言，电阻或电容传感器性能受材料（或结构）力学滞后性和电滞后性影响，而光纤不仅不生热，且对电磁辐射不敏感，不受放电现象影响。基于光纤光栅或微弯原理，即可以通过改变光在光纤中的传播来测量刺激作用强度。目前开发的纺织基传感器有光纤光栅温度传感器、光纤光栅位移传感器、光纤光栅应变传感器，早期工作已有详尽报道。

将传感器集成到纺织品中时，由于其纤维性质，光纤具有优于其他类型传感器的显著优势。光纤类似于纺织纤维，并且可以像标准纺织纱线一样加工。纺织基本征型光纤传感器的工作原理是基于（FBG）传感器检测到的光强或振幅的变化。在一种特定结构纺织品中集成具有压阻特性的光纤，使其能够用作拉伸或形变传感器。这类传感器最初是由 HILL 等人在1978 年开发的。从那以后，一些其他配置也被开发并植入纺织品。小的玻璃光纤（直径在微米范围内）使这些材料适合于纺织与工业过程的无缝集成。光纤光源可以是一个小的发光二极管，光纤末端的光振幅可以用一个小的光电探测器检测。根据织物运动的不同，光振幅会发生变化，从而感知织物的位移和压力。光学纺织品传感器可用于在电流不能穿过纺织基板检测纺织品位移和压力。迄今为止，尚未认真考虑将聚合物光纤及其突出的材料特性整合到技术纺织品中。

1. 基于分布式光纤传感器的土工布用于结构健康监测 为了稳定、加固，如堤坝、水坝、铁路、垃圾填埋场和斜坡等岩土结构而使用土工布。在土工织物中加入光纤能使纺织品得到附加功能，例如，监测机械变形、应变、温度、湿度、孔隙压力、化学品、结构完整性和岩土结构健康（结构健康监测）。

在土工织物中集成光纤时的一个重要任务是确保待测量的机械量（即应变）从土壤到织物再到纤维的准确传递。为此，光纤在地质中的稳定且无损伤的集成至关重要。德国开姆尼茨的撒克逊纺织研究所（STFI）开发了一种将光纤整合到土工织物中的技术，使传感纤维很好地黏附在纺织品上，并且整合过程不会影响纤维的光学和传感特性［5-18（a）］。在德国汉诺威大学的实验室的堤防（15m 长）上进行了类似应用的测试。基于传感器的土工织物安装在堤坝顶部，并覆盖薄土层。为了模拟机械变形/土壤位移，将提升袋嵌入土壤中并通过空气压力充气，导致了堤坝内坡的破坏和土壤位移［图 5-18（b）］。通过单模二氧化硅光纤系统清楚地检测和定位了土壤位移。图 5-19 显示了在两个不同的气压值下，测量的堤坝中的机械变形（应变）的分布。

基于技术纺织品开发包含用于监测砌体结构的光纤传感器，这是欧洲项目 POLYTECT 的创新任务。目标是应用于结构脆弱的砖石结构和遗产结构，例如，在地震区域检测典型的结构损坏——垂直裂缝。聚合物光纤（POF）传感器非常有前景，因为他们不仅能够进行分

(a)　　　　　　　　　　　　　　　　(b)

图 5-18　（a）在波兰索利纳的重力坝中安装含有单模二氧化硅纤维作为 Brilloin 传感器的
非织造土工布；（b）德国汉诺威大学的实验室堤防和堤防中的土壤位移

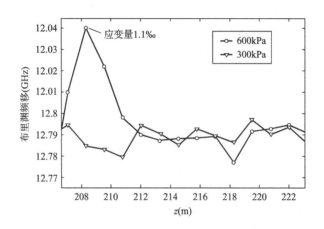

图 5-19　使用 BOFDA 系统检测实验室堤坝中的土壤位移（应变）

布式应变测量，还适用于检测在裂缝情况下会发生的非常短的几毫米的应变纤维段。图 5-20（a）显示了使用 POF 传感器监测砌体结构中的裂缝开口，将含有 POF 的技术织物施加到砖石样品的表面，使用 POF 技术可以检测到 1mm 的裂缝开口，并且裂缝宽度可以增加到 20mm，步长为 2mm。图 5-20（b）为在意大利帕维亚的 Eucentre 的砖石房屋上，砌体建筑装有 POF 传感器纺织品，经过几次强烈的地震冲击（模拟地震），导致砌体墙体出现多处裂缝。通过分布式聚合物光纤-光时域反射技术（POF OTDR）传感器［图 5-20（c）］清楚地检测和定位发生的裂缝，这证明了该技术还可用于砌体和遗产结构的损伤检测。

2. 基于光纤材料的医用纺织传感器　标准的非光学监测系统有明显的限制，具有嵌入式光纤传感器的医疗纺织品的新型监测系统将在中期用于医疗保健监测，并用于高风险环境中救援的个人保护。这种含有光纤传感器的医用纺织品已经在欧洲的 OFSETH 和 i-Protect 项目中被开发，并用于监测磁共振成像（MRI）下麻醉患者的呼吸运动以及监测救援的健康状况。特别是对于需要可移动和 MRI 兼容设备的 MRI 应用，纯光纤纺织传感器具有优势。这种传感器系统的设计和舒适性将从住院治疗扩展到门诊医疗保健监控和家庭护理。

（1）数字服装。美国佐治亚理工学院的研究人员曾为军事目的设计了第一类数字服装。其中有使用织物中的光纤和传感器测量生命体征、心率和呼吸率的智能衣物，这种智能衣物还能够显示子弹在受伤士兵身上的位置。在衣服中，光信号从一侧传送到另一侧，如果光没有到达另一边，那就意味着这名士兵受伤。这种情况下，光线返回并显示了子弹和衣服的穿孔。图 5-21 显示了包含光纤的织物的示意图，当弹性织物被拉伸时，光振幅随纤维的增加

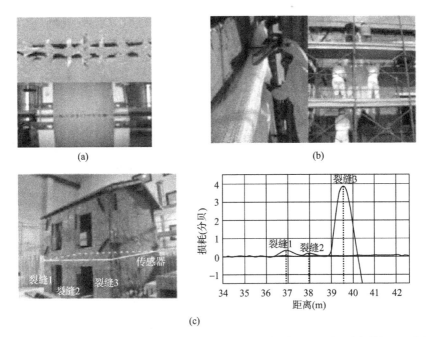

图 5-20　（a）监测砖石结构中的裂缝开口，装有 POF 的砌筑纺织品，在不同裂缝开口步骤处裂缝位置处的 POF-OTDR 反向散射信号；（b）含有 POF 的技术纺织品在意大利帕维亚 Eucentre 的砖石建筑中的应用；（c）在施加到建筑物上的几次地震冲击之后，通过织物嵌入式分布式 POF-OTDR 传感器检测砌体墙中的裂缝

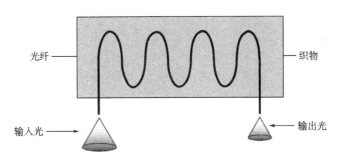

图 5-21　与光纤结合的织物示意图

而增加，从而增加了从光电探测器输出的电压。

（2）呼吸监测织物。对于呼吸的监测，医生喜欢从腹部（用于自发通气）和胸部（用于插管患者）运动中获取信息。因此，仅使用一个监视器和一个传感器光纤对呼吸信号进行分布式测量有重要意义。使用光时域反射（OTDR）技术，可以专注于纤维的特殊部分，从而区分腹部和胸部呼吸。含有 POF 的弹性织物样品由比利时的 Centexbel&Elasta 制造并进行了测试，以便通过 OTDR 技术监测呼吸运动。由于很难将光纤以直线形式整合到弹性织物中，因此，纺织样品采用比利时 Multitel 开发的特殊宏弯曲传感器设计（图 5-22）。纺织品分为两部分：约 10cm 的长度在呼吸期间会发生变化的短弹性部分和较长的非弹性部分。将 POF 整合到弹性部分中，以测量由胸部或腹部的呼吸运动引起的织物伸长。宏弯曲传感器设计提高了 POF 对纺织品伸长的灵敏度，并且使 OTDR 技术可以检测到呼吸运动幅度的微小变化。POF 中的宏弯效应引起光纤相应区域中后向散射的变化，可轻易被 OTDR 技术检测到。

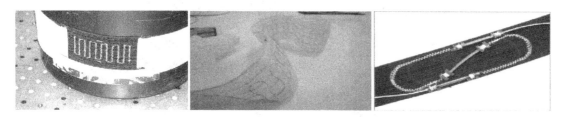

图 5-22　含有 POF 的纺织品样品

通过 POF-OTDR 技术实时测量呼吸波形和速率，技术可行性已在健康成人的正常呼吸期间进行验证。将纺织品样品缠绕在成人的腹部，并且将纺织品的弹性部分放置在呼吸运动过程中最大伸长出现区域中（图 5-23）。传感器信号由 Tempo（OFM20）生产的快速 OTDR设备采集，该设备工作在 650nm 波长，允许 5cm 的两点空间分辨率，动态范围大于 20dB。该器件测量的 OTDR 迹线可在不到 1 s 的时间内具有较好的 SNR（信噪比）。采集时间足够快，可以测量正常的人体呼吸。同时记录由于呼吸运动引起的腹围变化。图 5-23 展示了结果并证明了 POF-OTDR 技术对于所考虑的监测目的的应用高潜力。

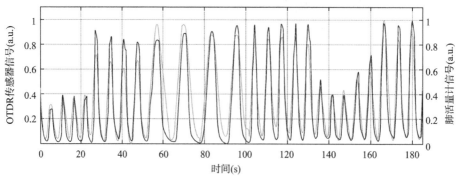

图 5-23　用嵌入式 POF-OTDR 传感器监测成人的呼吸腹部运动的医用纺织品

考虑不同患者形态和集成纺织品的影响处理事故或呼
吸事故中，医务人员的行动无法完全施展，不同的光纤传
感器已集成在窄带织物中，可有效处理和连续测量呼吸运
动。图 5-24 为监测 MRIF 患者的光纤传感器胸部呼吸传感
器集成在黑色部分（右上）；腹部呼吸传感器集成在白色部
分（中下部）。这种设计由可调节的部件组成，以适应最大
的形态，可由男性和女性穿着。

基于宏弯和 FBG 传感器的线束在 MRI 环境中的模拟器
上得到验证。使用基于可移动台的模拟器［图 5-25（a）］。
通过连接到医用呼吸器的气囊实现桌子的位移，控制通过
注射的体积或空气的运动的幅度和频率实现气流循环。通
过 MRI 实时测量呼吸器的信号，光纤传感器响应和 MRI 发
射的梯度信号。模拟和测试在 MRI 管内外存不存在 MRI 梯

图 5-24　用于监测 MRI 下
患者的光纤传感器

度的体积或频率方面的若干配置。证明了可移动台的位移通过幅度和频率检测。即使系统进
入 MRI 设备的磁场（MRI 管内外），光纤传感器的信号也不会降低，如图 5-25（b）所示
（大图）。同时，该系统的临床验证是在法国里尔的一家医院对几家健康志愿者和医院重症
监护病房的患者进行的。图 5-25（b）（小图）显示了基于光纤传感器的智能技术纺织品由
健康成人的纺织嵌入式光纤布拉格光栅（FBG）和宏弯曲传感器检测到的胸部和腹部运动的
典型信号模式。

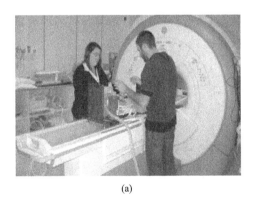

(a)

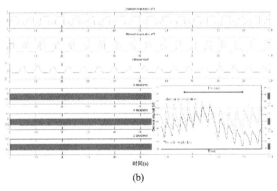

时间(s)

(b)

图 5-25　（a）设置法国 CIC-IT de Nancy 的 MRI 兼容模拟器；
（b）大图：在 MRI 环境中测试 FBG 传感器，小图：腹部和胸部信号

（3）压力监测织物。近来，柔性硅塑料光纤以刺绣或机织纹样方式引入普通织物，得
到检测血氧饱和度的光子纺织品传感器，发现织物结构对光传播效率影响显著，刺绣样品的
光耦合效率总体上比机织样品低。也可把柔性硅塑料光纤沿经向和纬向织入不同结构的机织
物中，制备 2×2 型压力传感阵列，当压力挤压光纤时改变或阻隔光传播量，以光衰减量表
征压力大小。该传感器在 0~20N 的压力响应关系呈现明显的非线性，且非线性度随纤维直
径增加而减小，漂移量约 0.6%。

压迫绷带通常用于向患者的肢体施加压力，以改善血流量并使患者肢体的肿胀减轻。根

据不同的条件需要施加不同大小的压力，但目前还没有一种可靠的方法可用于测量压迫治疗过程中需要施加的压力大小。来自美国麻省理工学院的一个研究小组设计了一种仿生光学机械纤维，该纤维能够根据压力应变而改变颜色，并且能够用作压迫绷带中的压力传感器。光电子仿生纤维的颜色取决于光线如何在其内部的周期性结构中发射，通过改变纤维的形状如对其进行拉伸，以可预测的方式调整光纤的颜色。该研究团队认为，其开发的可拉伸光学机械纤维将在今后成为标准压迫绷带，这使得医疗服务提供商能够更容易地为病人的特定情况提供最佳压力。光机械传感器的仿生设计研究人员表示，目前自然界中发现的结构颜色不是用染料或颜料制成的，而是由于材料中纳米结构在不同波长下散射光的干涉造成的。干涉的光进入观察者眼中成为一种颜色的光，颜色能够根据视角或响应材料形状的变化而发生改变。麻省理工学院的研究团队将自然产生的结构色应用于开发压力传感光机械纤维的设计。纤维是由聚二甲基硅氧烷（PDMS）和聚苯乙烯聚异戊二烯三嵌段聚合物（PSPI）的两层薄而透明聚合物组成的周期性结构。在黑色聚二甲基硅氧烷纤芯周围堆叠 30~60 次，其生成的纤维厚度约为人头发丝直径的 10 倍。其中由 PDMS 和 PSPI 堆叠而成的周期性结构充当布拉格反射器，能够强烈地反射窄波长范围内的可见光（图 5-26）。从周期性堆叠的光纤反射的光的颜色取决于每层的纳米结构。当纤维拉伸时，纤维层的周期数减小，这将纤维的颜色从红色（无应变）依次改变为橙色、黄色、绿色，最后是蓝色（最大应变）。研究人员指出，有可能设计具有不同反射峰的纤维，以制成一种压力敏感纤维，随着应变压力的增加，其颜色从蓝色变为红色。研究人员通过测量纤维光学力学性能表明，该仿生纤维能够被拉伸到其初始长度的两倍以上，并且在经过 10000 次的拉伸循环后，该纤维仍然产生一致且十分显眼的颜色。

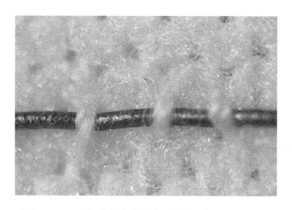

图 5-26　压力感应光电子纤维编织成的压迫绷带

二、光子晶体纤维

（一）光子晶体概念

光子晶体在 1987 年由 John 和 Yablonovitch 分别独立提出，它是由不同折射率的介质周期性排列而成的人工微结构。由于介电常数存在空间上的周期性，进而引起空间折射率的周期变化。光子晶体是科学家们在假设光子也可以具有类似于电子在普通晶体中传播的规律的基础上发展而来的。当介电系数的变化足够大且变化周期与光波长相当时，光波的色散关系会出现带状结构，此即光子能带结构（Photonic Band Structures）。这些被终止的频率区间称为"光子频率禁带"（Photonic Band Gap，PBG），频率落在禁带中的光或电磁波是无法传播的。与半导体晶格对电子波函数的调制相类似，光子带隙材料能够调制具有相应波长的电磁波。当电磁波在光子带隙材料中传播时，由于存在布拉格散射而受到调制，电磁波能量形成能带结构。按照光子晶体的光子禁带在空间中所存在的维数，可以将其分为一维光子晶体、二维光子晶体和三维光子晶体，如图 5-27 所示。光子晶体里的重复结构称为晶胞的单元尺度。通过巧妙的安排和设计光子晶体可以控制光子流。

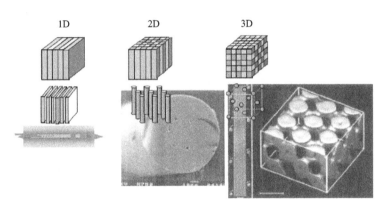

图 5-27　不同维数的光子晶体

　　其实，自然界中早就有天然的光子晶体存在。在生物界中，也不乏光子晶体的踪影，如图 5-28 所示。花间飞舞的蝴蝶其翅膀上的斑斓色彩，其实是鳞粉上排列整齐的次微米结构，选择性反射日光的结果。孔雀羽毛颜色，是由于好多规则排列的微结构，像光栅一样，会对入射的白光选择性反射，所以看起来很绚丽；海老鼠的脊椎背部覆盖了毛毡状的长刺，呈现出色彩缤纷的外观，来自于其针状毛发对光的反应，毛刺在电子显微镜下清楚地呈现六角晶格的周期结构。还有自然界中的蛋白石，其结构是 SiO_2 的小球紧密堆积而成的面心立方结构，当白光照射蛋白石时，晶体的颜色对应落在禁带波长范围的反射光颜色。

（二）光子晶体带隙结构

　　与普通晶体一样，光子晶体的周期排列具有能带结构，光子能带之间可能存在光子带隙或光子禁带。光子带隙或禁带是指一个频率范围，在这个频率范围里的电磁波不能传播，而频率位于能带里的电磁波则能几乎无损地传播。带隙的宽度和位置与光子晶体的介电常数比值周期排列的尺寸及排列规则都有关系。

　　就像半导体中原子点阵可以控制电子传播一样，光子晶体中不同介电常数的排列可以控制一定频率的光的传播。如果介电常数的差异足够大，在电介质的交界面上发生布拉格散射，产生能量的禁带。在三维严格的光子晶体中禁带内的电磁波无法向任一个方向传播。如果晶体中出现缺陷，在某个位置上电介质排列的周期性被打破，那么光波就可以从这个缺陷射出。如果这种缺陷是线缺陷，那么光就沿着缺陷构成的通道传播，从而实现对光的传播方向的控制，甚至可以让光转过很锐的弯。

图 5-28　生物界中的光子晶体

（三）光子晶体的传感应用

1. 光子晶体光纤　光子晶体光纤（Photonic Crystal Fiber 简称：PCF）的概念最早由 RUSSELL 等人在 1992 年提出。它是在石英光纤上规则地排列空气孔，而光纤的纤芯由一个破坏包层周期性的缺陷态构成，这个缺陷态可以是大的空气孔或实心的石英。从光纤的端面看，存在周期性的二维光子晶体结构，并且在光纤的中心有缺陷态，光可以沿着缺陷态在光纤中传输。对于实心的石英缺陷态，如果包层的空气孔的尺度不是太大，并且排列得不是很规则，可能会存在全反射导光的情形。在传统的光纤中，光在中心的氧化硅核传播通常采取掺杂的办法，提高其折射系数，增加传输效率，但不同的掺杂物只能对一种频率的光有效。英国 Bath 大学的研究人员用几百个传统氧化硅棒和氧化硅毛细管一次绑在一起组成六角阵列在 2000℃ 高温下烧结后制成了二维光子晶体的光纤，在光纤的中心可以人为地引入空气孔作为导光通道，也可以用固体硅作为导光介质。光子晶体光纤在两个方面明显优于传统的光纤，一是它在很宽的频率范围内支持单模运行，二是传输功率更大。

采用光子晶体光纤，在提花织机上生产纺织结构显示器，能在周围环境或被传送光照射下改变颜色和外观，并能实现动态图案（图 5-29）。

2. 光子晶体偏振器　用二维光子晶体制作的偏振器具有传统的偏振没有的优点，工作频率范围大、体积小、易于集成等，还有许多其他应用背景，如无阈值激光器光开关、光放大滤波器等新型器件。

随着对光子晶体的许多新的物理现象的深入了解和光子晶体制作技术的改进，光子晶体更多的用途将会被发现。

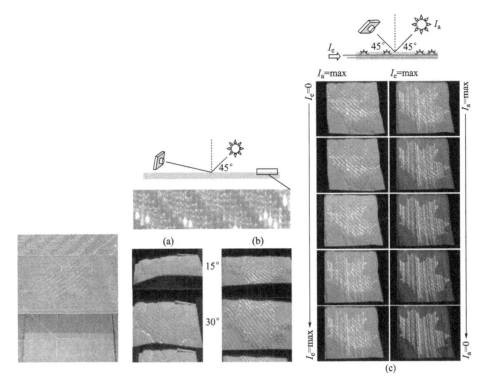

图 5-29　（a）纬向嵌入 PBG 花瓣的提花棉织物，叶子由 PBG 光纤嵌在棉纱基层表面（左上），或棉纱嵌在 PBG 光纤基层表面（右上）；（b）环境光 45°照射；（c）环境光与导向光混合反射，左边为 LED 环境光最大，导向光从 0 增加到最大，右边为导向光保持最大，LED 环境光从最大减小到 0

第三节　光电纺织材料与传感器

一、光电纺织材料

纺织行业中，除了传统的服装使用以及遮盖用的纺织品外，光电技术在高性能、多功能纺织品中的应用范围正在不断拓展。

在设计纺织材料的过程中，除了在纺织材料中嵌入各种光电材料之外，还可以与太阳能技术整合起来。作为一个重要的纺织结构材料，采用光电技术将纤维和纺织材料制成为光电池。主要是基于纤维或纺织材料制成光电池，如太阳能电池。将无机半导体材料 CdS 涂在涤纶上以制备柔性的太阳能电池，该电池将照射在其表面的太阳光线直接转换成电能，作为独立的电源供应器。因此，可以利用光电技术制成的光电纺织物，或者是采用电子设备的形式将光电纺织材料整合起来，形成新的应用产品。

除了使用光电技术应用在纺织中制造出新复合材料之外，还可以生产出更具有柔软性的光电结构产品，如柔韧性极高的高效光电纤维。生产这些高效能的光电纤维，主要采用特殊的材料和生产工艺。尤其是随着铜、铟、镓和硒等化合物光电材料的迅速发展，这些材料更加环保，在柔性的纺织材料太阳能电池中得到广泛的应用，在太空科技领域也有高端应用。而使得传统的硅基材料使用程度有所减少。

当前各种形式的太阳能电池中，在考虑柔韧性、经济性以及使用性能等多个特征的基础上，这种基于纺织纤维的高性能电池更适合在织物中使用。同时，光电膜也应该设置在织物或者是纺织产品的外层，这样可以最大限度地接受来自太阳的能量。与传统的树脂基太阳能电池相比，这种基于纤维的光电池更加轻质和柔韧，而且可以添加到织物的上层，便于其推广和应用。例如，可以将其应用到野营的帐篷或者是遮蔽材料中，有时还可以应用到户外背包中，使得野外取电更方便。这类产品的具体工作原理将在后续第九章中详细陈述。

二、传感器设计与评价

（一）光电转换纱线和织物

随着现代战场技术的日益复杂，军事研究人员开始寻找能够使步兵和地面特种部队战士免受敌方光电传感器监视的方法。美国陆军光电子专家向产业界寻求开发光电伪装织物技术，以帮助美军士兵躲避短波红外（SWIR）传感器监视。军方研究人员正在开发短波红外减少技术并应用到织物中，同时使织物保持可接受可见光和近红外光特征。最初的短波红外目标反射率值至少有三个级别，之间有明显间隔。短波红外反射率最高值应为65%，中间值应为45%，低反射率约为25%。

美国麻省理工学院的研究人员采用新型光纤制造工艺，将高速光电半导体器件植入织物纤维，再将这些纤维编织成柔软、可清洗的面料，解决了长久以来难以将半导体器件应用于织物制造的难题。采用新工艺制成的智能面料可用于制造具备通信、照明、生理监测等功能的纺织品。传统的光纤制造工艺是将原材料制成被称为"预制棒"的圆柱形棒体，再将其加热软化，拉伸成型。新工艺沿预制棒的轴心打出通孔，并将数百个采用微芯片技术制成的沙粒大小的半导体二极管（发光二极管/光敏二极管）连同一对铜丝由通孔穿入预制棒，再加热预制棒并将其拉伸形成长纤维。在加热和拉伸的作用下，铜丝和二极管形成电接触，使得在单根纤维中并联连接着数百个二极管，最终使用这种纤维进行编织制成织物。新工艺制造出的纤维与常规织物纤维一样具有防水性，可在水中浸泡数周。

（二）光电二极管制成可清洗柔软织物

半导体二极管是现代计算、通信和传感技术的基本组成部分。因此，将他们整合到纺织品级的纤维中，可以提高织物的"聪明度"。例如，以织物为基础的通信或生理监测系统。目前已经证明，在纤维预成型时，通过纤维拉伸工艺将具有不同电子和光学性质的材料融合到单丝中，可以增加纤维和织物的功能性。然而，该方法仅限于可以在其黏性状态下共同拉伸的材料，并且其性能比不上使用基于晶圆制备方法得到的器件级材料。目前为止，采用热拉伸纤维实现高质量半导体二极管的生产在加工技术方面还存在一些挑战。

麻省理工学院将包括 LED 和二极管光电探测器在内的高速光电半导体器件嵌入到光纤中，制成一种用于通信系统的可清洗柔软织物。在这项工作中，研究人员采用了一种电连接二极管纤维的热拉伸工艺，将预制棒（Preform）的拉伸与高性能半导体器件相结合，如图 5-30 所示。首先，他们制造了一个大块预制棒，在该结构内部存在分立的二极管以及空心通道。通过该空心通道可以喂送导电铜或钨丝。当预制棒被加热并被拉成纤维时，将导线逐渐接近二极管直到形成电接触，从而在单根纤维内并联数百个二极管。最终，得到

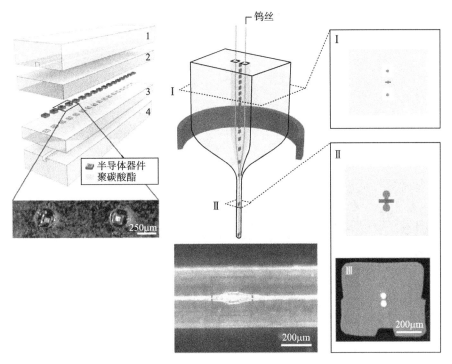

图 5-30 光纤预成型结构及纤维牵伸成型

了两种类型的纤维内器件：发光二极管和光电检测 PIN 二极管。通过在纤维的包层内设计光学透镜，可以实现光准直和聚焦，并且使器件间距小至 20cm。

将这些光电二极管嵌入光纤中，也许可以构建关于光纤的新"摩尔定律"。传统来说，光纤是通过制造一种称为"预制棒"的圆柱形物体制成的，基本上是放大版的光纤。再对"预制棒"加热至软化，在张力作用下对材料进行拉伸，最后形成的光纤通过线轴收集。生产这些新光纤的关键突破是将一粒沙子大小的半导体发光二极管和一对只有头发丝直径几分之一的铜线嵌入到预制棒中。在光纤拉丝工艺中，当聚合物预制棒在炉子中被加热时，它会部分发生液化，并形成细长的光纤，而半导体发光二极管会沿其中心排列并通过铜导线实现电性连接。在这种情况下，固态器件是使用标准微芯片技术制造的两种类型的电二极管，即发光二极管（LED）和光敏二极管。在光纤拉丝工艺过程中，固态器件和铜导线在周围聚合物材料收缩时，仍然能够保持原有尺寸。通过上述工艺最终制成的光纤被编成织物。这种织物被洗涤了 10 次之后仍可发光，证明其作为穿戴材料的实用性。如图 5-31 和图 5-32 所示，将高速光电半导体器件（包括发光二极管和二极管光电探测器）嵌入到纤维中，制成柔软的可清洗织物，并形成了完整的通信系统。这标志着已经通过引入半导体器件，初步实现了智能化面料，填补了迄今为止制造具有复杂功能的面料的技术空白。

将功能器件嵌入到光纤材料，这些器件可以很好地利用光纤自身固有的防水性，并且将这种二极管纤维清洗 10 遍后，依然能够保持其原有的功能性。为了证明这种纤维的光通信性能，研究人员在两种含有接收/发射极纤维的织物之间，建立了一个 3MHz 双向光通信链路，如图 5-33 和图 5-34 所示。该团队将一些光电探测纤维放入鱼缸内，在鱼缸外面放一盏灯，就可以将音乐以光学信号的形式快速通过水传送给光纤，光纤可以将光脉冲转换成电

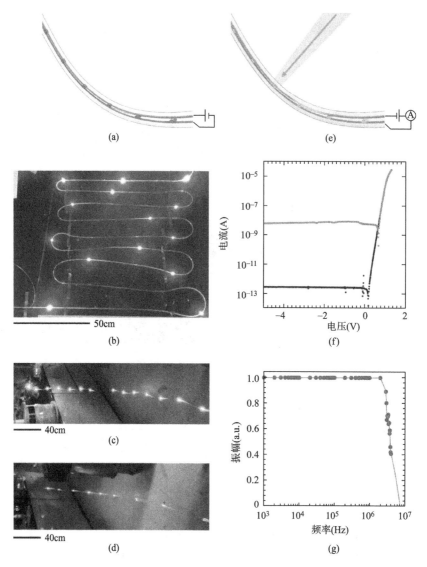

图 5-31 （a）发光纤维的示意图；（b）包含 InGaN 蓝色 LEDs 的发光纤维图片；（c）包含 InGaN LEDs 的发光纤维发出绿色；（d）包含 InGaN LEDs 的发光纤维发出红色；（e）光探测纤维结构示意图；（f）包含 GaAs 器件的纤维电流—电压曲线；（g）光探测纤维的带宽测量（蓝圈）

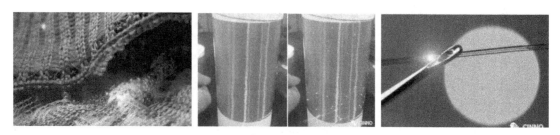

图 5-32 嵌入发光二极管细软光纤及其功能展示

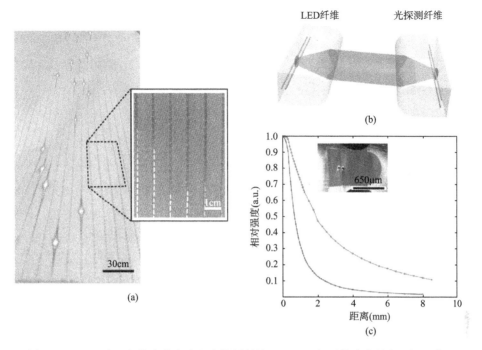

图5-33　（a）嵌入织物中的发光和光检测纤维；（b）两根透镜式光纤之间的通信；
（c）光电检测纤维的检测电流信号

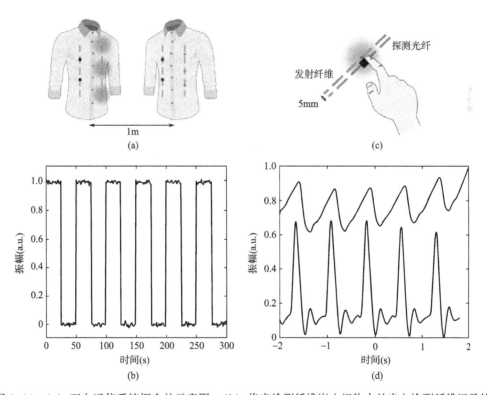

图5-34　（a）双向通信系统概念的示意图；（b）将光检测纤维嵌入织物中的光电检测纤维记录的
电流实验结果；（c）使用发光和光电检测的光电容积脉搏波脉冲测量装置的示意图；（d）由光电
检测光纤测量的电流与商用脉冲传感器的输出相比的实验结果

脉冲信号，再转换成音乐。研究人员发现纤维在水中放置数周后仍能保持其性能。除了通信领域，研究人员相信这种光纤还可以用于生物医学领域。例如，二极管的光电容积脉搏波脉冲测量方法可用于制造能够实时检测人体的生理状态的智能织物，如测量脉搏或血氧水平的腕带，或编织成绷带以连续监测愈合过程。

第四节 光致变色材料

一、光致变色机理

光致变色（Photochomism）或光敏性变色（Chameleon）指材料在一定的波长和强度的光作用下分子结构会发生变化，从而导致其对光的吸收峰值，即颜色相应改变，且这种改变一般是可逆的。光致变色材料分为不可逆变色材料和可逆变色材料两类。有的研究认为，不可逆变色属于一般的光学范畴，而可逆变色才是光敏变色理论和技术研究的对象。

光致变色物质实际应用的条件：变化前后的两个最大吸收波长（或反射光的波长）至少有一个在可见光区；变化前后的物理状态有足够的稳定性；两种状态之间的变化有较高的抗疲劳性，即有足够长的循环寿命；两种状态之间的变换响应速度要足够快，灵敏度要足够高。

二、光致变色材料分类

光致变色化合物分两类（表5-1），一类是有机光致变色化合物，另一类是无机光致变色化合物，如过渡金属氧化物、金属卤化物等。有机类变色材料的优点是，光发色和消色快。但热稳定性及抗氧化性差，耐疲劳性低且受环境影响大。无机类有掺杂单晶的 $SrTiO_3$，能光致变色，它克服了有机光致变色材料热稳定抗氧性差，耐疲劳性低的缺点，且不受环境影响。但无机光致变色材料发色和消色较慢、粒径较大。光致变色纤维是将光致变色材料和高聚物共混，通过溶液纺丝、共混纺丝或复合纺丝技术制得的纤维。

表5-1 常见光致变色材料分类

无机材料

有机材料：硫靛
- 共轭链变化：螺吡喃、螺螺噁嗪类、联吡啶类、氮丙啶类，噁嗪类
- 顺反结构变化：硫靛类、偶氮类
- 分子内质子转移：席夫碱、占吨类
- 开环—闭环反应：浮精酸酐类、二杂芳乙烯类、二甲基芯类化合物等
- 加氧—脱氧反应：芳香稠环类
- 光氧化—还原反应：三芳二吡嗪醌
- 均裂反应：四氢萘酮

（一）有机光致变色材料

有机光致变色材料具有可修饰性高、颜色丰富、光响应速度快等优点，大多数能被波长为 200~400nm 的紫外光激活，对于某些有机物而言，波长范围可延长至 430nm，但很少的有机物能被可见光激活。其变色机理主要有双键的断裂和组合（键的均裂、异裂）、异构体生成（质子转移互变异构、顺反异构）、酸致变色、周环反应和氧化还原反应等。有机光致

变色材料种类繁多，并且可通过引入特定功能官能团修饰来实现不同的研究目的。目前，人们研究较多的主要是二芳基乙烯类、俘精酸酐类、螺吡喃类、螺噁嗪类、偶氮苯类、席夫碱类。二芳基乙烯和俘精酸酐衍生物都呈现热不可逆光致变色性质，可用于光学存储器、光学开关设备及显示器。而由光照产生的螺吡喃、萘并吡喃、螺噁嗪以及偶氮苯的异构体则呈现热力学不稳定性质。

1. 二芳基乙烯类　二芳基乙烯（1,1-二芳基取代的乙烯衍生物）通过周环反应产生开环和闭环两种不同形态，其原理如图 3-35 所示。这两种形态可在不同波长的光作用下相互转化，转化期间其吸收频谱、折射率、介电常数、氧化还原等物理和化学性质也同时发生变化。对比其他光致色变材料，其具有热稳定性好、抗疲劳、化学反应谱段大、光敏感性高、化学反应速率快等特点。

关于二芳基乙烯的研究始于 1988 年，日本科学家 M. Irie 在光致变色化合物二苯乙烯的基础上，首次设计合成了二芳基乙烯化合物分子。此后，其因自身优异的性能而被人们广泛研究。其中，二芳基乙烯分子荧光开关在分子水平的光信息存储研究较多。比如，刘学东等合成了用于多阶光存储的二芳基乙烯化合物，利用此存储膜片，可以实现八阶光信息存储。齐国生等研究了二芳基乙烯材料多波长的存储，利用三波长光致变色存储实验装置，进行了三波长光致变色存储的实验。徐海兵等较为系统地介绍了二芳基乙烯作为分子开关的相关研究。

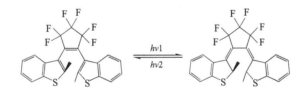

图 5-35　二芳基乙烯的光致变色机理

2. 螺吡喃类　螺吡喃是最早被人们深入、广泛研究的一类有机光致变色材料，其可逆光致变色现象于 1952 年被 Fischer 和 Hirshberg 发现。它通过开环生色，闭环失色来实现变色。如图 5-36 所示，无色螺吡喃结构中的 C—O 键在紫外光照射下发生断裂开环，分子局部旋转并与吲哚形成一个共平面的部花青结构而显色。另在可见光或热的作用下，开环体又能恢复到原来的螺环结构。螺吡喃具有较好的光致变色特性，但抗疲劳性较差。

近来，人们开展了一些将螺吡喃与大分子结合，进而制备含螺吡喃的单元响应性聚合物的研究。通过开环易位聚合，合成基于吲哚啉苯并螺吡喃的新型光响应性均聚物。经过性能研究发现，该聚合物保留了与其单体一致的光致变色性能。也有研究通过酯化反应将含有氨基的聚 N-异丙基丙烯酰胺和含有羟基的螺吡喃连接起来，制成了末端含有螺吡喃的光敏性微凝胶，光敏性微凝胶在智能药物的输运和可控释放领域具有极好的应用前景。

图 5-36　螺吡喃的光致变色机理

（二）无机光致变色材料

无机光致变色材料主要包括稀土配合物、过渡金属氧化物、多金属氧酸盐类和金属卤化物等。相比有机光致变色材料，无机光致变色材料的数量较少且发展较为缓慢。但其具有许多优于有机光致变色材料的特点，比如，变色速率快、变色持续时间长、热稳定性高、耐疲劳性好、机械强度高、宏观可控易成型等。可应用于信息存储、智能窗、太阳镜、传感器、智能开关、国防等诸多领域。无机材料的光致变色现象主要是通过离子和电子的双注入提取、电子跃迁、晶格中电子转移而实现，大多数能被紫外光诱导，某些无机光致变色材料也可被其他波长的光激活（红外线、X 射线或 γ 射线）。

关于无机光致变色材料的研究，主要集中在无机光致变色玻璃材料和无机光致变色晶体材料两类。为增强材料的光致变色敏感性，一些无机复合光致变色薄膜材料逐渐成为研究热点。

1. 无机光致变色玻璃材料　无机光致变色玻璃材料是通过在玻璃基质中添加感光材料，再经过熔制和热处理制成。例如，掺杂 $CuCl$ 的光致变色硅酸盐玻璃材料，其变色机理是铜的价态变化。添加 $AgCl$、$AgBr$、$CuCl$ 的硅玻璃及硅硼玻璃材料，玻璃体存在的色心和表面存在的卤族构成点缺陷，引起了材料的光致变色，如 $NaPO_3$—BaF_2—WO_3 及 Na_2O—WO_3—$SbPO_4$ 三元玻璃材料。

2. 无机光致变色晶体材料　无机光致变色晶体材料的变色主要是因为体系中存在缺陷，晶格缺陷有利于钨离子的不等价转换，对提高 WO_3 材料光致变色性能具有重要作用。$Bi_{12}GeO_{20}$ 晶体受热激发作用会产生大量的电子陷阱，这对它出现光致变色现象具有重要意义。

3. 无机光致光变色薄膜材料　对于无机复合光致变色薄膜材料，利用化学气相沉积法，在 MoO_3 薄膜上沉积 CdS，制备了 CdS/MoO_3 薄膜材料。因 $CdS/MoO3$ 薄膜上产生的大量色心，使该材料对波长 $\lambda = 850nm$ 的光产生较强吸收，呈现出光致变色特性。同理，$AgCl$—WO_3 双层结构薄膜材料，其受光照后产生的氢原子促进了 $AgCl$ 光解，使得 $AgCl$ 薄膜材料的光致变色性能得到增强。

4. 无机光致变色粉体材料　近年来，人们开始关注粉体形态的无机光致变色材料，如 $BaMgSiO_4$：Eu^{2+}、掺杂层状钙软钛矿结构 Sr_2SnO_4：Eu^{3+}、$CaAl_2O_4$：Eu^{2+} 和 Nd^{3+} 陶瓷、Ba_5（PO_4）$_3Cl$：Eu^{2+} 和 R^{3+}。但目前对于无机粉体光致变色材料研究较少，且大多研究仅停留在变色性能的一般表征和描述上，缺乏对变色机理的深入认识，这对于后续开发新型优质的无机光致变色材料是一大难题。

（三）无机—有机杂化光致变色材料

电子转移型光致变色材料在光照后容易发生电子转移，生成稳定的电荷分离态。电子本身可以作为载流子，因此，电子密度的改变有望用于调制半导体的电学性质。无机—有机杂化光致变色材料是在前两种类型的光致变色材料基础上研究并发展起来的。其很好地综合了有机光致变色材料和无机光致变色材料的优点，并避免了二者的不足，在改善光致变色材料的稳定性、耐疲劳性的同时，实现了光致变色对其他物理化学特性的多功能调制。其优越的性能、丰富的组成和多种多样的加工技术，为无机—有机杂化材料构筑具有特定功能的光致变色材料提供了广泛的可能性。

无机—有机杂化光致变色材料按照键合方式不同可分为配位共价键结合型、离子键结合型及键合较弱的插层、介孔型。其变色机理包括氧化还原电子转移、插层空间结构、光致变色分子 π-电子共轭特性发生可逆改变。例如，据文献报道，电子转移型光致变色材料可以形成长寿命的电荷分离态和覆盖可见光区的特征吸收带，且有机 π 共轭半导体获得电子后可以显著提升电导率。结构缺乏刚性是卤化铅钙钛矿稳定性差的一个重要原因。如果无机组分和有机组分以共价键相连，那么材料的稳定性有望得到提升。基于此，有研究开始探索合成一种无机—有机杂化卤化铅半导体，其有机组分具有电子转移光致变色活性而可以形成与无机组分共价相连的有机半导体。

无机—有机杂化光致变色材料的研究兴起于首次发现光致激发自旋态捕获效应之后。其中，以有机组分为设计和调制对象吸引了更多的目光，对于通过调制无机组分来调控无机—有机杂化光致变色材料性能的研究则相对较少。配位共价结合型是通过配位金属离子、光致变色配体和其他功能配体而得到的大分子结构材料。配位后，材料的稳定性和抗疲劳性得到加强，但变色单元的变色能力被减弱或抑制，因此，提高原有变色组分的性能是研究关键。例如，通过配位杂化邻二氮杂菲螺噁嗪和 Mn、Fe、Co、Ni、Zn、Cu 等二价金属离子，较大程度地提升了螺噁嗪的光致变色性能。或者应用共价连接有机金属—二噻吩乙烯杂化体系，基于二噻吩乙烯的可逆开、闭环反应，整个体系表现出明显的开关特性。插层、介孔性型是把光致变色分子或离子封装在具有周期性结构的无机材料空隙之中。封装后，材料稳定性能得到提高，但其性能调控机制有待于进一步研究。相关研究通过分子交换法将亚水杨基苯胺填充于 Zn 介孔中，得到了具有固态光致变色行为的杂化光致变色材料。此外，华南理工大学李敏通过对不同金属中心、金属卤盐单元和给受体结构排布模式的研究，探讨了无机组分的结构和组成对杂化型材料光敏性能的影响，这对于丰富无机—有机杂化光致变色材料的结构设计及性质调控具有一定意义。

就目前来看，无机—有机杂化光致变色材料处于初步研究探讨阶段，相关文献在报道的光致变色的研究中占比不到 10%。尽管如此，鉴于现在继续开发单纯的新型有机或无机光致变色材料比较困难，所以，结合二者的优点来研发功能和性能更为优异的新型无机—有机杂化光致变色材料仍是当前光致变色材料的一个重要发展趋势。

光致变色材料因其特殊的物理和化学性能，被广泛应用于光学信息存储、防伪、装饰和防护、荧光开关等不同领域。表 5-2 简要总结了不同类型光致变色材料的应用情况。

表 5-2　不同类型光致变色材料的应用情况

类型	应用领域
无机光致变色材料	信息存储、生物样品检测、太阳镜、智能节能玻璃、传感器、智能开关、军事国防等
有机光致变色材料	光信息存储、防护包装、服装纺织、全息记录照相、生物科技、智能药物、光能量限制物质、光计算、光能测定、国防、防伪、荧光开关、染料工业、可视化检测等
无机—有机杂化光致变色材料	光存储和光开关、光信息转换器、光控超分子、防护装饰、防伪、太阳镜、膜片材料、生物技术、医药、催化剂、传感器、调光器件等

三、光致变色纤维及织物

光致变色纺织品是研究的热点。纺织品在可见光或紫外光的照射下发生变色，而当光线消失之后又恢复到原来的颜色，如图 5-37。光致变色纤维的研究在日本、美国等发达国家取得了较大进展，如松井色素化学工业公司制成的光致变色纤维，无阳光不变色，在阳光或紫外光的照射下显深绿色。美国克莱姆森（Clemson）大学和佐治亚理工学院和傅尔曼（Furman）大学探索在光纤中掺入变色染料或改变光纤的表面涂层材料，使纤维的颜色在静态或动态电场中实现自动控制。

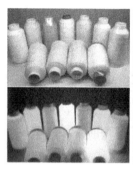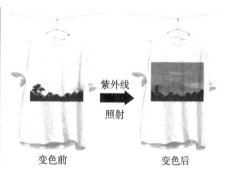

图 5-37　以高发光化合物合成的变色纤维

光致变色纤维材料这方面有不少例子，比如，腈纶织物采用带有变色分子的阳离子染料进行染整加工后，其在不同的光源下发生变色，故称变色针织物。匀染剂、酸剂对变色效果有一定的影响。实验结果表明：采用 1227 匀染剂和冰醋酸，织物的变色效果最佳。变色腈纶针织物烘干前必须进行开幅整理，烘干温度应在 98～100℃。由这种方法制备的纤维、织物在不同的光的波长下有不同的色调，都属于光致变色纤维织物。日本某公司将吸收 350～400nm 波长紫外线后由无色变为浅蓝色或深蓝色的螺呋喃类光敏物质包裹在微胶囊中，用于印花工艺制成光敏变色织物。微胶囊化可以提高光敏剂的抗氧化能力，从而延长使用寿命。采用这种技术生产的光敏变色 T 恤已经于 1989 年供应市场，近年来，国内也有类似的产品销售。

从以上光致变色产品来看，光致变色材料可以通过涂料印花、染色等方式在纺织中得到应用。

（一）涂料印花

涂料印花法将光敏变色染料粉末混合于树脂液等黏合剂中，再使用此色浆对织物进行印花处理，获得光敏变色织物。这种方法对纤维无选择性，适用于棉织物和针织物。

印花工艺可采用常用的筛网、辊筒印花设备操作，也可采用喷墨和转移印花。基本过程为：织物前处理→印花→烘干→焙烘。烘干温度为 80～90℃，温度过高对微胶囊中的溶剂和添加剂的稳定性不利。焙烘温度主要取决于印花色浆中的黏合剂和增稠剂的性质，一般为 140～150℃，时间多控制在 3～10min。用于纺织品印花加工的变色涂料应手感柔软、耐洗涤性好、摩擦牢度好、适于印花加工。这些要求可通过选用合适的黏合剂、交联剂、柔软剂和微胶囊技术实现。

丝网印刷工艺将光致变色化合物通过丝网转印到织物上，丝网印刷过程中为保护光致变色化合物，需要对其进行微胶囊化。采用的微胶囊尺寸较小，为 3~5μm，可直接通过丝网印刷转移到织物上。此方法虽能增强对光致变色化合物的保护，但是降低了织物的手感。微胶囊包覆后再用黏合剂固着在织物上是一种有效的方法。这是因为，一方面一些光致变色材料需要和有机溶剂或光引发剂同时包覆在微胶囊中才能维持变色反应的条件，产生变色效应；另一方面，一些水性光致变色材料对纤维缺乏亲和力和结合力，无法通过常规染色上染纺织品，另一些油性光致变色材料则无法用水作为介质加工。只有通过黏合剂，用传统的印花整理方法将其应用于织物。此外，有研究通过微胶囊化及添加含有受阻胺光稳定剂和抗氧化剂，有效地提高了光致变色微胶囊的性能和耐疲劳度。

所谓微胶囊化，就是将变色化合物或与其他助剂（溶剂、光稳定剂等）一起，用天然或合成的聚合物或微生物皮膜，经过相分离、界面反应法、物理法等包裹成几微米到几十微米的小球，以避免高温及其他杂质的影响，并加强与其他助剂的接触。微胶囊可以通过整理剂用轧-烘-焙、喷涂法、浸渍法和丝网印刷技术，采用胶黏剂分散应用到织物上。

（二）染色技术

采用浸染法或分批染色的方式制备光致变色纱线或织物较为简便。直接通过染色浴加热对纤维、纱线或织物进行上染，是一种常规间歇式纺织品染色工艺。采用这种工艺，染料从大染缸中逐渐转移或浸入到纺织品中。如果需要高温，则染缸被加热。已有研究以二硫磺酸汞光致变色化合物染色锦纶、三乙酸纤维素和涤纶。为了制备染液，把染料与分散剂和润湿剂混合。锦纶和涤纶首先在 pH 为 5~6、60℃的水中清洗 15min。涤纶在浴比为 50∶1 的 120℃染液中高温染色 1h；锦纶和三乙酸纤维素纤维在 100℃染液中高温染色 1.5h。染色后的纤维在碳酸钠溶液中清洗烘干。

也有研究采用浸染工艺在聚酰胺织物中引入三种螺噁嗪染料。纤维在浴比 50∶1 的 40℃染缸中染色 10min，随后连续在 80℃和 120℃下浸染 1h。最后，染色后纤维被水洗和晾干。研究发现，染料消耗率随染液温度升高而增加，如图 5-38（a）所示。这是由于在更高温度下纤维的膨胀，促进染料分子分散进入纤维中。当然，这也与在高温时染料分子的动能更高有关。染色前后的聚酰胺织物在 UV 光照下的颜色如 5-38（b）所示。

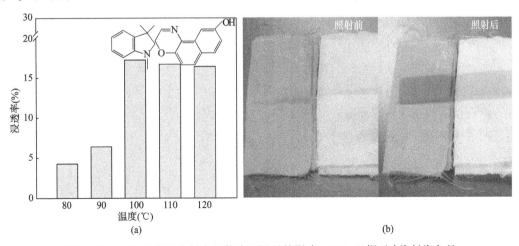

图 5-38　（a）温度对染料在织物表面浸透的影响；（b）以螺噁嗪染料染色的
聚酰胺织物在 UV 光照射前后的颜色

光敏变色染料的品种多样，但只有具有一定牢度的染料才能用于纺织品的染色。纺织品不同的应用，对染料牢度的要求也不同。如用于服装上，对耐洗牢度、耐汗渍牢度、耐晒牢度的要求都较高；如用于窗帘，对耐晒牢度要求较高；而椅套、坐垫则要求耐摩擦牢度高些。光敏变色染料染色一般不需改变常规的染色工艺及染色设备，关键在于变色染料的选择，从而得到满意的染色效果和变色效果。

（三）浸渍整理

浸渍整理技术是将纤维、纱线或织物用含有光致变色化合物单体的整理液浸渍，单体一般是使用苯乙烯或醋酸乙烯，光致变色化合物在纤维内部进行聚合反应，使得纤维、纱线或织物具有光致变色性。

后整理浸渍方法可保持纺织品的光致变色性能6个月以上，可用于能显出特殊视觉效果的伞、服饰等纺织品。该处理方法由于在纺丝后引入变色化合物，故不受温度的限制和纺丝共混或共聚聚合物的影响，也不会影响纤维、纱线和织物的力学性能。鉴于服用纺织品后整理对服装卫生学的要求，经过这种后整理聚合技术处理过的面料上化学试剂及助剂的残留量难以达到服装穿着的标准，所以该方法更适用于产业用纺织品，不适用于服用和家纺产品的生产加工。

（四）溶胶—凝胶涂覆法

溶胶—凝胶技术通常是一种通过合成溶胶生产无机材料的方法，使其凝胶化，随后干燥，并且可能烧结凝胶。该工艺为生产定制特性的粉末、纤维和薄膜材料提供了各种可能，这主要通过选择合适的前体并控制反应条件实现。溶胶—凝胶方法能够控制无机或杂化材料中的孔径和孔排列。

醇盐是最常见的溶胶—凝胶前体。在溶胶—凝胶过程中醇盐前驱体在水中水解：

$$Si（OR)_4+H_2O \longrightarrow HO—Si（OR)_3+ROH \tag{5-9}$$

式中R代表羧基，·OR代表烷氧基配体。如果水和催化剂足够，四个烷氧基转化成羟基，产生氢氧化硅。否则，水解反应在中间停止，生成$Si（OR)_{4-n}（OH)_n$。

当部分水解金属/准金属相互作用时，溶胶—凝胶过程也发生缩合反应。缩合反应的副产品可以是水或醇，分别如反应式5-10和式5-11。

$$（OR)_3Si—OH+HO—Si（OR)_3 \longrightarrow （OR)_3Si—O—Si（OR)_3+H_2O \tag{5-10}$$

$$（OR)_3Si—OR+HO—Si（OR)_3 \longrightarrow （OR)_3Si—O—Si（OR)_3+ROH \tag{5-11}$$

缩合反应将单体聚合生成更大的结构。

当单体分子长成宏观尺寸聚合物覆盖大面积溶液时，就形成了凝胶。因此，凝胶作为一种在连续液相中的连续固体骨架。胶质溶液可以被施加到各种基底上以形成均匀的涂层。已有研究使用硅溶胶—凝胶将光致变色螺噁嗪染料封装在羊毛织物上，其生产工序如5-39所示。

所用的前驱体以及涂层织物的光致变色性能见表5-3。图5-40显示了在溶胶凝胶处理、磨损及水洗前后羊毛纤维的扫描电镜图。

无色螺噁嗪染料在紫外线照射下会变成蓝色。光致变色羊毛织物在阳光下的颜色变化如图5-41所示。

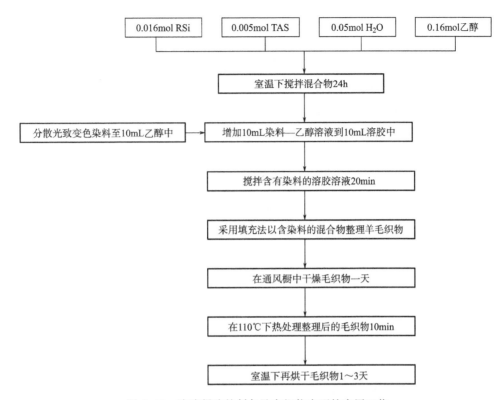

图 5-39 溶胶凝胶的制备及在织物表面的应用工艺

表 5-3 前驱体以及涂层织物的光致变色性能

样品	溶胶涂层毛织物					受控样品
	MeSi	PhSi	VinSi	CyhSi	OctSi	—
前驱体结构	$H_3C\!-\!\overset{OEt}{\underset{OEt}{Si}}\!-\!OEt$	$Ph\!-\!\overset{OEt}{\underset{OEt}{Si}}\!-\!OEt$	$H_2C\!=\!\overset{OMe}{\underset{OMe}{Si}}\!-\!OMe$	$Cyh\!-\!\overset{OEt}{\underset{OEt}{Si}}\!-\!OEt$	$H_3C\!-\!(CH_2)_7\!-\!\overset{OEt}{\underset{OEt}{Si}}\!-\!OEt$	—
ΔA^a	0.22	0.24	0.17	0.20	0.24	0
$t_{1/2}$（s）	18	6	5	16	3	—
$t_{1/2}$（s）	22	28	5	16	4.5	—
耐磨牢度（%^{b}）	50.14	57.03	55.00	63.97	55.96	—
耐洗牢度（%）	29.75	38.16	42.6	68.27	37.31	—
弯曲模量/径向（g/cm²）	12.9	42.5	20.9	2.4	2.0	0.41
CA 纬向（g/cm²）	2.9	8.8	2.8	0.57	0.57	0.035
	139.5	143.7	143.8	147.9	145.1	126.5

a—在 620nm 的吸收值；b—在 1000 次磨损循环后 ΔA 的下降百分比。

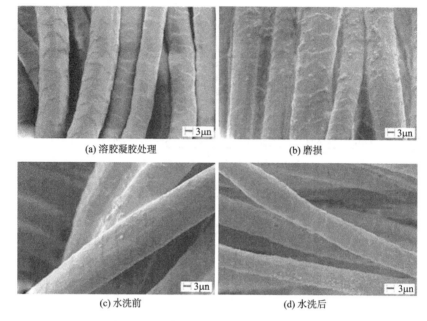

(a) 溶胶凝胶处理   (b) 磨损

(c) 水洗前   (d) 水洗后

图 5-40　在溶胶凝胶处理、磨损及水洗前后羊毛纤维的扫描电镜图

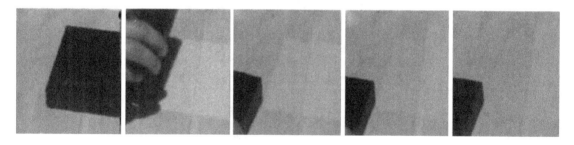

图 5-41　羊毛织物经嵌入溶胶—凝胶衍生的二氧化硅基质中的螺噁嗪染料
处理后曝光时光致变色的颜色变化

（五）化学交联技术

利用柠檬酸将双壳聚氨酯—壳聚糖光致变色微胶囊化学交联到棉织物上形成的共价结合具有良好的耐水洗牢度和热稳定性，呈现出较鲜艳的颜色。此外，这种微胶囊通过涂层法形成化学交联时具有较大的比表面积，与织物及纤维之间可形成一种更紧密的接触。不仅如此，微胶囊还能在织物表面形成具有表面交联体系的薄膜，以成簇的微胶囊结合在棉纤维表面，呈不规则碎片。这些微胶囊不仅固定在棉织物的纤维上，而且构成的不规则碎片薄膜可嵌入并固定在纤维间的孔隙中，进一步增强结合牢度。

FAN 等探讨了实现光致变色微胶囊与棉织物牢固化学结合的新途径。双壳聚氨酯—壳聚糖光致变色微胶囊可以根据黄色/红色/蓝色双壳聚氨酯—壳聚糖微胶囊的质量比例调配出20 余种颜色，以满足多色谱双壳微胶囊在纺织品服装上的应用。双壳聚氨酯-壳聚糖光致变色微胶囊及其配色微胶囊共价结合在纤维素纤维织物上，设计的户外服装防晒指示标识具有显示太阳光中紫外线辐照强度的指示和健康防护预警作用。具有响应速度快、响应变色颜色特征变化明显且颜色较鲜艳的性能特征，满足了在户外服装中健康防护功能性与装饰性的结合。

（六）纤维变色技术

与印花和染色技术相比，纤维技术开发稍晚。但随着功能织物的兴起，这种技术吸引了日本诸多大公司的关注，开发专利不断出现。纤维技术有着明显的优点，它制成的织物具有手感好、耐洗涤性好，且变色效果较持久等特点。据文献介绍，纤维技术主要包括溶液纺丝法、熔融纺丝法和后整理法三种。

1. 溶液纺丝法　将变色化合物和防止其转移的试剂直接添加到纺丝液中进行纺丝。例如，日本松井色素化学工业公司就此技术申请了专利。由丙烯腈/苯乙烯/氯乙烯共聚物、噁嗪类和癸二酸酯类化合物组成的溶液纺入水浴中，经水洗得到光致变色纤维。该纤维在无阳光条件下不显色，在阳光或紫外线照射下显深绿色，可用于制作服装、窗帘、地毯和玩具等。

2. 熔融聚合法纺丝　将变色基团引入聚合物中，再将聚合物纺成纤维。如合成含硫衍生物的聚合体，再纺成纤维。它能在可见光下发生氧化还原反应，在光照和湿度变化时，颜色由青色变为无色。熔融共混纺丝法即将变色聚合物与聚酯、聚丙烯、聚酰胺等聚合物熔融共混纺丝。或把变色化合物分散在能和抽丝高聚物混融的树脂载体中制成色母粒，再混入聚酯、聚丙烯、聚酰胺等聚合物中熔融纺丝。例如，原中国纺织大学（现东华大学）采用该法制得两种性能较佳的光敏变色聚丙烯纤维。

3. 接枝技术　将具有光致变色性能的基团或光致变色化合物分子通过共价键结合在高聚物高分子主链或侧链上，使高聚物高分子具有光致变色特性和快速光响应速度，且光致变色效果不受影响。例如，含有光致变色偶氮苯基团（分散红1，分散红2）的丙烯酸酯侧链被接枝到不同聚合物基质上：聚丙烯、低密度聚乙烯、聚乙二醇对苯二甲酸酯和聚碳酸酯CR-39是通过在甲苯中的丙烯酰氯化物溶液中的聚合物膜的伽马辐射，在三乙胺存在的条件下和分散红1进行酯化反应制备的。螺吡喃单体交联甲基丙烯酸甲酯的纳米颗粒是用简单的一步细乳液聚合法制备的。这种光可逆的纳米粒子水性分散液具有优良的光可逆性能。接枝改性方法具有产率较低、牢度较差的缺点，其变色速度和褪色速度均减慢，耐疲劳度也相应降低。

光致变色材料对整理加工过程中的溶剂和助剂以及使用过程中外界因素的作用较敏感，存在受溶剂极性化显色、pH、氧化、光照和温度因素带来的氧化作用及耐疲劳和光稳定性变差等问题。由此，光致变色织物在实际应用中需要重点考虑两方面问题，一是织物的耐光性，有些光致变色染料上染的织物长时间暴露在紫外光下会丧失光致变色效应；二是变色—消色速度，变色和消色速度可反映纤维或织物的颜色改变速度，变色速度从刚开始吸收紫外光到吸收最大值的一半所用的时间来表示，消色速度从吸收光的最大值消减至一半所用的时间。

第五节　光化学传感器

光化学传感器代表一类化学传感器，在电磁辐照环境下产生换能元件的解析信号。辐照与样品的相互作用以特有光学参数的变化来评价，与分析物的浓度有关。一般来说，光化学传感器由化学识别相（传感元件或接收器）耦合换能元件构成，如图5-42所示。接收器鉴别某个参数，例如，给定复合物的浓度、pH，给出光学信号与该参数值之间的比例关系。接收器的功能在大多数情况下通过一个薄层实现，该薄层分别与分析物分子相互作用和发生催化反应，或者参与伴随分析物的化学平衡。换能器把接收器生成的光学信号转换为可测量的信号，其适合进行放大、滤波、记录和显示等处理。

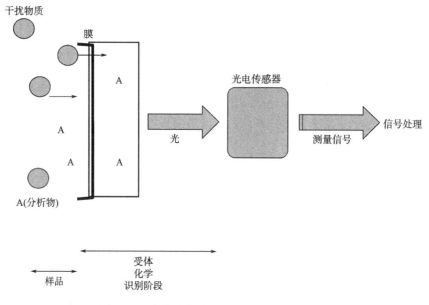

图5-42　光化学传感器的组成及功能示意图

光学传感器可基于各种光学原理（吸收、反射、冷光发光、荧光），覆盖不同光谱区域（UV、可见光、IR、NIR），不仅可测量光强，也可测量持续时间、反射指数、散射、衍射和极化属性等。这些传感器比常规电参量式传感器具有更多优点，如选择性、抗EM干扰、使用易燃易爆化合物时安全性高。它们灵敏性好、便宜、无破坏性等。当然，光学传感器也有一些缺点，如环境光线可能干扰其运行，长时稳定性受限于指示剂浸出或光漂白，动态范围有限，选择性差，为了得到解析信号必须有分析物从样品到指示相的质量转移。

光纤化学传感器属于化学传感器的一类。光纤一般用于将电磁波传送到与样品直接接触的感测区域或从感测区域传送电磁波。光谱上检测到的光学性质可以通过光纤测量，实现远距离传感。具有低成本、易微型化、实现安全、小、质轻、紧凑和便宜的传感系统的优点，可进行多样化传感器设计。

第六节　发展趋势

光敏材料用于制备光响应型智能纺织品。在光的作用下，纺织品的颜色、力学性能等发生可逆变化。许多研究活动是基于光纤传感器的新型智能技术纺织品的开发。这种嵌入式光纤的智能技术纺织品是光纤传感器的潜在新市场。然而，光致力学性能、电学性能变化材料尚处于研发阶段，如图5-43所示为一些光纤传感器材料。

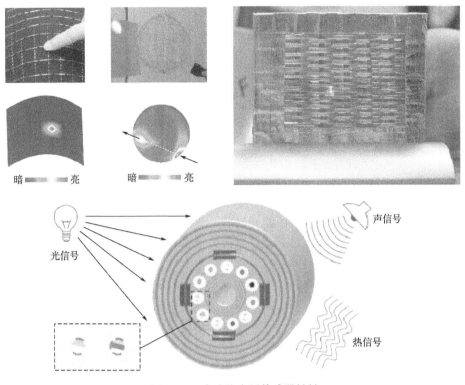

图 5-43　多功能光纤传感器材料

随着社会进步和科技发展，越来越多的光致变色材料被研究出来，并广泛应用于分子开关、信息存储、生命科学、分子催化、装饰防护、防伪材料等各大领域。其作为高科技研究的重要课题，正焕发出蓬勃生机。目前，人们对有机光致变色材料研究较多，而无机光致变色材料研究较少，无机—有机杂化光致变色材料正处于发展初期阶段。当然，目前的研究仍存在一些不足。比如，光致变色材料的热力学稳定性、抗疲劳性、快速的反应性、灵敏性等仍需进一步提高；许多研究仅停留在变色性能方面的考量，缺乏对于变色机理的深入探讨；此外，无机光致变色材料的数量较少，这极大地限制了其发展应用空间。因此，深入探究光致变色机理，科学地阐明光致变色材料的变色过程，然后在此基础上开发性能更加优异、成本更加低廉、应用效果更加突出的新型光致变色材料是未来光致变色材料的一大发展趋势。相信通过科研工作者的努力，光致变色材料也必将在未来社会发挥越来越重要的作用。

思 考 题

1. 材料有哪些光学特性？
2. 简述光学特性与传感之间的关系。
3. 简述光电纺织传感器的结构及工作原理。
4. 简述光致变色机理。
5. 举例说明光电纺织材料的成型技术。

参考文献

［1］ PERIYASAMY A P, VIKOVA M, VIK M. A review of photochromism in textiles and its measurement ［J］. Textile Progress, 2017, 49 (2)：53-136.

［2］ 孙悦. 光致变色材料的研究及应用进展 ［J］. 物理化学进展, 2018, 7 (3)：139-146.

［3］ 范菲. 光致变色材料在纺织中的应用 ［J］. 棉纺织技术, 2016, 44 (12)：80-84.

［4］ JONES C. Textile materials inspired by structural colour in nature ［D］. Manchester：The University of Manchester, 2017.

［5］ GAO W H. The fabrication of structurally coloured textile materials using uniform spherical silica nanoparticles ［D］. Manchester：The University of Manchester, 2017. 2016.

［6］ ISHIHATA K, WAKABAYASHI N, WADACHI J, et al. Reproducibility of probing depth measurement by an experimental periodontal probe incorporating optical fiber sensor ［J］. Journal of Periodontology, 2012, 83 (2)：222-227.

［7］ HO S C, RAZAVI M, NAZERI A, et al. FBG sensor for contact level monitoring and prediction of perforation in cardiac ablation ［J］. Sensors, 2012, 12 (1)：1002-1013.

［8］ HARVEY D HAYES N W, TIGHE B. Fibre optics sensors in tear electrolyteanalysis：Towards a novel point of care potassium sensor ［J］. Contact Lens and Anterior Eye, 2012, 35 (3)：137-144.

［9］ ODA, HIRONORI. New developments in the stabilization of photochromic dyes：Counter-ion effects on the light fatigue resistance of spiropyrans ［J］. Dyes and Pigments, 1998, 38 (4)：243-254.

［10］ SHAH P H, PATEL R G, PATEL V S. Azodisperse dyes with photochromic mercury (ii) -dithizonate moiety for dyeing polyester, nylon and cellulose triacetate fibres ［J］. Indian J Text Res, 1986, 10 (4)：179-182.

［11］ CHENG T Photochromic wool fabric by sol-gel coating ［R］. In Centre for Material and Fibre Innovation of the Institute for Technology Research and Innovation, Deakin University, 2008.

［12］ REIN M, FAVROD V D, HOU C, et al. Diode fibres for fabric-based optical communications ［J］. Nature, 2018, 560 (7717)：214-218.

［13］ FAN Fei, ZHANG Wan, WANG Chaoxia. Covalent bonding and photochromic properties of double-shell polyurethane-chitosan microcapsules crosslinked onto cotton fabric ［J］. Cellulose, 2015, 22 (2)：1427-1438.

第六章　湿敏感纺织材料与传感器设计

第一节　湿敏材料

湿敏材料是一种功能材料，能与水分子产生物理或化学反应。当周围环境的湿度变化时，材料的电阻或电容发生变化，其长度或体积产生收缩，建立材料的这些电信号和湿度的对应关系，就实现了测量湿度的目的。

作为一类重要的化学类传感器，湿度传感器主要是利用自身的湿敏材料吸附或脱吸附水分子，使得材料的介电性能、阻抗值等特征发生变化，再通过外接电路被人所识别而对湿度进行测量。基于环境湿度检测的重要性，湿度传感器已运用于气象预测、航空航天、工农业生产、食品保鲜等众多领域。1938 年，美国的 Dunmore 首次以 LiCl/聚合物进行复合制备了一种新型的湿度传感器，实现了湿度检测领域的重大突破。从此以后，各种新的材料和技术不断出现，无机半导体型、有机高分子型及复合材料型湿度传感器均得到应用。现在，传统的湿度传感器已经发展较为全面和成熟，而纳米材料的引入又将传感器技术推向了一个全新的高度。目前，传感器的研究方向已经向极低湿检测、超高灵敏度检测、快速响应等方向发展。

一、湿敏纺织材料的传感特性

湿度，是表征大气中水蒸气所占的比例，即为表征大气干燥程度的物理量。通常表达湿度大小的方式包括相对湿度和绝对湿度。

绝对湿度定义为在标准状态下，单位立方米的空气中水蒸气质量所占的比例。绝对湿度表征的是空气中水蒸气含量的实际值，采用公示一般表示为：

$$\rho_w = \frac{M_v}{V} \tag{6-1}$$

其中，V 表示被测空气的体积，M_v 表示被测空气中水蒸气的质量，ρ_w 表示被测空气的绝对湿度。由公式可以知道，绝对湿度的单位是 kg/m^3，它的值与温度值紧密相连。通常情况下，在表述绝对湿度的同时必须强调该绝对湿度所处的温度。在一个确定的温度下，单位体积的空气有一个包含水汽最大的量，超越这个量，多余的水汽就会产生凝结，此时空气湿度便会达到饱和，成为饱和湿度。

相对湿度是饱和湿度与绝对湿度的比值，表征空气中水蒸气的饱和程度。在数学上，其值代表了空气中水蒸气的压力，ρ_v 同相同温度下发生饱和的水蒸气压力 ρ_w 的比值，用%RH来表示，其表达式为：

$$相对湿度 = \left(\frac{\rho_v}{\rho_w}\right)_T \times 100\%RH \tag{6-2}$$

根据公式（6-2），相对湿度也与环境温度有关，在标准状态下，相对湿度会随着环境温度的升高而增大，即温度升高，环境中水蒸气的含量将会增大。所以在进行实验研究的过程中，对环境相对湿度进行测试时，需要提供被测环境温度。但是由于湿度受温度等较多因素的影响，直接测试准确度较低，因此，通常通过湿敏纺织材料的一些光学、电学、声学以及热学等性能，制备相应的光学湿度传感器、电量式湿度传感器、声学传感器等。

湿敏纺织材料的光学性能主要是指它的光传输媒介层的性质，对外界环境中湿度变换敏感，随着被测环境湿度的变化，光传输过程中吸收系数、反射系数、传输频率会相应地发生变化。监测这些光信号变化量来获得被测环境中湿度的改变量。电学性能主要是利用吸湿后的敏感材料会对电子器件的介质常数、阻抗系数等电子特性产生影响，通过监测元件电子特性的变化从而得到湿度的变化，实现湿度传感作用。此类传感器主要以电阻式和电容式为主。声学性能主要是根据吸湿后的敏感材料密度的变化，进而对声学信号（声波频率）产生影响，实现对湿度的监测。

对于湿度的测试主要从以下几个特征量进行衡量。

（一）量程

湿度传感器量程即保证一个湿敏器件能够准确测定的环境相对湿度的最大范围。理想的湿度量程应为 0~100%RH，但对于一个具体的传感器一般是无法覆盖全量程的。所以湿度传感器的标称量程越大，实际使用价值越大。

（二）感湿特征量—相对湿度特性曲线

感湿特征量—相对湿度特性曲线又称为响应特性曲线，是湿敏元件的感湿特征量（如电阻、电容、电压、频率等）随环境相对湿度变化的关系曲线。通常希望特征曲线在全量程上是连续并呈线性关系且斜率适当，斜率过小会降低灵敏度，而过大则可能使稳定性降低。

（三）灵敏度

湿敏元件灵敏度的物理定义为：环境中相对湿度变化时感湿特征量的变化程度。在感湿特性曲线是直线的情况下，用直线的斜率来表示。但由于大多数湿敏元件的感湿特性曲线是非线性的，用斜率来表示灵敏度有一定的困难。目前较为普遍采用的方法是用元件在不同湿度下感湿特征量之比来表示灵敏度。

（四）湿度温度系数

在不同环境温度下，湿敏元件的感湿特性曲线是不同的。湿敏元件的温度系数是表示感湿特征量的特性曲线随环境温度而变化的一种特性参数。定义为：在湿敏元件感湿特征量恒定的条件下，该感湿特征量值所表示的环境相对湿度随环境温度的变化率，即是指当环境温度变化 1℃ 时，引起元件相对湿度的变化量，即：

$$a(K) = \frac{\Delta(RH)}{\Delta T} \tag{6-3}$$

式中：T 为绝对温度；K 为元件感湿特征量；a 为湿度温度系数，其单位为 %RH/℃。

（五）响应时间

响应时间反映湿敏元件在相对湿度变化时，输出特征量随相对湿度变化快慢的程度。一般规定为元件从一个湿度转移至另一个湿度时，其相应感湿特征量变化 63%（或 90%）时所需的时间。在标记时，应注明变化区间和变化率。

（六）湿滞回线和湿滞

通常，各种湿敏元件吸湿和脱湿所需的时间不同，因而元件的吸湿和脱湿响应特性曲线不能重合，存在滞后现象。元件在经历高—低—高（或低—高—低）湿度的连续测量后所形成的脱湿—吸湿（吸湿—脱湿）闭环曲线称为湿滞回线。在湿滞回线上同一特征量的最大差值称为湿滞，该值越小越好。

（七）线性度

响应曲线与所选定的拟合曲线（作为工作曲线）之间的最大偏差称为线性度，单位用%RH表示。线性度高，有利于外围电路的设计和提高测量精度。

除此之外，湿度传感器的其他特性参数还有漂移、稳定性、分辨力以及耐水和抗污染能力等。

理想的湿度传感器应该满足，测量精度高，响应快，线性度好；湿滞小，温度系数小；量程宽，使用温度广；重复性好，灵敏度适当；稳定性好，耐水性及抗污染能力强；小型，易于制作和安装，互换性好；成本低等。

二、湿敏材料的分类

湿敏材料是构成湿度传感器的核心，是敏感层的主要组成部分。

湿敏传感元件主要分为两大类：水分子亲和力型湿敏元件和非水分子亲和力型湿敏元件。利用水分子有较大的偶极矩，易于附着并渗透入固体表面的特性制成的湿敏元件称为水分子亲和力型湿敏元件。例如，利用水分子附着或浸入某些物质后，其电气性能（电阻值、介电常数等）发生变化的特性可制成电阻式湿敏元件、电容式湿敏元件；利用水分子附着后引起材料长度变化，可制成尺寸变化式湿敏元件，如毛发湿度计。金属氧化物是离子型结合物质，有较强的吸水性能，不仅有物理吸附，而且有化学吸附，可制成金属氧化物湿敏元件。这类元件在应用时，附着或浸入被测的水蒸气分子，与材料发生化学反应生成氢氧化物，或一经浸入就有一部分残留在元件上而难以全部脱出，使重复使用时元件的特性不稳定，测量时有较大的滞后误差和较慢的反应速度。目前应用较多的均属于这类湿敏元件。另一类非亲和力型湿敏元件利用其与水分子接触产生的物理效应来测量湿度。例如，利用热力学方法测量的热敏电阻式湿度传感器，利用水蒸气能吸收某波长段的红外线的特性制成的红外线吸收式湿度传感器等。

近年来，各种湿度传感器结构材料的湿敏材料不断涌现，主要有陶瓷类、聚电解质类和复合型类等。

（一）陶瓷湿敏材料

陶瓷型湿度传感器的感湿材料为各种金属氧化物及其复合物。这类材料表面一般具有大量的微孔结构，对湿度具有很高的敏感性，可实现对环境中湿度的监测与分析，显示出优良的化学稳定性和热稳定性。陶瓷型湿敏材料的制备方法也是多种多样，有磁电管溅射、电子束蒸发、喷射高温分解、化学蒸汽沉降、溶胶—凝胶以及阳极氧化等方法制备。其中，电化学阳极氧化法和溶胶—凝胶法因其价格低廉、制作工艺简便，是目前较为流行的方法。

迄今为止，各国科学家已对很多金属氧化物及其复合物进行了一系列的感湿特性的研究，如 TiO_2—SnO_2、ZnO—Y_2O_3、TiO_2、$BaTiO_3$、SnO_2，Na 和 Y 掺杂多孔磷灰石等。其中纳米复合陶瓷型湿敏材料最近也是受到人们的关注，然而由于元件分散性大、时间稳定性差、工艺重复性不好、可靠性差、元件的成本高等缺点，严重限制了其广泛应用。

提高和改善陶瓷湿度传感器的长期稳定性是陶瓷湿度传感器一个主要研究方向。为此，人们在对陶瓷湿敏材料的性能漂移机理和感湿机理进行深入研究，并提出了许多措施来减小或消除性能的漂移，以不断改善其长期稳定性。WANG 等制备了 K^+ 掺杂的 $LaCo_xFe_{1-x}O_3$ 陶瓷型湿敏材料。研究发现：K^+ 掺杂后湿敏材料的湿敏响应特性明显提高，线性度也得到很大改善。同时对湿敏材料的湿度敏感机理研究，发现在高湿区域质子和离子起主要导电作用，在低湿区域电子起主要导电作用，在中间湿度区域三种共同起主要作用。其次，可以利用添加保护膜的方法，在湿敏材料外面覆盖一层透湿汽性好的保护膜层，如聚四氟乙烯保护膜。不但可以防止有害气体对元件性能的不利影响，也可以防止对元件的机械损伤，从而在一定程度上实现湿敏元件的长期稳定性。最后，可以利用对陶瓷湿敏元件进行老化处理的方法。老化能减少陶瓷内部应力，能降低陶瓷表面能态，促进陶瓷内的组成和结构趋于均匀和平衡，因而有利于改善陶瓷湿敏元件的长期稳定性。

（二）聚电解质湿敏材料

聚电解质材料，是一类线性或支化的水溶性高分子电解质，按其可电离的基团可分为：阳离子型，如聚季铵盐等；阴离子型，如聚丙烯酸盐、聚苯乙烯磺酸盐等；分子中同时具有阴、阳离子基团的两性型。聚电解质材料具有强极性基团，可以通过吸附水分子，促进离子对离解，产生自由移动的载流子，从而提高材料的离子导电能力，降低材料阻抗，达到检测湿度变化的目的。聚电解质材料种类繁多，聚季铵盐和聚磺酸盐是较为常用的两种聚电解质湿敏材料。

1. 线性聚电解质湿敏材料 目前，聚电解质湿敏材料多为线性聚电解质材料，其在高温高湿环境下长期使用时，通常会呈现类似溶解水状态，严重时感湿膜有流移现象，严重影响了其稳定性。因此，目前聚电解质湿敏材料一个主要的研究重点是如何提高湿敏材料的耐水性和高湿稳定性。主要方法有接枝法、互穿网络法（IPN）、交联法、共聚法、添加保护膜法等。其中互穿网络法和交联法因工艺简便，可控性、一致性好，是近年来较为常用的方法。

互穿网络法（IPN）是提高聚电解质湿敏材料耐水性能的一种有效的方法。即通过一定方法，将分别具有交联结构的憎水性聚合物和亲水性聚合物互相交错得到交联的 IPN 结构，其结构示意图如图 6-1 所示。2006 年，CHEN 等制备了聚四乙烯吡咯与聚甲基丙烯酸缩水甘油酯（PGMA）的互穿网络湿敏材料，并通过浸涂成膜的方法制备了电阻型湿度传感器。研究发现，制备的湿敏元件在 80%RH 与 54%RH 两个湿度下，脱湿时间为 21s，吸湿时间 3s，湿滞小于 1%RH。

疏水网络　　亲水网络

图 6-1　互穿聚合物网络的原理结构

交联法也是一种制备高耐水性的聚合物湿敏材料的有效方法。通过交联点的反应将原本具有湿敏性能的聚合物连接起来，得到网状结构从而改善其耐水性能。2005年，LI等利用甲基丙烯酸丁酯与四乙烯基吡咯的共聚物作为高分子主链，通过二溴丁烷同时交联季铵化来制备季铵盐湿敏材料。研究发现，随着季铵化程度的提高，材料的阻抗可以得到有效的降低，元件的响应速度也得以提高。同时，交联体系的引入，有效提高了材料的高湿稳定性及耐乙醇蒸气的能力。在交联网的形成过程中，除了季铵化试剂外，有机硅材料是较为常用的交联剂。2001年，SU等制备了掺杂三乙胺（TEA）的PAMPS湿敏材料，并通过加入正硅酸乙酯来调节材料的感湿区间、湿滞及耐水性，最终制备了具有较好的耐高湿性及长期稳定性，并且响应线性度较好（$R^2 = 0.9989$）的湿敏元件。

2. 超支化聚电解质湿敏材料　超支化聚电解质材料因为其独特的结构特点，受到了人们越来越多的关注。超支化聚合物是指有着三维尺寸树枝状结构的高度支化的大分子，如图6-2所示。与树枝状大分子相比，超支化聚合物的分子量分布宽、支化度小、几何异构体多，并且它的几何外形没有树枝状大分子规则，分子结构存在缺陷。但它具有自己特有的性能，如溶解性高、黏度低、成膜性好等。此外，它的合成工艺简单、成本低，有利于大规模生产，因此，超支化聚合物具有重要的理论研究意义并有广阔的应用前景。在超分子领域、涂料、添加剂、纳米技术、生物材料、光电材料、气液分离和化学传感器等领域有一定应用前景。

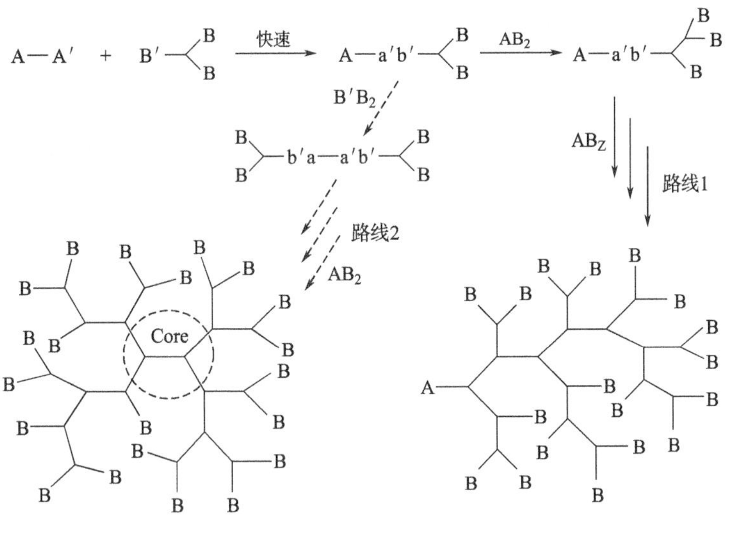

图6-2　超支化聚合物结构示意图

近年来，由于超支化聚合物具有多孔三维结构。独特的内部纳米微孔可吸附小分子，或作为小分子反应的催化活性点。其表面富集大量活性端基，通过端基改性可获得所需性能。因此，其在化学传感领域的应用受到人们越来越多的重视。相信在不久的将来，超支化聚合物的应用将实现市场化、规模化，呈现出无比光明的发展前景。

（三）复合型湿敏材料

随着现代科学技术的发展，人们对材料的性能要求日趋多样化，单一的材料往往难以满足各种不同的要求。将不同的材料通过一定的工艺方法制备成复合型材料，不仅可以使它保留原有组分的优势，并能显示出一些新的性能。这种复合技术的出现和发展，使复合材料成为新材料革命的一个重要发展方向。近年来，在提高和改进湿敏材料的感湿特性方面，复合型湿敏材料也占据着重要的位置。常见的复合型湿敏材料主要为有机/无机复合湿敏材料、有机/有机复合湿敏材料、纳米复合纤维湿敏材料。

1. 有机/无机复合湿敏材料　有机材料和无机材料各有特长，也各有自己的不足。如无机材料具有坚硬、耐溶剂性好，但柔性差、加工困难等特点，有机材料硬度差、不耐热，但它的成膜性、加工性能比较好。有机、无机复合粒子则兼具无机材料和有机材料的优点，因此，具有很大的应用潜力。近年来，在湿敏材料领域，有机/无机复合材料也有着广泛的应用。

2007 年，QI 等制备了 Fe 离子掺杂的多孔结构 SBA—15 复合湿敏材料。研究发现，通过控制 $Fe(NO_3)_3$ 在复合材料中的含量，可以很容易地控制复合湿敏材料电阻和湿度之间的线性关系。同时发现多孔材料在湿敏材料领域具有很大的发展潜力。SU 等先将带有双键的基团接枝到硅胶表面，再与甲基丙烯酰丙基三甲基氯化铵（MAPTAC）及甲基丙烯酸甲酯（MMA）共聚反应制得复合湿敏材料。研究发现，硅胶和 MMA 的加入提高了湿敏材料的灵敏度、响应速度以及材料的耐老化能力。同时，发现在低湿下测试频率对材料阻抗的影响要大于高湿条件下，且材料的电导率主要受离子活性的影响。

2. 有机/有机复合湿敏材料　有机/有机复合材料在湿敏领域也有很广的应用。其中，高分子/共轭导电高分子复合材料在近几年发展比较迅速，尤其在解决低湿度下电阻较大难题上，提供了一个很好的解决方法。

2008 年，LI 等制备了聚吡咯与聚四乙烯基吡啶季铵盐复合湿敏材料。研究发现，复合湿敏材料表现出了优越的湿敏性能，即使在干燥条件下依然保持较高的电导性（105Ω）。实现了低湿环境下的湿度监测的功能，这主要是季铵盐的离子导电机理与聚吡咯的电子导电机理双重导电机理所致。2009 年，SU 等利用层层自组装技术制备 MICA—COOH/PAH 复合湿敏材料，并以此制备石英晶体微天平（QCM）型湿敏元件。研究发现湿敏元件具有很高的湿度灵敏度、很好的线性关系以及很快的响应速度，尤其是在低湿条件下，元件具有优越的湿敏性能。同时发现复合湿敏膜的厚度对湿敏元件的湿敏性能影响很大。

3. 纳米复合纤维湿敏材料　随着人们对响应速度快、灵敏度高、尺寸小等高品质传感器的追求，具有纳米结构敏感材料受到人们越来越多的关注。其中纳米纤维材料因具有高比表面积、多孔性以及易表面修饰性等特点更是成为人们研究的热点。

目前，纳米复合纤维湿敏材料主要集中在高分子纳米复合纤维湿敏材料和无机纳米复合纤维湿敏材料两大类。制备纳米复合湿敏纤维最简单的方法就是静电纺丝法，如图 6-3 所示。静电纺丝制备纤维始于 20 世纪 70 年代，是一种简单而实用的制备纳米纤维的技术。与传统的熔体纺丝和干法溶液纺丝等纤维处理技术所不同的是，静电纺丝是利用静电场力形成纤维，而不是机械力。通过改变高分子溶液的种类和静电纺丝的参数，制备的纤维直径可以在微米级至纳米级之间变化。目前，静电纺丝的研究主要集中于三方面：一是高分子溶液和静电纺丝参数对纤维性能的影响；二是静电纺丝的基本原理；三是聚合物及其复合材料纤维的制备及其应用的探索。其中，在化学传感器领域，纳米复合纤维材料也受到了人们越来越

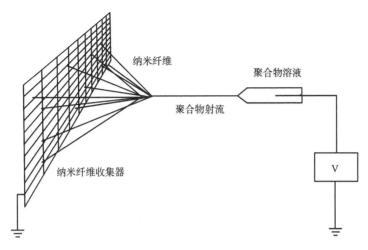

图 6-3　静电纺丝法制备纳米纤维方案示意图

多的关注。

目前，纳米复合纤维湿敏材料的研究总体还处在起步阶段，其中高分子纳米复合纤维湿敏材料更是有待于进一步的开发和研究。一是要解决静电纺丝生产过程中的可控性和重复性的难题；二是要解决湿度传感器在元件制备工艺上的难题；三是要解决如何使不同复合材料实现最优化复合的难题。但是，鉴于纳米纤维材料高比表面积、多孔性以及可表面修饰性等特点，相信其在敏感材料领域的应用必然会引起人们更多的关注。

三、纺织品湿度传感器设计的织物选择

为了提高传感器的舒适性，应使用织物传感器替换模块化湿度传感器，该传感器可在织物上绣有导电纱线。导电纱线是这种传感器的优选材料，因为它们与内衣和床单的纺织结构混合，对受测试的人产生的压力较小。在纺织水分传感器的设计过程中，发现传感器信号检测的速度不仅取决于导电纱线参数和电极距离，还取决于纺织品基材的润湿性。因此，有必要研究纺织材料的润湿性和湿度管理性能，以确定适用于传感器的最佳纺织材料，满足传感器的舒适性并提供足够快的传感器响应。

润湿性和湿度管理取决于许多因素，因此，很难选择最适合湿度传感器应用的特定类型的织物。将水分输送到纱线和织物中可能是由外力或毛细作用力（即芯吸）引起的。该性质在于织物的润湿性，织物的润湿性取决于纤维特性以及织物表面性能和织物制造的特定特性，如纤维表面的化学性质、纤维的几何性质；纱线质地、交织的变化；织物的类型和结构参数、织物表面的黏度和密度、孔隙结构的几何构型（孔径分布和纤维）等。

根据标准 BS 4554 测试了不同纺织品基材［包括天然纤维（棉、亚麻），合成纤维（聚酯）和混合纤维（棉和聚酯）的织物］湿度传感器的润湿性。在试验过程中，试样已被夹紧在框架上，被紧固并远离任何表面，测试如图 6-4 所示。

具有标准尖端尺寸的滴定管被夹紧在样品的水平表面上方 6mm 处，织物以 45°照射，并从相反方向以 45°观察，表面上的任何水都将光反射给测试者。在测试开始时，设定一滴液

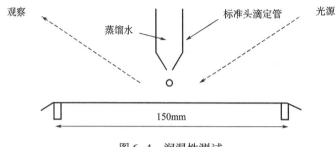

图 6-4 润湿性测试

体从滴定管落下，并启动计时器。当来自液体的漫反射消失并且液体不再可见时，每个样本的 15 个区域均已测试，停止定时。总共测试了 20 种不同织物样品，结果见表 6-1。

表 6-1 润湿性试验的结果

织物组成	编号	单位面积质量（克重）（g/m²）	厚度（mm）	组织	润湿性（s）（最大/最小）	润湿性（s）（平均值）	润湿区域（cm）（经向/纬向）
100%棉	C1	139.3	0.40	平纹	26/57	40.5	3.3/2.9
100%棉	C2	126.8	0.28	斜纹	140/357	185.9	3.5/3
100%棉	C3	158.1	0.80	平纹	—	<1800	—
100%棉	C4	54.5	0.29	平纹	266/445	340.4	2.3/2.3
100%棉	C5	65.8	0.27	平纹	—	<1800	—
100%麻	L1	125	0.32	平纹	34/84	57.1	3.4/2.3
100%麻	L2	179.5	0.42	平纹	375/695	527.0	2.3/3
100%麻	L3	160.6	0.35	平纹	51/93	67.8	3.8/2.6
100%麻	L4	116.6	0.31	平纹	89/145	113.8	3.8/3.3
100%麻	L5	197.4	0.46	平纹	—	<1800	—
100%聚酯	PE1	111.5	0.27	平纹	—	<1800	—
100%聚酯	PE2	88.3	0.25	平纹	72/165	105.6	7.8/2.8
100%聚酯	PE3	214	0.81	斜纹	55/105	80.2	1/2.5
100%聚酯	PE4	130.3	0.32	平纹	151/606	241.9	3.4/3.4
100%聚酯	PE5	207.6	0.55	平纹	252/1431	903.8	1.8/1.8
100%聚酯	PE6	311.1	0.66	斜纹	1/1	1.0	1.6/2.1
50%棉/50%聚酯	Co/PE1	125	0.29	平纹	8/12	9.7	4/4
50%棉/50%聚酯	Co/PE2	126.8	0.30	平纹	—	<1800	—
50%棉/50%聚酯	Co/PE3	88.1	0.25	平纹	452/965	712.8	3.3/2.3
50%棉/50%聚酯	Co/PE4	117.8	0.30	平纹	—	<1800	—

据表 6-1，相同纤维组成的不同织物样品的吸水率可以变化很大，变量之间存在关系，每平方米的质量和厚度的相关系数为 0.74。润湿性与上述两个因素的相关性非常弱或不存在，润湿性和厚度的相关系数为 0.02，润湿性和质量每平方米的相关系数为 -0.16。因此，

可以得出结论，纺织品的最终整理具有非常重要的作用，其可以影响纤维的性质和纺织品结构的表面能。

使用聚酯织物样品 PE6 可以实现最快的水分吸收（1s），但它具有非常小的浸渍水分（1.6/2.1cm）的区域。棉和聚酯混纺织物样品 Co/PE 1 可以相当快地吸收水分（9.7s）并形成相当大的浸渍水分（4/4cm）的区域，因此，这种织物更加适用于纺织传感器设计。

第二节　高分子湿敏传感器

高分子型湿度传感器是目前研究最多的一类湿度传感器。它根据环境湿度的变化，感湿特征量发生变化，从而检测湿度。特征量的变化可以是材料的介电常数、导电性能等的变化，也可以是材料长度或者体积的变化。与其他湿度传感器相比，它具有量程宽、响应快、湿滞小、与集成电路工艺兼容、制作简单、成本低等特点，在气象、纺织、集成电路生产、家用电器、食品加工等方面得到广泛的应用。按照其测量原理，一般可分为电阻型、电容型、声表面波型、光学型等，并以前两类为主。

一、电阻型湿度传感器

高分子电阻型湿度传感器是目前发展比较迅速的一类传感器，具有制作简单、价格低廉、稳定性好、易于大规模生产等优点，其结构如图 6-5 所示。主要基于感湿膜的导电能力随相对湿度的变化而变化，通过测定元件阻抗就可求出相对湿度。其基本结构是在基片上镀上一对梳状金或铂电极，再涂上一层高分子感湿膜，有的还在膜上涂敷透水性好的保护膜。可分为两大类，电子导电型和离子导电型。其中电子导电型由于稳定性较差，研究和应用都较少。

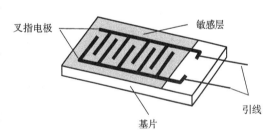

图 6-5　高分子电阻型湿度传感器的结构

（一）电阻型湿度传感器工作原理

高分子电阻型湿度传感器是利用高分子电解质吸湿而导致电阻率发生变化的基本原理来进行测量的。当水吸附在强极性基高分子上时，随着湿度的增加，吸附量增大，吸附水之间凝聚化呈液态水状态。在低湿吸附量少的情况下，由于没有电荷电离子产生，电阻值很高；当相对湿度增加时，凝聚化的吸附水就成为导电通道，高分子电解质的成对离子主要起载流子作用。此外，由吸附水自身离解出来的离子（H^+）及水合氢离子（H_3O^+）也起电荷载流子作用。这就使得载流子数目急剧增加，传感器的电阻急剧下降。利用高分子电解质在不同湿度条件下电离产生的导电离子数量不等使阻值发生变化，可以测定环境中的湿度。其感湿机理和响应特性曲线分别如图 6-6 和图 6-7 所示。

高分子式电阻湿敏传感器测量湿度范围大，工作温度在 0~50℃，响应时间短（小于30s），可作为湿度检测和控制用。

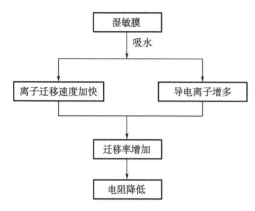

图 6-6　高分子电阻型湿度传感器的感湿机理

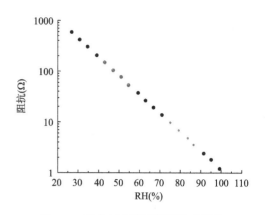

图 6-7　高分子电阻型湿度传感器的
湿度—阻抗特性曲线

（二）电阻型湿度传感器设计

1. 电极结构　电极结构对传感器的性能有很大的影响。高分子电阻型湿度传感器一般采用组合式条形电极（即平面叉指电极，IDT）。其特点是：叉指宽度可以很小（几十至几百微米），而长度在毫米至厘米级，利用光刻技术可以很容易地制得形状相同、间距相等、具有一定对数的叉指电极；根据电化学理论，由于产生—收集效应，IDT 电流强度较大，而且易于达到稳态；由于超微条形电极上扩散传质速率快，IDT 可以在静止溶液中工作，其结构如图 6-8 所示。

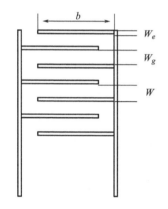

图 6-8　叉指电极结构及参数

在一定的湿度下，传感器的电阻与叉指对数、叉指电极宽度 W_e 成正比，而与叉指间距 W_g 成反比，耐压值与单对叉指中心线距离成正比（W，$W = W_e + W_g$）。为降低电阻，可以减小叉指间距，但必须在光刻工艺许可的条件下，也可增大叉指宽度和叉指对数，但必须考虑基片的总面积。由于这些结构参数的改变同时也会对传感器的灵敏度、湿滞、响应时间都有影响，必须加以综合考虑。

2. 电极和基片材料　平面薄膜式湿度传感器涉及广泛的表面与界面问题，一般希望敏感膜与电极的欧姆接触电阻小，呈良好的电流—电压线性关系。研究表明，只有金电极及铟材料具有良好的接触特性（电流与电压线性关系），且金的接触电阻最小。

通常除了金以外，其余金属材料在大气中都会形成表面氧化物，而敏感膜与金属电极间主要是物理吸附作用，氧化物的形成会使接触电阻增加。在外电场作用下，氧化物不稳定，出现非线性欧姆接触现象。这些都将影响传感器的响应特性和测量结果。此外，敏感膜与电极的界面结构状态对传感器的可靠性也有较大的影响。

除了电极结构外，基片材料对于传感器的性能也将有一定影响，主要体现在以下几个方面。

（1）电极对基片的附着力或牢固度影响传感器的可靠性。

（2）基片表面的缺陷（污染颗粒、损伤裂纹、凹坑）往往会引起敏感膜的缺陷。这是因为：污染颗粒可能会破坏膜的完整性，使膜在局域由于很高的应力作用而被破坏；表面损伤裂纹同样具有很高的局域能量和应力作用，这是膜损伤的潜在因素和直接作用对象；局部缺陷和膜的不完整将会导致膜退化的加速。这都将影响传感器的响应特性和灵敏度。除此之外，基片表面的形貌和结构状态都会影响膜的微观结构，同样影响响应特性。

（3）基片与膜的黏附力不强，基片材料的热膨胀系数与敏感膜不匹配都将会降低传感器的稳定性与可靠性。基片材料的基本物理性能，如介电常数、孔径、吸水率、稳定性都将会影响传感器的响应特性和稳定性。总之，电极与基片材料对传感器性能的影响主要来自它们两者之间或与敏感膜的界面状态。

（三）电阻型织物湿度传感器

下面介绍利用高强度单壁碳纳米管/聚乙烯醇长丝制成的高灵敏度可穿戴织物湿度传感器。

目前，制备先进织物湿度传感器面临最大挑战是制造具有适当导电性并对水分子敏感的强且坚韧的丝。一维的单壁碳纳米管（SWCNT）具有高强度特点，仅需少量SWCNT就能得到理想导电网络。聚乙烯醇（PVA）是一种环境友好型的吸水吸胀高分子。近日，ZHOU等利用具有优异的导电性和强度的SWCNT，在PVA基体中形成导电网络，得到了高韧性和高水分子敏感性的可纺织长丝。将高纯度SWCNT超声溶解于添加了十二烷基硫酸钠（SDS）表面活性剂的蒸馏水中，得到均匀分散的SWCNTs悬浮液，再添加PVA粒料在95℃下溶解。PVA分子链通过和SDS形成的缔合而被拉伸，从而改善SWCNT在PVA水溶液中的分散性［图6-9（a）］。将制备的SWCNT/PVA悬浮液挤出到丙酮凝固浴中，并在纸鼓上收集到连续的SWCNT/PVA长丝［图6-9（b）］，长丝中的单壁碳纳米管沿丝轴线方向有较好的取向性［图6-9（c）］。

对于织物来说，使用的丝需要足够的强度和韧性。这种SWCNT/PVA细丝的拉伸强度随含量比变化而变化［图6-9（g）］。图6-9（d）显示了直径60μm的SWCNT/PVA丝可以弯曲打结，并吊起200g的重物，表现出良好的强度和韧性。长丝可以通过缝合到所需的布基材上来设计制备具有不同图案的织物湿度传感器，如图6-9（e）所示。图6-9（f）~（g）分别显示出该传感器在干燥和溶胀状态时的状态。采用适当的SWCNT与PVA比，该湿度传感器，在高相对湿度（RH）（RH=100%）下相对于在低RH（RH=60%）下的电阻增加24倍以上［图6-9（g）］。图6-9（i）提供了SWCNT/PVA纤维传感器与其他成膜和纤维类型的湿度传感器相比强度和灵敏度的文献数据。结果表明，该纤维传感器与其他传感器灵敏度相当，但显示出更高的拉伸强度，这使其成为先进的基于纺织品的湿度传感器的理想选择。

这种长丝型湿度传感器的传感机理是，在复合丝中SWCNT形成导电网络，低导电的PVA分子充当基体，涂覆在SWCNT表面上。有水分时，水分子吸附在长丝表面上，再被PVA分子吸收到长丝中。PVA分子随之溶胀，管间距增加，使得导电网络改变。因此，SWCNT和PVA的含量比能显著改变器件的湿度灵敏度。当SWCNT的含量接近渗流阈值时，其灵敏度最大。

二、电容型湿度传感器

高分子电容型湿度传感器自问世以来，就以响应快、温度系数小、中低湿区响应稳定性

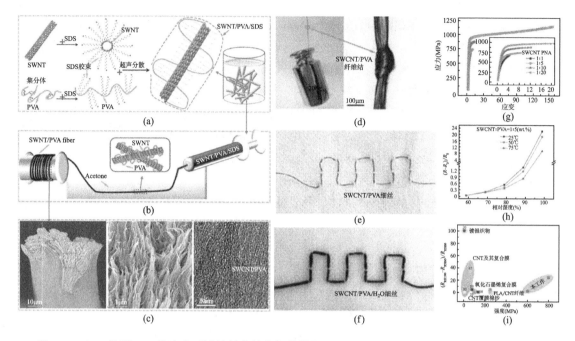

图6-9 （a）使用 SDS 作为表面活性剂获得良好分散的 SWCNT 的 PVA 溶液；（b）制备 SWCNT/PVA 长丝；（c）高分辨率 FE SEM 和 TEM 图像；（d）SWCNT/PVA 长丝提起重物（200g）；（e）制造的 SWCNT/PVA 细丝可以缝到棉布上；（f）SWCNT/PVA 在沸水中膨胀的照片；（g）不同 SWCNT/PVA 重量比时长丝的应力—应变曲线；（h）在不同温度下，不同湿度水平 SWCNT/PVA 长丝的电阻变化；（i）与其他膜和纤维型湿度传感器拉伸强度和湿度敏感性对比

高和湿滞小而著称，并在气象探空测湿等领域独占鳌头，目前占有高分子湿度传感器 70% 的市场。但其也存在高湿区的明显漂移、抗高湿能力差、长期稳定性不够理想等一系列问题。

（一）电容型湿度传感器工作原理

电容式湿度传感器是利用湿敏元件电容量随湿度变化的特性来进行测量的。通过检测其电容量的变化值，从而间接获得被测湿度的大小。几乎所有高分子材料都吸附水分子，特别是带有极性官能团的高分子材料。高分子材料对水分的吸附量多少决定于材料中极性官能团的种类和多少、气体中水汽的含量。单纯的高分子材料介电常数很小（如聚酰亚胺介电常数为 2.93），而水的介电常数很大（室温下约为 80）。因而，当高分子材料吸附水分后，介电常数会发生显著变化。利用高分子材料的这种特性，将其作为电介质制作成平行板电容器结构的湿敏元件，通过对电容量进行测量，就可对湿度进行检测。高分子电容型湿敏器件的典型结构为"三明治"结构。在基片上镀上一层梳状镀金电极，再涂上高分子感湿膜，最后在膜上镀上另一层透水性好的金膜作为上部电极。有的湿度传感器再盖上一层多孔网罩以增加抗污染能力，延长使用寿命。其结构示意图和典型响应曲线如图 6-10 和图 6-11 所示。

电容型湿度传感器用的电介质通常有高分子有机介质和陶瓷两类。早期感湿膜多采用醋酸纤维素及其衍生物。目前，大多采用的是醋酸丁酸纤维素、聚酰亚胺。电容型湿敏材料常见的还有聚苯乙烯、酪酸醋酸纤维等感湿材料。电容型湿度传感器电极间的高分子感湿材料

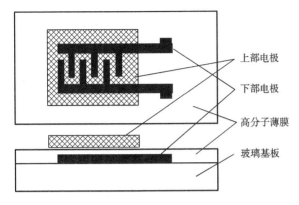

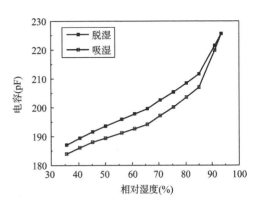

图 6-10　高分子电容湿敏元件的基本结构　　　　图 6-11　电容型湿敏元件的典型响应曲线

吸附环境中的水分子时，其介电常数随之变化，其电容量可由公式（6-4）表示：

$$C_{pu} = \varepsilon_0 \times \varepsilon_u \times \frac{S}{d} \tag{6-4}$$

式中：ε_0 为真空介电常数；ε_u 为相对湿度 $u\%$ 时高分子的介电常数；S 为电容式传感器的有效电容面积；d 为高分子感湿膜厚度。

电容型湿度传感器在测量电路中，相当于一个小电容。但实际的湿度传感器并不是一个纯电容，而是相当于一个电容和一个电阻的并联，它的等效形式如图 6-12 所示。

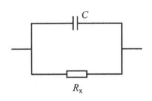

湿度传感器的等效阻抗 Z_c 与其等效电容 C 的容抗 X_c 和等效电阻 R_x 的关系用公式（6-5）表示：

$$\frac{1}{Z_c} = \frac{1}{X_c} + \frac{1}{R_x} \tag{6-5}$$

图 6-12　电容式湿度传感器的等效形式

传感器的 Q 值与传感器的容抗 X_c 和等效电阻 R_x 的关系用公式（6-6）表示：

$$Q = \frac{R_x}{X_c} \tag{6-6}$$

电容型湿度传感器的电容值 C 和品质因数 Q 是电容式湿度传感器的两个主要参数。电容值影响传感器一致性、稳定性和可靠性，品质因数是与产品质量有密切关系的一个参数。产品的品质因数不能过低，否则，产品的寿命将减少。在实际的应用中，电容型湿度传感器的质量主要通过这两个性能参数来评价。

（二）电容型湿度传感器设计

1. 微孔设计　根据 Fick 扩散第二法则和 Darcy 流动法则，水分子在微孔中的扩散过程可用式（6-7）表示：

$$\frac{M_t}{M_{sat}} = 1 - \frac{8}{\pi^2} \sum_{m=0}^{\infty} \frac{1}{(2m+1)^2} \exp\left[-\pi^2 D(2m+1)^2 \frac{t}{l}\right] \tag{6-7}$$

式中：M_t 为 t 时的吸收量；M_{sat} 为完全浸润时的吸收量；l 为厚度；m 为微孔的数量；D 为扩散系数，其中 D 与微孔的直径和体积的分布相关。

从公式（6-7）可以看出，水分子在感湿材料扩散与感湿材料微孔的数量和大小有直接关系。同时，再根据聚酰亚胺的感湿机理，发现当环境湿度改变以后，有效介电常数的变化由式（6-8）给出：

$$\Delta\varepsilon_r = KPRH\varepsilon_{H_2O} \qquad (6-8)$$

式中：K 为比例系数，RH 为相对湿度，P 为感湿膜的气孔率。又因电容的变化与 ε_r 有关，也就与相对湿度有关，可以给出当相对湿度改变时，电容发生的相对变化为：

$$\Delta C_p = \varepsilon_0\Delta\varepsilon_t \frac{A}{d} = KPRH\varepsilon_{H_2O}\varepsilon_0 \frac{A}{d} \qquad (6-9)$$

感湿材料的微孔设计对湿度测量结果有直接影响，微孔结构可以增强感湿材料的感湿特性，提高湿度传感器的测量性能。

在聚合物材料中形成微孔结构主要分为：形成聚合物的气体溶液、气泡成核、泡孔生长、定型四个过程。其中，气泡成核是最关键的一步，对聚合物的宏观物理性能及微观泡孔结构都有重要影响。气泡成核过程是指气泡在一个亚稳态的聚合物熔体中形成的初始状态，此时刻的气泡需要克服自由能才能变大。在过程中为了降低成核自由能，提高成核速率，可以通过提高溶液的过饱和程度（通常由降低压力或升高温度方法）来实现。气泡成核以后，又会因溶液中气体分子向气核内部扩散而生长。泡孔生长过程是一个与聚合物熔体内气体、气泡周围的物质等性质都有关系。具体由动量方程、连续性方程、质量平衡方程、动量平衡方程、扩散方程和本构方程等决定。

聚酰亚胺内部的微孔形成主要通过控制泡孔生长和定型来实现。聚酰亚胺在气泡成核后，其内部可形成一定的孔道结构，从而控制泡孔的生长，使其泡孔的大小在微孔尺寸范围内，最后通过定型使聚合物内部具有微小孔道结构。

图 6-13　栅条状 "十" 字形图

2. 表面结构设计　上极板结构设计成栅条状，如图 6-13 所示，"十" 字形位于栅条状中间，周围的外框区间为 70μm、十字区间的线条为 70μm、压焊点线宽为 80μm× 80μm。但这些相对于 2μm 线条来说太大，大约为 35 倍。根据响应时间与线条宽度的平方成正比，为了加快响应时间，需要把外框和十字区间的线宽变细，（因为压焊工艺的限制，压焊点的面积是不能改变的）。但如果十字区间的线宽太细，比较容易断裂，无法为其余的细线条起支撑的作用。同时，外框的线条宽度太细，也会影响整个器件的导通性。综上分析比较，外框线条的宽度设计成 12μm。

在栅条状 "十" 字形图中，上电极图形内每个栅条基本上是一个长宽高之比为 500：1：1 的长方体。由于宽度过窄，在工艺制作中容易出现问题，若光刻胶保护处理不好，会出现上电极整个严重腐蚀，造成上电极图形全被 "揭掉"。如果刻蚀的时间过长会使线条断裂、上电极图形破坏。若刻蚀的时间过短会出现刻蚀不透问题。这些对工艺制备造成很大困难，最后经分析设计了新型的结构。将图 6-13 中栅条的长宽高比适当进行缩小，得到条栅形机构图 [如图 6-14（a）] 和格栅形结构图 [如图 6-14（b）]。为了避免在腐蚀上电极过程的侧向腐蚀造成的栅条变细或者断裂的问题，设计的线条宽度为 3μm，线条间的间距为 2μm。

因为在腐蚀过程中侧向腐蚀是无法避免的，所以腐蚀出来的线条间距和宽度基本上还是相等的。

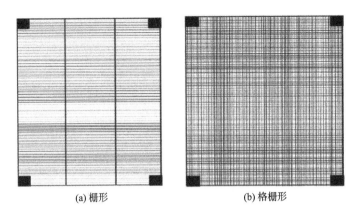

(a) 栅形　　　　　　　　　　　　(b) 格栅形

图 6-14　上电极结构设计

（三）电容型织物湿度传感器

下面以织物基 PDMS—CaCl₂ 复合材料的湿度传感器制备过程为例，详细介绍电容型湿度传感器的设计。

1. 实验材料与实验仪器

（1）材料。CaCl₂、PDMS、导电银浆、Sylgard 184（是一种双组分有机硅弹性体，由基础化合物和固化剂混合而成）；

（2）实验仪器。温度和湿度控制室、LCR 仪表（用于测量受控环境中湿度传感器的电容和介电特性）、行星式离心混合器（用于混合 PDMS）。

2. PDMS—CaCl₂ 复合材料的制备　PDMS—CaCl₂ 复合材料通过乳液模板法制备。使用行星式离心混合器将 CaCl₂ 溶液均匀分散在 PDMS 预聚物中形成乳液。将乳液在烘箱中于 90℃下固化 1h。在固化过程中，CaCl₂ 溶液通过水蒸发收缩并凝结成 $CaCl_2 \cdot (H_2O)_2$，同时将 PDMS 预聚物固化。最后，形成湿敏感的 PDMS—CaCl₂ 复合材料。

3. 在固体基材上制备电容型湿度传感器　为了评估其湿度敏感性，将复合材料的前体乳液以 3000r/min 旋涂在 Al 电极上 5min，再在 90℃下固化 1h，得到的复合材料的厚度约为 10μm。PDMS 的基础化合物和固化剂的混合重量比为 10∶1，CaCl₂ 溶液的浓度在 10t%[①]、20t% 和 30t% 变化。CaCl₂ 溶液和 PDMS 的重量分数为 1∶4 或 1∶2。作为具有水蒸气渗透性的顶部电极，在复合膜上喷射薄的 Au 电极（厚度：20nm）[图 6-15（a）]。将夹层型电容型湿度传感器放置在温度和湿度控制室中，通过 LCR 仪在受控的温度和湿度（20~40℃，30%RH—95%RH）下测量介电性能。

这里所有电容和介电常数测量均以 10kHz 的频率和 1Vrms[②] 的电压进行，因为复合材料的介电损耗具有大约 10kHz 的局部最小值。在三种不同的固化条件下制造湿度传感器（基础化合物∶固化剂=5∶1，在 250℃退火 1h，在 250℃退火 5h）以改变 PDMS 的杨氏模量并

①重量百分数；②交流电压的有效值。

研究抑制效果。PDMS的杨氏模量随固化剂浓度、退火温度和退火时间而变化。

4. 在纺织品上制造湿度传感器　通过丝网印刷在纺织品基材上制备湿度传感器。首先，在具有导电银浆的涤纶织物上印刷梳形电极 [图6-15（b）]。其次，在织物的背面印刷PDMS钝化层并在90℃下固化1h。再次，将PDMS—CaCl$_2$复合材料的前驱体乳液（CaCl$_2$溶液的浓度为20%，混合比为1:2）印刷在织物的正面上并在90℃下固化1h。该传感器的结构如图6-15（c）所示。钝化层通过浸入织物中防止复合材料变厚，从而能够快速响应，还通过使用温度和湿度控制的腔室和LCR测量仪测量纺织品上的湿度传感器的介电特性。

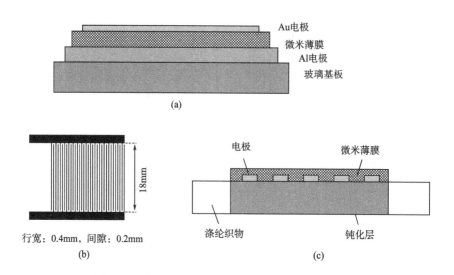

图6-15　使用PDMS—CaCl$_2$复合材料的湿度传感器

（a）夹层型湿度传感器的结构；（b）纺织基材上的湿度传感器中使用的梳形电极的尺寸；
（c）印刷在纺织品基材上的湿度传感器的结构

第三节　湿敏变色材料与传感器

湿敏变色材料变色的主要原因是空气中的湿度导致染料本身结构变化，从而对日光中可见光部分的吸收光谱发生改变，同时，环境湿度对变色体的变色有一定的催化作用。湿敏变色染料变色印花浆主要成分是变色钴复盐，应用时通过黏合剂将变色体牢固地黏附于织物上。为了使变色灵敏，需要加入一定的敏化剂帮助变色体完成这一过程，同时还加入了一定的增色体，以提高变色织物色泽的鲜艳度。

相对湿度传感器主要用于监测大气湿度环境，并且在仓储、环境监测、仪器仪表和气象学中有着重要的应用。已经报道了各种类型的湿度传感器，如电阻型、电容型、场效应晶体管型、光学型等。上述基于电参量的湿敏材料的湿敏性能需通过精密仪器检测，在实际应用中有着不小的条件限制。光学湿度传感器可能成为解决方案，因为它提供了光学特性的变化，易于用肉眼（视觉）观察到，适合日常生活使用。

由于相对湿度不具有可测量的固有光学性质，因此，可以引入一些中间体将光学变化与湿度联系起来。目前，有几种中间体已被用于实现湿度显色指示剂，包括光子晶体、聚合物电解质薄膜、晶态共价有机骨架纳米纤维等。此外，典型的氯化钴湿度显色指示剂已经被制出，例如，湿度变色硅胶指示剂和基于氯化钴的光学湿度传感器。

一、湿致变色传感器的工作原理

湿敏变色传感器的工作原理主要是湿敏型变色材料结构会因为环境湿度不同而发生变化，从而使其颜色产生改变。湿度变化可以是结构变化的必要因素，也可以是催化剂作用。

在湿敏变色有机材料中，变色剂和显色剂是最重要的两种组分。其中显色剂能提供质子或接受电子，使变色体结构发生变化，从而导致色泽的变化。国内外关于有机湿敏变色材料的文献报道中，显色剂一般选用布朗斯特酸或碱，如硼酸。其显酸性是由于 B 原子的缺电子结构与水结合后解离出 H^+，具有无毒、在空气中稳定的优点。而最常用的变色剂是百里香酚蓝和甲酚红。它们能够通过得失质子形成醌式结构和内酯式结构并显示不同的颜色。当酚蓝作为变色剂时，样品干燥前为棕黄色，干燥后为紫红色，干湿态色差明显，可逆性能良好。但是色泽与组分的比例有关，总体来看不够鲜艳，60%的相对湿度下复色时间为 15～20min，变色比较敏锐。甲酚红为变色剂，当 m（甲酚红）：m（硼酸）= 1：100 时，得到的样品干燥前为亮黄色，干燥后为亮红色，颜色鲜艳，色彩差异大且可逆性能良好，60%的相对湿度下复色时间在 20min 以内。相对于酚蓝，用甲酚红制备的材料色泽更加亮丽，色差更大，复色时间缩短。

甲酚红作为常用的酸碱指示剂，具有变色范围窄（变色 pH 范围为 7.2～8.8）、变色敏锐的优点。当环境的湿度上升时，样品含水量增大，硼酸能结合的水分子增多，从而电离的 H^+增多，甲酚红结合质子形成酸式（内酯式）结构［图 6-16（a）］，样品显示黄色；当环境的湿度下降时，引起样品含水量下降，H^+电离受阻，甲酚红失去质子形成碱式（醌式）结构［图 6-16（b）］，显示红色。

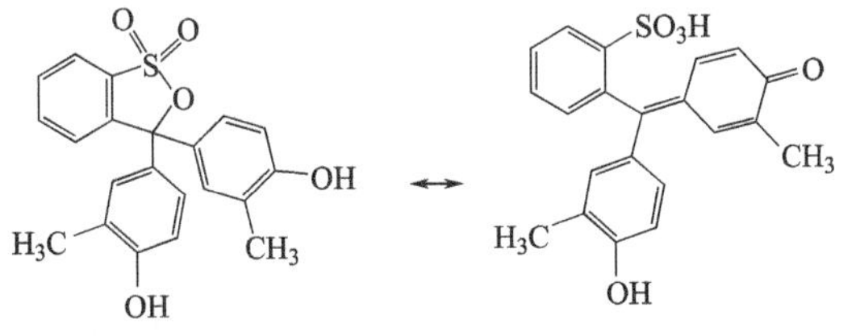

(a) 酸式(内酯式)结构(黄色)   (b) 碱式(醌式)结构(红色)

图 6-16 甲酚红变色结构示意图

二、湿致变色纺织敏感材料

湿敏变色材料按结构分为无机和有机两类，湿敏变色无机材料一般由钴盐制成。在 20 世纪 40 年代，美国 Paul Bell Davis 等人利用钴盐和硅胶研制了一系列的湿敏变色无机材料，使用这类材料制作的湿度卡是指示包装内部湿度的最常用方法。而氯化钴已于 1998 年被欧盟确定为二级致癌物，故这类湿度指示材料在欧美已被禁止生产并逐步淘汰，各国的研究者、制造商一直在研究寻找能够在功能上替代氯化钴的新材料。除了使用钴盐外，无机铜盐和铁盐也被用于研制湿度指示剂。

湿敏变色有机材料是近年来湿敏指示剂的另一主要研究方向,主要利用可逆性湿敏变色体。当空气环境湿度达到一定值时,湿敏变色体本身结构发生变化,从而选择性地改变对可见光的吸收,导致颜色和色泽的变化。当湿度恢复到原来时,其色泽将同时恢复。其中使用的湿敏变色体主要是一些有机染料,另外还需要添加一些吸湿剂和敏化剂来提高变色的敏锐性或变色效果。国内外相关的文献报道中,涉及的湿敏变色体主要是醌类、苯酞类、荧烷类、三苯甲烷类有机染料,而吸湿剂多用碱土金属的氯化物或溴化物。

三、湿致变色纺织传感器设计

通过静电纺丝法制备的聚酰胺66/氯化钴纳米纤维膜(NFMs)可用于湿致变色纺织传感器,并研究其湿敏变色特性和NFMs与石英晶体微天平结合的高灵敏度湿敏传感器的性能。

图6-17(a)描述了通过静电纺丝法制备纳米纤维膜的过程。首先,将配置好的前驱体溶液装入注射器中,通过注射泵缓慢地将溶液推出,调节溶液的流速为10μL/min。纺出的纳米纤维用铝箔收集,在针头和铝箔之间施加18kV的纺丝电压,针头与铝箔收集器之间的距离约为15cm。环境湿度控制在50%RH~60%RH,温度控制在20~25℃。纺丝约30min,可以获得用于实验的复合纳米纤维膜。

为了进一步研究这种PA66/氯化钴复合纳米纤维膜的湿度敏感特性,将该NFM与QCM结合制备成高精度的湿度传感器。在QCM(CHI400C,上海华辰仪器有限公司)电极上制作湿敏NFM的过程如图6-17(b)所示。在上述静电纺丝的条件下,将PA66/氯化钴NFM沉积在QCM芯片的电极上,可以用于湿度的测量。

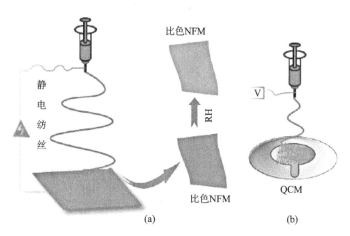

图6-17　静电纺丝法制备PA66/氯化钴NFM的过程示意图:(a)用于湿度检测的变色NFM的制备;(b)在QCM的电极表面沉积NFM

结果显示,纯PA66NFM不管在什么湿度下始终保持白色,而PA66/CoCl₂NFM在低湿度下是蓝色的,并且当氯化钴的浓度从10%增加到50%时,PA66/CoCl₂NFM的颜色变得越来深。随着湿度的增加,尤其是50%的CoCl₂·6H₂ONFM的蓝色逐渐变淡,并在97.2%RH变成粉红色,如图6-18(a)。

为了更加精确地测定暴露在不同相对湿度条件下 PA66/CoCl$_2$·6H$_2$O 纳米纤维膜的颜色。实验测试了 50% 的 CoCl$_2$·6H$_2$O 掺杂的 NFM 暴露于不同的 RH 后的可见光吸收光谱（380~780nm）。如图 6-18（b）所示，发现复合 NFM 在 410~550nm 的吸收峰对应于 CoCl$_2$·6H$_2$O 的光谱特性。类似地，在 580~750nm 处有弱吸收带（黄色和红色光），其吸收峰约在 670nm 处，这可能是由纤维内部少量残余的无水氯化钴引起的。随着湿度降低，580~750nm 处的吸收带逐渐变尖，这对应于样品由粉红色逐渐变为蓝色。当相对湿度达到 12.4% 时，NFM 在 410~550nm 处的吸收峰消失，并且 670nm 处的吸收峰值达到最大值，这对应于无水 CoCl$_2$ 的光谱特性。这说明在不同的 RH 下，PA66/CoCl$_2$·6H$_2$O 纳米纤维膜表现出不同的颜色，表明该种复合 NFM 有作为可视化显色湿度计的潜力。

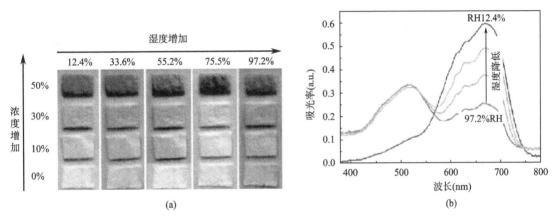

图 6-18　（a）在不同 RH 下含有不同浓度的 CoCl$_2$·6H$_2$O 纳米纤维膜的照片；
（b）PA66/CoCl$_2$·6H$_2$O（50%）纳米纤维膜在不同湿度下的可见光吸收光谱

第四节　本章总结

湿度与人类的生活息息相关，不同环境对湿度的要求存在很大的差异，所以需要根据特定环境的湿度要求，对湿度实时监测并合理调控，使得湿度维持稳定。湿度传感器的出现很好地解决了这一难题。在近些年的研究中，各类湿度传感器被研发出来，传感器的敏感特性也越来越优良。湿度传感器的特性与感湿材料密切相关，感湿材料是湿度传感器的核心。过去，许多材料包括高分子材料、金属骨架材料、金属氧化物、混合复合物、电解质类材料已经被应用于湿度传感器的制作。但是每类材料不能完全满足一个优秀的传感器的所有性能，比如说良好的线性、较小的湿滞、很快的响应速度和较高的灵敏度。因此，探索各种方法来提高湿度传感器的感湿特性，其中一种方法是控制一定量的掺杂。主要是通过提高比表面积来提高感湿特性，其中包括两种金属氧化物的复合，包括向金属有机骨架材料中加入导电性能好的电解质材料来优化传感器特性。另外一种方法是通过传统材料的改性来改善湿敏特性。

总的来说，高分子型湿度传感器具有响应特性好、易于制造、价格低廉、便于集成化、小型化生产等优点，已成为湿度传感器研究的重点，其发展方向主要集中以下几个方面。

（1）提高传感器的长期稳定性和可靠性。

（2）传感器实现小型化、集成化、多功能化和智能化。

（3）研制特殊传感器（高污染、高温区、极低极高湿度区）。

（4）发展高分子电阻型湿度传感器。

（5）研制纳米复合材料湿度传感器。

思 考 题

1. 绝对湿度和相对湿度的定义与区别。

2. 什么是湿度传感器？

3. 湿度传感器的构成与分类。

4. 湿度传感器的工作原理。

5. 举例说明纺织湿度传感器的基本结构。

参考文献

［1］ RICHA SRIVASTAVA. Humidity sensor：an overview ［J］. International Journal of Green Nanotechnology, 2012, 4：302-309.

［2］ INESE PARKOVA, INESE ZIEMELE. Fabric selection for textile moisture sensor design ［J］. Material Science, 2012, 7：1691-3132.

［3］ YUSUKE KOMAZAKI, SEI UEMURA. Stretchable, printable, and tunable PDMS-CaCl$_2$ microcomposite for capacitive humidity sensors on textiles ［J］. Sensors & Actuators：B. Chemical, 2019：126711.

［4］ 蒋大富. 变色材料在纺织产品中的应用 ［J］. 纺织科技进展, 2016 （3）：6-7.

［5］ 何贤培. 无重金属湿敏变色功能材料的研究 ［J］. 广东化工, 2016, 43 （17）：66-66.

［6］ 犹明浩. 电纺纳米纤维在湿敏变色传感器及压电—热释电纳米发电领域的应用 ［D］. 青岛, 青岛大学, 2018.

［7］ ZHOU G, BYUN J H, OH Y, et al. Highly sensitive wearable textile-based humidity sensor made of high-strength, single-walled carbon nanotube poly （vinyl alcohol） filament ［J］, ACS Appl Mater Interfaces, 2017, 9, 4788-4797.

［8］ HUANG X, LI B, WANG L, et al. Superhydrophilic, underwater superoleophobic, and highly stretchable humidity and chemical vapor sensors for human breath detection ［J］. ACS Applied Materials & Interfaces, 2019, 11 （27）：24533-24543.

［9］ ZHU P, LIU Y, FANG Z, et al. Flexible and highly sensitive humidity sensor based on cellulose nanofibers and carbon nanotube composite film ［J］. Langmuir, 2019, 35 （14）：4834-4842.

［10］ ZHAO Q, YUAN Z, DUAN Z, et al. An ingenious strategy for improving humidity sensing properties of multi-walled carbon nanotubes via poly-L-lysine modification ［J］. Sensors and Actuators B：Chemical, 2019, 289：182-185.

［11］ TULLIANI J, INSERRA B, ZIEGLER D. Carbon-based materials for humidity sensing：a short review ［J］. Micromachines, 2019, 10 （4）：232.

［12］ MARTÍNEZ-ESTRADA M, MORADI B, FERNÁNDEZ-GARCIA R, et al. Impact of conductive yarns on an embroidery textile moisture sensor [J]. Sensors, 2019, 19 (5): 1004.

[13] LV C, HU C, LUO J, et al. Recent advances in graphene-based humidity sensors [J]. Nanomaterials, 2019, 9 (3): 422.

[14] ARUNACHALAM S, GUPTA A, IZQUIERDO R, et al. Suspended carbon nanotubes for humidity sensing [J]. Sensors, 2018, 18 (5): 1655.

[15] BHANGARE B, JAGTAP S, RAMGIR N, et al. Aswal, suresh gosavi. evaluation of humidity sensor based on PVP-RGO nanocomposites [J]. IEEE Sensors Journal, 2018, 1-1.

[16] ZHANG K-L, HOU Z-L, ZHANG B-X, et al. Highly sensitive humidity sensor based on graphene oxide foam [J]. Applied Physics Letters, 2017, 111 (15): 153101.

第七章 温敏纺织材料与传感器设计

第一节 温敏纺织材料

温度是表征物体或系统的冷热程度的物理量。温度单位是国际单位制中七个基本单位之一。温度检测方法一般可以分为两大类，即接触测量法和非接触测量法。温度传感器是指能感受温度并转换成可用输出信号的传感器。

一、材料的温度特性

材料的部分属性会随着温度变化而发生变化，如电阻温度系数、电压温度系数、热导率温度系数、密度温度系数、体积温度系数等。材料的这些温度属性可被用于设计温度传感器。例如，物质的大小会因温度而变化，热膨胀系数可用来说明物体随温度的变化。另一个类似的系数是线性热膨胀系数，用来描述一个物体长度随温度的变化。根据物体的热膨胀特性，物体的长度可以表示温度，可用来制作温度计及自动调温器。

二、温敏纺织材料的分类及传感器

温度传感器（Temperature Transducer）是指能感受温度并转换成可用输出信号的传感器。常见温度敏感材料的物理效应及传感器模式如图7-1所示。与织物兼容的温度传感器可以

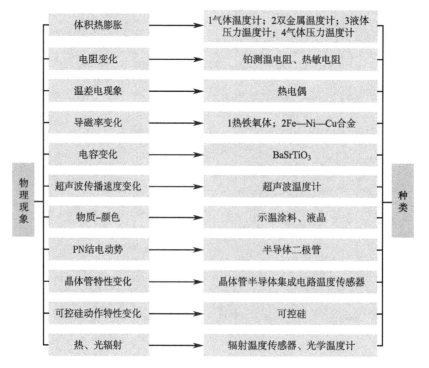

图7-1 温度传感器的物理现象与传感模式

在塑料和聚酰亚胺片等柔性基板上制作。这些传感器可以连接到织物上或整合到它们的结构中。电阻温度探测器（RTDs）可以将如铂/镍铬合金（NiCr）和相关材料等元件涂在柔性表面。基于 Kapton 的塑料条纹的铂 RTDs 可以织成织物来制造温度敏感的纺织品。如在柔性聚酰亚胺基板涂覆一种金膜而形成 RTD，它的电阻随温度呈线性变化。热电发电机也可以通过成型技术和织物连接技术连接到织物上，形成无源温度传感器。所有的导电聚合物和碳基导电颗粒聚合物都有温度依赖性反应。例如，在高温下 PEDOT—PSS 涂层纤维的电阻降低。光纤传感器还可以用来感知温度变化。温度传感元件的构建也可基于温度敏感油墨。

常用温度传感器按变换原理分为膨胀式、压力式、热电阻式、热电偶式、红外探测式、光纤测温等，按照传感器材料及电子元件特性分为热电阻和热电偶两类。

第二节　电阻式温度传感器

热电阻传感是利用导体或半导体材料的电阻率随着温度的变化而变化的原理制成的，将温度的变化转化为元件电阻的变化。有金属（铂、铜和镍）热电阻及半导体热电阻（称为热敏电阻）。它们的电阻随温度变化的趋势如图 7-2 所示。其中，铂电阻和铜电阻最为常见。由于热敏电阻是一种电阻性器件，任何电流源都会在其上因功率而造成发热。

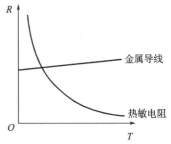

图 7-2　不同热电阻温度传感器电阻随温度的变化

一、金属热电阻传感器

金属随温度变化的电阻特性与热敏电阻相反。在绝对零度时，所有金属都是良好的导体。通过金属晶格的电子是无电阻的。当温度上升时，原子的热激发（振动）逐步破坏了电子平稳的流动。更高温度会产生更高的热激发状态，对电流产生较大电阻。随温度变化的电阻增加是接近线性的增加。除了其他因素（如物理膨胀施加小）的影响外，相互关系基本上是理想的，以铜为代表的典型电阻随温度的变化关系为：

$$R_t = R_0 [1 + \alpha (t - t_0)] \qquad (7-1)$$

由此，敏感系数为：

$$K = \frac{1}{R_0} \cdot \frac{\mathrm{d}R_t}{\mathrm{d}t} = \alpha \qquad (7-2)$$

不同材料的电阻随温度变化有一定差异，例如，铂热电阻：在 $-200 \sim 0 ℃$ ，$R_t = R_0 [1 + At + Bt^2 + C (t - 100) t^3]$，在 $0 \sim 850 ℃$ ，$R_t = R_0 [1 + At + Bt^2]$ 。

二、热敏电阻传感器

热敏电阻是利用某种金属氧化物为基体材料，加入一些添加剂，采用陶瓷工艺制成的具有半导体材料特征的电阻器，其电阻率随温度变化而变化。根据其电阻率随温度变化的特性不同，大致可分为三种类型，正温度系数（PTC）型热敏电阻、负温度系数（NTC）型热敏

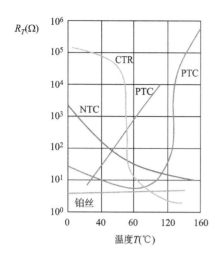

图 7-3　半导体热敏电阻传感器的
温度—电阻率变化曲线

电阻和临界温度系数（CTC）型热敏电阻。

　　负温度系数（NTC）是指一物体在一定温度范围内，其物理性质（如电阻）随温度升高而降低。半导体、绝缘体的电阻值都随温度上升而下降，主要是一些过渡金属氧化物半导体陶瓷。电阻的正温度系数（PTC）是指材料的电阻值会随温度上升而上升。若一物质的电阻温度特性可作为工程应用，一般需要其阻值随温度有较大的变化，也就是温度系数较大。主要是一些掺杂的半导体陶瓷。温度系数越大，代表在相同温度变化下，其电阻增加得越多。临界温度系数的热敏材料，它的电阻在很小的温度范围（临界）内急剧下降。其中，PTC 型和 CTC 型热敏电阻在一定温度范围内，阻值随温度剧烈变化，如图 7-3 所示，一般用作开关感控元件。在温度测量中使用较多的是 NTC 型热敏电阻，人们常说的热敏电阻也是指这一类。

　　PTC 热敏电阻的温度系数定义为，温度变化导致的电阻的相对变化，温度系数越大，PTC 热敏电阻对温度变化的反应越灵敏：

$$\alpha = (\lg R_2 - \lg R_1)/(T_2 - T_1) \tag{7-3}$$

式中：R_2 和 R_1 分别为在温度 T_1 和 T_2 下的电阻。

　　NTC 型热敏电阻是具有负的温度系数的热敏电阻，即随着温度升高其阻值下降，在不太宽的温度范围内（小于 450℃），其阻值—温度特性符合负指数规律。NTC 热敏电阻值 R 随温度 T 变化的规律由下式表示：

$$R_T = R_{T_0} e^{B_N\left(\frac{1}{T}-\frac{1}{T_0}\right)} \tag{7-4}$$

式中：R_T、R_{T_0} 是温度为 T、T_0 时热敏电阻器的电阻值；B_N 与材料有关的特性常数；T 为绝对温度，单位 K。对于一定的热敏电阻，R_{T_0}、B_N 为常数。对上式两边取自然对数有：

$$\ln R_T = B_N\left(\frac{1}{T} - \frac{1}{T_0}\right) + \ln R_{T_0} \tag{7-5}$$

从上式的线性拟合中，可得到 R_{T_0}、B_N 的值，得到温敏电阻温度特性的经验公式。

　　要注意，区别热敏电阻和金属热电阻，前者用半导体材料制成，其电阻随温度变化明显，而后者用金属材料制成，其电阻率随温度升高而增大。热敏电阻的灵敏性好，但化学稳定性较差；金属热电阻的化学稳定性好，测温范围大，但灵敏性较差。

三、热电阻的测量电路

　　最常见的热电阻的测量电路是电桥电路。如果测量精度要求高，则采用自动电桥。要注意的是，如果热电阻的接线引线较长，由于环境温度的影响，会对测量结果有较大影响。为了减小引线的线电阻影响，常采用三线制或四线制的连接方法，如图 7-4 所示。

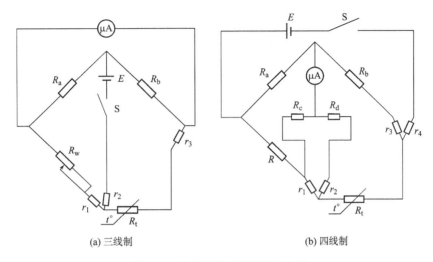

(a) 三线制   (b) 四线制

图 7-4 热电阻传感器的测量电桥

第三节　热电偶传感器

热电偶传感器也称热电式传感器，是一种将温度转换成电量变化的装置。

一、热电偶的工作原理

热电偶由两种不同材料的金属线组成，在末端焊接在一起。测出不加热部位的环境温度，就可以准确知道加热点的温度。如图 7-5 所示，当热电偶一端受热时，热电偶电路中就有电势差，可用测量的电势差来计算温度。这种现象叫作热电效应，在 1821 年首先由 Seeback 发现，所以又称西拜克效应。由于它必须有两种不同材质的导体，所以称作热电偶。回路中所产生的电动势叫热电势，由两部分组成，即温差电势（汤姆逊电势）和接触电势（珀尔贴电势）。

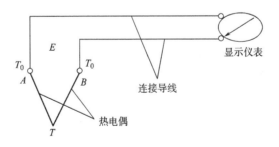

图 7-5 热电偶测温系统示意图

不同材质做出的热电偶适用于不同的温度范围，它们的灵敏度也各不相同。热电偶的灵敏度是指加热点温度变化 1℃时，输出电位差的变化量。对于大多数金属材料支撑的热电偶而言，这个数值在 5~40μV/℃。

(一) 接触电势

图7-6中给出了热电偶中接触电势产生原理图。当A、B两种不同导体接触时，假设两种导体的自由电子密度满足 $N_A > N_B$，如图7-7（a）所示。由于电子数密度梯度的存在而发生扩散现象，即由A向B扩散，A失去电子带正电，B得到电子带负电。达到动态平衡时，在A、B之间形成稳定的电位差，则回路中的接触电势大小可表示为：

$$e_{AB}(T_0,\ T) = \frac{k}{e}(T_0 - T)\ln\frac{N_A}{N_B} \tag{7-6}$$

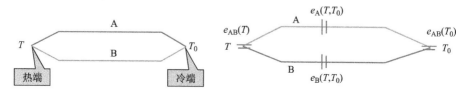

图7-6　热电偶回路图

式中：$e_{AB}(T_0,\ T)$ 是导体A、B结点在温度 T 时形成的接触电动势；e 为电荷单位，$e = 1.6 \times 10^{-19}$C；k 为波尔兹曼常数，$k = 1.38 \times 10^{-23}$J/K；N_A、N_B 为导体A、B在温度为 T 时的电子密度。

接触电势的大小与温度高低和导体中的电子密度有关，其数量级在 $10^{-1} \sim 10^{-3}$V。温度越高、两种导体的电子密度的比值越大，接触电动势越大。

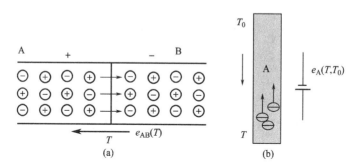

图7-7　（a）两种导体的接触电势原理图；（b）单一导体温差电势原理图

总之，珀尔贴效应不是一种接触现象，与接点的接触情况毫无关系，只是由材料的固有性质决定的。而且，热电偶并不是测量接点的温度 T，而是测量的温度差（$T-T_0$），材料不同或接触点温度不同才有热电动势。

(二) 温差电势

如图7-7（b）所示，对于单一单体而言，如果两端温度分别为 T、T_0，且 $T > T_0$，导体中的自由电子在高温端具有较大的动能，因而向低温端扩散，在导体两端产生了电势，即温差电势原理图，导体A两端的温差电动势可表示为：

$$e_A(T,\ T_0) = \int_{T_0}^{T} \sigma_A dT \tag{7-7}$$

式中：$e_A(T,\ T_0)$ 为导体A两端温度为 T、T_0 时形成的温差电动势；T、T_0 为高低端的绝对温度；σ_A 为汤姆逊系数，表示导体 A 两端的温度差为 1℃时所产生的温差电动势，例如，在 0℃时，铜的汤姆逊系数 $\sigma = 2\mu V/℃$。

由热电偶工作原理（图 7-6）可知，导体材料 A、B 组成的闭合回路，其结点温度分别为 T、T_0，如果 $T > T_0$，则比存在两个接触电势和两个温差电势，由此回路总电势为：

$$E_{AB}(T, T_0) = e_{AB}(T) - e_{AB}(T_0) - e_A(T, T_0) + e_B(T, T_0)$$

$$= \frac{kT}{e}\ln\frac{N_{AT}}{N_{BT}} - \frac{kT_0}{e}\ln\frac{N_{AT_0}}{N_{BT_0}} + \int_{T_0}^{T}(-\sigma_A + \sigma_B)\mathrm{d}T \tag{7-8}$$

式中：N_{AT}、N_{AT_0} 是导体 A 在结点温度为 T 和 T_0 时的电子密度；N_{BT}、N_{BT_0} 是导体 B 在结点温度为 T 和 T_0 时的电子密度；σ_A、σ_B 是导体 A 和 B 的汤姆逊系数。

热电偶的极性由金属材料的电子数密度大小确定，电子数密度大的金属导体为正极。一般而言，接触电势与温差电势相比要大得多，因而热电偶回路的总电动势由接触电动势大小确定。

由于在金属中自由电子数目很多，温度对自由电子密度的影响很小，故温差电动势可以忽略不计，在热电偶回路中起主要作用的是接触电动势。N_{AT} 和 N_{AT_0} 可记作 N_A，N_{BT} 和 N_{BT_0} 可记作 N_B，则上式可简化为：

$$E_{AB}(T, T_0) = \frac{k}{e}\int_{T_0}^{T}\ln\frac{N_A}{N_B}\mathrm{d}T \tag{7-9}$$

热电偶的电动势，等于两端温度分别为 T 和零度以及 T_0 和零度的热电势之差。而且，热电偶回路热电势只与组成热电偶的材料及两端温度有关，与热电偶的长度、粗细无关。只有用不同性质的导体（或半导体）才能组合成热电偶，相同材料不会产生热电势。因为当 A、B 两种导体是同一种材料时，$\ln\left(\dfrac{N_A}{N_B}\right) = 0$，也就是 $E_{AB}(T, T_0) = 0$。只有当热电偶两端温度不同，热电偶的两导体材料不同时才能有热电势产生。

导体材料确定后，热电势的大小只与热电偶两端的温度有关。如果使 $E_{AB}(T_0) = $ 常数，则回路热电势 $E_{AB}(T, T_0)$ 就只与温度 T 有关，而且是 T 的单值函数，这就是利用热电偶测温的原理。

电压和温度间是非线性关系，温度由于电压和温度是非线性关系。因此，需要为参考温度（T_{ref}）作第二次测量，并利用测试设备软件或硬件在仪器内部处理电压—温度变换，以最终获得热偶温度（T_x）。

热电偶温度传感器的灵敏度与材料的粗细无关，用非常细的材料也能够做成温度传感器。由于制作热电偶的金属材料具有很好的延展性，这种细微的测温元件有极高的响应速度，可以测量快速变化的过程。

二、热电极材料

虽然早在 19 世纪 20 年代，塞贝克（Seebeck）就发现了热电效应，但直到 1886 年才研究出能重复用于温度测定的铂铑合金与纯铂组成的热电偶。理论上，任何两种导体（或半导体）材料都可以组配成热电偶，但是要制成使用的测温元件，热电极材料必须具有一定的要求。

（1）热电极材料之间的热电动势应足够大，并且随温度呈单值函数变化。

（2）热电极材料的熔点应足够高，以便配成的热电偶能在较宽的温度范围内工作。

（3）热电极材料应具有良好的高温抗氧化性和抗环境介质的腐蚀性。

经过不断的研发，热电材料的种类和应用已经取得了很大进展，见表7-1。目前，被国际电工委员会纳入IEC标准，世界各国能统一采用的热电偶材料有八个品种，即B、S、R、K、E、J、T、N型。

表7-1　常见热电偶材料

材料		实用测温范围（℃）	分度号
铂铑$_{10}$	纯铂	0~1600	S
铂铑$_{13}$	纯铂	0~1600	R
铂铑$_{30}$	铂铑$_6$	0~1800	B
镍铬（90%，10%）	镍硅（97.5%，2.5%）	-40~1300	K

三、热电偶结构

热电偶通常主要由热电极（俗称热电偶芯）、绝缘管、保护管和热电偶接线盒四部分组成，如图7-8所示。热电偶的工作端一般被焊接在一起，热电极之间需要用绝缘套管保护。通常测量温度在1000℃以下选用黏土质绝缘套管。保护管的作用是使热电偶电极不直接与被测介质接触，不仅可以延长热电偶的寿命，还可起到支撑和固定热电级，增加其强度的作用。

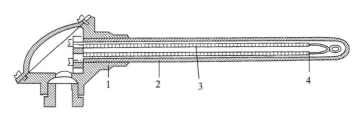

图7-8　热电偶的基本结构
1—接线盒　2—保护套管　3—绝缘套管　4—热电偶丝

对薄膜热电偶而言，传统是用真空镀膜技术或真空溅射等方法，将热电偶材料沉积在绝缘片表面而构成热电偶，其结构见图7-9。适用于对壁面温度的快速测量。

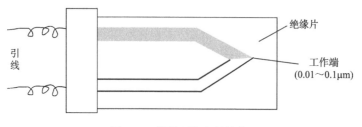

图7-9　薄膜型热电偶结构

第四节 半导体热敏传感器

半导体热敏传感器是利用二极管或者晶体管 PN 结的结电压随温度变化的原理而制成，测温范围一般为 50~150℃。相比于热电阻和热电偶，半导体温度传感器的输出特性呈线性。

一、热敏二极管

二极管的最大特性就是单向导电性。热敏二极管就相当于一个温控开关，当其周围的温度正常时，电路是联通的。当受外界因素影响导致其周围的温度升高并达到其工作温度后就会截止，整个电路就等于断开了，起到保护作用。热敏二极管主体由一个热敏电阻构成，热敏电阻遇高温电阻升高到很高，通过它的电流很小，基本可以忽略，就像二极管反向不导电一样。而遇低温电阻变小，类似导线那么小，就如同二极管正接，主要热敏电阻起作用。

二、热敏晶体管

热敏晶体管是一种新型的半导体热敏元器件，是利用基极和发射极之间的电压来检测温度的。在电路中工作时，集电极电流一般为 0.1mA，对温度检测后的输出值是以热敏三极管的基极和发射极之间电压的变化量来反映的。

总之，虽然应用不同的热敏材料开发了相应的温度传感器，但这些传感器各有特点（表 7-2），如何引入这些温度敏感材料至纺织纤维集合体中，同时保持它们的温度敏感特点，将是一项具有挑战性的工作。

表 7-2 不同温度传感器的性能比较

特性	热敏电阻	热电偶	铂丝电阻，线绕	铂丝电阻，薄膜	硅
基准	NTC（负温度系数）	TC（温度系数）	RTD（电阻式温度检测）	RTD（电阻式温度检测）	Posi-chip（正温度系数—薄片）
材料	陶瓷（金属氧化物）	两种不同金属	铂丝线绕	铂薄膜	硅（主体）
相对成本	低至中	低	高	中	低
稳定范围（℃）	−100~500	−200~2300	−200~600	−150~500	−55~150
激活性	波动	自产生	波动	波动	波动
灵敏度	−4%/℃	40μV/℃	0.39%/℃	0.39%/℃	0.8%/℃
相对灵敏度	极高	极低	极低	极低	低
线性度	对数	线性	线性	线性	线性
斜率	负	正	正	正	正
噪声灵敏度	低	高	低	低	低
引线电阻误差	低	高	低	低	低

第五节　电阻式纺织温度传感器设计

随着技术的进步，综合各种技术的传感监测体系已被用于可穿戴温度监测装置的开发，但同时也存在一定的弊端。大多数智能体温计只是将传统的硬质传感器以较小的体积封装起来，但仍然具有一定刚性，影响人体活动，不能很好地贴合人体。开发一种能用于人体温度监测且不影响穿着舒适性的可穿戴装置尤为重要。织物柔软，可以很好地与服装集成，是构建可穿戴体温监测系统的最佳载体之一。

一、织物基温度传感器的制备

随着科技的进步，各种形式的传感器及传感材料被用于人体温度的监测。传统的热电阻、热电偶等温度传感器由于体积较大不方便携带。人们急需研究体积小、柔性好且灵敏度高等性能的柔性温度传感器，以克服传统温度传感器便携性、舒适性差的缺点。并且，柔性可穿戴式温度传感器能够很好地解决传统体温测量只能单次进行测量的问题。

现阶段，已有很多学者对基于纺织品的柔性温度传感器进行了相关研究，所采用的方法可总结为四大类，导电复合材料涂层、缝合、包埋及织入。

（一）导电复合材料涂层法

导电复合材料涂层法是将导电复合材料通过交联剂等的作用，与纱线及织物等纺织品相结合。导电复合材料是将导电粒子分散到绝缘聚合物基体中，从而形成一个导电网络。其导电性能主要取决于导电粒子在聚合物基体中分布的均匀程度。因聚合物基体与导电填充粒子的热膨胀系数不同，当温度升高时，由于聚合物基体的体积膨胀，导电粒子之间的距离增大，因此，电阻增大。当温度持续升高至聚合物熔点时，其体积膨胀达到最大，此时导电复合材料的电阻变化可以达到几个数量级，具有较高的电阻温度系数。例如，通过在PVDF静电纺丝膜表面涂覆碳纳米管（CNTs）与树脂组成的导电复合材料，制备了纤维基柔性温度传感器，研究了碳纳米管含量不同时，电阻温度系数的大小。得出碳纳米管在聚合物中含量为2%，在温度范围为30~45℃时其电阻温度系数可达0.13%/℃。并将纤维基温度传感器经封装后集成为纱线，其纤维基温度传感器的组成结构如图7-10所示。这种方法制备的温度传感器存在两方面缺点：一是单独基体和填料的聚合物的电阻变化的再现性往往很小，重复性不高；二是利用聚合物制备的传感器容易受外界干扰，且在经常受到弯曲、拉伸等作用时易遭受破坏，影响性能和使用寿命。

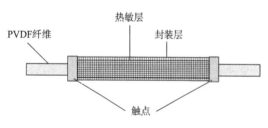

图7-10　纤维基温度传感器示意图

（二）缝合法

缝合法是指将已有的温度传感器以缝合的方式集成到织物中。已经有研究应用这种方法将温度传感器整合到服装及织物中来达到监测人体健康状况的目的。

美国 VivoMetrics 公司开发的一款可穿戴生理参数监测系统 Lifeshirt，用一件仅重 230g 的棉质背心作为载体，如图 7-11（a）所示，监测系统通过嵌入背心中的传感器检测穿戴者的呼吸状况，还能测量体温和血压值。但由于其电极材料为 AgCl，所以不适合长期穿戴。也有研究采用机织的方法，采用喷墨印刷技术制备温度传感带织物，如图 7-11（b）所示。将含有温度和湿度传感器的切片条带沿纬纱方向嵌入织物中，替代标准纬纱。织造过程中考虑到条带的尺寸，在织造周期中省略了 3 根纬纱，为了接触织物内的传感器，用导电纱取代其中六根经纱，并在纱线和条带之间使用环氧树脂以实现稳定的电接触。但是这种条带长度有 4cm 左右，测试人体皮肤温度时很难实现良好的曲面接触，并且影响外观及穿着舒适性。也有学者将柔性硅基薄膜与织物整合，如图 7-11（c）所示，利用导电纤维将柔性硅基薄膜缝合在织物上。这种方法存在织物手感较硬的缺陷，而且制作柔性硅基薄膜十分复杂及困难。

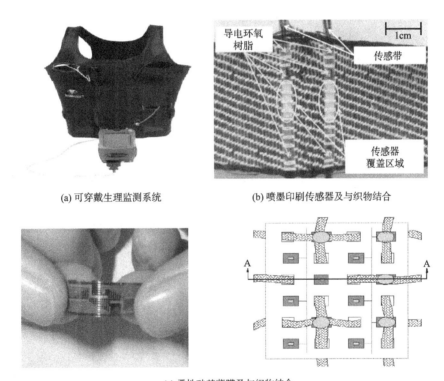

(a) 可穿戴生理监测系统　　　　　(b) 喷墨印刷传感器及与织物结合

(c) 柔性硅基薄膜及与织物结合

图 7-11　缝合法制备温度传感织物

（三）包埋法

将传感器集成到织物中的方法，除上述缝合在织物衬底上之外，还有学者通过设计特殊的织物组织结构将温度传感器包埋在织物中。例如，在织物织造过程中，采用大管与小管相嵌套结合的织造方法，形成不同直径相互嵌套的圆筒形空心袋状，将体温传感器从管的开口处植入到织物中，如图 7-12（a）所示。这种方法对传感器的包覆不够紧密，使传感器在管状织物中容易滑移，影响对体温测试的准确性。还有采用针织的方式使温度传感器以宽浮线的形式织入织物中。但织物表面会存在明显的凸起，严重影响织物的外观及穿着舒适性。光纤灵活性高并且可将光用作信息的载体以及材料本身的传感器，Jayaramen 等利用特殊的织物组织结构，将各种光纤传感器埋入织物后进行体温等生理测量。该项研究利用光纤传感器已经实现人体多项生理指标的同时测量，但精度不高。邓南平等采用特殊的织物物理结构和织物组织，将 RTD 热电阻包裹于织物中，如图 7-12（b）所示，并探究了不同织造参数对感温织物测试准确性的影响。结果显示，所用材料导热系数越大，纱线密度越小，织物经密越大，所测得的温度越准确。在一定范围内，测试时间越长，测试时外界温度越高，测得结果越准确。该文献还提出了一种局部热处理的方法，从而提高传感器的被包覆率，有利于提高温度测量的准确性和稳定性。

 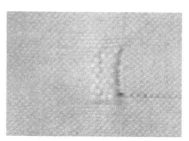

（a）大小管相互嵌套包埋传感器   （b）特殊织物结构包裹传感器

图 7-12 包埋法制备

（四）织入法

现阶段普遍采用的这些植入式方法，只是将先进的插拔技术或电子器件嵌入到织物中，其与服装的融合度低。因此，在人体穿着方面（比如，舒适性、外观、质地等）与普通纺织品相比，具有一定的差距。加强对织物温度传感器的研究，实现服装自身的传感器化，是实现服装监护体温真正应用的基础和前提。国外已经开始有相关方面的研究，LOCHER 等提出了一种利用长丝铜丝自身的感温性能。在织造过程中将直径 $50\mu m$ 的铜丝与直径 $42\mu m$ 的涤纶纱线通过特殊的织造方法织造而成，利用分布式网状结构形成体温传感器的电路。其测得在 $10\sim60$℃温度范围内准确度达到 1℃，但是网状结构的设计较为复杂，且各网状结构导线容易产生相互影响。HUSAIN 等利用双层针织结构将细度为 $100\mu m$ 左右的感温金属纤维镍、钨、铜等织入到针织物中，如图 7-13 所示，并探究了每种金属纤维其感温系数的大小及测量的准确性。用镍、钨等不同感温金属纤维所制备的针织结构温度传感器的温度系数分别为 0.0048/℃ 和 0.0035/℃，用镍包覆铜作为感温元件时，温度系数为 0.0040/℃，在后续的工作中，又从针织工艺及应用方面进行了深入的研究。但是，由于所选感温金属纤维的电阻率不够大，且针织工艺不能实现较细的金属纤维的织造，所以感温部分的面积较大，会影响传感器对温度的响应速度。另外，由于感温金属纤维处于双层针织结构中间，所以，感温元件测试的温度是身体与织物形成的内环境的温度，会影响其测试的准确性且易受外界环境影响。

综上所述，将感温元件以纱线的形式织入织物中，制备柔性织物基温度传感器的方法与上述缝合法及包埋法相比，进一步实现了真正的柔性。因为感温元件不再是体积较大的刚性元件，而是具有一定可织造性的金属纤维。由于对这方面的研究较少，且现阶段的研究都处

图7-13　针织结构织物温度传感器

于初级阶段，还存在缺陷与不足，对于织物基温度传感器的制备方法及性能改进方面还有待研究。

二、织物基温度传感器的性能

对于织物基温度传感器性能的研究，希望感温元件与织物整合后仍有较好的传感性能，达到快速、准确、灵敏的测量效果。温度传感器的特性包括静态特性与动态特性。静态特性包括线性度、温度系数、迟滞、稳定性、静态误差等性能；动态特性是反应对于随时间变化的输入量的响应特性，可用响应时间进行评价。传感器只有具备良好的静态和动态特性，才能降低在应用中的误差，使信号按准确的规律转换。

（一）静态特性

目前，对织物基温度传感器性能的研究集中在对其温度系数及测量结果准确性的研究。多数研究通过温度传感装置的测试结果与理论预测温度或真实温度的差异来表征织物基温度传感器的性能。邓南平通过建立模型来预测温度，以此作为理论值，将制备的织物基温度传感器测量所得结果与理论值对比，来衡量所制备的传感器的测量结果准确性。HUSAIN 等将制备的针织结构温度传感器与热敏电阻同时放置于胳膊下方侧胸部区域，分别研究了胳膊的运动、衣服的层数及身体的运动对测试结果的影响，通过与热电阻的比较来进行表征，如图7-14 所示。研究发现，虽然织物温度传感器与 RTD 测试结果存在差异，但总体趋势一致。胳膊的运动及身体的运动对织物温度传感器及热电阻 RTD 都会产生影响，服装层数的增加有利于创造织物温度传感器与 RTD 周围的等温环境，降低差异。

对织物基温度传感器线性度、温度系数、迟滞等电阻—温度特性的研究，可参考柔性温度传感器的测试方法。对柔性镍基热敏传感器阵列温度系数的测试采用油浴逐步升温法，通过对多温度点下的阻值进行测量以获得温度系数，或者利用电阻—温度曲线的线性度及温度系数，对基于针织结构温度传感器的性能进行初步表征。

（二）动态特性

动态特性是反应传感器对于随时间变化的输入量的响应特性。电阻响应作为温度传感器的一个十分重要的动态性能，在织物基温度传感器领域还没有较深入的研究，但评价传统温度传感器的动态响应方法有可借鉴之处。被测介质温度的变化或传感器由常温突然进入到与传感器本身温度不同的介质中，都会引起突变输入。在动态过程中，传感器的温度与被测温度不相等，会存在一定的差值，可用响应时间来表征在动态过程中温度传感器对温度变化响

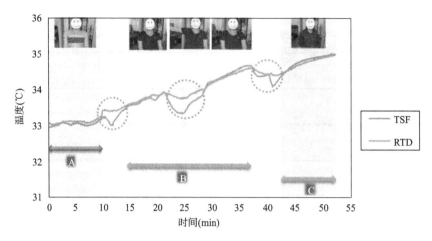

图7-14　动态条件下织物温度传感器与 RTD 的响应

应的快慢。响应时间的测试方法通常采用投入法和瞬时加热法。

投入法是指将温度传感器在一平衡初始温度下，快速将其插入不同温度的介质中，以产生阶跃输入，同时连续记录传感器的输出。

瞬时加热法又称回路电流阶跃响应法，即传感器在测量介质中达到热平衡后，瞬间加载阶跃电流使传感器通过焦耳热瞬间升温。

投入法操作较简单，瞬时加热法所需要的电路设备较复杂。例如，张强等将在 0℃ 的冰水混合物中稳定一段时间后的热电偶温度传感器及 PT100 迅速插入 120℃ 的植物油中，获得每隔 1s 温度传感器的温度值，从而计算得出响应时间。采用投入法时，准确判断传感器进入介质的时刻是测试结果准确的重要保障。

三、温度传感织物设计

对比分析前人采用的聚合物涂层、缝合、包埋、织入四类制备织物基温度传感器的方法，聚合物涂层法存在易受外界环境干扰、传感器易遭到破坏等缺点。织入法改进了采用缝合及包埋法植入刚性传感器导致的穿着不适、外观差及与人体贴合不好等缺陷，目前，织入法还处于初始阶段。如文献综述中提到的利用分布式网状结构形成体温传感器的电路，网状结构的设计较为复杂且各网状结构导线容易相互之间发生影响。利用双层针织结构及感温金属纤维制备的传感器，存在传感面积较大，影响响应时间；因感测的温度为织物与人体内环境的温度，导致受外界环境影响较大；并且针织结构的织物存在易卷边、易脱散及尺寸稳定性差等缺点，使得以针织物为载体的传感器在使用过程中信号稳定性较差。

针对上述关于织入法制备织物基温度传感器存在的问题，下面采用织入法制备织物基温度传感器，其特点有以下三点。

与针织物的尺寸稳定性不同，机织物结构紧密、不易变形、坚牢耐磨，因此用机织物作为基体有利于保持传感器信号的稳定性。

将感温金属纤维以纬纱的方式织入织物中，可以实现两点：一是感温区域的面积容易控制；二是感温金属纤维作为纬纱可以在织物表面凸显，即可以直接与皮肤接触，而不再是测内环境的温度，可进一步改善传感器的性能。将感温金属纤维作为纬纱时，为了避免相邻两纬金属纤维因接触而产生相互影响，在相邻金属纤维之间织入两根普通纱线。

温度系数及响应时间分别为评价温度传感器静态与动态特性的重要指标，通过选材、织物结构及制备工艺设计优化传感器的性能。

（一）原料的选择

1. 感温材料 在热电阻温度传感器中，一般用较细的金属纤维作为感温元件，其本质是纯金属的电阻随温度升高而增大。最常见的热电阻是铜电阻和铂电阻，镍和钨等也开始被采用。这些金属材料都可以作为感温元件以裸纤的形式织入织物中。但为了得到较高的温度系数及较快的电阻响应，需根据各材料的基本性能，选择最合适的金属纤维。铜、铂、镍和钨的参数见表7-3。铂的电阻率最高，用铂作感温元件时不需要很长的长度即可达到所需的初始电阻值。若选用铜，实现相同的初始电阻则需很长的长度。高的电阻率及温度系数有利于实现高的灵敏度，如镍和铂。钨和铂的比热容比铜和镍较低，改变单位温度时吸收或放出的热量少，响应速度较快。铂因其高电阻率，较低的比热容，在较大温度范围内性能稳定等优点是最理想的热电阻感温元件。

表 7-3　感温金属的性能参数

性能	铜	铂（Pt）	钨	镍
电阻温度系数（1/℃）	0.00380	0.00392	0.00440	0.00690
电阻率（Ω·m）	$1.7×10^{-8}$	$10.6×10^{-8}$	$5.6×10^{-8}$	$7.5×10^{-8}$
比热容 [J/（kg·℃）]	386	130	130	540

选用细Pt纤维（直径0.02mm，纯度99.9%）作为感温元件，因为较细的Pt纤维柔软性更好，该纤维的电阻及温度响应时间随长度的变化如图7-15所示。

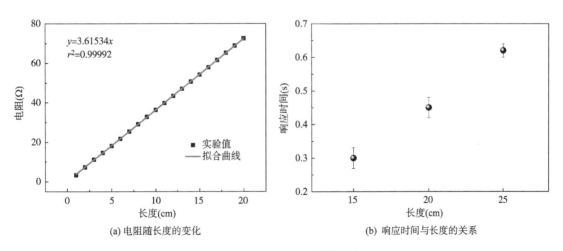

(a) 电阻随长度的变化　　　　　　(b) 响应时间与长度的关系

图 7-15　0.02mm Pt 纤维特性

2. 基体材料 棉作为天然纤维，具有其独特的优势，如柔软，穿着舒适，回潮率高，吸湿透气性好，棉纱线为股线，有利于感温元件Pt纤维露出表面，所以，棉纱线较适合作为基体材料。

(二) 感温织物设计

经试织和电阻检测发现用平纹组织制备的温度传感器完好性极低，感温金属纤维在交织点处易折断。根据机织物中平纹、斜纹、缎纹三原组织的特点，平纹交织点多，对金属纤维的弯曲及柔性要求更高，且平纹织物手感硬，而缎纹易勾丝；斜纹织物组织点少，柔性好，较适合金属纤维的织造。

1. Pt 纤维长度　要实现人体健康监护，则传感器必须能快速响应，才能更好地掌握人体温度的变化。根据文献显示，响应时间不仅与材料自身的比热容有关，还与传感区域的面积相关。快速响应需要较小的传感面积，感温元件电阻率越大，直径越细，则可以在更小的区域内实现目标电阻。根据组织结构建立长度模型，推导出 Pt 纤维长度与感温区域尺寸的关系。图 7-16 为 Pt 纤维作为纬纱与经纱的交织状态，图 7-17 为感温区域在织物中的示意图。

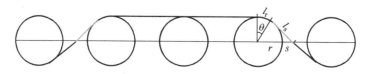

图 7-16　Pt 纤维长度模型

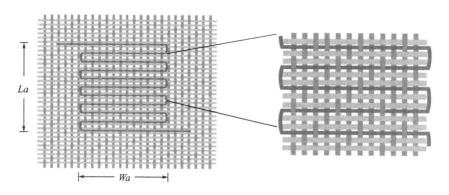

图 7-17　感温区域分布

根据图 7-16 和图 7-17 所示，要得到 l_r 和 l_s 的值，首先要计算经纱直径及经纱间距，经纱直径为（Tt = 31.25tex）：

$$d = 0.037 \sqrt{Tt} = 0.037 \times \sqrt{31.25} = 0.21mm \tag{7-10}$$

1/2 经纱间距 S：

$$2(r + s) = \frac{100}{Mw} \tag{7-11}$$

假设纱线间的距离相同，都为 2S（mm），Mw 为 10cm 内经纱密度（根/10cm）。进一步，根据织物几何结构模型可得感温元件 Pt 纤维织入织物中的总长度为：

$$L_T = \frac{N_{Wa}}{1 + 3}[4(l_r + l_s) + 2(r + s)(3 - 1)] \times LaMc + La \tag{7-12}$$

式中：N_{Wa} 为 Wa 宽度内经纱总根数；Mc 为 Pt 纤维作为纬纱的密度。

当 $Wa=La=1\text{cm}$ 时，根据实际情况，1cm 内可织入约 10 根 Pt 纤维纬纱，则 Pt 纤维总长为：

$$L_\text{T} = \frac{19}{4}[4 \times 0.286 + 2 \times (0.105 + 0.16) \times 2] \times 10 + 10 = 114.69\text{mm} \qquad (7-13)$$

则初始电阻 R_0 为：

$$R_0 = \frac{11.352 \times 10^{-6} \times 11.469}{3.14 \times 0.001 \times 0.001} = 41.46\Omega \qquad (7-14)$$

感温区域内的电阻值再加两端引线处预留的 Pt 纤维，电阻值可以达到目标电阻。1cm× 1cm 的感温区域也是现阶段实现的较小的传感面积，这是因为所选用的 Pt 纤维电阻率较大且直径非常细。

2. 织物织造　基于所选择的原料，组织结构及感温区域尺寸的设计，织造温感织物，上机经密为 204 根/10cm。为了确保尺寸，在宽度为 1cm 处的两边拉两根纱线作为边界标准，使 Pt 纤维在两边不超过边界纱线，以此控制在纬纱方向的长度。在经纱方向的长度，织造时发现 1cm 长度内大约可以织入 11 根 Pt 纤维，所以织造试样时穿入 11 根 Pt 纤维。织造时，为了避免相邻 Pt 纤维接触，采用与经纱相同的棉纱线作为一种纬纱，每隔两根棉纱线织入一根 Pt 纤维，Pt 纤维的两端均留出约 5cm 的长度，方便后续测试。在打纬工序中，控制打纬的力度，力度太大会对 Pt 纤维有损伤，力度太小会使织造的织物太稀疏，即打纬力既要满足织物织造基本需求，又不会对 Pt 纤维产生破坏。最后织造的温感织物如图 7-18 所示。

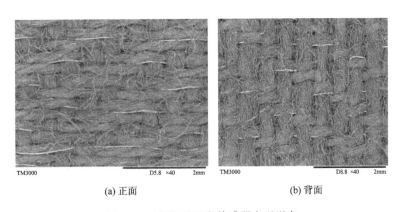

(a) 正面　　　　　　　　　　　　　　　(b) 背面

图 7-18　织物基温度传感器表观形态

(三) 感温织物传感性能

1. 静态特性

(1) 温度系数。电阻温度系数是衡量温度传感器性能的重要指标，可以反映材料对温度的敏感程度。一般纯金属的电阻率随温度的升高而增大，在平常温度下，电阻率与温度近似呈线性关系：

$$\rho_t = \rho_0[1 + \alpha(T - T_0)] \qquad (7-15)$$

式中：ρ_0 表示初始温度的电阻率 ($\Omega \cdot \text{cm}$)；ρ_t 表示温度为 T 时的电阻率；T 为摄氏温度 (℃)；α 为电阻温度系数 (1/℃)。

电阻温度系数 α 表示当温度改变 1℃ 时，电阻值的相对变化：

$$\alpha = \frac{R(T) - R(T_0)}{R(T_0)(T - T_0)} \qquad (7-16)$$

式中：$R(T)$ 温度为 T 时的电阻值；$R(T_0)$ 是温度 T_0 时的电阻值。

为得到所制备的织物基温度传感器的最佳性能，采用油浴测试法，应用逐步升温对多点温度下的阻值进行测量，以获得电阻温度系数。

图 7-19 所示为采用逐步升温多点测试法获得的相对电阻变化曲线，油浴中温度范围为 (28 ± 0.1) ~ (45 ± 0.1)℃，加热台测试温度范围为 (24 ± 0.2) ~ (45 ± 0.2)℃，曲线斜率即为温度传感器的电阻温度系数，计算结果列于表 7-4。在较理想的油浴条件下，传感器的温度系数为 0.00362/℃，相较于资料中查到的 0.00392/℃降低了 7.65%，这可能是由于 Pt 纤维纯度及测试误差引起的。在加热台上时织物基温度传感器的温度系数较在油浴中时下降了 6.63%，这是因为当温度传感器在加热平台上时，一个面接触加热台，另一个面与空气接触，与加热台接触一面的感温 Pt 纤维的浮长线可直接与热源接触，未与热源接触的感温 Pt 纤维则要依靠自身及基体纱线的热传递，这部分 Pt 纤维的温度可能达不到直接接触热源时的温度，导致电阻值变化减小。所制备的织物基温度传感器在更接近实际应用环境条件下的温度系数为 0.00338/℃。虽然较理想环境下有所下降，但仍优于聚合物涂层法及缝合、包埋的方式，并且相较于文献综述中提到的针织结构温度传感器，受环境影响程度低。

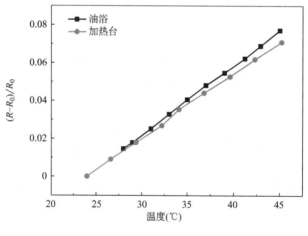

图 7-19　相对电阻变化

表 7-4　温度系数

条件	温度变化（℃）	温度系数（1/℃）
油浴	(28.0 ± 0.1) ~ (45.0 ± 0.1)	0.00362
加热台	(24.0 ± 0.2) ~ (45.0 ± 0.2)	0.00338

（2）线性度。评价线性度时的实验条件与前面评价温度范围与测试温度系数的相同。采用线性函数拟合实验记录的温度—电阻值，拟合效果用相关系数 r^2 来衡量，其值越接近 1，表明拟合程度越好，则电阻—温度关系的线性度越高。结果如图 7-20 所示，油浴条件下 r^2 的值可到达 0.99975。说明所制备的织物基温度传感器在理想的测试条件下，其测试值

与回归直线拟合程度较好。而在加热台上时相关系数 r^2 的值为 0.99915。因受环境影响大，其值略小于在油浴中测得的相关系数，但仍趋向于 1，表明在模拟实际应用情况下，传感器仍能保持良好的线性感应关系。

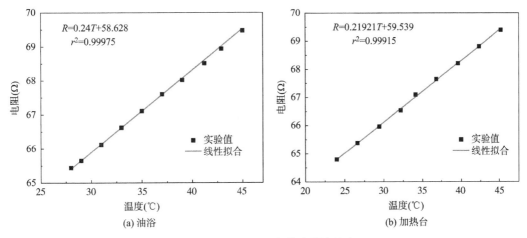

图 7-20　织物基温度传感器线性度

（3）静态误差。根据电阻率与温度系数的关系式可知：

$$R_t = R_0 [1 + \alpha (T - T_0)] \qquad (7-17)$$

在 R_0、α、T_0 已知的情况下，可根据测得的 R_t 得到 T，T 值即为制备的织物基温度传感器测试的温度值。将每个点的温度值 T 与探针电子温度计的显示数值比较（电子温度计显示温度为真实温度）。即可得到所制备的织物基温度传感器的静态误差。

在油浴及加热台测试中，分别将调试过的探针电子温度计及红外温度计的测试温度值作为真值，根据测试电阻值用公式计算得出的温度值较真值的偏离程度即为静态误差。在油浴及加热台上的测试值与真值之间的差异如图 7-21 所示。从真值与传感器温度值两条曲线的相近程度可以看出在加热台上时传感器测试值与真值之间的差异更明显。两种测试条件下每个温度点的测量值与真值之间的差值分别见表 7-5 和表 7-6。

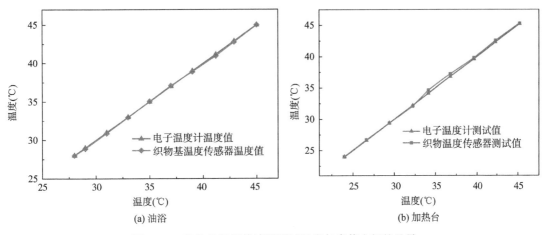

图 7-21　织物基温度传感器测试温度与真值之间的差异

表7-5　油浴传感器测试值与真值的差值

温度（℃）	差值绝对值（℃）	温度（℃）	差值绝对值（℃）
28.0	0.008	37.0	0.104
29.0	0.121	39.0	0.106
31.0	0.118	41.2	0.225
33.0	0.031	42.9	0.125
35.0	0.068	45.0	0.002

表7-6　加热台传感器测试值与真值的差值

温度（℃）	差值绝对值（℃）	温度（℃）	差值绝对值（℃）
24.0	0.009	36.8	0.4134
26.6	0.099	39.6	0.199
29.4	0.012	42.3	0.264
32.2	0.143	45.2	0.076
34.1	0.528	—	—

将传感器温度值与真值的对应残差看成随机分布，求出标准偏差：

$$\sigma = \sqrt{\sum_{i=1}^{P}(\Delta T_i)^2/(P-1)} \qquad (7\text{-}18)$$

式中：ΔT_i 为各测试点的残差（℃）；P 为总测试点数。

用相对误差表示静态误差，则有：

$$e_s = \pm\frac{2\sigma}{\Delta T}\times 100\% \qquad (7\text{-}19)$$

根据以上两式计算得在油浴条件下的静态误差 e_s 为±1.51%，而在加热台上则为±2.75%。与在油浴中的测试结果相比误差增大，但仍然为一个较小的误差范围。

（4）迟滞。传感器的迟滞是反映在输入量由小到大（正行程）及输入量由大到小（反行程）变化期间，其输入输出特性曲线不重合程度的指标，即在升温与降温过程中相同温度时所对应电阻的最大差别，可用最大迟滞性误差 δ_h 表示，公式7-20所示，δ_h 越小说明迟滞性越小：

$$\delta_h = \frac{\Delta R_{\text{max·difference}}}{\Delta R}\times 100\% \qquad (7\text{-}20)$$

文中对于迟滞性能的测试是在上述温度系数的测试基础上，先对样品进行升温（28~45℃）测试，再进行降温测试（45~28℃），每个试样测试5次，升温与降温过程加热台每次均调节3℃。

在升降温一个循环内测得的迟滞曲线如图7-22所示，图中所示曲线为在5个升温降温循环中电阻差别最大的一个循环。由图可以看出，由于自身热效应的影响，试样在升温过程与降温过程的曲线并不完全重合，但它们的偏离程度较小。根据迟滞公式可以计算出在油浴条件下最大迟滞为4.20%，在加热台上时最大迟滞为3.26%。从结果可以得出织物基温度传感器在加热台测得的迟滞性略小于在油浴中测得的迟滞性，这是因为受环境温度的影响，

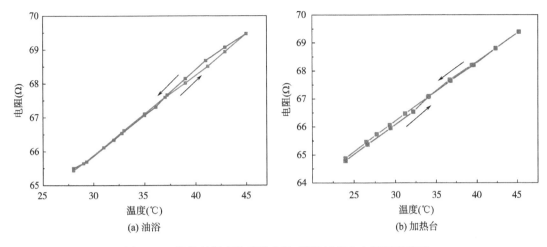

图 7-22 织物基温度传感器升温-降温过程中电阻温度关系

用加热台提供加热条件时环境温度低于加热台的温度，有利于传感器的降温。这说明制备的织物基温度传感器具有良好的非迟滞性。

2. 动态特性 在实际应用中，被测温度很难保持绝对的稳定状态，都会或快或慢地随时间变化。而所有的敏感元件都有一定的质量、体积及比热容，因此，需要一定的时间才能与被测介质之间达到热平衡。在测试动态温度时，温度传感器的响应就会滞后于温度的变化。响应时间表征了温度传感器对温度感应的快慢。

响应时间是指在温度阶跃变化时，温度传感器的输出变化至量程变化的 63.2% 所需要的时间称为热响应时间。因介质因素的影响，某个温度传感器的响应时间不是唯一的，要根据需求来测试在某环境下的响应时间。造成响应滞后的原因有两方面：一是感温元件自身的热容量和有限的热导率；二是感温元件与被测介质之间的热交换过程。

热量在物体内部的传导过程服从 Fourier 热传导方程：

$$\rho c \frac{\partial T}{\partial t} = \lambda \left(\frac{\partial^2 T}{\partial x^2} + \frac{\partial^2 T}{\partial y^2} + \frac{\partial^2 T}{\partial z^2} \right) + \Phi_v = \lambda \nabla^2 + \Phi_v \tag{7-21}$$

式中：ρ，c 和 λ 分别为物体的密度（g/m³）、比热容 [J/（kg·℃）] 和导热系数 [W/（m·℃）]；Φ_v 为物体内部的广义体热源，也就是单位体积单位时间内所产生的热量（W/m³）；T 是物体温度（℃）。

物体与外界流体之间的换热过程服从 New-ton 冷却公式：

$$\Phi = Ah(T_f - T) \tag{7-22}$$

式中：T_f 和 T 分别是流体温度和物体表面温度；系数 h 为表面换热系数 [W/（m²·℃）]，表示单位面积和单位温差下所交换的热量；A 为感温元件与流体换热面积（m²）。

对于裸装温度传感器，感温元件与介质直接接触，在分析其动态特性时，可假定其内部温度分布是均匀的，不存在温度梯度，则 Fourier 方程简化为：

$$\rho c \frac{\partial T}{\partial t} = \Phi_v \tag{7-23}$$

由于裸装温度传感器不含内热源，热敏元件直接与介质接触，因而可以把界面上交换的热量换算成物体的体积热源：

$$VΦ_v = Ah(T_f - T) \tag{7-24}$$

式中：V 为敏感元件体积（m^3）；A 为敏感元件表面积（m^2）。因此：

$$ρcV\frac{∂T}{∂t} = Ah(T_f - T) \tag{7-25}$$

$$\frac{∂T}{∂t} = \frac{Ah}{ρcV}(T_f - T) \tag{7-26}$$

$t=0$ 时，敏感元件温度 $T=T_0$：

$$T = T_0 + (T_f - T_0)\exp\left(-\frac{Ah}{ρcV}t\right) \tag{7-27}$$

由以上公式可知响应时间与敏感元件的热容量 $ρcV$ 成正比，与表面传热条件 Ah 成反比。本文在已选定感温元件的情况下，密度 $ρ$ 与比热容 C 为确定参数，影响响应时间的因素可分为两方面：一是感温元件的体积，即感温金属纤维的长度；二是表面传热条件。这也与第三章验证感温金属纤维长度与响应时间关系实验的测试结果相吻合，即感温金属纤维长度越长，响应时间越长。因为感温元件长度越长，体积越大，则热容量越大，内部温度变化就越慢。就表面传热条件而言，表面传热条件包括表面换热系数与换热面积。换热系数与被测介质有关，换热面积是指与介质的有效换热面积。表面传热条件越好，单位时间内传递的热量就越多，内部温度变化得越快，响应就越快。

为了使织物基温度传感器更好地应用于人体测试，使其在测试人体温度时可以达到一个较好的性能。在模拟实际应用的测试系统下，对可能影响其响应时间的几个因素进行了测试分析，以便为应用于人体时提供一定的参考。在加热台测试时，可能会影响响应时间的原因大致可分为两种，一种是改变感温 Pt 纤维与加热台之间的接触，一种是构成传感器的材料的影响。对传感器与加热台之间的接触从浮长线及测试压力两个方面进行实验，对于构成传感器的材料，从不同的基体材料及感温 Pt 纤维自身性质随温度变化两方面进行实验。

（1）加热条件。织物基温度传感器在油浴及加热台条件下的动态响应过程如图 7-23 所示。从图中可以看出，在油浴条件下，传感器的电阻信号在 3~4s 时就几乎趋于稳定，而在

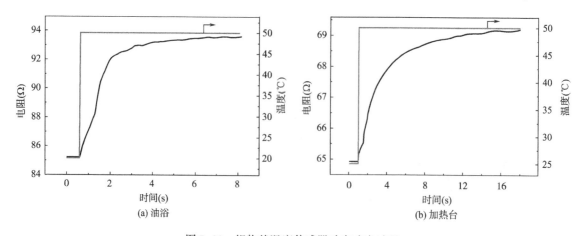

(a) 油浴   (b) 加热台

图 7-23　织物基温度传感器动态响应过程

加热台上时约14s才趋于稳定。这是因为在油浴条件下感温元件全部浸于硅油中，而在加热台上时没有直接接触到加热台的感温Pt纤维需要靠自身或基体纱线的热传递获得热量。

取电阻值量程变化的63.2%作为响应时间，计算结果见表7-7。本文制备的织物基温度传感器，其响应时间在最佳条件下测得为1.032s，而在接近实际应用条件的加热台上测得的响应时间为2.275s，约为在油浴中的两倍（因与数据采集模块接头的影响，接头处Pt纤维长度不同，初始电阻不同。但在长度长的情况下，在油浴中的响应时间仍比在加热台短）。根据上述响应时间公式分析可知，在加热台上时是换热条件的影响。首先，在油浴中是固体与液体之间的换热，而在加热台上时是固固之间的热传递，固体与固体之间的热传递受空气的影响较大。再者，在加热台上时热传递的有效传热面积减小，电流在感温元件Pt纤维中通过时是经过一段段不连续的高温Pt纤维，热量再由高温Pt纤维沿自身及基体纱线向未接触热源的Pt纤维段传递。在模拟实际应用条件下的响应时间仍然要比直接将封装过的铂电阻温度传感器嵌入织物中的响应快很多，因为当织物组织结构包裹铂电阻温度传感器时，热传递依赖纱线，这个过程会大大增加传感器的响应时间。

表7-7　织物基温度传感器不同加热条件响应时间

加热条件	阶跃温度（℃）	平均响应时间（s）	标准偏差（s）
油浴	(20.0±0.1) ～ (50.0±0.1)	1.032	0.087
加热台	(25.0±0.2) ～ (50.0±0.2)	2.275	0.102

（2）浮长线。改变感温元件Pt纤维浮长线的长度，可以最直接地改变感温Pt纤维与加热台之间的热接触。这里制备的织物基温度传感器的组织结构是一上三下的斜纹组织，正反两面感温元件Pt纤维的浮长线不同，分别测试每个面接触加热台时的响应时间并进行对比。利用织物基温度传感器正反面不同组织结构，可以检测在加热条件相同，感温Pt纤维总长度不变，接触热源的长度对响应时间的影响。从图7-24可以看出，在短时间内长浮长面（织物正面）接触加热台时，达到的电阻值高。从表7-8可以得出，短浮长面的响应时间比长浮长面的响应时间增加了0.592s，浮长线对于响应时间的影响较大。因为在总长度一定

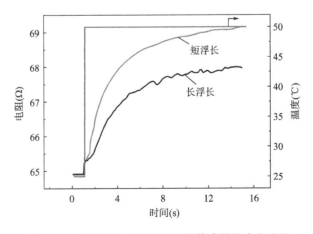

图7-24　不同浮长的织物基温度传感器的响应过程

表7-8 不同浮长的织物基温度传感器的响应时间

浮长线	平均响应时间（s）	标准偏差（s）
长浮长	2.275	0.102
短浮长	2.867	0.022

的情况下，有效热传导面积越大，单位时间内传递的热量就越多，内部温度变化得越快，响应时间就越快。

（3）测试压力。测试压力的不同会改变织物基温度传感器与加热台之间的接触，可能会对响应时间产生影响。在人体舒适的服装压力范围内（43.77~366.52Pa），分别测试在几个典型压力下的响应时间，施加压力的物体大小为5cm×5cm。

从图7-25（a）所示不同压力下测得的响应过程可以看出，随着施加压力的增大，电阻响应曲线的斜率增大，并且趋于稳定时的电阻值也逐渐增大。图7-25（b）所示，随着施加压力的增大，织物基温度传感器的响应时间降低。在开始施加压力时变化较大，之后趋于稳定。这是因为施加压力后，部分悬浮的感温元件——Pt纤维与加热台之间接触更好，增加了热传递的有效面积。单位时间内传递的热量增多，内部温度变化加快，响应时间也变快。之后再随压力的增大，接触状态几乎不再改变，所以，响应时间趋于稳定。表明施加一定的压力对测试表面温度具有重要作用，对这里制备的织物基温度传感器而言，在保证不超过服装舒适压力的条件下，施加约200Pa的压力即可。

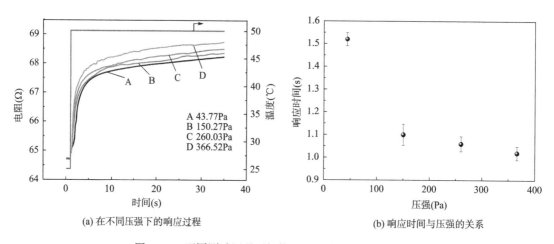

(a) 在不同压强下的响应过程　　　　　　　　　(b) 响应时间与压强的关系

图7-25 不同测试压强下织物基温度传感器的动态响应

（4）基体材料。为了便于织造，选用了较普遍的棉纱线，而棉纤维的导热性能较差，为了研究基体材料的热传导对传感器的性能有无影响，选择了导热性能优于棉纤维的锦纶（210旦，单丝）。分别以锦纶和棉纱线为基体制备温度传感器，经密保持一致，但棉基体温度传感器的厚度约为锦纶基的两倍，这是由于棉纱线较锦纶粗。

当热电阻传感器包裹在织物内时热传递依靠纱线。这里制备的织物基温度传感器因感温Pt纤维可与热源直接接触，又因为金属的热传导远大于纱线的热传递，所以推测构成传感器基体的纱线材料对于响应时间的影响极小，实验结果也与推测相吻合。

由图 7-26 及表 7-9 可以看出，虽然基体材料锦纶的热传导系数大于棉纱线，传感器的电阻—时间响应曲线几乎重合，从结果也可以得出两者的响应时间几乎相等，从而可以得出基体材料对传感器响应时间没有显著影响，温度的传导依靠感温 Pt 纤维自身，其响应时间也取决于 Pt 纤维自身。

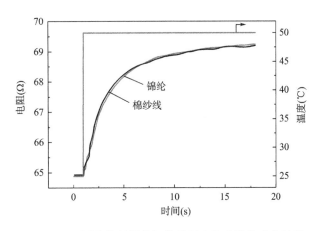

图 7-26　不同基体材料的织物基温度传感器的响应过程

表 7-9　不同基体材料的织物基温度传感器响应时间

基体材料	导热系数 [W/(m·℃)]	响应时间（s）	标准偏差（s）
棉纱线	0.071~0.073	2.275	0.102
锦纶	0.244~0.337	2.350	0.171

（5）温度范围。为了满足需求，对于响应时间的测试温度范围保持在 20~50℃，在实际应用时，可以根据需求调整阶跃温度范围。为此，探究了不同阶跃温度范围对响应时间的影响。将 25~55℃ 分成三个温度范围测得的结果如图 7-27 所示。从图中可以看出，随温度范围的升高，传感器响应曲线的斜率增大且电阻值增大。同时，响应时间随温度范围的增大

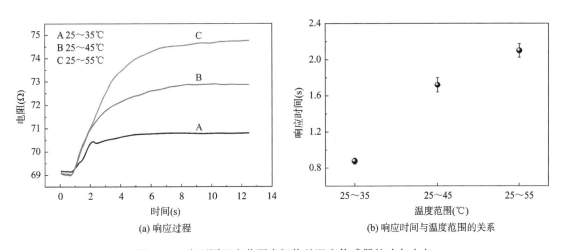

(a) 响应过程　　　　　　　　　　(b) 响应时间与温度范围的关系

图 7-27　在不同温度范围内织物基温度传感器的动态响应

而增大。从上述实验得出，对响应时间的影响取决于感温元件自身。资料显示，感温元件 Pt 纤维的热导率在至熔点范围内随温度升高而降低，感温元件 Pt 纤维的热导率降低，单位时间内传递的热量减少，内部温度变化减慢，传感器的响应时间增大。所以，在实际应用时，可根据需求适当降低温度范围。

第六节 热致变色材料与传感器

所谓热感应变色（Thermochromic）是指一些化合物和混合物在受热或冷却时发生物理变化（如脱掉结晶水、晶体结构互变、空间构型互变等）或化学变化（分解、化合、氧化、还原等）导致分子结构、分子形态的变化，引起可见吸收光谱发生变化的性质，亦称感温变色，或热敏变色，或热致变色。具有热感应变色特性的物质称为热感应变色材料，热感应变色材料是由变色物质加上其他辅助成分组成的功能材料，它具有颜色随温度改变的特性。从热力学角度，可将热感应变色材料分为不可逆热感应变色材料和可逆热感应变色材料两大类。

一、热致变色传感器的工作原理

对于各类具有可逆热致变色性质的化合物，其热致变色原理主要可概括为物质结构的变化。

热致变色化合物的物质结构的变化主要有晶体结构的变化，配位场、配位数、几何构型的变化，分子结构的变化等。

1. 晶体结构的变化 大部分无机热致变色化合物的颜色变化是因晶型的转变或晶格常数的变化而引起的，包括多种金属的混合氧化物、碘化物、配合物、复盐等。从理论上讲，这类热致变色特性一般具有可逆性，但是由于冷却时晶体结构的转变往往较慢，因此，在较短的时间内，此类热色性变化往往表现为不可逆。如弱酸、高级脂肪酸或脂肪醇等。当温度改变时，发色剂得到或失去质子，其酸式结构和碱式结构相互转化，引起颜色变化。这种热变色材料颜色的变化通常与各酸碱指示剂的 pH 变化范围内的颜色变化一致。

2. 配位数、配位场、几何构型的变化 配合物的颜色随温度的变化主要是由于配位数的几何构型的变化引起的。如（CH_3）$_2$CHNH$_3$CuCl，受热后构型由含有一对称桥二聚体的双桥型链的平面锥形变为含有三桥型链的平面双锥形，配位数由 5 变为 6。NiL$_2$NO$_3$·2H$_2$O（L=N-异丙基-2-甲基丙烷-1，2-二氨）受热后失水，颜色由黄变绿，构型由平面正方形变为八面体构型。绝大多数含易挥发的小分子配体（如 NH$_3$、CO、O$_2$ 等）的有色金属络合物或带结晶水的有色无机化合物易受热分解生成新的有色物质而具有热致变色性质。

3. 分子结构的变化 有机（包括元素有机）化合物颜色随温度的变化多数是由分子结构的变化造成的。这类变化包括酸–碱、酮–烯醇、内亚酰胺–内酰胺等之间的平衡移动，有机化合物的氢迁移，分子受热开环或关环或产生自由基等。例如：邻羟基希夫碱的酮式–烯醇式互变；1，2-苯二氰硫代咪唑衍生物的热平衡过程；反式-3，8-二氨基-5-乙基-6-苯基菲啶铂氨络合物在丙酮盐中的氢迁移；对氨基苯基汞二硫腙盐热致变色过程的红外光谱和动力学研究表明，发生颜色变化的主要原因是分子内双键位置的移动。

凡温度下降后能恢复材料原有颜色者，称为可逆热致变色效应，否则便称为不可逆热致变色效应。一般一种感温材料只能产生一种颜色，称为单热致变色效应，两种或两种以上感温材料配套应用时，在受热过程中可产生两种以上颜色，称为多热致变色效应。

二、热致变色纺织敏感材料

温敏变色纺织品是指能够随着环境温度改变而自动变色的纺织品。颜色发生改变可基于物理、化学原理，使织物上的变色染料/颜料的分子结构或排列方式根据温度的不同而发生变化。最早于 1974 年日本出现利用胆甾型液晶制作变色织物的专利。目前，国内的研究倾向于感温变色材料纺织性能优化，并且更多依赖印花、浸染等技术应用于图案设计，技术创新成为新的难关。国外的研究目前倾向于变色纱线的研发，现有技术更多应用于科技智能的互动体验，通过服装颜色的变化来传递身体状况的信息，进而倾向于使用生物智能感温变色纺织面料。

（一）温敏变色技术

纺织品的温敏变色技术可在生产的不同阶段实现，如纤维加工、染色、印花及涂层。纤维加工是将感温变色材料加入到纺丝液中，通过干法、湿法或熔法纺丝或共聚、共混、交联及涂层等方法引入到纤维中或纤维表面生产温敏变色纤维。染色指采用变色染料对纤维、纱线和织物进行浸染。印花及涂层技术是采用变色涂料进行印花或涂层等技术将感温变色材料应用于面料中。其中，纤维技术和印染技术是感温变色纺织品的两种主要制造方法。

发展较成熟的纤维技术主要有三种类型：溶液纺丝型、熔融纺丝型及后整理型。溶液纺丝型是将变色化合物和切断变色化合物转移的试剂与纺丝溶液混合制得溶液纺丝型纤维。熔融纺丝型可细分为三种方法，聚合法、共混及皮芯纺丝。其中，皮芯纺丝是生产变色纤维的主要技术。后整理型是利用微囊包封技术及黏合剂将微胶囊黏附在织物表面，使服装具有热感应变色功能。它是当前发展的主要技术手段。热感应变色微胶囊是指以热感应变色材料或与其他助剂一起作为芯材而制备的微胶囊。微胶囊包封的方法很多，更多的倾向于选用复合凝聚法。

感温变色染料用于印花，由于多种限制条件需要配制成微胶囊。例如，与纤维亲和力低的染料，微胶囊化后靠黏合剂才能固着在纤维表面。除此之外，有些变色染料只有封闭在微胶囊中才能持续产生变色作用，而另外一些变色染料则需要防止外界因素的作用。

近来，有将感温变色材料以不同的附着形式设计应用到织物中的技术。印花设计采用方平组织，浸渍纱线混合织物采用斜纹组织，感温变色材料植入织物设计中采用透孔组织等。需注意图案变化的连续性，在配色上加入普通非感温变色的色纱，且不同的透孔组织结构对感温变色材料的视觉表现会产生直接的影响。

（二）热感应变色材料在纺织品的应用

热感应变色材料在纺织品上的应用可按照材料的应用范围及时间前后顺序分为四个部分：变色图案、变色纤维、变色纱线、变色织物。

1. 变色图案　热感应变色材料较早出现在服装图案上面。对特定图案设置不同温度及色彩，将温敏变色颜料或油墨涂于图案之上，随着温度的升高，图案呈现多种变化，为服装带来丰富的视觉感受。如泳衣及连衣裙，变色前、后服装上会呈现不同的花型图案（图 7-

28）。日本已开发了在-40~85℃温度范围内，在温度差大约10℃时能瞬间变色的各种彩色布料。有单色调也有深色调，有素色布也有各色印花，可显现的彩色多达56种。目前，正在推广用此类布料制成的沙滩服、滑雪运动服、婴幼儿服装、服饰品、灯罩和窗帘等具有丰富色泽的纺织制品。

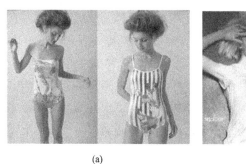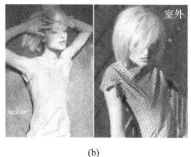

(a)　　　　　　　　　　　　　　(b)

图7-28　（a）变色泳衣；（b）热感应变色连衣裙

2. 变色纤维　所谓感温变色纤维是一种具有特殊组织或结构的、在受热等外界条件刺激后可以自动改变颜色的纤维。获得热敏变色纤维的方法分为两种：其一，将热敏变色剂填充到纤维内部；其二，将含热敏变色微胶囊涂于纤维表面。胶囊中含有特殊色素和发色剂，在

图7-29　热辐射变色运动衣

一定的温度下，反复进行结合而发色，切断而清除色。通过外界温度、服装内温度以及体温三者的综合作用变换颜色。如现已面向大众销售的智能运动衣 Radiate Athletics（图7-29）。它运用 NASA（美国宇航局）发明的热感应变色技术即时捕获运动者身体各个部位所散发的热量，并通过颜色的变化让运动者随时把握自己的肌肉及血管的锻炼情况。它由高品质的创新型环保面料制成，颜色变化鲜明，印花牢固柔软。目前，其款式设计较为单一，颜色选择比较集中，变色效果还有待升级。

3. 变色纱线　日本旭化成株式会社研发的 Saran TC 运用了微胶囊化技术，将热感应变色染料做特殊处理，拥有明亮、清新、持久的色彩，且不易脆化。当温度逐渐升高至特定温度设置时，其表面发生色彩变化，可以定制所需要变色的温度范围。但服用性能尚未达到与服装结合的理想效果，其耐光色牢度低，长时间光照下变色效果会减弱，纺成纱线后2h持续光照，变色功能就会丧失。同时，它不是很耐热（图7-30）。

4. 染整变色织物　热敏变色织物主要通过微胶囊整理法应用于纺织品上。在热敏变色材料上的热变色微胶囊，在一定的温度下热敏变色材料的颜色就会随着结构的变化而发生变化，当温度恢复后，反应就会停止，结构恢复、颜色恢复。由于热敏变色染料对纺织品的亲和力比较弱，在染整加工过程中，往往借助其他渠道进行整理，如微胶囊法、电位转移法等。在这两种方法中，微胶囊法由于方便可行，在日常生活中的应用较为广泛。这类纺织品

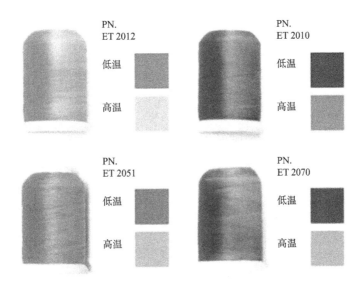

图 7-30　Saran TC 热致变色纱

的性能评价指标包括耐洗涤性、耐光性。如日本东丽公司开发了一种热敏变色织物，将热变色染料作为囊芯包覆在直径为 3~4μm 的微胶囊内，然后将微胶囊通过后整理的方法涂覆在织物表面，从而获得这种热敏变色织物。这种热敏变色材料包含了三种主要成分：隐色剂、显色剂和在特定温度下能使隐色剂和显色剂生成的复配物分离的醇类溶剂。随着三者的质量比重的改变，热敏变色复配物可以呈现不同变色性能，而且颜色的变化是可逆的。

图 7-31　染整变色织物

另有，Marie Ledendal 博士将热感应变色材料与印刷、针织、刺绣等相结合研究及探索设计方法。现阶段，她使用丝网印刷热敏染料对纱线进行染色。实验表明染色后得到的材料较容易脆化但颜色变化明确，颜色出现同质现象，需进一步发展应适应针织或机织，并创建新的颜色变化结构和模式。北京服装学院胡亚康等就颜色变化的单一模式及结构的现有问题提出采用感温变色微胶囊和普通涂料拼色的方法。实验表明，印花过程中，变色微胶囊与涂料相容性良好。拼混后的微胶囊保持了良好的变色效果，并借助与涂料的拼色，呈现出多彩的变色效果，改善了从有色变为无色的单一效果。英国科学家将液晶材料微胶囊加工成可印染的油墨，涂敷在一种黑色纤维表面，随身体部位不同以及体温变化而瞬息万变，显示出迷人的色彩。

三、基于热致变色敏感材料的传感器设计

国外已实现智能产品的市场销售。如以美国国家航空航天局的技术为支撑，目前已投入市场的名为 Radiate 的运动衣，其能根据身体辐射出来的热量改变光子的反射方式，身体散发出的热量不同，衣服对应部位的颜色就会有所不同。此款智能变色运动衣最大的功能就是让用户实时看到肌肉的发热情况，调整不同的运动策略，实现智能产品与人体运动的结合。日本 Kanebo 公司将吸收 350~400nm 波长紫外线后由无色变为浅蓝色或深蓝色的光敏物质包敷在微胶囊中，用于印花工艺制成智能光敏变色织物，采用这种技术生产的光敏变色 T 恤衫早已供应市场。

热致变色材料之所以能够变色是由于变色体能引起内部结构的变化，从而导致颜色的改变，当温度降低时，颜色又复原。相对于光敏染料，国内外对热敏染料的研究要多很多。尤其是在应用于纺织品印花方面，取得了一定的成果，已有一系列的热敏印花产品问世。如日本松井色素化学工业株式会社生产的 TC 系列以及我国生产的 RT 系列就属于热敏变色产品。织物在服用过程中，随季节、地区不同，室内、室外温度不同，而呈现多变的色彩。目前能够生产变色涂料并掌握加工技术的主要是英国、日本等以及我国的台湾地区。

应用原理中晶体结构的变化，设计通过酚红与月桂酸按一定比例混合，25℃时，发生红黄可逆变化，其结构变化如下：

碱式(红色)　　　　　　　　　　　酸式(黄色)

将酚红和月桂酸以一定比例混合之后采用微胶囊化技术进行织物变色印花。微胶囊化技术拓宽了变色颜料使用的范围，使得变色更灵敏，颜色变化更鲜明，变色温度宽度更窄，感温效果更显著，并能呈现多种色彩。当人不运动的时候，衣服的颜色应该以红色为主，而当人开始发生运动之后，随着汗液的排出以及运动中的肌肉、体内血管所散发出的热量会使服装的颜色发生明显的变化，服装上某一块区域的颜色正在慢慢地从红色变为黄色。这就说明了这一块区域的肌肉可能已经使用过度疲劳了，需要进行适当的休息或者减缓运动量了。

虽然通过酚红和月桂酸可以实现热感应的变化，但这样的设计也可能存在诸多的不足之处。酚红和月桂酸发生反应的温度为 25℃，作为贴身衣物穿着的话，服装本身的温度可能受到体温温度的影响而从开始就高于 25℃。酚红和月桂酸发生由碱式至酸式的反应需要在酸性的环境下进行，而不同人的汗液存在的不同的酸碱性，这样的差异可能使得变色效果不明显或者出现误差。

对于第一个问题，可选择的解决方案是在热感应服装里面再穿一件薄的贴身背心，作用

是避免了热感应服装与体表的直接接触,这样可以大大地降低服装的温度,并且也避免了酚红与月桂酸可能会直接接触皮肤引起的过敏或者不适。第二个问题,人体汗液的 pH 在 5~7.5。而酚红的变色范围在 6.6~8.0 时显示橙色,pH 低于 6.6 呈现黄色,pH 高于 8.4 呈现红色。故人体汗液的酸碱性对于酚红月桂酸热感应变色的影响不大。

第七节 发展趋势

对温度实时、准确的监测在人体健康、材料及结构工况等方面有着重要的应用。目前,成功用于这些应用环境温度监测的装置多是将传统的硬质传感器以较小的体积封装起来,再嵌入相应的结构体中。虽然可以实现对诸如体温的实时监测,但硬质物体与人体等柔性体的结合会给监测带来不确定性,影响监测准确性。鉴于这些问题,纺织柔性温度传感装置受到广泛关注。现有很多学者将传感器通过缝合及包埋的方式与织物相结合,虽然将传感器集成到了织物中,但是并没有实现真正的柔性、微型化等,利用纺织纤维材料来实现感温性能,才是制备柔性织物传感器较理想的方式。这需要进一步优化温敏材料与纺织纤维及集合体的设计与加工技术。

思 考 题

1. 温敏材料的分类。
2. 纺织纤维基传感器的加工工艺有哪些,举例说明。
3. 简述半导体温敏材料及传感器的工作原理。
4. 什么是热致变色?
5. 热致变色织物有哪些用途?

参考文献

[1] SIBINSKI M, JAKUBOWSKA M, SLOMA M. Flexible temperature sensors on fibers [J]. Sensors, 2010, 10 (9): 7934-7946.

[2] MATTANA G, KINKELDEI T, LEUENBERGER D, et al. Woven temperature and humidity sensors on flexible plastic substrates for e-textile applications [J]. IEEE Sensors Journal, 2013, 13 (10): 3901-3909.

[3] 蒙茂洲. 基于柔性硅基薄膜技术的智能服装的研究 [D]. 武汉:华中科技大学, 2007.

[4] JAYARAMEN S, PARK S, RAJAMANICKAM R, et al. Fabric or garment with integrated flexible information infrastructure for monitoring vital signs of infants [P]. US: US6687523. 2003-3-23.

[5] 邓南平. 嵌入式感温织物的研究 [D]. 武汉:武汉纺织大学, 2015.

[6] LOCHER I, KIRSTEIN T, TROSTER G. Temperature profile estimation with smart textiles [J]. IEEE Sensors Journal, 2005 (1): 1-8.

[7] HUSAIN D M, KENNON R. Preliminary investigations into the development of textile based temperature sensor for healthcare applications [J]. Fibers, 2013, 1 (1): 2-10.

［8］ 张强，余晓明.基于封装结构温度传感器响应时间的分析［J］.大学物理实验，2016，29（2）：44-48.

［9］ HUSAIN M D, NAQVI S. Measuring human body temperature through temperature sensing fabric［J］. Aatcc Journal of Research, 2016, 3（4）：1-12.

［10］ 朱晓旭，周修文.温度传感器［J］.电子测试，2013（5）：44-45.

［11］ 杨飞.纺织品的温致变色整理［D］.长春：长春工业大学，2017.

［12］ 徐凤飘，何文元.智能多层次温致变色纺织品的研制［J］.上海纺织科技，2014，9：3-5.

［13］ 张婉，籍晓倩，殷允杰.用溶胶微球法制备变色涤纶织物的温致变色机制及其性能［J］.纺织学报，2017，38（2）：117-122.

［14］ 高燕.热致变色微胶囊的制备及在纺织上的应用研究［D］.上海：东华大学，2015.

［15］ 刘鲜红，孙元，边栋材.热致变色纺织品的应用和研究进展［J］.功能性纺织品及纳米技术应用研讨会，2007.

［16］ HUSAIN M D. Development of Temperature Sensing Fabric［D］. Manchester：Textile Science & Technology School of Materials, The University of Manchester, 2012.

［17］ LEDENDAL M. Thermochromic textiles and sunlight activating systems：an alternative means to induce colour change［D］. Edinburgh：Heriot-Watt University, 2015.

［18］ 胡亚康，史丽敏，王晓春，等.感温变色微胶囊印花工艺及其应用研究［J］.纺织导报，2015（11）：38-41.

［19］ 张丽娜.织物基温度传感器的制备与性能研究［D］.上海：东华大学，2017.

第八章　生物敏感纺织材料与传感器设计

第一节　生物敏感纺织材料

生物敏感纺织材料是纺织生物传感器的核心，有人将敏感元件中的敏感物质称为分子探针。它通常是指由一种分子识别元件（感受器）即敏感器件和信号转换器（换能器）即转换器件紧密结合，对特定种类化学物质或生物活性物质具有选择性和可逆响应的分析装置。生物敏感纺织材料即把生物敏感物质和纺织纤维材料通过某种加工方式结合形成的生物敏感材料。生物敏感纺织材料利用酶、微生物（病毒、细菌）、抗原和细胞等与生物有关联的物质。它们仅能与某种特定的物质发生生物化学反应，并能将其中的离子浓度、气体浓度和温度等物理与化学量变为电信号的纺织材料。这类纺织材料具有选择性好、感度高、精度高的特点，同时用少量的被测物就可进行检测。常用它制成传感器，主要用于医疗上的检测、环境上的测量和生物化学方面的测量等。最近已出现将其制成的超小型传感器埋入皮下或筋肉内，可对生物体内的一些指标进行连续检测（图8-1）。生物体内活性物质的分析和检测，对获取生命过程中的化学和生物信息、了解生物分子的结构和功能之间的关系、阐释生命活动的机理以及疾病的诊断都具有重要的意义。

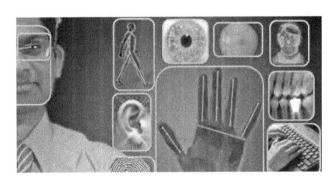

图8-1　典型生物传感器

目前为止，生物传感器的发展可以大致分为三个阶段：第一阶段为起步阶段（20世纪60~70年代），此阶段的生物传感器由固定了生物成分的非活性基质膜（透析膜或反应膜）和电化学电极所组成，以Clark传统酶电极为代表；第二阶段为生物传感器发展的第一个高潮时期（20世纪70年代末至20世纪80年代），这一时期的生物传感器将生物成分直接吸附或共价结合到转化器的表面，而无须非活性的基质膜，测定时不必向样品中加入其他试剂，以介体酶电极为代表；第三阶段为生物传感器发展的第二个高潮时期（20世纪90年代至今），生物传感器把生物传感成分直接固定在电子元器件上，它们可以直接感知和放大界面物质的变化，从而把生物识别和信号转换处理结合在一起，以表面等离子体和生物芯片为代表，此阶段生物传感器的市场开发获得了显著成就。

可穿戴设备、智能感知的应用研究将生物传感器推到了前台。生物传感器（Biosensor）是一种对生物物质敏感并能将其浓度转换为电信号进行检测的仪器。由分子识别部分（敏感元件，包括酶、抗体、抗原、微生物、细胞、组织、核酸等生物活性物质）和理化转换部分（换能器，如氧电极、光敏管、场效应管、压电晶体等）及信号放大装置构成的分析工具或系统组成，如图8-2所示。前者是生物传感器选择性测定的基础，以分子识别部分来识别被测目标，从而引发一系列物理或化学现象。可用作分子识别元件的生物活性物质有核酸、细胞膜、组织切片、细胞受体、微生物细胞、抗体、细胞器、酶、有机物分子等。后者是把生物活性表达的信号转换为电信号的物理或化学换能器（传感器），主要为压电石英晶体、热敏电阻、电化学电极（如电位、电流的测量）、光学检测元件、场效应晶体管、气敏电极及表面等离子共振器件等。当待测物与分子识别元件产生特异性结合后，会产生不同的复合物（或光、热等），信号转换器再将其转变为可表现出来的电信号、光信号等，从而达到分析并检测的目的。

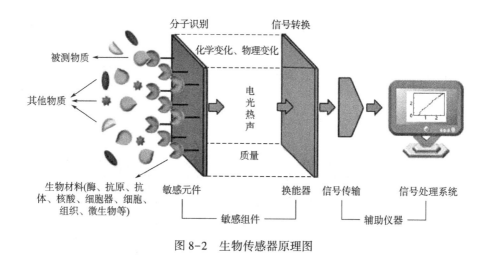

图 8-2　生物传感器原理图

各种生物传感器有以下共同的结构：包括一种或数种相关生物活性材料（生物膜）及能把生物活性表达的信号转换为电信号的物理或化学换能器（传感器）。二者组合在一起，用现代微电子和自动化仪表技术进行生物信号的再加工，构成各种可以使用的生物传感器分析装置、仪器和系统。

生物传感器的优势在于选择性好、灵敏度高、分析速度快、制备检测成本低、能实现在线连续监测。此外，它还具有微型化、自动化和集成化的特点，使其在近几年获得广泛的关注和大力的发展。Tesan公司的研究结果表明，使用智能生物传感器等远程监控可将患者转诊至护理中心的人数减少30%。

一、生物敏感材料的传感特性

生物传感器的转换部分将生物信息转变成电信号输出。按照受体学说，细胞的识别作用是由于嵌合于细胞膜表面的受体与外界的配位体发生了共价结合，通过细胞膜能透性的改变，诱发了一系列电化学过程。膜反应所产生的变化再分别通过电极、半导体器件、热敏电阻、光敏二极管或声波检测器等，转换成电信号，形成生物传感信息。

（一）生物传感器的传感形式

1. 电化学的形式　目前，绝大部分的生物传感器工作原理均属于此类。以酶传感器为例，伴随着酶的分子识别，生物体中的某些特定物质的量发生增减。用能把这类物质量的改变转换为电信号的装置和固定化的酶相结合，常用的转换方式是通过适合的电极（如离子选择电极、过氧化氢电极、氢离子电极等）将这种物质的增减变为电信号。另外，细胞传感器和微生物传感器等的工作原理也与此类似。

2. 热变化的形式　有些生物敏感膜在分子识别时伴随着热变化，将热变为电信号，可由生物敏感膜加上热敏电阻构成。大多数酶促反应均有热变化，一般在 $25 \sim 100 kJ/mol$。

3. 光变化的形式　有些生物敏感膜在分子识别时伴随着发光现象的产生，如过氧化氢酶能催化过氧化氢/鲁米诺体系发光。因此，可参照前述的光—电转化的模式将光转换成电信号。例如，将过氧化氢酶膜附着在光纤或光敏二极管等光敏器件的前端，再用光电流检测装置，即可测定过氧化氢的含量。许多酶促反应都伴有过氧化氢的产生，又如葡萄糖氧化酶（GOD）在催化葡萄糖氧化时也产生过氧化氢，因此，葡萄糖氧化酶和过氧化氢酶一起做成复合酶膜，则可利用上述方法测定葡萄糖浓度。

4. 直接转换的形式　上述三种原理的生物传感器，都是将分子识别元件中的生物敏感物质与待测物发生化学反应，所产生的化学或物理变化量通过信号转换器变为电信号进行测量的，这些方式称为间接测量方式。还有一些生物敏感膜在分子识别时会形成复合体，而这一过程可使酶促反应伴随有电子转移、微生细胞的氧化或通过电子传送体作用在电极表面上直接产生电信号，若在固体表面进行，则固体表面的电位发生变化。将此表面电量的变化量检出即为直接转换。

总之，生物传感器实现以下三个功能，感受，提取出动植物发挥感知作用的生物材料，包括生物组织、微生物、细胞器、酶、抗体、抗原、核酸、DNA 等，实现生物材料或类生物材料的批量生产、反复利用，降低检测的难度和成本；观察，将生物材料感受到的持续、有规律的信息转换为人们可以理解的信息；反应，将信息通过光学、压电、电化学、温度、电磁等方式展示给人们，为人们的决策提供依据。

（二）生物传感器的分类

生物传感器并不专指用于生物技术领域的传感器，还包括环境监测、医疗卫生和食品检验等。根据生物传感器中的分子识别元件和换能器（信号转换器）的不同，可以从这两个方面对生物传感器进行分类。

根据生物传感器中分子识别元件即敏感元件可分为五类：酶传感器（Enzymesensor）、微生物传感器（Microbialsensor）、细胞传感器（Organallsensor）、组织传感器（Tis-suesensor）及免疫传感器（Immunolsensor）。显而易见，所应用的敏感材料依次为酶、微生物个体、细胞器、动植物组织、抗原和抗体。

根据生物传感器的换能器即信号转换器分类有生物电极传感器、半导体生物传感器、光生物传感器、热生物传感器、压电晶体生物传感器等。换能器依次为电化学电极、半导体、光电转换器、热敏电阻、压电晶体等。

有学者以被测目标与分子识别元件的相互作用方式进行分类，包括生物亲和型生物传感器（Affinitybiosensor）、代谢型或催化型生物传感器。

生物传感器已不再局限于生物反应的电化学过程，而是根据生物学反应中产生的各种信息（如光效应、热效应、场效应和质量变化等）来设计各种精密探测装置，形成了光纤、压电晶体、表面离子体共振、半导体、纳米等器件与酶、抗原、抗体、核酸、细胞、天然受体或合成受体等生物元件组成的各类生物传感器类型。

二、生物传感器的刺激因素

生物传感器由生物反应器系统、传感器和输出系统三个主要部分组成。生物传感器被设计成仅与特定物质起反应，并且该反应的结果以消息的形式出现，可以通过微处理器进行分析。这些生物传感器可以被认为是受体或刺激物，基于传感器的通信系统可以显示、刺激、处理或替代人体生物物理学性能。相对而言，生物传感器以医用生物传感器为主，它们的原理结构及主要应用领域分别如图8-3和图8-4所示，用于检测人体的各类病变。

图8-3 医用生物传感器原理结构图

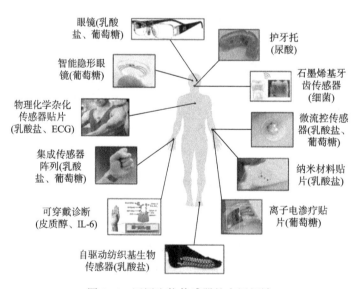

图8-4 医用生物传感器的应用领域

病变（如癌症、自身免疫性疾病感染、心血管疾病等）通常会导致该区域生理环境发生特定的改变，这些改变就成为生物敏感纺织材料的目标。通常这些刺激可以分为三类：器官层次的刺激、与生理环境相关的刺激和细胞组分的刺激（图8-5，表8-1）。

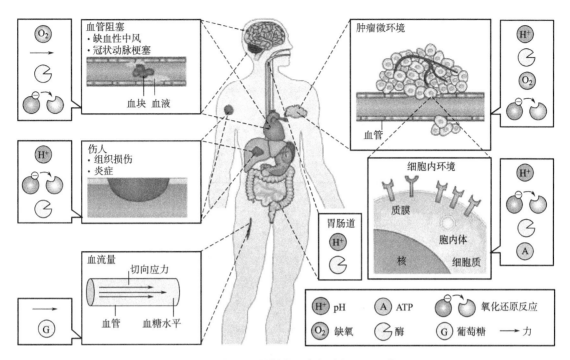

图 8-5　与生理学刺激因素相关的生理环境

表 8-1　典型的生理刺激因素

	身体部位或生物刺激	具体情况
pH	血浆	正常 pH 范围：7.38~7.42
	胃肠道	唾液：6.0~7.0；胃液：1.0~3.5；胆汁：7.8；胰液：8.0~8.3；小肠液：7.5~8.0；大肠液：5.5~7.0
	泌尿道	pH 平衡的人体尿液：6.5~8.0
	阴道	正常 pH 范围：3.8~4.5
	眼	眼表：约 7.1；健康眼泪：7.3~7.7
	病理微环境	炎症有关的酸液 pH：肿瘤细胞外 7.2~6.5；发炎组织中低至 5.4；骨折相关的血肿低至 4.7；心肌缺血时低至 5.7
氧化还原作用	还原物种	谷胱甘肽：细胞内，10mm；细胞外液，2~10μm
	氧化物种	增加的活性氧化物种类与发炎及组织损伤有关
酶	基质金属蛋白酶（MMPs）	MMPs 过量取决于各种癌症及结肠直肠疾病，例如，在健康人体中血浆 MMPs 水平是非小细胞肺癌患者的一半。而且，有证据表明 MMPs 是发炎和创伤感染过程的重要调整剂
	磷脂酶	在健康个体中典型第二类分泌磷脂酶的血浆水平是 5~12.6ng/mL，该值升高与潜在血管疾病有关
	单链多肽（PSA）	基于 ERSPC 实验在 PLCO 中得到的 PSA 下限是 4ng/mL，PSA 值升高与前列腺癌有关
葡萄糖	糖尿病	血糖含量：>180mg/dL（血糖过高症）；<70mg/dL（低血糖症）
	非糖尿病	血糖含量：70~100mg/dL（正常空腹血糖）；<140mg/dL（饭后两小时的正常血糖）

	身体部位或生物刺激	具体情况
物理刺激	温度	正常体温：36.5~37.5°C
	压力及剪切力	正常平均血压：70~105mmHg，健康冠状动脉中的平均剪切力约为1.5Pa；受限血管中增加后超过7Pa
其他	ATP	细胞内环境：1~10mm；细胞外：<5μm
	组织缺氧	血氧不足（反常低血氧含量）：<60mmHg；组织缺氧（组织低氧含量）：临界氧分压，8~10mmHg

对典型的生理刺激因素进行分析。

（一）pH

能对pH做出响应的材料通常能进行物理或化学的变化如图8-6所示，如溶胀、收缩、离解、降解，pH响应性来源于可电离基团的质子化或化学键的酸降解。

生物响应材料能够与生物支架、装置等结合从而与生物刺激因素产生不同的作用，大部分这种材料能用"可变形"来形容，因为它们在遇到刺激因素的时候会发生形貌改变。理想的生物响应行为是高选择性和高敏感性的，这就要求目标特异响应。如图中所示，刺激响应能通过物理变化、化学变化或者两者的结合实现。

pH响应材料的设计与选择也与药物分子的性质有关，比如，可酸降解的药物（质子泵抑制剂、某些蛋白等），就要保证它们不被胃酸降解。含有羟基的阴离子聚合物在碱性条件下溶解度更高，可以用来输运对酸敏感的药物。聚阳离子可以作为非病毒运输基因的载体，因为它能通过静电相互作用与带负电的核酸结合。另外由带相反电荷的两亲嵌段共聚物自组装形成的微囊是另一类对pH敏感的材料，比如，pH敏感的肽双亲物可以被用来进行pH引发的可逆自组装（纳米纤维）。在DNA组装的纳米线团中，内涵体中pH的下降会释放被包围的脱氧核糖核酸酶（DNase），DNase会攻击DNA纳米线团，最终实现在细胞内的药物释放，这可以被认为是一个逐步激活系统。

虽然有机物还是主要的pH响应材料，但是最近可酸降解的无机材料（如磷酸钙和液态金属）由于其生物相容性及其产生的代谢产物无毒或低毒也被应用到药物输送中。例如，在基于液态金属的药物递送系统中，由Ga—In合金组成的核在受到质子攻击时会降解。在最近研究的pH响应造影剂中，磷酸钙会在酸性的实体肿瘤中降解从而释放被限制的Mn^{2+}，Mn^{2+}接着与蛋白质结合，从而增强了核磁共振成像时的弛豫性。

除了直接诱导药物释放外，生理环境中的pH梯度也可以用来实现药物的释放。在某些情况下，装饰有pH响应片段的纳米载体在弱酸性的肿瘤环境中会进行电荷转移，从而通过内吞作用被癌细胞摄取。这种电荷转移的方法也可以用来改善癌症诊断。pH敏感的细胞穿透肽（CPPs），可以被肿瘤处的酸性环境激活，从而促进其在肿瘤内的富集。在最近的研究中，树性分子共轭物前药可以在肿瘤内特异释放，由于其酰胺键在弱酸性的肿瘤环境中断裂。其他种类的生理环境pH梯度，如慢性伤口和发炎地点的酸化，也可以作为pH响应材料的目标。

最近研究人员利用在酸性条件下稳定但是在中性环境下可溶的pH敏感超分子凝胶来制

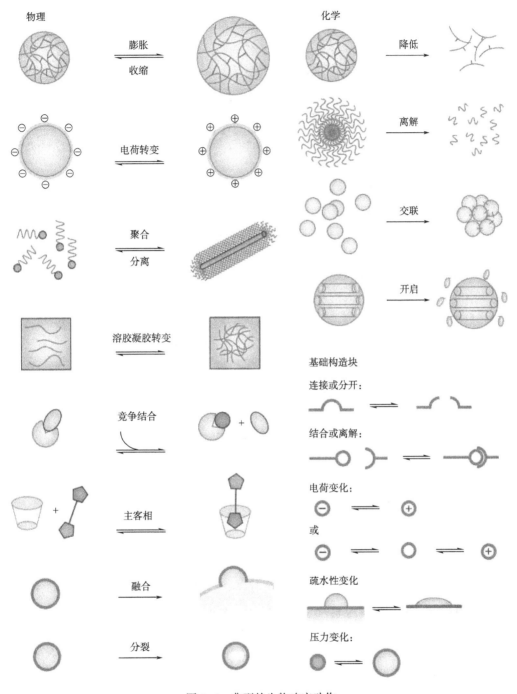

图 8-6 典型的生物响应动作

造可以安置在胃中的装置。超分子中的羟基在酸性环境中可以形成分子间氢键，从而形成弹性的含水超分子网络。然而在中性环境中，由于羟基的去质子化，超分子凝胶会快速分解。

（二）葡萄糖

目前，血糖监控和胰岛素注入仍是治疗糖尿病一类和晚期糖尿病二类的主要手段。但是这个过程除了痛苦和不方便之外，还很难控制血糖的含量，可能会导致糖尿病并发症，另外，血糖过低则会导致致命的胰岛素休克。因此，急需发展一种能对血糖响应并且自调节的闭环药物系统。

1979 年，制造了第一个葡萄糖响应胰岛素递送系统，使用的是伴刀豆球蛋白 A（一种糖结合凝集素，ConA），葡萄糖能够使 ConA—聚合物复合物解离从而释放胰岛素。研究人员在这个领域做了大量的研究，特别是在实现快速响应、方便注射和生物相容性方面。通常按照控制血糖浓度的原理，可以将胰岛素递送系统分为两类，一种是直接由高含量的血糖触发胰岛素的释放（如 ConAn），另一种要利用葡萄糖氧化酶，酶反应使高浓度血糖区域的 pH 或氧含量降低，继而促进胰岛素的释放。

亚硼酸与二醇之间的相互作用使得含亚硼酸的聚合物成为葡萄糖响应的潜在材料之一，在最近的研究中，研究人员将含脂肪酸族基团和 PBA 基团的小分子连接到胰岛素中。这种结合体能与血清或血清中的其他疏水性成分结合，从而延长它们的循环周期和胰岛素的葡萄糖响应释放。

葡萄糖酶能在氧气存在时将葡萄糖转化为葡萄糖酸，从而降低局部的 pH，这会增强赖氨酸的溶解度从而触发水凝胶的溶胀或者毁坏使胰岛素释放。其中的一个例子就是，包含葡萄糖酶的阳离子聚合物水凝胶在葡萄糖的作用下的溶胀和退溶胀。除了利用局部酸化效应外，研究人员还利用酶产生的局部乏氧条件来建立葡萄糖响应的微针阵列小块，快速葡萄糖响应胰岛素释放可以通过 2-硝基咪唑共轭透明质酸自组装形成的囊泡实现。

葡萄糖响应材料不仅可以作为胰岛素运输的载体，在最近的研究中由 PBA 衍生物组成的水凝胶还被用来作为蛋白质运输载体或者细胞生长的基底。在 PBA 与二醇的动态相互作用下水凝胶能够自愈合。最近的报道中，靶向黑素瘤的微针癌症免疫疗法药物递送系统能够在血糖的作用下释放抗-PD1 抗体，并且加长了在肿瘤中停留的时间。

除了药物递送系统外，葡萄糖响应材料也能用来进行长期的血糖监控。如用葡萄糖类似物功能化的单壁碳纳米管做成葡萄糖传感器。单壁碳纳米管在 ConA 或者 PBA 的作用下能够聚集从而发生荧光猝灭，而葡萄糖可以使其团聚又重新分离从而恢复荧光。由含葡萄糖识别位点和荧光位点单体制备的荧光性聚丙烯酰胺水凝胶微球已经显示出连续监控血糖含量的潜力。

（三）氧化还原

在组织和细胞中都存在氧化还原电势差，比如，谷胱甘肽/氧化谷胱甘肽对是动物中含量最高的氧化还原对，并且谷胱甘肽在细胞质中的含量比在细胞外体液中高 2~3 个数量级，此外，对啮齿类动物的研究表明，癌细胞中谷胱甘肽的含量比正常组织中的要高。除了还原物外，在很多疾病中，如癌症、中风、动脉硬化等，活性氧簇（ROS）也大量存在。

二硫化物在还原剂（如谷胱甘肽）存在下能转化为硫醇，硫醇在氧化条件下又能生成二硫键。硫醇—二硫化物转化的反应条件温和，使得含二硫化物的材料很具吸引力，甚至可以将二硫化物作为交联剂。二硒键是另一种常用的氧化还原片段，在最近的研究中，由含联硒化物的嵌段共聚物自组装形成的微球同时对氧化剂和还原剂敏感。

氧化响应性的材料的主要靶向目标是 ROS（如过氧化氢、羟基自由基），硫基材料是其中主要的一类。研究人员用聚丙硫醚和聚乙二醇共聚形成可以自组装的双亲性物质，酮缩硫醇用于基因输送也取得了成功。

监控局部的 ROS 含量对一系列疾病（如心血管疾病和药物诱导的器官衰竭）的诊断和

治疗有重要意义，包含硫代氨基甲酸酯键的水凝胶聚合物可以通过监控血液中的氧化应激来检测药物诱导的肝损伤。

（四）酶

由于酶在不同生物过程中发挥不同的重要作用，与疾病相关的酶异常也可以成为医学的一个靶向目标，比如，酯键可以靶向磷酸酶、细胞内酸性水解酶和其他几种酯酶。酰胺虽然在生理条件下相对稳定，但是很容易被酶消化，已经被制成对水解蛋白酶敏感的材料，如前列腺特异抗体。

间质金属蛋白酶（MMPs）与肿瘤发病和转移紧密相关，MMPs 可以成为生物响应材料的靶向目标。可激活的 CPPs（ACPPs）能被肿瘤处过度表达的 MMPs 激活，已经被应用在手术中对肿瘤进行可视化。除了肿瘤外，MMPs 在哮喘和炎性肠疾病中也存在过度表达。在最近的研究中，带负电的水凝胶被固定在 MMPs 过渡表达的结肠发炎表面，只有在酶的作用下才会释放出抗炎药。另外，由于结肠中存在几种能分泌多种不同酶（包括几种多糖分解酶）的细菌，使其成为多糖药物递送系统的靶向目标，生物相容性好的多糖，如壳聚糖、胶质、右旋糖苷已经被使用在结肠特异药物递送中。多糖也被作为交联剂来形成可溶解酵素降解的纳米胶，加入到隐形眼镜中进行治疗青光眼药物的持续释放。另外一种在肿瘤中过度表达的酶是透明质酸酶，在一种凝胶—脂质体体系中，以细胞穿透性多肽改性的脂质体作为核来加载药物，以透明质酸交联的壳来包裹能诱导细胞凋亡的配体（TRAIL），在肿瘤环境中，透明质酸能够被过度表达的透明质酸酶消化从而释放 TRAIL，再释放 Dox（抗癌药）。

弗林蛋白酶是一类前蛋白转化酶，它在肿瘤生长、转移和血管再生中发挥重要作用，可被弗林蛋白酶降解的肽交联剂被加入到药物运输载体中，在被细胞吸收的过程中，它们能逐渐降解而释放出里面的蛋白质。另外，细胞内酶蛋白激酶 Cα（PKCα）在肿瘤增殖中发挥重要作用，PKCα 在癌细胞中活性非常高，但是在正常细胞中活性则非常低，研究人员利用 PKCα 的这个特点来实现靶向基因运输。

（五）ATP

三磷酸腺苷（ATP）通常被称为细胞内能量传输的分子货币单位，其在细胞内的含量比在细胞外环境高。

ATP 控制的药物递送系统通常用靶向 ATP 的适体作为"生物闸门"来实现药物的按需释放。近些年，一系列的材料（如介孔二氧化硅、聚离子胶束、适体交联的 DNA 微胶囊）已经被证明在细胞内高含量 ATP 条件下可以释放治疗药物或者恢复荧光信号。ATP 可能竞争吸附在药物结合位点上以触发药物释放，也可能促进构型改变来破坏载体的结构。比如，加载 Dox 的 DNA 双螺旋加入 DNA 适体，在富含 ATP 的环境中，ATP 会竞争吸附在 ATP 适体上，造成 DNA 双螺旋的解体，从而释放药物。此外，由桶状伴侣蛋白单元组装成的蛋白质纳米管能够保护药物不被生理环境降解，但当它遇到 ATP 时，伴侣蛋白的构型发生变化使管状的结构解体，从而释放药物。除了单独作用外，ATP 还可以与其他刺激物共同作用。

（六）离子

不同体液中的离子强度不同，如每个肠胃点都有特定的离子浓度。因此，对离子强度敏感的材料作为药物运输载体引起了人们的兴趣。

离子交换树脂是一大类离子响应材料，经常被用作味觉掩体、反离子响应药物释放和持续药物释放。这些树脂通常是不可溶的聚合物，由聚苯乙烯主链和包含离子活性的基团（如磺酸、羧酸）侧链交联而成。口服之后，唾液和肠胃液中的反离子会促进药物的释放，这是由离子交换平衡反应控制的。比如，含有季铵基的阳离子聚合物会对唾液中的离子敏感。有下部临界会溶温度（LCST）的聚合物对离子强度也敏感，在盐中 LCST 会降低。聚离子复合胶束是另一类离子敏感材料，离子复合胶束随着盐浓度的变化而可逆形成和解离已经被用来控制药物的释放。

除了对离子强度的变化响应外，材料也可以通过形成复合物而对特定的离子类型敏感。在最近的报道中，用 β-环式糊精和疏水 2,2′-联吡啶改性的金属离子响应黏性水凝胶的化学选择黏附性能通过金属配体与宿主基团的反应而改变。

（七）乏氧

乏氧与一系列的疾病相关，如癌症、心肌病、缺血、类风湿性关节炎、血管疾病等。

乏氧在肿瘤转移、抵抗治疗中扮演重要角色，已经被广泛利用进行诊断和治疗。硝基芳香化合物衍生物在乏氧条件下能够转化为亲水性的 2-氨基咪唑，并且灵敏度很高，成为被研究最广泛的乏氧成像和生物还原前药功能基团。类似的，先前被作为成像探针的乏氧敏感基团——偶氮苯，已经被作为可生物还原的交联剂来实现 siRNA 的靶向输送。最近，研究人员用包含氧气敏感官能团的材料来代替乏氧敏感的小分子或过渡金属复合物，提高体内生物的敏感性和特异性。为了实现对肿瘤细胞的超灵敏检测，合成了一种由磷光性 Ir 复合物和 PVP 共轭形成的水溶性大分子成像探针，这种探针具有乏氧灵敏性并且能发射近红外光。

（八）温度

含有低临界溶解温度（LCST）的聚合物在温度接近 LCST 时会发生剧烈的相变，而 LCST 能够通过聚合物中亲水性和疏水性成分的比例来调控。当 LCST 在室温和人体体温之间时，聚合物对生理温度敏感。

聚 N-异丙基丙烯酰胺（PNIPAM）在 LCST（32℃）发生溶胶凝胶转变，并且这个温度可以通过与疏水性单体共聚，或者通过引入疏水性基团来使其更加接近体温。用 PNIPAM 进行温度响应药物释放在 20 世纪 80 年代发展起来，在一些杂化系统中，可以通过引入无机材料（如金纳米颗粒）改变 LCST。为了加速温度响应转变过程，研究人员将可控、可激活的纳米胶作为交联剂来建造温度响应水凝胶。这种水凝胶在保持高弹性的同时展示出快速并且可逆的响应特性。丙烯酰基吡咯烷-甲基丙烯酸、2-羟基乙酯均聚物和共聚物已经被合成并且用来实现温度调节胰岛素释放。蛋白质中温度敏感的卷曲螺旋域已经被引入可溶性聚合物中来产生温度响应杂化材料。

其他的温度响应材料包括几类合成多肽，其中类弹性蛋白多肽（ELPs）引起了相当的关注。ELPs 是由 Val-Pro-Gly-X-Gly（X≠Pro）重复序列组成的可基因编码多肽。这些具有可控成分和长度的多肽的 LCST 可以在 0~100℃ 内精确调节以使其应用在不同方面。LCST 低于体温的 ELP 治疗药物共轭物在局部注射后能够由温度诱导凝聚成药物仓库。在类似的方法中，ELP 与可酶解的类胰高血糖素肽-1 融合得到可注射的药物仓库。

（九）机械因素

血管变窄或堵塞会在正常血管和收缩血管之间产生明显的流体切变力差别，利用受阻位点的高切变应力来靶向阻塞的病变血管近来受到关注。

比如，球状脂质体在切变力中很稳定，而扁豆状脂质体在高切变力时会形成瞬时小孔而释放药物。另一种策略是使用在静态条件下稳定而在高切变应力下变形的微米级团聚物。由几种纳米颗粒组成的血小板状微团聚物在异常高切变应力的地方会解离，解离形成的纳米颗粒由于受到更小的拖拽力而更有效地附着在血管壁中。这种设计使药物在病变区域富集，降低偏靶药物释放。

另一种与体内压力梯度相关的方法是精确调控纳米颗粒的尺寸以利用高通透高滞留效应，提高平均动脉血压可以提高效率并且增强药物在肿瘤的富集。

最近发展了一种可穿戴、由可拉伸弹性体薄膜组成的拉伸应变敏感的装置，这种装置里面嵌入加载药物的 PLGA 胶囊，在施加应变时，胶囊收到表面拉伸与收缩从而释放药物。

（十）核酸

核酸，包括 RNA 和 DNA，由于其在不同生物进程中的多种作用以及独特的杂交特性已经成为重要的生物触发因素。

miRNA 的变性与肿瘤的形成与生长相关，使其成为癌症治疗的潜在目标。在一种设计中，多组分核酸酶被修饰到二氧化硅包覆的金纳米棒表面上，其中由两种多组分核酸酶组成的非活性 DNA 片段可以在目标 miRNA 存在时发生构型改变而被激活，被激活的多组分核酸酶解离释放出荧光探针进行生物成像，而 DNA 片段构型的改变可以触发治疗药物的释放。用 DNA 适体作为"闸门"的介孔硅纳米载体在遇到目标 miRNA 时能够特异释放 Dox。另外，载有核糖核酸内切酶的仿生纳米系统用寡核苷酸作为识别片段来实现位点特异的靶向 RNA 解离。

DNA 能够对纳米颗粒系统进行高精度的物理化学控制，而 DNA 寡核苷酸特异作用辅助组装的金纳米颗粒增加了这种能力。最近用 DNA 控制胶体键合取得了重大突破，在这种方法中，无机纳米颗粒在 DNA 链的引导下像原子一样形成类晶体结构。在另外的动态胶体纳米系统中，DNA 被用来控制纳米颗粒的形貌使细胞靶向性的叶酸配体隐藏或者暴露从而调节纳米颗粒—细胞间的相互作用。

第二节　电化学生物传感器

电化学传感器通常利用三电极电池，其中参考电极、计时器和工作电极浸泡在电解液中。主要的测量方法有伏安法和计时安培法。电化学生物传感器则是由生物材料作为敏感元件，电极作为转换元件，以电势或电流为特征监测信号的传感器。

一、电化学生物传感器结构

由于电信号具有响应速度快、便于转换获取、数据分析简单直观等特点，电化学生物传感器成为发展最早，研究内容及成果最为丰富，应用最为广泛的传感器。电化学生物传感器主要是以电极作为信息转换材料，将物质特异性反应过程转换为电信号，利用电信号的大小间接地表示反应物的浓度大小。其中，酶电极的发展在生物传感器领域最具有代表性。

最近报道了一种以骨关节炎中的 H_2O_2 为目标的抗发炎药物递送系统，在这个系统中，PLGA 空壳中载有抗炎药、酸性前驱体（由乙醇和 $FeCl_2$ 组成）、发泡剂（碳酸氢钠）。在这种设计中，H_2O_2 可以扩散通过外壳与乙醇反应建立一个酸性的环境，碳酸氢钠分解产生 CO_2，CO_2 破坏了外壳，使抗炎药释放出来。

监控局部的 ROS 含量对一系列疾病（如心血管疾病和药物诱导的器官衰竭）的诊断和治疗有重要意义，包含硫代氨基甲酸酯键的水凝胶聚合物可以通过监控血液中的氧化应激来检测药物诱导的肝损伤。

二、电化学生物传感器实例

在织物基电化学传感器领域，自从 2010 年 WANG 领导的小组首次发表了可穿戴织物化学传感器以来，他们开发了丝网印刷电极在不同领域的应用并取得了有趣的结果。在这个不使织物作参考电极的开创性工作提出后的几年里，这一领域取得了巨大的进步。据报道，指尖传感器可以用在法医分析时探测枪伤和爆炸物以及可卡因，并且最近在运动衫上也开发了结合用酶法检测含神经毒剂化合物的农业产品（有机磷）的指尖传感器（图 8-7）。

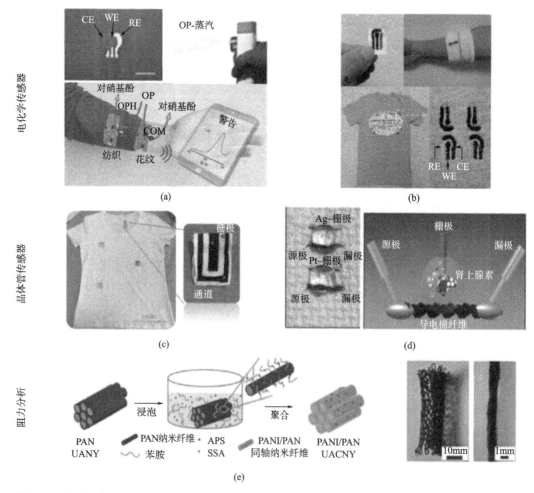

图 8-7　最近报道的基于不同工作原理的织物基化学传感器示例：（a）用于检测有机磷酸盐的织物丝网印刷传感器；（b）检测葡萄糖和乳酸的纤维传感器；（c）检测汗液中肾上腺素和多巴胺的织物传感器；（d）检测汗液中肾上腺素和氯化钠的棉纤维传感器；（e）新型静电纺丝氨气纤维传感器

另一种在织物上制作电化学传感器的方法是开发功能性纱线。Modal 等人开发了一种纱线涂层机器，用碳和银/氯化银导电油墨将纱线进行均匀的涂层，再用乳酸氧化物酶改性工作电极，以此获得可以探测乳酸的织物传感器。类似地，用碳或银/氯化银墨水涂覆导电纱线，再固定酶探针去检测缓冲全血样本中的葡萄糖和乳酸。

智能绷带是由复合纤维制成的纺织品（图8-8），内有一个核心电加热器，并由含有热敏药物载体的水凝胶所覆盖。通过纤维的电流可用智能手机来控制，从而加热水凝胶，激活所选药物载体，并释放其所含药物成分。可以使用多种药物制成一款智能绷带纺织品，每种药物具有不同的释放特征。

这种技术有望在多个应用中实现。通过皮肤给药，医护人员可确保病房在正确的时间获得正确的药物——这比吞服药丸或皮下注射更方便。然而，其更大价值是战场。战时，伤兵经常会受到多处损伤，且更容易受到感染。智能绷带不仅有助于防范，还可以加速治疗过程，使士兵能够更快重返战场。

伤口护理是世界上普遍面临的问题。伤口处理的费用很高，包括人工和材料费用。在欧洲，伤口管理费用占医疗预算的 2%~4%。伤口愈合是一个复杂的过程，受到伤害的皮肤（组织组织）在经历复杂的生化反应后自行修复。此过程是脆弱的，检查很容易使它中断。此外，经敷料的伤口环境可能增加伤口感染的风险。为了减少伤口愈合过程中的并发症，持续的伤口监测是很重要的。这种持续监测能立即检测伤口感染、伤口敷料的状况，而不需要拆除伤口敷料。为此，已有研究开发了一种伤口环境监测传感纱。基于创伤监测原理，传感纱由导电单元（电极）和生物兼容纤维纱（绝缘体）组合而成，其根据环境条件（如膨胀）而改变电属性。实际上，这种纱可以通过编织、加捻、摩擦纺纱机构建。根据最新设计方法和理论，传感纱采用编织生产，因为编织具有更稳定的几何结构和多层包覆生产。一般而言，编织由三根纱按一定交替规律生产。此外，增强纱也可以被引入编织体轴向，如图8-9所示。实验采用图中编织机制备编织传感纱。

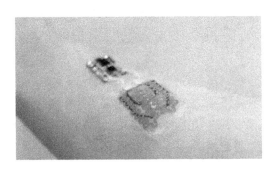

图 8-8　马萨诸塞州梅德福市塔夫茨大学的智能绷带原型

图 8-9　编织传感纱示意图

实验中，传感纱由直径为 120μm 的铜丝和 68tex 的脱乙酰壳多糖长丝纱分步编织而成。脱乙酰壳多糖长丝纱对轴向力和侧向力敏感，因此，编织时需要降低纱线张力避免长丝被拉断。图 8-10 给出了编织传感纱光学结构图。从图中可以看出，两根铜丝用作两电极。在两根电极之间，脱乙酰壳多糖长丝作为绝缘体，也是功能层。

根据创伤参数，例如，NET（中性粒细胞胞外陷阱）浓度、pH 或温度，也就是说根据创面环境，确保伤口感染或愈合阶段改变功能层属性。这可以通过电阻抗谱（Electrochemical Impedance Spectroscopy，EIS）来测量。为了确定传感纱参数，分别用电阻抗和弯曲刚度计测量其基本电学和力学属性。首先测量电阻抗，测试结果显示，传感纱的平均电抗为（12.3±0.65）pF。

并且，传感纱的结构与图 8-11 所示的同轴电缆相当。因此，其阻抗可以同轴电缆阻抗公式进行理论计算。

图 8-10　传感纱实物图

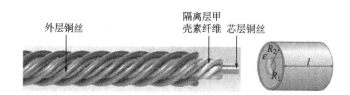

图 8-11　类比同轴电缆的传感纱模型

$$C = \frac{2\pi\varepsilon l}{\ln(R_2/R_1)}, \quad \varepsilon = \varepsilon_0 * \varepsilon_r \tag{8-1}$$

式中：C 为电容（F）；L 为导体（即传感纱）长度（m）；R_1 为内导体（轴向铜丝）的外半径（0.06mm）；R_2 为外导体的内半径（第二层铜丝）（0.5mm）；ε_r 为电容介质的介电系数（F/m）；ε_0 为真空介电系数（8.854×10^{-12}F/m）。根据文献可得脱乙酰壳多糖的介电系数及属性，由此得到传感纱的理论阻抗值为 20.26pF。

测试结果显示生物传感纱的平均阻抗为 12.3pF，但根据同轴电缆的理论预测值高达 20.67pF。在理论和实测值之间的差异为 8.37pF。由于铜丝仅部分包覆，实际阻抗值有别于与电缆的。

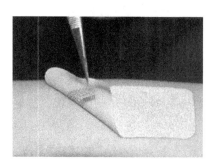

图 8-12　纺织硅胶绷带上的传感器

以上报道的方法都是基于纯电化学分析过程，这样的方法可以得到很高的再现性和可靠性。但是它有着固有的缺点，即要求存在参考电极和反电极，在制备织物传感器时通常使用像碳基油墨的材料。这限制了传感器在像纺织品这样的亲水基材上的制造。

一直以来，促进机体伤口愈合的新方法都是科学家们不断研究的重点领域。据外媒报道，宾厄姆顿大学的研究人员于 2019 年 4 月开发了一种以皮肤为灵感的生物传感器（图 8-12），能够监测皮肤上的乳酸和氧气，从而对使用者进行长期、高性能、实时的伤口监测。

　　为了创造一种新的传感器模式，能与穿戴者的身体无缝融合，最大限度地分析身体、帮助理解化学和生理信息，在布朗大学生物医学工程助理教授 Ahyeon Koh 团队设计了一种类似于皮肤微结构的传感器（图 8-13）。这款可穿戴式传感器配有金色的传感器电缆，能够表现出与皮肤弹性类似的力学性能。他们表明，这次设计对他们很有启示，对不久的将来伤口愈合进展的实时现场评估非常感兴趣。乳酸和氧气都是获得伤口愈合进展的关键生物标志物，生物模拟结构传感器平台允许生物组织和生物界面电子设备之间的自由传质，因此，这种紧密的生物集成传感系统能够确定关键的生化事件，同时对生物系统不可见或不引起炎症反应。在未来的研究中，可以利用他们的皮肤传感器设计，纳入更多的生物标志物，并创建更多的多功能传感器，以帮助伤口愈合。他们希望看到这些传感器被植入人体内部器官，从而加深对相关疾病的了解。同时，他们也希望最终这些传感器和工程成就能够帮助推进医疗保健的应用，并在疾病发展、伤口护理、一般健康、健康监测等方面提供更好的量化理解。

图 8-13　生物模拟结构传感器

　　科学家设计的服装可以评估身体不同部位所需的血流量、氧气和营养素水平。这种衣服配有一组电极，可在需要时对身体的特定部位施加轻微的冲击，以增加血液流向该部位，使患褥疮的风险将大大降低。每年，世界上有 1500 万早产儿出生，由于失去了体内水分，超过一百万人死于并发症。波兰研究人员成功地设计了早产儿穿的智能服装，这种服装由两层组成：一层是普通面料，另一层是防止婴儿过度出汗的膜。研究人员发明了智能袜子，允许父母使用移动应用程序检查婴儿的健康状况。这些智能袜子被称为猫头鹰，可以将孩子的心率、氧气水平、皮肤温度、睡眠质量和睡眠姿势发送给父母的智能手机。制造商称，这项技术可以检查儿童的日常健康状况，并有助于识别婴儿猝死综合征。该系统还匿名向公司发送数据，以便制造商可以创建数据库来帮助识别问题并尽早发送警告父母。

　　智能袜子配备了传感器，可以控制行走以及脚在不同条件下行走，跑步或坐着的方式。穿着智能袜子对于人们在行走时的平衡起着重要作用，尤其可以用作帮助行走困难的老人的工具。这些袜子可以作为一种训练工具，帮助那些学习走路的孩子。穿着这些袜子可以防止在行走时受伤。据专家介绍，智能袜子是一种适合修复和改善人们行走的穿戴工具。此外，运动员可以使用它们来改变运动。记录在传感器中的数据以无线方式传输到用户的计算机或手机中，之后可以通过专有程序进行分析。

意大利研究人员制作了名为"魔术"的背心。这种背心由导电织物制成，可以测量人的心率和呼吸率，并将数据发送到加工中心。通过这种方式，可以在出院后检查人们的健康状况。这件背心被一群想要攀登珠穆朗玛峰的徒步旅行者使用。远足者在工作和睡眠时的身体状况被送到医疗中心。背心的舒适穿着，对不同体型的适应性以及可清洗性是这种智能服装的主要特征。随着微生物和纳米技术在所有领域的进步，特别是在医疗保健领域，以及对新应用和纺织工业趋势的不断增长的需求，可以说，未来人们将在生产方面取得重大进展。

第三节　半导体生物传感器

生物传感技术是实现物质在分子水平准确分析的基本方法，也是生物技术快速发展所必不可少的检测手段，将生物技术和电子技术结合起来的半导体生物传感器在未来的生物传感历史中扮演着更加重要的角色。半导体生物传感器是由生物分子识别器件（生物敏感膜）与半导体器件结合构成的传感器。目前，常用的半导体传感器是半导体光电二极管、场效应管（FET）等。

一、半导体生物传感器结构

另一种获取织物生物化学传感器的方法是基于有机电化学晶体管（OECT）。OECTs 是用导电聚合物制成的通道和栅电极制作而成的电子设备。两种元素都浸没在电解液中。通过对栅电极施加一个电压，由于电化学反应的存在，使得它可以调节电流。当目标化合物改变这种基于晶体管运作的氧化还原过程时，OECTs 可以作为化学传感器。比如，经氧化的化学物品可以给在通道中的导电聚合物提供电子，随后和空穴的反应可以使晶体管通道中的电流减少。因此，通道中电流的调节和被分析物浓度相关。OECTs 利用的是电化学反应，只需要施加很低的电势（小于 1V）和能量（小于 100μW）。另外，晶体管的结构本质上还放大了感应电流的信号（从几微安放大到几毫安），简化了用于检测的可读电子信号，并获得了更低的探测限制。所有的晶体管元素都可以用低成本和生物相容的 PEDOT：SS 制作，并且可以利用柔性印刷技术（图 8-14）。

FRABONI 小组证实了全 PEDOT：PSS 的 OECT 传感器（也就是全部基于印刷 PEDOT：PSS 导电聚合物）可用在不同基质上检测抗坏血酸，包括直接在棉织物上制造。他们证实了其在检测汗液中肾上腺素和多巴胺时的突出表现，展示了和玻璃介质上制造的相同器件的差不多的结果，报道了检测的限度（LOD），多巴胺是 10^{-6}mol/L，肾上腺素是 10^{-5}mol/L。IANNOTTA 小组报道了不同的基于用 PEDOT：PSS 涂层的单一棉纱线作为通道，金属丝作为栅电极的 OECT 传感器。在报道的案例中，分别用铂和银检测肾上腺素和盐水浓度。主要的氧化还原反应发生在栅电极，改变了有效栅极电位并调节了流入通道的电流，因此，用作输出传感器信号。最近，他们提出了一种不用的方法，用非共价固定化真菌漆酶和 PEDOT：PSS 包覆在纱线上以得到功能化的纱线，用来检测酪氨酸（一种与神经递质和激素有关的前体）。在这种方法中，分析物与 OECT 通道在水溶液中反应，测得最低检测限为 10^{-8}mol/L。

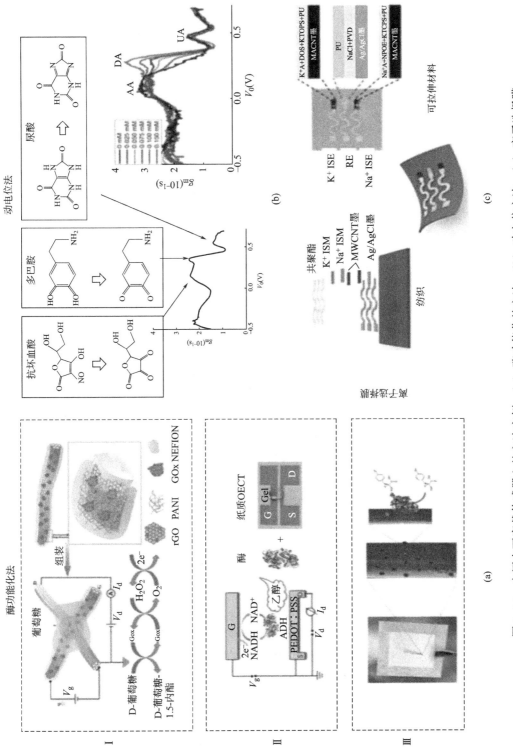

图 8-14 应用在可穿戴传感器上的方法实例：（a）酶功能化的方法；（b）动电位方法；（c）离子选择膜

一个类似的方法报道了一种纤维（基于 OECT 的聚吡咯纳米线）和还原石墨烯氧化物（RGO）用于葡萄糖的检测具有显著的灵敏度，达到了 0.773NCR（NADPH-细胞色素 C 还原酶）/10 组，最低检测限降到了纳米摩尔的数量级。固定在纤维上的酶可以使其在抗坏血酸和尿酸的干扰下进行选择性检测。对这个所提出的葡萄糖传感器的可靠性已经在兔血中进行了评估。

利用器件的工作原理，进行栅电位扫描，也可以提高电化学生物传感器的选择性，因为不同分析物在不同的电势下会发生氧化还原过程。电化学专家开发了不同的技术以利用这一现象。最近，GUALANDI 等人使用动电位法从全 PEDOT：PSS OECT 化学传感器获得了选择性响应。他们观察到不同的分析物质在不同的栅极电位下发生氧化。此外，用于记录转移曲线的栅电位扫描速率也影响电荷转移的反应动力，并可用于进一步分离传感器响应中的分析物分布。结果表明，通过分析在一定的扫描速率下改变操作栅极电压的转录特征可知，在抗坏血酸和尿酸的存在下全 PEDOT：PSS 的 OECT 可以选择性地检测多巴胺。此外，由于 OECT 结构的本征放大，一个简单而低成本的无酶晶体管可以实现低的 LOD。

二、纺织半导体生物传感器实例

香港理工大学严锋课题组开发了基于织物的有机电化学晶体管用于生物传感器。坚固而灵活的可穿戴的电子产品近年来备受关注。受到巨大的潜在市场的驱动，作为最先进技术的一些概念产品有望进入人们的日常生活。从弯曲可折叠智能手机、可穿戴计算机眼镜到智能服装，用于监测实时身体状况（图 8-15）。理想的智能服装应基于与纺织品一起编织的柔性电子装置，这很难通过使用具有平面结构的传统电子装置来实现。因此，组装在柔性纤维上的电子器件，如基于纤维的太阳能电池、电化学超级电容器、薄膜晶体管和自供电能量转换装置等引起了研究人员的兴趣。如能将这些柔性轻质纤维器件与纺织纤维共同编织，就可以将其集成到漂亮的衣服中，以实现理想的可穿戴电子产品的功能。

有机薄膜晶体管（OTFT）已经在柔性电子产品，特别是显示器、存储器和传感器中找到了广泛的应用。有机电化学晶体管（OECTs）作为一种 OTFTs，可以在液体电解质中工作并可灵敏地检测葡萄糖、尿酸（UA）、多巴胺（DA）、DNA、细菌、细胞等化学和生物物质。OECT 是一种电位型传感器，它对沟道或栅极的电位变化非常敏感。为了制备高性能的基于纤维的 OECT，不仅是有机半导体沟道，器件的金属电极在细的纤维表面也应具有良好的弯曲稳定性。沟道长度是由光纤上的源电极和漏电极之间的距离决定的，而电极材料需要具有足够高的导电率以使长而细的纤维电极上的电压降最小化，这在之前报道的纤维晶体管中没有得到实现。利于柔性织物的生物传感器在可穿戴电子设备中具有广阔且诱人的应用前景，然而，由于器件制造中的种种困难，高性能织物生物传感器很少被报道。

研究人员首先基于涂布在锦纶上的聚（3，4-乙烯二氧噻吩）：聚（苯乙烯磺酸）（PEDOT：PSS）沟道以及金属电极实现了纤维上的 OECT 的制备（图 8-16）。他们将具有 Cr/Au/PEDOT：PSS/聚对二甲苯的多层结构的高导电性膜涂覆在纤维上并用作 OECT 的源极及漏极，而 PEDOT：PSS 单层膜作为沟道。这些器件具有出色的弯曲稳定性，能成功用于各种化学和生物传感应用，具有高灵敏度和高选择性。使用常规织机将这些基于纤维的传感器与普通棉纱一起编织，在织造过程之后，传感器的性能并没有任何下降，并获得了具有

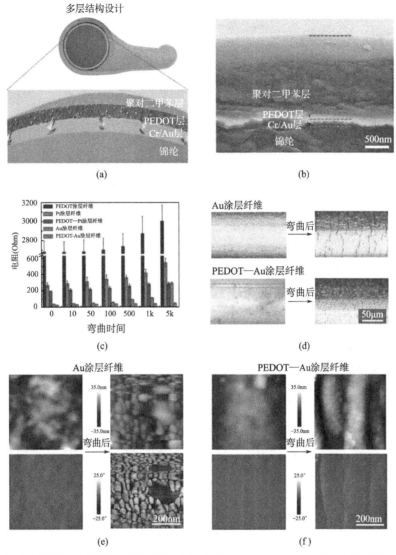

图 8-15 基于织物的生物传感器及其性能：（a）具有 Cr/Au/PEDOT：PSS/聚对二甲苯涂层的芯壳
导电尼龙纤维的设计；（b）芯壳导电锦纶纤维横截面的 SEM 图像；（c）包括 Cr/Au，Cr/Au/
PEDOT：PSS，PEDOT：PSS，Ti/Pt 和 Ti/Pt/PEDOT：PSS 涂层纤维在内的五种导电纤维的电
阻与弯曲时间；（d）在 1000 次弯曲试验之前和之后，Cr/Au 和 Cr/Au/PEDOT：PSS 涂层纤
维的照片；（e）Cr/Au 的 AFM 图像；（f）1000 次弯曲试验之前和之后 Cr/Au/PEDOT：PSS
涂覆的纤维的 AFM 图像

高性能的柔性且可拉伸的织物生物传感器。作为一种潜在的应用，柔性和可拉伸的织物生物
传感器被集成到尿布中，通过手机远程控制，用于检测人造尿液中的葡萄糖浓度。同时，实
验结果证明了在可穿戴电子设备中使用织物设备而非平面设备的优点，主要体现在织物中的
毛细作用，织物传感器在分析移动的水溶液时比平面装置显示更稳定的信号。这样一种织物
传感器集成在尿布中，并可通过手机进行远程操作，将为人体的健康监护提供方便而独特的
平台。

为了展示它的实际应用，将织物 OECT 整合到尿布中，并用它来检测尿布吸收的人造尿

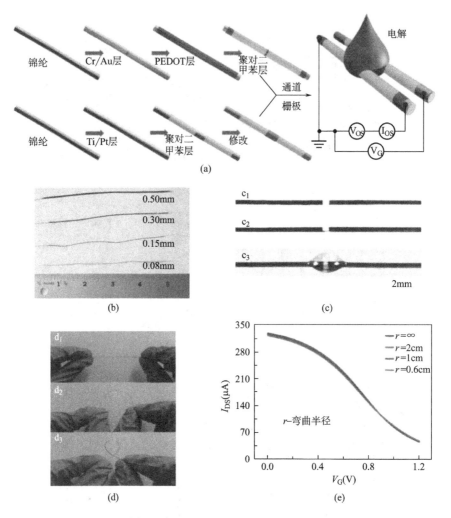

图 8-16　纤维上的 OECT 的制备及性能：（a）用于 OECT 的功能化纤维沟道和栅极的制备过程；
（b）不同直径的锦纶照片；（c）c_1 和 c_2 分别为涂覆 PEDOT∶PSS 层前后的纤维沟道的照片，
c_3 用一滴水的附着力证明其表面具有亲水性；（d）具有不同弯曲形状的纤维装置的照片：
d_1 直的，d_2 中等弯曲和 d_3 大弯曲的纤维；（e）具有不同弯曲半径的基于纤维的
OECT 的转移特性

液中的葡萄糖水平。尿布中的葡萄糖测试是一种方便的检查方法，可用于监控尿中与糖尿病有关的异常高的葡萄糖水平。另一方面，监测糖尿病患者或已经显示糖尿病前期症状的人，尤其是老年人的尿糖水平也很重要。该设备的特点是可通过蓝牙集成电路并使用智能手机进行监控。如图 8-18 所示，该装置在人造尿液添加之前非常稳定。当 20mL 人造尿液滴落在尿布上时，通道电流显示出明显的响应，表明渗入尿布中的溶液连接了器件的沟道与栅极并引起栅极电压施加到通道上。在尿布上加入 10mL 葡萄糖溶液，导致装置的沟道电流明显下降。尿布中的平均葡萄糖浓度估计为 3×10^{-3}mol，这是葡萄糖尿的阈值。在实际应用中，可以根据 OECT 的电流响应来估计葡萄糖的浓度。因此，通过使用 OECT 葡萄糖传感器可以方便地监测糖尿病患者的尿液。为了显示该装置的选择性，研究者还在人造尿液中加入了 $1\times$

10^{-3}mol 的尿酸，这在人尿液中是正常水平。可以发现尿酸的加入没有产生明显的器件响应。因此，尿液中的干扰物不会影响对葡萄糖的检测信号。

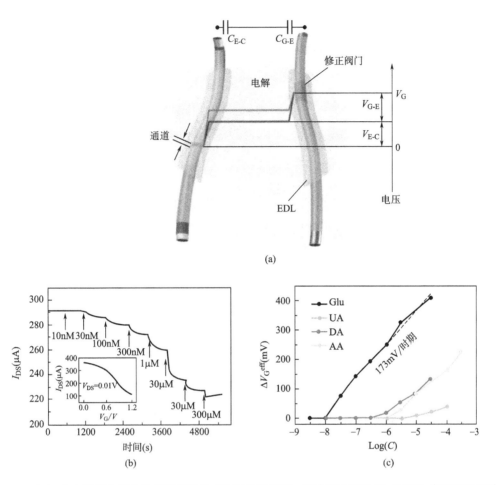

(a)

(b)

(c)

图 8-17 （a）在电解质中操作的基于纤维的 OECT 的示意图，其中两个双电层（EDL）都具有电压降；
（b）纤维 OECT 的沟道电流响应插图为在 PBS 溶液中测量的 OECT 的转移曲线（IDS 对 VG）；
（c）对于添加不同浓度的葡萄糖（Glu）的相应的有效栅极电压变化

考虑到实际测量条件，研究者在测量过程中多次弯曲和拉伸尿布，发现对器件性能的影响很小，表明尿布中纤维的相对运动不会改变器件性能。根据 OECT 的器件物理性质，OECT 的性能可能受其栅极和沟道上的双电层以及栅极和沟道之间水溶液的离子电导的影响。根据研究者近期关于离子浓度影响的实验，人造尿液的离子电导率（离子浓度 > 0.1mol/L）已足够高，因此，稳定的器件性能取决于液体在沟道与栅极区域的接触。在织物装置中，因为所有纤维都是亲水性的，由于毛细作用，液体可以被织物吸收，并且对 OECT 纤维具有完全覆盖。这是织物 OECT 性能稳定的主要原因，即使纤维之间具有相对运动，器件性能也不受影响。相反，集成在尿布中的平面 OECT 在弯曲测试中不能显示稳定的性能。对于平面装置，液体可以在其表面上流动并且可以改变沟道和栅极上的接触面积。流动的液体可能会在栅极和沟通之间产生流动电势。因此，弯曲测试期间，平面 OECT 的器件

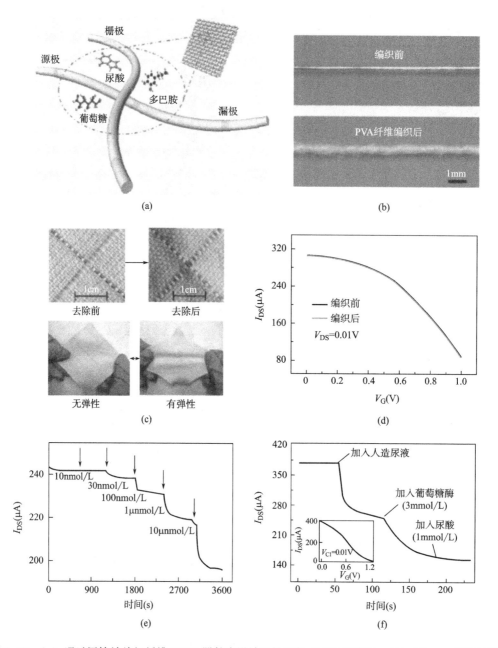

图 8-18　(a) 通过用棉纱编织纤维 OECT 器件来设计柔性织物 OECT 传感器；(b) 用 PVA 保护纱线编织之前和之后的纤维照片；(c) 在纤维上去除 PVA 之前和之后的织物装置，直的锦纶纤维装置（深色）嵌入织物中；(d) 编织过程之前和之后 OECT 葡萄糖传感器的转移曲线；(e) 织物葡萄糖传感器对添加不同浓度葡萄糖的电流响应；(f) 集成在尿布中的织物葡萄糖传感器对添加人造尿液，$3×10^{-3}$mol/L 葡萄糖溶液和 $1×10^{-3}$mol/L 尿酸溶液的电流响应

性能变得不稳定。以上结果表明，在动态水溶液分析中，织物 OECT 相比于平面器件具有明显的优势。显然，织物传感器可以方便地用于可穿戴电子系统中并用于分析许多其他体液，如汗液、唾液和眼泪。

总之，稳定而柔韧的纤维 OECT 生物传感器可成功地在锦纶上得以制造。通过引入具有 Cr／Au／PEDOT：PSS 芯壳结构的源极、漏极及栅极，所述器件显示出优异的弯曲稳定性，并且通过使用常规织机可以将其与普通棉纱编制在一起而保持性能不变。获得的织物 OECT 器件具有好的柔韧性和可拉伸性，并成功地用于检测尿布中所含的人造尿液的葡萄糖水平。该织物器件特别适用于可穿戴应用，因为体液等水溶液由于毛细作用可被织物吸收，从而导致 OECT 在不同弯曲状态下具有稳定的性能。为了进一步降低制造成本，研究者还可以在将来以更方便的沉积方法制备金属电极。这项研究为远程无线分析人体体液成分提供了一个很好的检测平台，并为实现多功能可穿戴健康监测系统铺平了道路。

第四节　酶敏感纺织材料与传感器

酶传感器是由酶催化剂和电化学器件构成的。由于酶是蛋白质组成的生物催化剂，能催化许多生物化学反应，生物细胞的复杂代谢就是由成千上万的酶控制的。酶的催化效率极高，而且具有高度专一性，即能对待测生物量（底物）进行选择性催化，并且有化学放大作用。因此，利用酶的特性可以制造出高灵敏度、选择性好的传感器。

在生物分子检测领域，酶电极传感器是最早研制成功并广泛应用于谷氨酸、血糖、尿素、蛋白质等物质快速检测的一种传感器。由于酶在不同生物过程中发挥的重要作用，与疾病相关的酶异常也可以成为医学的一个靶向目标。比如，酯键可以靶向磷酸酶、细胞内酸性水解酶和其他几种酯酶。酰胺虽然在生理条件下相对稳定，但是很容易被酶消化，已经被制成对水解蛋白酶敏感的材料，如前列腺特异抗体。

一、酶电极传感器的工作原理及分类

酶传感器是应用固定化酶作为敏感元件与各种信号转换器组合而成的生物传感器（图8-19）。依据信号转化器的类型（图8-20），酶传感器大致可分为酶电极、酶场效应管传感器、酶热敏电阻传感器、酶压电晶体型、光纤光学型等。酶生物传感器按换能方式可分为电化学生物传感器和光化学生物传感器。

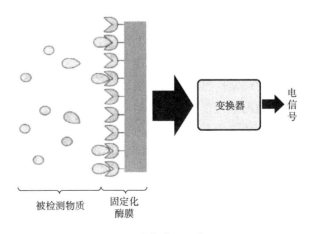

图 8-19　酶传感器工作原理

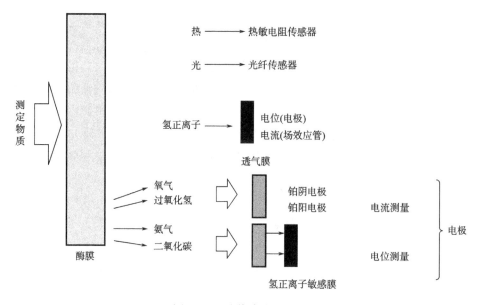

图 8-20　酶传感器的类型

　　酶生物传感器的基本结构单元是由物质识别元件（固定化酶膜）和信号转换器（基体电极）组成。当酶膜上发生酶促反应时，产生的电活性物质由基体电极对其响应。基体电极的作用是使化学信号转变为电信号，从而加以检测。

　　电化学酶生物传感器主要是由固定化酶（分子识别元件）与离子选择电极、气敏电极、氧化还原电极等基础电极（信号转换器）有机结合而成的。如果固定在分子识别材料膜上的酶发生化学反应，该化学反应会引起电子在酶和电极之间进行迁移，产生的电子迁移量可以通过基体电极加以检测。电化学酶生物传感器根据测量电化学性质的不同，可以分为电压测量（电位型传感器）和电流测量（电流型传感器）两种类型。

　　待测目标物质和酶产生化学反应时，参与化学反应的被测物质和电极之间的输出电压信号服从能斯特（Nerst）关系，这种通过电压测量被测物质的传感器为电位传感器。同时，酶促反应所引起的待测目标物质的变化也可以通过一定方式转变为电流信号，此时电流信号和待测目标物质的浓度之间存在一定的关系，这种通过电流测量被测物质的传感器为电流传感器。

　　当酶电极浸入被测溶液，待测底物进入酶层的内部并参与反应，大部分酶反应都会产生或消耗一种可植入电极测定的物质，当反应达到稳态时，电活性物质的浓度可以通过电位或电流模式进行测定。因此，酶生物传感器可分为电位型和电流型两类传感器。电位型传感器是指酶电极与参比电极间输出的电位信号，它与被测物质之间服从能斯特关系。而电流型传感器是以酶促反应所引起的物质量的变化转变成电流信号输出，输出电流大小直接与底物浓度有关。电流型传感器与电位型传感器相比较具有更简单、直观的效果。

二、酶传感器的发展

　　基于酶的电化学生物传感器根据电极和酶之间电荷转移的所需步数分为第一代、第二代和第三代。当酶反应产生化合物，比如，在葡萄糖苷酶反应中产生 H_2O_2，电极表面被氧化，这样的生物传感器就是第一代。换句话说，传感器检测通过酶催化反应的产物。当与电极相连的氧化还原化合物充当电荷转移的媒介时，该装置就是第二代生物传感器。第三代生物传感器的特点是电极表面与酶氧化还原中心之间有着直接的电连接。

第一代酶生物传感器是以氧为中继体的电催化。以氧为电子传递体的葡萄糖传感器为例（图 8-21），其氧化机理为在氧气存在的条件下，葡萄糖氧化酶催化氧化葡萄糖生成葡萄酸内酯和过氧化氢。

$$C_6H_{12}O_6+H_2O+O_2 \xrightarrow{\text{葡萄糖氧化酶}} C_6H_{12}O_7+H_2O_2 \tag{8-2}$$

可以把过氧化氢电极或氧电极作为基础电极，检测化学反应产物过氧化氢浓度的变化或氧分子的消耗量，再依据上面化学反应方程式计算葡糖糖的浓度。

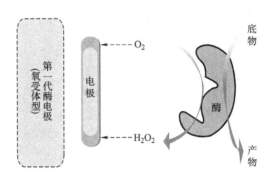

图 8-21　第一代电流型酶生物传感器的电子传输示意图

为了改进第一代酶生物传感器的缺点，现在普遍采用的是第二代酶生物传感器，即介体型酶生物传感器。第二代生物传感器以电子媒介体的化学修饰为基础的电催化，如图 8-22 所示，该电子媒介体的主要作用是能够代替电子受体氧分子在酶反应和电极之间进行电子传递，在酶的氧化还原中心和修饰电极的表面建立一个传输通道，使得电子能够在通道中快速迁移并形成响应电流。这个通道的建立不仅可以提高电子传输速度、拓宽响应的线性范围、排除其他物质干扰，而且可以降低工作电压、延长工作寿命。所以，第二代酶生物传感器能够有效提高传感器检测目标物质的准确性，并降低检测阈限。

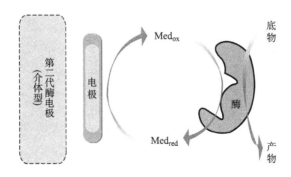

图 8-22　第二代电流型酶生物传感器的电子传输示意图

第三代酶生物传感器以直接电化学酶电极为基础，酶与电极间进行直接电子传递，是生物传感器构造中的理想手段。相比于第一代和第二代酶生物传感器，直接电化学酶电极摆脱了对中间体（氧气或人工电子媒介体）的依赖，酶和电极之间牢牢绑定，无须任何中间体，即所谓无媒介体传感器。此时酶的氧化还原中心就可以和电极无隔阂地紧密联系在一起，这种结合可以加快电子迁移的速度，加强电信号，提高酶传感器灵敏度、精度（图 8-23）。但由于酶分子的电活性中心深埋在分子的内部，且在电极表面吸附后易发生变形，使得酶与电极间难以进行直接电子转移，因此，采用这种方法制作生物传感器有一定难度。到目前为止，只发现辣根过氧化物酶、葡萄糖氧化酶、醋氨酸酶、细胞色素 C 过氧化物酶、超氧化物歧化酶、黄嘌呤氧化酶、微过氧化物酶等少数物质能在合适的电板上进行直接电催化。

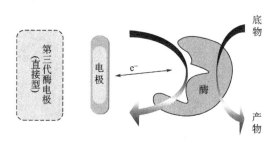

图 8-23　第三代电流型酶生物传感器的电子传输示意图

　　基于生物传感器的电化学分析，工作电极用特定的酶进行功能化。然而，如果该生物传感器是基于 OECT 结构的，酶可以固定在门电极或通道上。在这种情况下，当酶在催化待检测特定化合物的反应时，介导会直接将电荷从酶传到电极，这会改变通道的电流。

　　著名的普鲁士蓝被用作传感器，探测通过很多与像乳酸氧化酶、葡萄糖氧化酶和酒精氧化酶等氧化酶反应产生的 H_2O_2。第二代安培型生物传感器也嵌入进织物设备。最近的一个例子是一个葡萄糖传感器，其中四硫富瓦烯被用作葡萄糖氧化酶的中介物。另外，该酶可以包含在 OECT 的电解质中。标准液体电解质被一种经共价结合介质修饰的溶胶—凝胶所取代，这种介质允许酶被吸附在上面。在这种配置下，基于 PEDOT：PSS，利用葡萄糖氧化酶和乳糖酶修饰的 OECT 可以用来检测人血和汗液中的葡萄糖。最近，利用这一方法，BIHAR 等人报告了一种基于将 PEDOT：PSS 印刷在纸上的 OECT，其中在组成 OECT 的电解质凝胶中引入了酶乙醇脱氢酶。这种酶与乙醇反应，导致 OECT 通道电流减少。BATTISTA 等人提出了一种第三代织物生物传感器。他提出了基于 PEDOT：PSS 改性棉纤维的 OECT 传感器由漆酶功能化。这种方法的新颖之处与电子转移机制有关，证明了漆酶催化酚类反应，电子转移直接在 PEDOT：PSS 上进行而不需要介导。这种单步骤的过程减少了通常使用介导成分产生的损失，并且提高了传感器的选择性。

第五节　其他生物敏感纺织材料与传感器

一、离子选择电化学敏感材料与传感器

　　不同体液中的离子强度不同，如每个肠胃点都有特定的离子浓度，因此，对离子强度敏感的材料作为药物运输载体引起了人们的兴趣。

离子交换树脂是一大类离子响应材料，经常被用作味觉掩体、反离子响应药物释放和持续药物释放。这些树脂通常是不可溶的聚合物，由聚苯乙烯主链和包含离子活性的基团（如磺酸、羧酸）侧链交联而成。口服之后，唾液和肠胃液中的反离子会促进药物的释放，这是由离子交换平衡反应控制的。比如，含有季铵基的阳离子聚合物会对唾液中的离子敏感。有下部临界溶解温度（LCST）的聚合物对离子强度也敏感，LCST 在盐中会降低。聚离子复合胶束是另一类离子敏感材料，离子复合胶束随着盐浓度的变化而可逆的形成和解离已经被用来控制药物的释放。

除了对离子强度的变化响应外，材料也可以通过形成复合物而对特定的离子类型敏感。在最近的报道中，用 β-环式糊精和疏水 2, 2'-联吡啶改性的金属离子响应黏性水凝胶的化学选择黏附性能通过金属配体与宿主基团的反应而改变。

提高离子传感器选择性的另一种方法是使用选择性膜，通常与酶法结合使用。选择性膜可以通过两种方式使化学传感器获得高的选择性能。在第一种方式中，离子选择膜只允许目标离子的扩散，因此，它也是敏感材料。这些膜通常以聚氯乙烯（PVC）和双（2-乙基己基）癸二酸酯为基质，以不同的比例与添加剂结合，以获得对钾（K^+）、铵（NH_4^+）、钠（Na^+）和 H^+（pH）的高选择性。PARRILLA 等人用聚氨酯取代了普通的 PVC，以提供更好的生物相容性和良好的抗机械应力能力。在其报道的电化学传感器中，离子选择性膜覆盖工作电极，该工作电极是敏感的化学传感器元件。靶离子选择性地与离子膜相互作用，产生由能斯特方程定义的界面电位，并用作分析信号。离子选择性膜也可以应用在晶体管配置的传感器中，位于栅极和通道之间。这种膜是一种离子导体，其只允许一种离子的流动，起栅极和源极之间的电阻的作用。它的效果取决于可以穿过膜的特定离子的浓度。晶体管能探测到这种电阻的变化。SESSOLO 等人报道了一种基于 PEDOT：PSS 通道的 OECT，其内部电解质为水凝胶，表面覆盖着 K^+ 选择性膜，并在电解质溶液中放置了隔离栅电极。使用这个 OECT 配置就可以在低 LOD，并且可逆的方式下监测的浓度。

在第二种方法中，膜阻碍了干扰物质在敏感物质上的扩散。安培生物传感器会受到容易氧化的阴离子，如抗坏血酸和尿酸盐的干扰，这种方法通常用来提高安培生物传感器的选择性。为了阻止干扰物质与电化学传感器接触，这种装置采用了这些物质之间的静电排斥作用和阴离子膜，如 NAFION。

二、pH 敏感材料与传感器

能对 pH 做出响应的材料通常能进行物理或化学的变化，如溶胀、收缩、离解、降解等。pH 响应性来源于可电离基团的质子化或者化学键的酸降解。已有研究证实，弱酸性的伤口环境有利于抑制细菌生长、刺激组织增殖而促进伤口愈合。而引起伤口感染的多数病原菌生长的最佳 pH 为 7.2~7.4，如铜绿假单胞菌生长最适宜 pH 为 7.5~8.0，金黄色葡萄球菌最适宜 pH 为 7.0~7.5。感染伤口渗液 pH 多在 7.8~8.8，而伤口生长良好的渗液 pH 常小于等于 7.0。现代医学证明，人体是一个相对稳定的呈弱碱性的内环境。当人体体质为弱碱性时，身体会感觉良好；相反，则常有一种疲倦感，时时觉得不舒服。人的汗液 pH 在 4.2~7.5，多数时呈弱酸性，酸碱性与汗液中的酸碱成分比例有关。汗液成分可分为无机成分和有机成分，都是体内的代谢产物。无机成分主要是氯化钠、碳酸钙等盐类，有呈酸性的，也有呈碱性的。

除了制造智能载药系统外，pH 响应水凝胶也被用在再生医疗中，比如，甲基丙烯酸二甲胺乙酯基的支架，在酸性环境中，可以通过伸展来改变氧和营养的运输，可以产生促愈合效应。

都柏林城市大学国家传感器研究中心（爱尔兰）的研究人员介绍了可穿戴化学传感器监测人及其周围环境的实例。尤其是能够实时测量和分析人体上的汗液的化学传感器。他们开发了一个微芯片版本的平台来测量汗液 pH 的变化（图 8-24）。将表面贴装（SMT）LED 和光电二极管模块置于芯片两侧，与 pH 敏感织物对齐，以检测 pH 敏感织物的颜色变化。最终装置（厚 180μm）是柔软的，可以贴合身体。

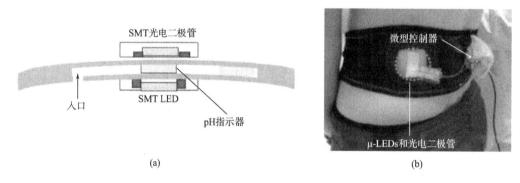

图 8-24　（a）用于 pH 分析的电化学传感器的方案和（b）系统应用

生化传感器的一个常见缺点是，如果传感器本身反应的微小变化或在操作过程中传感器表面受到污染，需要不时校准响应。这严重限制了这些传感器在长时间连续监测场景中的应用。阻碍了其在日常中的使用，以及强大的可穿戴传感器的实现。

在这些限制中，缺乏将电子和无线发射器无缝地集成到传感器包中的合适的方法。图 8-25 展示了可穿戴汗液传感器在运动试验期间的性能。将 pH 与心率和呼吸频率数据一起进行测量。正如以前的研究，通过将电极放置在参考织物贴片上进行分析。

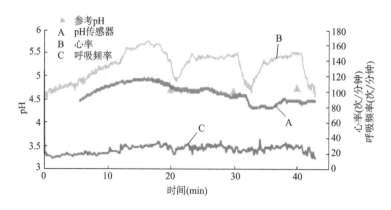

图 8-25　可穿戴式汗液传感器的性能

三、仿生传感器

仿生传感器，是一种采用新的检测原理的新型传感器，它采用固定化的细胞、酶或者其他生物活性物质与换能器相配合组成传感器。这种传感器是近年来生物医学和电子学、工程学相互渗透而发展起来的一种新型的信息技术。这种传感器的特点是机能高、寿命长。在仿生传感器中，比较常用的是生体模拟的传感器。

仿生传感器按照使用的介质可以分为：酶传感器、微生物传感器、细胞器传感器、组织传感器等。仿生传感器和生物学理论的方方面面都有密切的联系，是生物学理论发展的直接成果。在生体模拟的传感器中，尿素传感器是最近开发出来的一种传感器。下面就以尿素传感器为例子介绍仿生传感器的应用。

尿素传感器，主要是由生体膜及其离子通道两部分构成。生体膜能够感受外部刺激影响，离子通道能够接收生体膜的信息，并进行放大和传送。当膜内的感受部位受到外部刺激物质的影响时，膜的透过性将产生变化，使大量的离子流入细胞内，形成信息的传送。其中起重要作用的是生体膜的组成成分——膜蛋白质，它能产生保形网络变化，使膜的透过性发生变化，进行信息的传送及放大。生体膜的离子通道，由氨基酸的聚合体构成，可以用有机化学中容易合成的聚氨酸的聚合物（L-谷氨酸，PLG）为替代物质，它比酶的化学稳定性好。

PLG 是水溶性的，本不适合电动机的修饰，但 PLG 和聚合物可以合成嵌段共聚物，形成传感器使用的感应膜。生体膜的离子通道的原理基本上与生体膜一样，在电极上将嵌段共聚膜固定后，如果加感应 PLG 保性网络变化的物质，就会使膜的透过性发生变化，从而产生电流的变化，由电流的变化，便可以进行对刺激性物质的检测。尿素传感器经试验证明是稳定性好的一种生体模拟传感器，检测下限为 10^{-3} 数量级，还可以检测刺激性物质，但是暂时还不适合生体的计测。

四、可穿戴电传感测量传感器

电传感测量皮肤电阻或在皮肤表面的电容或传导耦合电荷的变化，测量电路等效模型如图 8-26 所示。在大多数情况下，高输入阻抗电子被用于检测这些极小电荷变化。与皮肤形

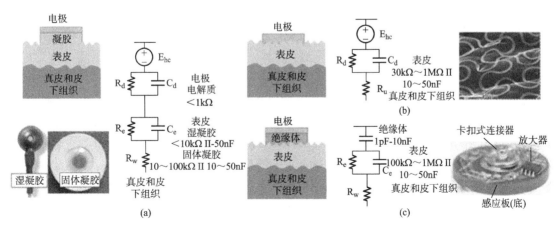

图 8-26　相对不同电极的电极——皮肤界面的等效电路模型：（a）凝胶电极，包括湿或固态形式（一次性深部 EEG 杯形电极、ECG 电极）；（b）干接触电极；（c）干电容（非接触）电极

成良好的电接触对人体到信号的转导来说是一个主要的挑战。有两种电接触，即湿电极和干电极。湿电极结合固态导电垫经电解质凝胶连接皮肤，通过润湿或与纹理表面形成共形电接触而最小化皮肤阻抗。干电极完全消除了电解质材料，反而依靠与皮肤之间的直接接触。要注意的是，湿电极和干电极与皮肤之间形成不同的电耦合阻抗，引起测量噪声。

弗拉芒大学与根特大学等联合开发了一套名为 Intellitex 的样板套装。它是一种生物医学服，用于长期监测医院儿童的心率和呼吸。使用三电极配置测量 ECG。两个测量电极放置在胸部的水平线上，第三个测量电极作为参考（右驱动足，RDL），放置在腹部的下部。

第六节　发展趋势

生物传感技术的发展迄今仅约 40 年，目前已经取得了诸多令人瞩目的成绩，特别是半导体生物传感技术在多学科交叉基础上向器件微型化、便携式、高灵敏、操作简单，甚至向柔性化方向快速发展，已经出现了多种结构新颖、性能优异的生物传感器。生物传感器的研究将主要围绕以下几个方面开展：开发高选择、抗干扰生物传感元件；提高生物分子的检测稳定性；提高信号检测器和信号转换器对信号的灵敏度；开发新型生物敏感材料，提高器件本身性能；将生物检测技术与材料、微电子、微加工等学科交叉，向多功能和智能化方向发展。

生物敏感材料的设计原则有两个基本的准则应该遵守：响应效率—高选择性、高敏感性以及准确的时间响应；转化潜力—所需的稳定性、优异的生物相容性以及易于产业化。同时需要多方面的考虑，包括响应模式、生理刺激因素、响应动作、材料性质、设计策略和转化标准。

从材料的角度来说，是实现在体内复杂的环境中既能有好的安全性能的同时又能拥有稳定的性能。比如，在药物递送中，材料在临床中的性能经常被系统毒性和致免疫性所损害，所以，生物相容性是验证所使用的方法正确与否的第一步。另外，生物响应材料要取得进展必须清楚材料在体内的行为，因此，理解基本的生物物理和生物化学机理，以及能够实时监测材料在体内活动的技术至关重要。在大多数情况下，药物要经过运输才能到达响应的地点，从而有效地与生物环境响应，因此，有效作用的时间点非常重要。在一些编程的刺激—响应系统中，使用两种或多种刺激协同或者顺序作用还需要进行全面的体内测试，以便对每个触发因素进行精准的时空控制。

对于发展新的响应机制以实现高的选择性和敏感性来说，通过评估生物分析化学中的大量文献可以鉴别具有高性能的新触发源。比如，最近用一氧化碳敏感的 DNA 寡核苷酸修饰荧光单壁碳纳米管来检测发炎位点的反应性一氧化碳衍生物，再加上驱动组分的话就可以建立一个闭环的药物运输系统。最近，水浓度梯度也被作为刺激因素，这种水响应的聚合物薄膜由刚性组分多吡咯和柔性的多元醇硼酸基水响应单元组成，复合物的机械性能可以通过水触发元调节。它的动作主要由硼酸酯的水解和重新形成而实现，通过与周围环境的水交换使薄膜膨胀或者收缩，使其成为对皮肤湿度敏感的智能材料。研究人员进一步在这种薄膜中加入压电薄膜以实现水浓度梯度驱动的能量输出。

最近对新的制造方法和电化学技术进行深入研究，制造了能够增强常规物理测量（即心率、脑电图、心电图等）能力的化学传感器。最近的研究促进了新一代基于纺织品的化学传感器的开发，这些传感器能够改进传统的物理传感器，提供更多的信息。柔性和基于纺织品的丝网印刷电化学传感器可成为无创监测的候选传感器，但这些装置不能轻易地附着在身体，尤其是皮肤上，迈向仿生传感器仍有一定困难。

目前，虽然已经成功开发了许多仿生传感器，但仿生传感器的稳定性、再现性和可批量生产性明显不足，仿生传感技术尚处于幼年期。除继续开发出新系列的仿生传感器和完善现有的系列之外，生物活性膜的固定化技术和仿生传感器的固态化值得进一步研究。在不久的将来，模拟身体功能的嗅觉、味觉、听觉、触觉仿生传感器可能出现，并可望具有超过人类五官的敏感能力，强化目前机器人的视觉、味觉、触觉和对目的物进行操作的能力。能够看到仿生传感器应用的广泛前景，但这些都需要生物技术的进一步发展。

思 考 题

1. 生物传感器的工作原理。
2. 生物传感器的基本结构。
3. 纺织生物传感器的实现形式，举例说明。
4. 纺织生物传感器的设计准则。

参考文献

［1］YUE L, ALEX A A, ROBERT L, et al. Bioresponsive materials ［J］. Nat Rev Mater, 2016, 1：16075.

［2］林志红，任恕. 生物传感器敏感材料和成膜技术的进展 ［J］. 国外分析仪器技术与应用，1996（1）：17-22.

［3］JOSHUA R, WINDMILLER, JOSEPH W. Wearable electrochemical sensors and biosensors：a review ［J］. Electroanalysis, 2013, 25 (1)：29-46.

［4］CAETANO F R, CARNEIRO E A, AGUSTINI D, et al. Combination of electrochemical biosensor and textile threads：a microfluidic device for phenol determination in tap water ［J］. Biosensors and Bioelectronics, 2018, 99：382-388.

［5］CHARN N, MAMUN R. Characterization of textile-insulated capacitive biosensors ［J］. Sensors, 2017, 17 (3), 574.

［6］BATTISTA E, LETTERA V, VILLANI M. Enzymatic sensing with laccase-functionalized textile organic biosensors ［J］. Organic Electronics, 2017, 40：51-57.

［7］MANJAKKAL L, DANG W, YOGESWARAN N, et al. Textile-based potentiometric electrochemical pH sensor for wearable applications ［J］. Biosensors, 2019, 9 (1)：14.

［8］MISHRA RK, HUBBLE LJ, MARTíN A, et al. Wearable flexible and stretchable glove biosensor for on-site detection of organophosphorus chemical threats ［J］. ACS Sens, 2017, 2 (4)：553-561.

［9］BARIYA M, NYEIN H, JAVEY A. Wearable sweat sensors ［J］. Nature Electronics, 2018, 1：160-171.

［10］PRODROMIDIS M. Impedimetric biosensors and immunosensors ［J］. Pak Anal Environ Chem, 2007,

8 (1)：69-71.

[11] GOTTRUP F, APELQVIST J, BJANSHOLT T, et al. Antimicrobials and non－healing wounds－evidence, controversies and suggestions [J]. Journal of Wound Care, 2013, 22 (5)：4.

[12] LIMA CGA, OLIVIRA RS, FIGUEIRO S D. DC conductivity and dielectric permittivity of collagen－chitosan films [J]. Materials Chemistry and Physics, 2006, 99 (2/3)：284-288.

[13] YANG A, LI Y, YANG C, et al. Fabric organic electrochemical transistors for biosensors [J]. Adv Mater, 2018, 30 (23).

[14] BOLTON L. Operational definition of moist wound healin [J]. Journal of Wound, Ostomy and Continence Nursing, 2007, 34 (1)：23-29.

[15] MANJAKKAL L, DANG W, YOGESWARAN N, et al. Textile－based potentiometric electrochemical pH sensor for wearable applications [J]. Biosensors, 2019, 9 (1)：14.

第九章　能量收集材料与传感器设计

第一节　概述

　　能源收集技术和新能源的探索是能源科学领域研究的前沿，是关系国家国际竞争力以及可持续发展的重大问题。伴随着纺织传感器的迅猛发展，开发者不仅要考虑器件中模板基质材料与传感元件的匹配性，还需要考虑整体设备的柔韧性、可伸缩性和可穿戴性等使用性能。传感器的工作离不开电源装置，而使整个设备实现可穿戴，最大的挑战也是能源收集或存储装置。外接电源或电池刚性太大，存在使用不便利、储存能量有限以及反复充电等问题，造成人体传感应用的复杂化。由于人们对可穿戴式纺织传感器的需求日益凸显，因此，希望通过能量收集技术转换环境中的能量，如太阳能、动能、热能等，为纺织传感器持续供电。

　　表9-1是对太阳能、热能和机械能进行收集利用的优点和局限性。基于以上能量收集材料或形式的传感器称为自供能传感器。自供能传感器是指不需要外加电压，能够将从外部环境中直接获得的能量或者自身状态产生的能量转换成电输出信号的装置，同时使电子器件具有感知、判断能力，并能够进一步激发诊断、修复以及调节等功能。自供能传感器一般包括三个部分：纳米发电机、传感器和对测量结果进行显示或进行无线传输的装置。随着能量收集材料及器件性能的提升，人们实现了对电能的整流和存储。目前，已有大量的研究工作针对能量收集材料以及自供能传感器进行结构设计。但是，因为现有技术的限制，对能量的利用率比较低甚至直接被浪费掉。因此，主要的工作内容是如何有效地收集外部环境的能量或者人体在运动过程中产生的能量，并将其转化成电能，保证传感器正常独立的工作。

表9-1　收集利用太阳能、热能、机械能的优点和局限性

	太阳能	热能	机械能
能量来源			
储能原理	光电	热电	电磁/静电/压电
功率密度	$5\sim30\text{mW/cm}^2$	$0.01\sim0.1\text{mW/cm}^2$	$10\sim100\text{mW/cm}^2$
优势	微型化的制备、相对成熟的工艺，长寿命，直流和高功率输出	固定的装置，长寿命，可靠性高，直流输出	普遍性，来源广，频率、功率范围广，高输出
缺陷	使用环境限制	低效率，大尺寸，需要持续的梯度热	不持续的交流电输出
潜在的应用	遥感技术和环境监测	健康监测的发电机以及可穿戴式生物医学设备	遥感与监测，可穿戴系统，物联网及蓝色能源

　　太阳能作为最主要的可再生能源之一，是一种分布广泛、取之不尽、用之不竭的能源。

太阳能的开发与利用方式多种多样，其中最重要的利用形式之一就是将太阳能转化为电能，其转换过程需要低成本、高效率的太阳能电池。太阳能电池是基于光生伏特效应，其发电形式简单，无须燃料，直接将所吸收的光能转换成电能，清洁无污染。太阳能电池的发展经历了三个阶段：含单晶与多晶两大类的第一代硅基太阳能电池；含硅基太阳能薄膜电池、CdTe 薄膜等第二代薄膜类太阳能电池；以及包括染料敏化太阳能电池、量子点太阳能电池、钙钛矿太阳能电池等第三代太阳能电池。太阳能电池作为能量收集式器件的重要分支，与其他能量收集式器件类似，主要考察两类技术指标：一类是反映敏感元件特性的指标，如短路电流（I_{sc}）、开路电压（V_{oc}）、最大工作电流（I_m）、最大工作电压（V_m）、最大输出功率（P_m）、光电转化效率（η）、填充因子（FF）等；另一类是器件的柔性特征指标，如大变形特征、性能稳定性及可靠性等。经过多年的研究，太阳能电池的光电转换效率等性能得到了大幅度的提高，同时，其可穿戴性、柔性及可编织等性能也得到了大力发展。

相较于人们对太阳能电池的长期研究，近年来，研究者开始关注并收集利用环境中存在的微小、分散、无序的能量。人体在日常的活动中会不断地产生能量（动能、热能等），或者从周围环境获得源源不断的能量，这些条件为纺织传感器的开发提供了条件。图 9-1（a）是身高 175cm，体重 68kg 的人在身体各部位存在运动（例如，头部运动、手臂运动、前臂运动、小腿运动、手指打字过程以及踢足球过程）一分钟所产生的能量。图 9-1（b）为各种电子设备（如平板电脑、智能手机、耳机、智能手表、运动手环、电子书等）的工作功率及平均一分钟所消耗的能量。根据人体运动部位、运动剧烈程度的不同，人体一分钟可以产生 60～150mJ 的能量。如果能够将人体运动的能量全部收集转化给电子设备功能，可满足大部分商用电子设备和可穿戴电子设备的能耗需求，从而摆脱对外接电源的依赖。

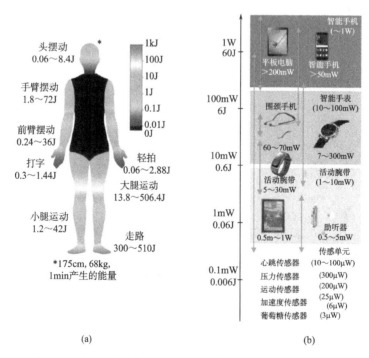

图 9-1 （a）人体运动能量；（b）不同电子设备的能量需求

纺织传感器根据能量收集材料和转换装置的不同，可分为压电纺织传感器、摩擦电纺织传感器以及热电纺织传感器三类。压电式传感器是一种依赖压电材料的压电效应，将机械能转换成电能，同时获得传感性能的应力传感器。摩擦电式传感器是两种具有不同摩擦极性的材料在力学作用下相互摩擦后，两种材料的表面产生相反的电荷，释放应力作用后，带有相反电荷的两个表面自动分离，由于空气层的存在，两个材料表面上的电荷不能完全中和从而形成电位差。在这整个过程中，将机械能转换成电能从而使器件获得传感性。热电式传感器是依赖热电材料的热电性能，采用人体活动产生的热能或人体体温与外界的温差来持续地产生热能，从而使热能转化为电能获得传感性的一种装置。整个产电的过程不依赖于任何石化燃料或机械驱动。

这三种类型的传感器各自具有不同的发电机理，导致三者的输出性能、应用环境存在明显差异。根据定义可知，压电式和摩擦电式传感器都是收集人体运动过程中产生的机械能而获得传感特性。压电式传感器虽然具有超快响应、高灵敏度、低功耗、不易受环境的影响等特点，但是通常只能记录动态应力应变的刺激，对静态应力应变的刺激的监测会受到限制。其次，具有压电性能的材料种类有限，其应用范围相对较窄。器件的发电功率一般是微纳级别，很难满足电子器件的供电需求。对于摩擦电式传感器来说，成本比压电式传感器的低、输出电流密度大，但是，其器件的尺寸不太适合微型化发展，其工作容易受到温、湿度影响。热电式纳米传感器是由于人体自身的温差有限，导致其在采集人体热能方面潜力非常有限，正因为如此，热释电效应应用到能源领域较少。

第二节　压电纺织材料与传感器设计

一、压电传感器

（一）压电效应（Piezoelectricity effect）

1880 年，法国物理学家 J. Curie 和 P. Curie 在石英晶体的表面发现了压电效应，后来，人们根据这种效应研制成压电材料。压电材料是一种能够实现电能与机械能相互转化的材料，具有制作简单、成本低、换能效率高等优点，现已经广泛应用在传感器、换能器、无损检测和通信技术等领域。

压电效应可分为正压电效应和逆压电效应。正、逆压电效应实际上是机械能和电能相互转换的两个过程，凡是有正压电效应的材料必然会有逆压电效应。正压电效应指压电材料在机械力作用下会产生形变，材料内部产生极化现象，极化方向如图 9-2（a）所示。材料体的两个表面产生符号相反的电荷，并且产生的电荷密度与力的大小成正比，将这种由力产生电的现象称为正压电效应。可见，正压电效应是机械能转化为电能的过程。当作用力的方向改变时，产生的电荷的极化方向也会发生改变，当外力撤除后，材料又恢复到不带电的状态。压电式传感器大多是利用这种正压电效应制成的。逆压电效应又称电致伸缩效应，是指将压电材料放置在外电场中，压电材料内部的正负电荷中心位置发生偏移，压电材料有形变量的产生，这种由电产生机械形变的现象称为逆压电效应，如图 9-2（b）所示。

（二）压电发电机（Piezoelectric generators）

压电发电机是压电传感器的供能装置，以压电材料的压电效应为作用原理，将环境中各

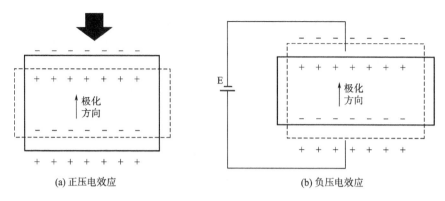

(a) 正压电效应   (b) 负压电效应

图9-2　压电效应示意图

类形式的机械能转换成电能。具有结构简单、频带宽、信噪比高、工作可靠、受外界环境影响小等优点。可用于检测声音的震动或脉搏的跳动等动态压力。

　　压电发电机最早是由美国佐治亚理工学院王中林教授在2006年提出的，最初的结构组成从上到下依次由电极、ZnO纳米线、固定基底组成。如图9-3所示是压电发电机的工作原理，当在器件垂直方向上施加机械作用力时，压电材料产生压电极化电荷，产生的电场会吸引或排斥上下电极中的电子，连接外部负载电路时，电子会从一端电极流向另一端电极，当外部作用力取消后，由压电极化电荷产生的电场就会消失，电子则会通过外接负载向相反的方向流动。

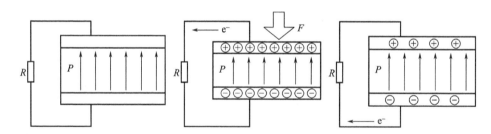

图9-3　压电发电机工作原理示意图

　　在整个工作过程中，压电发电机的作用相当于一个平行板的电容器，上下表面的压电极化电荷所产生的电压驱动电子在外电路流动，开路电压可表示为：

$$V_{OC} = \frac{Q}{C} = \frac{FdL}{\varepsilon_0 \varepsilon_r A} \tag{9-1}$$

产生的电能可表示为：

$$W = \frac{1}{2}CV_{OV}^2 = \frac{LF^2 d^2}{2\varepsilon_0 \varepsilon_r A^2} \tag{9-2}$$

　　式中：A为有效面积；L为厚度；d为压电应变常数；F为作用力；ε_0为真空介电常数；ε_r为相对介电常数。

　　压电发电机按照工作模式来划分，主要包含 d_{31} 模式、d_{33} 模式和 d_{15} 模式。d_{15} 模式是压电材料受到剪切作用力时，能够在压电材料两个表面产生极化电荷。在理论上来看，d_{15} 工作模式下的压电纳米发电机产生的机电转换效率是最高的，然而在工作应用环境中很难得到 d_{15} 的剪切作用力，因此，目前压电发电机主要采用 d_{31} 和 d_{33} 两种工作模式（图9-4）。d_{31} 模式是压电材料受到的作用力与极化电场方向垂直，即1方向是产生耦合电场方向，3方向是施加力的方向；d_{33} 模式是压电材料受到的作用力与极化电场方向都是沿着3方向。

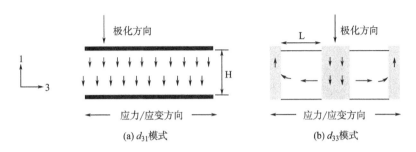

$$(a)\ d_{31}模式 \qquad (b)\ d_{33}模式$$

图9-4 压电纳米发电机的工作模式

在 d_{31} 模式下，压电纳米发电机的电极为平板式电极，器件结构多数为三明治结构，制备工艺简单，是在与应力/应变相垂直的方向上产生电压、收集电荷。d_{31} 模式下的压电纳米发电机的开路电压和产生的输出电荷为：

$$V_{31} = \sigma_1 g_{31} H \qquad (9-3)$$
$$Q_{31} = -\sigma_1 A_{31} d_{31} \qquad (9-4)$$

式中：H 为压电层的厚度；σ_1 为1方向的应力；g_{31} 为应变常数；A_{31} 为电极有效面积；d_{31} 为压电常数。

在 d_{33} 模式下，压电纳米发电机的电极为表面叉指电极，是在与应力/应变相平行的方向上实现电荷的积累与收集，通过调节表面叉指电极间距 L，产生的输出电压具有大幅度的提升，d_{33} 模式下的压电纳米发电机的开路电压和产生的输出电荷为：

$$V_{33} = \sigma_3 g_{33} L \qquad (9-5)$$
$$Q_{33} = -\sigma_3 A_{33} d_{33} \qquad (9-6)$$

式中：L 为电极叉指间距；σ_3 为3方向的应力；g_{33} 为应变常数；A_{33} 为电极有效面积；d_{33} 为压电常数。

从以上公式可知，压电纳米发电机的输出电压与应力、压电常数和厚度/叉指间距成正比，输出电荷与应力、应变系数和有效面积成正比。从输出电压角度来看，在相同应力下，$g_{33} > g_{31}$，叉指间距 L 大于厚度 H，因此，与 d_{31} 模式相比，d_{33} 模式具有更大的输出电压。从输出电荷的角度来看，$d_{33} > d_{31}$，然而 d_{31} 模式下的平行板电极的有效面积要大于 d_{33} 模式下的，因此，d_{31} 模式在输出电荷密度上具有优势，同时，d_{33} 模式下的等效内阻是很大的，在收集能量的过程中产生损耗，会严重影响器件的输出功率。

二、压电敏感纺织材料

（一）压电敏感材料的分类

压电材料是压电传感器的核心，是可以承担机械能和电能相互转化的载体。压电材料受力作用后发生五种形式的变形：长度、厚度、体积、厚度切变形、平面切变形。压电材料受力之后，表面产生电荷，此电荷经电荷放大器和测量电路放大以及变换阻抗后就成为正比于所受外力的电量输出。

具有压电效应的压电材料因晶格内原子间特殊排列方式，使得材料有应力场与电场耦合的效应。常见的压电材料有压电单晶材料（石英晶体、钽酸锂、锗酸钛、磷酸二氢铵等）、压电陶瓷材料（钛酸钡、钛酸铅、锆钛酸铅等）、压电半导体材料（碲化镉、硒化镉、氧化锌等）、压电高分子聚合物和压电复合材料。其中，用于纺织品的压电材料有压电高分子聚合物和压电复合材料。

1. 压电高分子聚合物 压电高分子聚合物具有较高的强度和耐冲击性、介电常数较低、声阻抗和机械阻抗较低、成型性好、密度小、可实现大面积制造等特点。经过外部电场极化或者机械拉伸作用会产生压电效应，因此，在很多技术领域和器件的配置中都有应用。压电高分子聚合物材料包括聚偏二氟乙烯（PVDF）、聚偏氟乙烯—三氟烯（PVDF—TrFE）、聚丙烯腈（PAN）、聚偏二氟乙烯—六氟丙烯共聚物（PVDF—HFP）等。研究最多的是 PVDF 及 P（VDF—TrFE）共聚物压电膜。

PVDF 是多晶型高聚物，主要有四种结晶形式，分别为 α、β、γ 和 $\alpha_\rho(\delta)$。其中，α 晶型是非极性的，并不显压电性；β 晶型的结构有利于偶极子极性的叠加，具有压电性能。P（VDF—TrFE）是 PVDF 家族成员之一，与 PVDF 相比，无论是熔融结晶还是从溶液中结晶的 P（VDF—TrFE）都为 β 晶型结构。与传统的压电材料相比，P（VDF—TrFE）压电材料的动态响应范围大、机电转换灵敏度高、机械性能好、声阻抗易匹配、易制成任意形状及尺寸的片或管等优点。

2. 压电复合材料 压电复合材料是由两相或多相材料复合而成的，一般是将不同性质的压电材料，如粉状、纤维状、片状等，以一定的体积分数或质量分数渗入到聚合物基底中。压电材料在聚合物中按照一定的连通方式实现空间的几何分布，其复合材料既有压电材料的压电性能，又具有聚合物材料的高柔性、易加工、良好成型性等特点。最典型的是由压电陶瓷（PZT）和聚合物（聚偏氟乙烯、环氧树脂）组成的两相复合材料。

（二）压电敏感纺织材料的性能优化

纺织压电式传感器的材料主要由柔性电极、柔性压电材料和柔性基底等组成，每个元件各自作用又相互影响。其中，压电材料在中间作为传感元件，两层电极分别在上下电极的外层与压电材料上下表面贴合，将压电效应产生的电荷引出。两层基底分别在上下电极的外层。为了制备性能优异的压电式传感器，这三部分材料都需要选择具有优异电学或力学性能，并且能够利用典型的压电传导机制实现传感器对外部刺激实时监测的延展性材料。

1. 压电材料的压电效应 根据压电效应原理可知，当压电聚合物中偶极子的排列方向与受力方向平行时，其压电性能最大。因此，如何形成 β 晶型压电聚合物以及如何从其他晶型转化成 β 晶型是研究压电材料的重点。研究表明，通过静电纺丝技术可以制备具有 β 晶型的 PVDF 和 P（VDF—TrFE）纳米纤维膜，且偶极子方向垂直于纳米纤维膜水平面方向，即在垂直于纤维膜表面方向有较强的压电性能。静电纺 PVDF 及 P（VDF—TrFE）纳米纤维的制备工艺研究已较为成熟，通过优化工艺参数（如引入添加剂以及后处理方法）制备 β 晶型含量较高、细度均匀的压电纳米纤维，并且可以通过改变转速、接收装置的形式及运动方式来控制纤维的排列形式。

2. 电极与基底材料的性能　在电源的工作过程中，其产生的电能除了用于驱动供能器件、在外电路中消耗掉的一部分外，还有一部分因电源的内阻等因素而消耗在电源内部。为了减少传感器内部的损耗，一方面可以通过降低压电材料的载流子浓度，提高传感器的开路电压和输出电流；另一方面可以通过提高电极的导电性、电极与基底的接触程度降低器件内部损耗。铝箔是压电传感器的常用电极，但是质量大，会限制振动幅度；此外，铝箔与压电膜接触不紧密，电荷传导不良，造成信号的损失，且容易产生噪声信号。因此，有研究者在敏感元件的一面喷金或涂银，取代铝箔作为电极，以期减少电极的重量，提高信号导出率，同时，实现了电极与振动基底一体化设计，降低了噪声信号的产生。

三、压电式纺织传感器设计

根据现有的研究成果，目前，压电式纺织传感器的设计和制作工艺有静电纺丝技术、纺织结构成型技术、柔性基底结合技术和压电复合材料制备技术等。

1. 静电纺丝技术　静电纺丝技术具有制造装置简单、纺丝种类繁多、成本低廉、操作工艺可控等优点，已成为有效制备压电纳米纤维材料的主要手段。随着静电纺丝技术的发展，制备压电效应的纳米纤维种类越来越多。

东华大学丁辛教授的研究团队首次将静电纺纳米压电纤维膜应用于声传感器中。声传感器由压电纳米纤维膜、电极层和振动基底三部分构成，为三明治结构，如图9-5（a）所示。静电纺PVDF纳米纤维膜位于中间，传感器作为传感单元的感芯层；纳米纤维膜的上下分别贴附一层铝箔，铝箔作为电极，将PVDF纳米纤维膜在声波作用下产生的电荷收集并导出；在铝箔电极的上下分别贴附一层PET塑料膜或纸片，作为振动基底，提高纳米纤维膜的振动。在此基础上，对其结构进行优化，即在塑料振动基底薄片的中心位置开通孔，使通孔处的纳米纤维膜暴露于空气中，直接接触通过空气传播的到达传感器的声波，从而提高纳米纤维膜的振动，加强提高整个传感器的振动。此外，通过研究振动基底材料、振动基底上通孔的尺寸、传感器尺寸、电极种类与尺寸、纳米纤维膜厚度、纳米纤维直径、纳米纤维排列状态等参数，制备具有高传感性能的PVDF纳米纤维素膜。将优化参数后的声传感器用于记录人说话声音、播放的音乐，并将得到的信号与商业麦克风的输出信号相比较。测得的最高灵敏度和电压输出分别为266mV/Pa和3.10V，比相同结构的PVDF商业压电膜传感器高五倍以上。

在此基础上，针对传感器雏形中结构参数和设计的不足，研究者对声传感器结构和测试装置进一步改进如图9-5（b）。传感单元材料换为静电纺P（VDF—TrFE）压电纳米纤维以及增加振动基底上的通孔数量。中间一片静电纺P（VDF—TrFE）纳米纤维膜两面被两片PET塑料膜夹紧，上下两层PET膜朝向纳米纤维膜的一面镀有金层作为电极来收集并导出纳米纤维产生的电荷。为了提高声音与纳米纤维的交互作用，在PET膜上打通孔［图9-5（c）］。图9-6是声发电机的实物图，PET塑料膜上有8个大小一致的通孔（孔的直径为4.9mm），电极和纳米纤维膜的工作面积为12cm²，纳米纤维膜厚度为20μm。结果表明，PVDF—TrFE压电聚合物具有最高的灵敏度，在100dB时的灵敏度为750mV/Pa，制备了声电转换输出为750mV/Pa的P（VDF—TrFE）压电式的声发电机。优化参数后的器件最多可以输出电压和电流峰值分别为 14.5V 和 28.5μA，功率体积密度为 306.5μW/cm³，能量转换效率为 60.3%，比商业的 P（VDF—TrFE）压电膜制成相同结构的声发电机的输出性能高五倍以上。

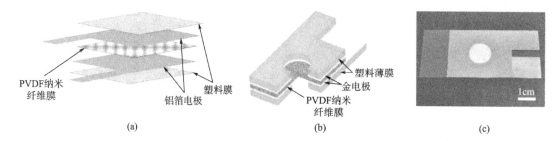

图 9-5 （a）声传感器的结构设计；（b）改进后的纳米纤维声传感器的结构示意图；（c）实物图

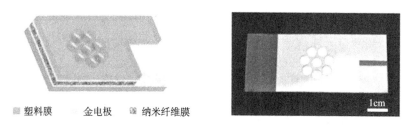

图 9-6 纳米纤维膜声发电机的结构示意图和实物图

研制的纳米纤维膜声发电机转换的电能可以不使用任何放大装置或能量收集装置直接用来驱动微电子器件，有许多的应用。如点亮若干串联的 LED 小灯泡照明，也可以用来诱发电化学反应，如驱动 EDOT 的电化学聚合和钢的阴极保护电化学防腐。图 9-2 是实验室研制的 P（VDF—TrFE）纳米纤维膜器件和商业压电膜器件的性能参数对比表，从表中可以得到压电膜器件的关键性能参数，这对评价压电膜的性能非常重要。

表 9-2 P（VDF—TrFE）纳米纤维膜器件和商业压电膜器件的性能参数对比

		纳米纤维膜[a]	商业压电膜[b]
开路电压峰值（V）		14.5	4.6
短路电流峰值（μA）		28.5	5.8
最优负载（内阻）（kΩ）		470	2500
负载电压（V）		7.4	3.4
负载电流（μA）		19.1	4.2
瞬时功率（μW）		141.3	14.4
瞬时功率面密度（μW/cm²）		11.8	1.2
瞬时功率体密度（μW/cm³）		5900	600
功率（μW）	积分	25.8	5.2
	有效值	25.6	5.0

续表

		纳米纤维膜[a]	商业压电膜[b]
能量（Wh）	积分	9.29×10^{-2}	1.87×10^{-2}
	有效值	9.22×10^{-2}	1.80×10^{-2}
能量转换效率（%）	积分	60.3	12.1
	有效值	59.8	11.7

注　以上计算基于 8 孔器件感芯膜尺寸：

a：尺寸：3cm×4cm，厚度：20μm，纳米纤维直径：（240±40）nm；

b：尺寸：3cm×4cm，厚度：20μm。

2. 纺织结构成型技术　目前，纺织结构压电传感器的研究主要是将具有压电效应的材料集成在织物结构中，而对真正的压电织物结构的研究，人们所做的工作很少。纤维及其纤维集合体灵活性好，容易形成三维结构，是非常可取的可穿戴压电材料。根据纺织纤维及其集合体可以任意组合、层叠、拼接等特点，可以在织物组合设计理念研发出一些具有新型结构特征的压电传感器。但是，由于纤维及其集合体的应力水平较低，织物组织结构和表面效应导致了复杂的变形模式。此外，织物突出的低应力耐疲劳和损伤的特点，都会限制压电效应的发挥。

图 9-7（a）为三明治结构的织物压电传感器，由弹性导电针织物作为上下电极，聚偏氟乙烯（PVDF）/NaNbO₃ 纳米纤维非织造布作为活性的压电元件 NaNbO₃ 纳米纤维完全分散在 PVDF 基体中，形成核鞘结构的复合纳米纤维，如图 9-7（b）所示。电极织物是以具有高拉伸性能的包芯纱编织而成，其中聚氨酯纱线为芯纱，银作为包覆材料［图 9-7（c）］。在压缩循环试验中，这种纺织结构的压电传感器表现出较大的变形，如图 9-7（d）

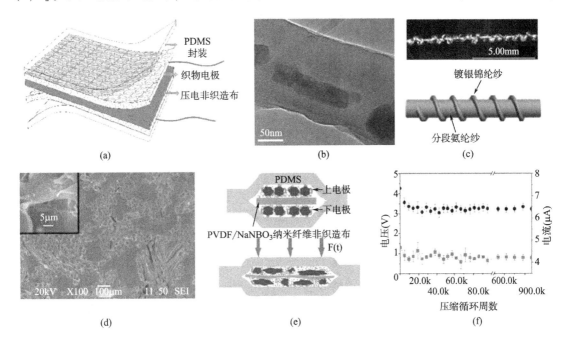

图 9-7　三明治结构的织物压电传感器及相关元件性能表征

和（e）所示。最引人注意的是，采用这种拉伸性能好的电极材料代替铝箔，经过 1000 万次压缩循环后仍然保持着良好的性能 [图 9-7 (f)]，而用铝箔电极压缩，其性能很快就会失效。可见，纤维结构显著降低了纤维应变，阻碍了损伤的传播，为可穿戴式能量采集器的耐久性差提供了一个很好的解决方案。

此外，ANAND 等以三维编织间隔技术为基础开发了全纤维的压电织物作为发电机和能源收集器。图 9-7 (a) 表示压电织物的组成，包括导电纱 A、绝缘纱 B 和压电纱 C 三种。导电纱线 A 是 Ag 涂覆的 PA66 (143/34dtex)，电阻率小于 $1k\Omega/m$，置于织物的外层。绝缘纱 B (84dtex，假捻变形涤纶纱) 置于织物的内部。间隔纱 C 为 PVDF 单丝 (300dtex) 置于两种面料之间。应该注意的是，纱线 C 不会从织物的任何一面突出来，并且始终保持在两个面内，使它们分开，如图 9-8 (b) 所示。本工作开发的织物结构总厚度约为 3.5mm。但是这个厚度可在 2~60mm 范围变化，这取决于使用的针织机的类型（经编或纬编）和最终用途。这种三维纺织结构提供的输出功率密度在 $1.10 \sim 5.10\mu W/cm^2$，压力在 0.02 ~ 0.10MPa，其值远高于二维机织和非织造压电结构器件。

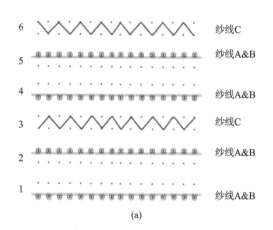
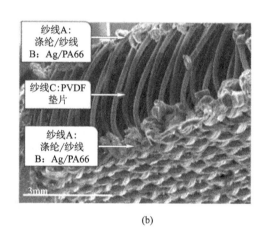

(a)　　　　　　　　　　　(b)

图 9-8　全纤维压电织物的编织结构

采用这种纺织成型技术生产压电式传感器也存在一些可预见的技术挑战，包括：如何优化间隔器压电纱的位置、间距、厚度及其在三维结构中的排列，以提高压电响应；如何优化不同用途间隔布的密度和厚度；如何确保在编织过程中，或在裁切过程中，使用在相反面上的导纱不会互相接触；由于这些纺织品的用途是作为可穿戴能源收集材料，因此，如何测试和控制一些重要因素，包括透气性、芯吸性能、可拉伸性以及回收性，以便为用户提供高舒适度；洗涤的效果、定期长时间使用、织物的耐久性和完整性需要得到验证，以保证压电响应的再现，并为织物提供一定的寿命值；对三维针织物发生器进行机械和压电耦合分析，确定织物结构与功率输出之间的复杂关系。

3. 其他方法　除了以上两种常用的方法外，还可以利用柔性基底结合技术和压电复合材料制备技术来实现压电式传感器的研究和开发。基于压电复合材料的柔性压电纳米发电机具有制备工艺简单、柔韧性好、成本低廉等优势，可实现大规模生产。常用的柔性基底包括一维结构的纤维、纱线材料或二维结构的纸张、织物等。通常情况下，将柔性基底与电极和敏感材料相结合，赋予整体器件的可变性和高柔性。基于柔性基底构建的压电式纺织传感器，虽然具有一定的柔性，但是因为有界面结合的问题，在使用过程中，器件的形变会有所限制，要防止因电极和压电材料与衬底结合不牢固而产生的器件可靠和稳定性等问题。因此，有研究学者提出将压电材料按一定方式填充到柔性基底材料中（聚二甲基硅氧烷、硅橡胶、聚偏二氟乙烯等），得到集压电相和非压电相两者优点于一身的柔性压电复合材料，有利于提升压电发电机对复杂机械能的能量收集效率。

第三节　摩擦发电纺织材料与传感器设计

一、摩擦发电机（Triboelectric Generator）

（一）摩擦发电机的工作原理

公元前 600 年左右，古希腊时期的科学家泰勒斯就已经记载了摩擦起电现象：通过摩擦羊毛和琥珀可以吸引其他物体。18 世纪中叶，富兰克林对电进行了深入的研究，开启了电荷分正、负的新时代。摩擦起电是日常生活中经常遇到的一种物理现象，无论是梳头、穿衣还是走路、开车都时常会遇到，但是，这些摩擦起电的现象通常是人们不想看到的，且这类摩擦电很难被收集利用，因此，其价值也往往被人们所忽视。2006 年，佐治亚理工大学的王中林教授利用摩擦起电的现象，巧妙地将动能转化成电能，开启了摩擦起电发电机在能源领域的应用。2012 年，王中林教授提出利用摩擦起电效应设计摩擦纳米发电机，它的能量输出比已有的基于压电、热电等效应的纳米发电机高了几个数量级。自此，利用摩擦起电效应进行小尺度能量收集的概念开始受到人们的普遍关注。

摩擦发电机作为一种新型能量转换器件，工作原理可分为摩擦生电和静电感应。简单来说，摩擦起电的过程是利用摩擦序列中相距较远的两种材料相互摩擦，产生正负电荷，而后将产生的正负电荷分离形成电势差，驱动外部电路产生电荷的定向流动，从而形成电流，最终将机械能转化成电能的装置。实际工作中，这两个过程是同时完成的。目前，利用摩擦纳米发电机原理开发的自驱动传感器已涉及多个学科和领域，例如，压力/触觉传感、振动传感器、声波传感器、移动物体传感器和化学传感器等。

摩擦起电产生电压和电流的过程如图 9-9 所示。

两种不同的聚合物材料分别组成上下电极的内表面，若两种聚合物俘获电子能力的差异性越大，摩擦产生的电荷就会越多。另外，该结构需保证上下层聚合物的表面在无外力的作用下，有足够的自由缝隙。在上下层聚合物的外表面黏附导电电极层，引出电荷。

当外力施加于器件时，使得上下层聚合物因压力而产生接触，紧密接触的同时发生摩擦，产生电荷并发生电荷转移，从而使得上层聚合物内表面带一种电荷（如负电荷），下层聚合物内表面带等量的另一种电荷（如正电荷）。

当外力去除后，上下层聚合物在辅助器材（一般为弹簧）的帮助下发生电荷分离，上下层聚合物表面所带的电荷使得聚合物间产生电势差。

随着距离的增大，电势差逐渐增大至极值。

再次施加外力，上下层聚合物表面再次接触，正负电荷中和，电势差消失，电压为零。在分离的瞬间，假设上部材料产生的是负电荷，下部材料必然带有等量的正电荷，这种电势差导致电场力产生。感应外电路的自由电子向带有正电荷（也就是下部材料）方向移动，由此产生电流。当上下材料再次接触，电势差消失，电场力也跟着消失，原本感应的自由电子需要回到原位以维持原有的平衡，此时，外电路形成了一个反向电流。因此，当外力周期性地施加和撤出，使得上下两种材料接触和分离交替进行，外电路就会同步地产生交变的电流信号。

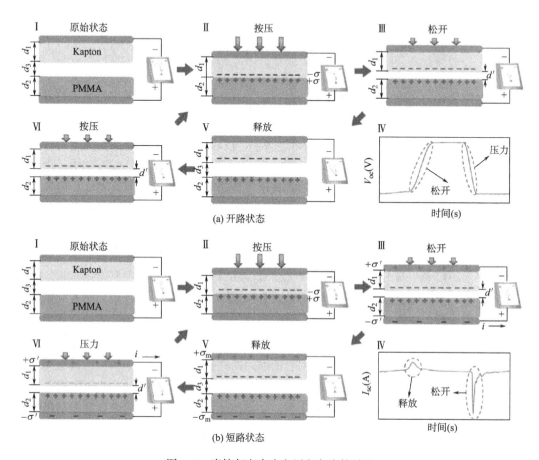

图 9-9　摩擦起电产生电压和电流的过程

（二）摩擦发电机的工作模式

根据摩擦的形式不同，摩擦发电机有四种基本的工作模式：垂直接触分离模式、水平接触滑动模式、单电极模式和独立摩擦层模式，如图 9-10 所示。

1. 垂直接触分离模式　垂直接触分离模式是摩擦发电机最常见的一种模式，如图 9-10（a）所示。两种不同的介电材料上下相对布置，作为摩擦的接触面。上层材料的顶部和下层材料的底部为电极层。工作时，两种电介质材料由于外力作用相互接触，会在摩擦接触表面形成符号相反的表面电荷。当外力去除后，摩擦接触面表面分离，由于两种材料束缚电荷能力不同，形成电势差，同时，两个电极之间外接的负载电阻上会由于电极间的感应电势差形成电流。当外力继续作用，导致两个摩擦面再次接触时，电荷中和，电势差消失，电压为零，同时形成方向相反的电流。当这种周期性的运动持续进行的时候，外电路就会产生一个与运动同步的交流电信号。垂直接触分离模式的摩擦纳米发电机可以用来有效地收集冲击、

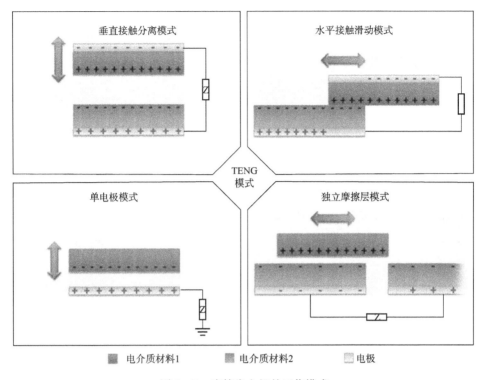

图 9-10　摩擦发电机的工作模式

振动、拍打、声波能量以及人体运动能量等。

2. 水平接触滑动模式　水平接触滑动模式的结构模型如图 9-10（b）所示，基本结构类似于垂直接触分式模式。由两层不同的介电材料和一个电极组成，两极板始终处于接触状态，在垂直方向上没有间隙。在外力作用于水平方向时，上下两个极板相对滑动，摩擦层会沿着与接触面平行的水平方向产生相对位移，从而在两个摩擦接触面产生摩擦电荷，驱动电子在两个电极间移动以平衡摩擦电荷产生的电势场。通过周期性的滑动，产生电压和感应电流的交流信号。

3. 单电极模式　垂直接触分离模式和接触滑动模式都需要两个电极，但在有些场合，参与摩擦的材料不是固定的，无法连接电极，如人在运动时能够产生电荷，但是不易进行电荷的收集。图 9-10（c）为单电极模式的结构模型，单电极模式的结构包括一个摩擦面和一个电极，电极通过负载电阻连接到地面。当外部物体靠近或远离摩擦面，会改变摩擦面局部的电场分布，在电极与地面之间产生电荷转移，实现电能输出。该种工作方式可以用于收集滚动、走动、转动模式运动物体的能量。

4. 独立摩擦层模式　独立摩擦层模式与上述三种模式连接电极状况都不同，两种摩擦材料不经过导线连通，而是单纯下层材料彼此连接，该法可以有效避免材料接触摩擦带来的磨损，如图 9-10（d）所示。独立摩擦层模式由电介质层和彼此相连的平行金属电极构成，当电介质材料与左电极接触时，电介质材料表面带负电荷，电极表面带正电荷。当电介质在左电极与右电极间移动时，由于静电感应作用，左电极与右电极之间会形成交流电信号。具体又分为非接触式与接触式模式两种结构。接触式模式在电介质与导体中间相隔一层绝缘材料的情况下工作，可以有效避免摩擦材料相互接触面磨损，从而能够提高摩擦纳米发电机的使用寿命，能够方便搜集人体走路、火车或汽车运动、手指滑动等形式的运动能量，

摩擦发电的本质是将两种摩擦材料接触分离时所消耗的机械能转换为最后输出的电能。不管是哪种模式的柔性摩擦压电器件都具有产电性能，在可穿戴电子产品中有很好的应用前景。

二、摩擦发电纺织敏感材料

多种材料都具有摩擦生电效应，如金属、聚合物、丝绸以及木材等。

表 9-3 给出常用材料摩擦电序列，表格中的两种材料相隔距离越远，相同条件下摩擦产生的电荷越多。从表中可知，纺织材料是摩擦发电敏感材料的重要组成。目前，对摩擦发电机用纺织材料研究的重点主要是材料的选择、表面形貌的设计以及纺织结构的设计。

表 9-3　常见材料的摩擦序列

正极 ↑			负极 ↓
	聚甲醛 1.3~1.4	……	
	乙基纤维素	聚酯	
	聚酰胺（锦纶）-11	聚异丁烯	
	聚酰胺（锦纶）-66	聚氨酯、柔性海绵	
	三聚氰胺	聚对苯二甲酸乙二醇酯（PET）	
	编织的羊毛	聚乙烯醇缩丁醛	
	编织的蚕丝	氯丁橡胶	
	铝	自然橡胶	
	纸	聚丙烯腈	
	棉纤维	腈氯纶	
	木材	聚 3，3-双（氯甲基）丁氧环	
	硬橡胶	聚偏二氯乙烯	
	镍、铜	聚苯乙烯	
	硫	聚乙烯	
	黄铜、银	聚丙烯	
	再生纤维，醋酸纤维	聚酰亚胺	
	聚甲基丙烯酸甲酯	聚氯乙烯	
	聚乙烯醇	聚二甲基硅氧烷	
	……	聚四氟乙烯	

三、摩擦发电式纺织传感器设计

摩擦纳米发电机是收集人们生活中各种形式的机械能，如人体活动、机器运转、风能、水能、声波等诸多形式的能量直接转换成电输出信号装置，意味着其可用来直接收集动态机械运动而不需要施加电源单元。两种织物之间的摩擦或织物与皮肤或外部物体之间的摩擦所产生的摩擦效应经常发生在服装中。例如，制备一件可穿戴的摩擦压电织物，人们在行走或摆臂的过程中，能将机械能转化成电能，从而带动一个微型的医疗传感器，抑或是将人走路

时脚与地面摩擦产生的能量转化出来，为随身携带的电子产品提供能量。

纺织基摩擦纳米发电机有不同的结构设计，包括拱形结构、片状平面结构、一维纤维状结构以及二维织物状编织结构等。其中，拱形结构是柔性摩擦纳米发电机最经典的设计，具有高性能、制备工艺简单、通用的可行性和耐久性等优点。片状平面结构也是柔性摩擦纳米发电机常被研究设计的结构之一，该结构的柔性基底对提高器件的稳定性及柔性非常重要。采用纤维或者织物结构设计的摩擦纳米发电机是柔性摩擦纳米发电机的重点内容。

（一）纤维状摩擦发电器件

纤维状结构的摩擦纳米发电机不仅可以采集肘部弯曲、走路、跳跃等不同形式的人体运动能量，而且可以作为一个灵敏的传感器检测动态、静态压力。理想情况下，如果能量收割机采用纺织纤维结构，这种纤维将为智能服装提供完美的建筑元素，因为它们可以在编织过程中按照一定的结构或图形自然地融入织物中，制备大面积的、延展型的能量采集织物，而不影响舒适性、灵活性、透气性和机动性。

研究者以纤维为基础，开发了一种低成本、无金属的纳米发电机，可通过静电感应效应将生物力学运动和振动的能量转换为电能。制备过程如图 9–11 所示：通过"浸润—烘干"方法制备了包裹碳纳米管的棉线与包裹聚四氟乙烯（PTFE）的棉线，二者相互缠绕制备了

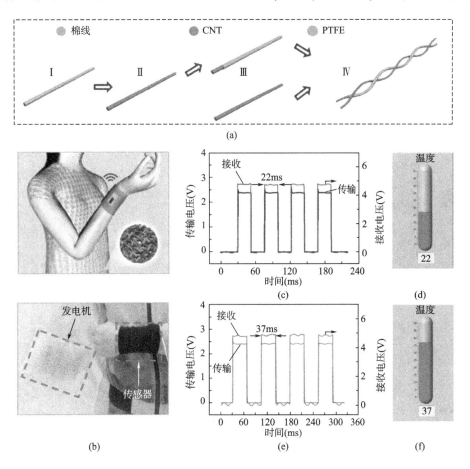

图 9–11　纤维基纳米发电机

纤维基摩擦纳米发电机。该结构采用 PTFE 作为摩擦材料，碳纳米管既作为摩擦材料，又可作为电极材料。这种纤维基的摩擦纳米发电机可以提供 $0.1\mu W/cm^2$ 的电能输出。将 8 根纤维基摩擦纳米发电机织入商用纺织品中，在 27s 内将 $2.2\mu F$ 的电容充电至 2.4V，直接驱动一个发光二极管，也可用于驱动一个自制的无线体温监视系统。

王中林教授课题组在 2016 年设计了管基摩擦纳米发电机，如图 9-12 所示。该摩擦纳米发电机采用硅橡胶、炭黑与碳纳米管混合制备电极材料，采用硅橡胶作为电介质材料。内电极采用螺旋形的结构设计，将内电极面积划分为若干小面积，可以获得 $250\mu C/m^2$ 的表面电荷密度。图 9-12（a）简要介绍了基于摩擦电效应与静电感应耦合的管基发电机的工作机理。当管被压缩时，内部电极与介质层接触。由于介电层吸引电子的能力更高，内电极表面的电子转移介质层的表面，形成了表面带负电荷的介电层和一个带正电的内电极表面。需要注意的是，由于驻极体的性质，电介质层表面的摩擦电荷将保留很长一段时间。一旦释放，在外电极上诱导形成正电荷。电子从外电极流向内电极，最终达到平衡，再次压缩时，电子会从内部回到外电极，最终达到一个新的平衡，直到内电极与介质层再次接触。这项工作代表了可穿戴电源开发的一个进步，为自供电系统提供新的设计选项。从结构方面，摩擦纳米发电机采用合理设计缠绕结构提高性能。这种缠绕结构优化纳米发电机是对称的，从不同方向触发时性能稳定。从材料方面，使用橡胶型材料的纳米发电机高度可伸缩、重量轻、防腐，可以有效地从多个变形（压缩、拉伸、弯曲和扭转）中提取能量。此外，该纳米发电机洗涤稳定性好。由于具有柔性、延展性、各向同性、可编织性等优点，可以采集人体运动能量以驱动温度计、湿度计。将该摩擦纳米发电机与超级电容器或锂离子电池结合，放置于鞋底，可以通过采集走路或跳跃的人体运动能量以驱动电子手表或计步器。

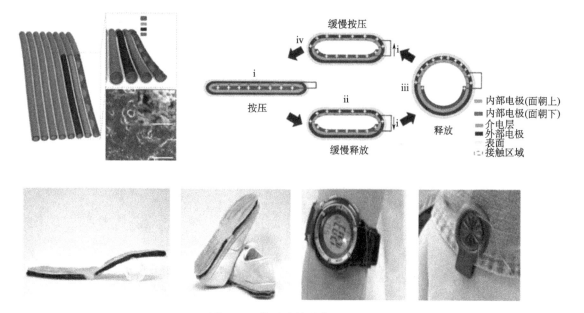

图 9-12 管基摩擦纳米发电机

（二）织物状摩擦发电器件

在单纤维或多纤维的摩擦纳米发电机中，两种摩擦电材料垂直方向的接触和分离受限于摩擦发电机工作模式之间的垂直接触模式。在日常生活中，存在着各种类型的生物力学能量，包括手臂的运动、行走、衣服的变形等，导致身体不同部位或衣服之间、皮肤与衣服之间的垂直和横向运动以及摩擦。在这些情况下，人们开发了各种基于织物的摩擦发电机，可以利用各种工作模式（包括横向滑动模式、独立模式、单电极模式和垂直接触模式）来获取不同的生物力学能量。

制备基于织物结构的柔性摩擦纳米发电机产生电能的途径有两种：一种是外界物质与基于织物结构的柔性摩擦纳米发电机接触时产生的电能输出；另一种是在按压过程中，不同纱线接触时产生电能输出。

根据织物的成型工艺不同，可分为机织型、针织型与非织造型织物摩擦发电机。机织物的经纬纱线相互垂直交织，形成的织物稳定性较好，不易产生高伸长率或各种变形。根据非织造布的生产加工工艺可知，非织造方法获得织物很难具有高的拉伸性能。因此，机织和非织造技术应用在织物型发电机中存在相同的问题，即利用人体运动产生的各种复杂变形来获取实际服装的机械能具有一定的局限性，需要添加可拉伸的材料或者运用新型的织物组织结构。

研究者采用全柔性的聚酯纤维镀镍导电布和室温硫化硅胶作为摩擦材料，通过常见的平织法工艺，制备了全柔性、生物兼容性好、重量轻、成本低、易加工的基于织物结构的柔性纳米发电机。其中，聚酯纤维镀镍导电布外部包裹室温硫化硅胶作为经线，聚酯纤维镀镍导电布作为纬线，如图9-13（a）所示。为了进一步提高基于织物结构柔性纳米发电机的输出性能，将两个基于织物结构的柔性摩擦纳米发电机1与3层叠放置，中间放置一层厚度为$250\mu m$的硅胶薄膜2。硅胶薄膜可以起到绝缘作用，避免上下两层摩擦纳米发电机产生的交流电信号相互交叉干扰。同时，在按压过程，硅胶薄膜可以增大与摩擦纳米发电机中作为纬线的导电布的接触面积，进一步提高摩擦纳米发电机的输出性能。

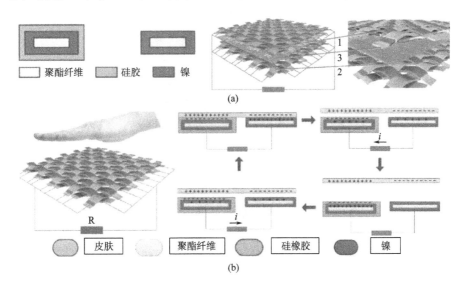

图9-13　（a）基于织物结构的柔性摩擦纳米发电机；（b）皮肤与基于织物结构的柔性摩擦纳米发电机接触的电能产生原理

将基于织物结构的层叠式摩擦纳米发电机放置于肘部、腋下、膝盖内侧以及脚底等人体不同部位，通过走路、跑步、拍打以及摆臂等人体运动，其输出能量能够驱动 100 盏串接的 LED 灯、计算器、数字时钟、比赛计时器等实时工作，展示了其在驱动自供能照明装置、可穿戴电子设备方面的广泛应用前景。将基于织物结构的层叠式摩擦纳米发电机放置于脚底部位，通过走路、跑步等人体运动，输出电信号经过整流处理后作为传感器的触发信号，经过放大、计数、显示后，可以实现计步器或者运动次数监视设备的功能，展示其在运动状态监护领域的广阔应用前景。

如图 9-14 所示，经编间隔织物是一种三维织物，它是由两个表面织物层以及在其中往返，并形成支撑的间隔纱组成。间隔织物最大的特点是在厚度方向上具有优异的抗压回弹性，这正是压电式摩擦发电器件所需要的。研究者采用间隔织物作为基材，由引电极、PDMS 摩擦层等部分组成制备了一款全柔性的摩擦发电机，如图 9-14 所示。引电极是摩擦发电机的重要组成部分，通常为金属铜片、银片和银胶等。摩擦发电机对引电极的要求是导电性能好，和摩擦端接触良好并在使用的过程中不影响信号的输出。在器件制备过程中发现 PDMS 摩擦端涂覆金属片或银胶，不但容易剥离，在按压的过程中引电极也极易出现破坏。取向碳纳米管不但导电性能好（实验室自制电导率可达 104S/m），和摩擦端的附着性也非常好，且柔韧性优良。所以，研究者利用气相沉积法，制备多壁碳纳米管薄膜电极作为摩擦发电机的引电极。

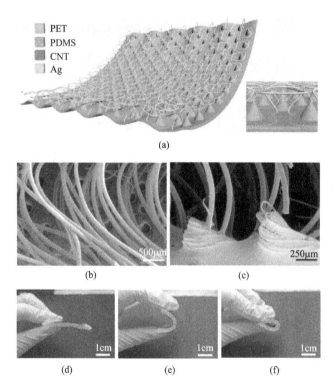

图 9-14 （a）基于经编间隔织物的摩擦发电器件的结构示意图；
（b）涂覆导电银胶和浸渍 PDMS 后的间隔织物电镜图中部；
（c）下部；（d）弯曲 0°；（e）弯曲 90°；（f）弯曲 180°

PDMS 位于表 9-3 的底部，与常见材料摩擦极易产生负电荷，是一种理想的摩擦发电器件原材料。研究者利用其黏附性、流动性及化学惰性，在间隔织物的底部形成凹凸的摩擦面。在成功制备的下层织物内表面的 PDMS 摩擦面和间隔织物上下层的外表面铺设导电层。其中，织物上层涂覆导电银胶，作为上层的感应电极，下层使用 PDMS 将黏附取向碳纳米管薄膜，作为下层的感应电极。为了保护感应电极在按压的过程中不受到损害，在取向碳纳米管薄膜电极表面再涂覆一层 PDMS 作为保护层。

该发电机的摩擦发电器件完全依靠自身结构进行回弹而无须弹簧等器件的加入，实现了摩擦发电器件结构的优化。同时，摩擦发电器件具有优异的电学性能。面积为 5cm×5cm 大小的器件，在 400N 按压力的作用下，可以输出的电压大于 500V，输出功率达 153.8mW/m^2，可以同时点亮 49 盏 LED 灯。基于上述摩擦发电器件的发电机可以直接作为电源驱动 LCD 灯，可以收集人们在走路过程中产生的机械能，在可穿戴能源领域具有应用前景。

基于上述织物结构的摩擦纳米发电机，虽然具有良好的力学性能，有一定的可穿戴性，但是，这些材料并不适用于真正的服装，并且获得的能量有限，实际应用有待于进一步提高。要提高摩擦发电机的能量收集和实际应用，需要大幅度提高其拉伸性能、优化器件的结构和提高产品的输出性能。因此，除了材料的选择外，织物成型工艺也是重要的影响因素。

众所周知，针织技术作为最具代表性的服装技术之一，它可以根据针织图案的不同，使纺织品具有较高的拉伸性和审美性能。从织物的整体结构来看，针织物由一根纱线相互串套而形成的，整个结构由许多相互依赖的线圈构成，不需要复杂的布线，且在多个方向都具有良好的拉伸性能。研究者利用工业针织技术，选择导电性好的银纱（31tex）和负电荷效应比较大的 PTFE（22tex）作为原料，在 12 号针型的横机上编织不同组织结构的织物，包括纬平组织、双反面组织、罗纹组织，如图 9-15 所示，分析它们作为纺织基能源存储的潜在应用。

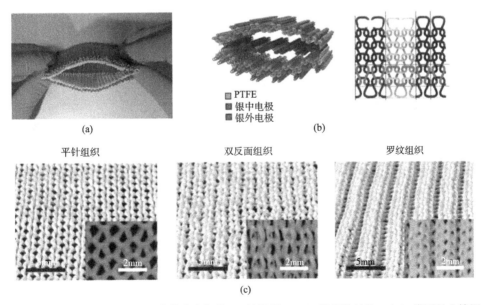

图 9-15 全拉伸针织物：(a) 摩擦发电机的 3D 结构图；(b) 针织物结构；(c) 线圈的电镜图，从左至右依次为纬平针、双反面以及罗纹组织

此外，研究者分析了各针织物拉伸和回复特性。图 9-16 描述了平针、双面针和棱针织物的简单几何模型，比较它们在拉伸运动时的结构。三种不同的针织结构，由于线圈连接方式的不同，所有的线圈尺寸都是不同的。纱线的完整性使线圈的变形形成相互依赖的关系，这使得针织面料表现出良好的延展性。基于聚四氟乙烯（PTFE）材料的平针、双反面、罗纹针织物分别经横向应变 10%、20%、30% 后，可恢复到原来的形状。结果表明，具有良好拉伸性能的罗纹组织表现出最突出的摩擦电效应。研究者根据织物的形态和拉伸性能对织物的接触面积进行计算。值得注意的是，虽然所有的针织物样品都是用同一规格的纱线，但由于针织物的纱线密度和结构尺寸等性能在针织物结构之间存在差异，因此，每一种针织物的扩大面积比都有所不同。罗纹针织物的扩大面积和接触面积最大，因此，其摩擦起电性能也最好。织物针织结构的选择使产生的总摩擦电荷和输出电压提高了约 1170%，这对于实现高性能的可穿戴、可拉伸的摩擦纳米发电机至关重要。在 1.7Hz 下，摩擦纳米发电机产生的最大电压和电流分别是 23.50V 和 1.05μA，因此，确认罗纹结构的纳米发电机是实现可穿戴能源收集的备选织物结构。

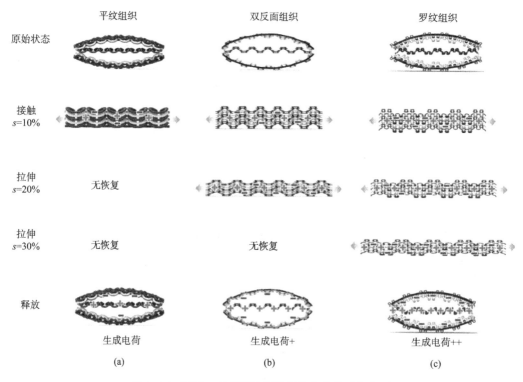

图 9-16　平针、双反面和罗纹组织织物的几何模型

综上所述，要利用摩擦纳米发电机实现人体信息采集的功能应用，要从器件结构设计与材料性能入手，进一步提高摩擦纳米发电机的输出性能，使得其输出信号能够灵敏地反映人体的生理信号及运动状态信息。同时，还需考虑摩擦纳米发电机的柔韧性、稳定性以及环保性等性质，满足其适于人体携带、采集人体信号及能量的特殊应用需求。

第四节　热电纺织材料与传感器设计

一、热电传感器的工作原理

（一）热电效应（Thermoelectric Effect）

热电效应的发现及利用具有悠久的历史。简单来说，热电效应就是以热电材料为介质，将电能与热能相互转换的一种物理现象。热电效应包含 Seebeck 效应（泽贝克效应）、Peltier 效应（佩尔捷效应）和 Thomson 效应（汤姆逊效应）。这三种效应均是导体的本征性质，存在关联性，构成了描述热电能量直接转换物理效应的完整体系。

1. Seebeck 效应　1821 年德国科学家 Thomas Johann Seebeck 发现固体材料中的热能可以直接转换为电能的物理现象。后来，人们将这种现象称为 Seebeck 效应，如图 9-17 所示。两种不同的导体材料 A 和 B 相连接时，两个接头具有不同的温度，即在接触点 1（T_1）和 2（T_2）的位置产生温度差 ΔT，导体 B 的两端 3、4 之间就会产生一个电势差 ΔU，被称作温差电动势，ΔU 可由公式（9-7）来表示。

$$\Delta U = S\Delta T \tag{9-7}$$

式中：S 为两种导体材料的相对 Seebeck 系数，也称为泽贝克系数，$\mu V/K$。

规定：导体 A 内由于热电效应产生的电流从高温端向低温端流动时，相对 Seebeck 系数为正。可见，Seebeck 系数具有方向性，其正负与温度梯度的方向及电势差的方向有关，其大小与接点处温度及组成材料有关。温差电动势 ΔU 也具有方向性，其方向取决于两种材料本身的特性和温度梯度的方向。如图 9-17 右侧图所示，将导电材料 B 闭合起来形成一条回路，则回路中就会产生电流，热电材料实现了热能到电能的转化。

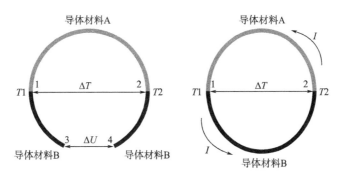

图 9-17　Seebeck 效应示意图

2. Peltier 效应　Peltier 效应是 Seebeck 效应的逆过程。1834 年，法国科学家 J. C. A. Peltier 将铋（Bi）和锑（Sb）两种金属线相连接，在回路中通电流时，发现除了由电阻损耗产生焦耳热外，两个金属接头分别会放出和吸收热量，如图 9-18 所示。Peltier 效应也叫作温差电效应，是指在两个不同导体间有电流通过时，两导体界面处会出现热量吸收或放出现象。电流方向决定吸热端和放热端，而单位时间吸收或者放出的热量与电流强度成正比，两者之间的关系可以用公式（9-8）表示：

$$\pi_{AB} = \frac{1}{I}\frac{\mathrm{d}Q_P}{\mathrm{d}t} \tag{9-8}$$

式中：Q_P 表示 Peltier 热；I 表示电流；t 表示通电时间；π_{AB} 表示相对 Peltier 系数。

与 Seebeck 系数类似，π_{AB} 也具有方向性。当电子在电场作用下从能级高的导体流向能级低的导体时，该电子在界面势垒处向下跃迁，表现为放热，则 π_{AB} 为负值；当电子从能级低的导体流向能级高的导体时，则会吸收一定热量向上跃迁，表现为吸热，π_{AB} 则为正值。因此，π_{AB} 的物理含义是通过单位电流时，回路的两个接点处吸收或放出的热量，其值是 A、B 两个导电材料 Peltier 系数的绝对值之差。

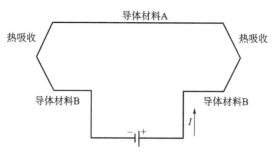

图 9-18　Peltier 效应示意图

3. Thomson 效应　1855 年，英国物理学家 William Thomson 利用热动力学的知识分析了 Seebeck 效应与 Peltier 效应的关联性，发现在绝对零度时，Seebeck 系数和 Peltier 系数存在正比例关系。同时提出一种新的温差电效应：当均匀导电材料的两端存在温差时，电流通过这一导电材料不仅会产生焦耳热，还会根据电流的方向与温差方向的异同，产生可逆热量的吸收或放出，即当电流与温差方向相同时吸收热量，当电流与温差方向相反时释放热量。这些吸收或释放的热量被称为 Thomson 热，可以用关系式表示：

$$Q_T = \mu It\Delta T \tag{9-9}$$

式中：Q_T 表示 Thomson 热；I 表示电流；t 表示通电时间；ΔT 表示导体两端温差；μ 表示导体的 Thomson 系数，单位为 V/K。

Thomson 系数也具有方向性，导体吸热时 μ 为正值，反之为负值。与前两种效应相比较，Thomson 效应中的吸、放热现象十分微弱，因此，在热电器件的设计及能量转换分析中常被忽略。

（二）热电传感器及发电机

热电传感器是利用热电材料的热电特性，将环境中的热能转化为电能从而获得感性的一种装置。热电发电机是热电传感器的核心部件，是实现热电能量转换功能的最基础单元。在日常生活中，环境中产生的热量非常多，如工业产生的余热、废热，汽车动力的散热，太能热能以及人体热能等。在实现热能与电能直接转换的过程中，热电发电不依赖任何石化燃料或机械驱动，仅仅利用温度差实现发电。因此，热电发电是一种实现环境友好型能量转化的有效途径。为了实现热电器件发电性能的大幅度提高，主要在合成优良热电性能的功能材料、改进导线的连接方式以及提高基底的柔韧性等方面展开工作。

早在 2004 年，就有研究团队将无机块体热电材料制成的发电模块用于可穿戴医疗类电子器件的制备。但是 40% 的能量利用率使得其应用受到很大的限制。人体不是一个平面结构，且处于不断运动的状态，典型的刚性结构的热电器件明显不适合于纺织传感器的开发。热电纺织传感器的发电装置必须是基于柔性的材料，可以在更大的面积上与身体有紧密的接触，并在产生更多的身体热的基础上，实现轻型化、柔性化以及高能化的发展。2012 年，王中林教授及其团队首次报道了基于氧化锌纳米线阵列的热释电纳米发电机，开启了热电的发电机发展的新篇章。

热释电发电机一般由电极、电绝缘基板等将带正电荷的 P 型和带负电荷的 N 型热电材料，按照电路串联/并联的形式连接组成阵列（图 9-19）。当冷热两端存在温度差时，热电材料中的载流子发生定向移动形成电势差，接入外部负载电阻后，能在温差发电器中形成电流。在热电发电机中，外部热源器件一端加热以后，由于 Seebeck 效应，半导体与金属电极的两端结点处也会产生电势差，在整个回路中就会形成电流，提供电能供外部设备使用。基于此，热电发电最重要的评价参数是单位温度差下的输出电压及输出功率，只有更

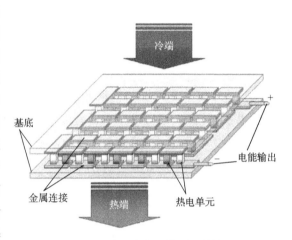

图 9-19　热电发电组件原理结构图

大的输出电压及更高的输出功率才能使热电传感器的应用成为可能。

二、热电敏感纺织材料

(一) 热电材料性能的表征

1911 年，德国科学家 Altenkirch 建立了温差电理论，该理论提出了三个表征材料热电性能的参数，分别是 Seebeck 系数、电导率和热导率。经过长期的技术改进，对于块体材料的热电性能的测量表征技术已经比较成熟，但是对于薄膜类柔性低维热电材料性能的测量技术还不成熟。以下对这三个参数的测量原理和方法做具体的说明。

1. Seebeck 系数　根据 Seebeck 系数的定义，待测材料的 Seebeck 系数可表示为：

$$S = \lim_{\Delta T \to 0} \frac{\Delta V}{\Delta T} \tag{9-10}$$

图 9-20 为 Seebeck 系数测量原理的示意图。通过样品上下两端的加热片和散热片，可以在样品上建立温度梯度。使用热电偶测量样品两点的温度（T_1 和 T_2），计算得到两点间的温差 ΔT。同时，这两个热电偶中的一根导线可以作为电压探针，记录两点间电势差 V_x。低维材料泽贝克系数的测量方法与块体材料的类似。纳米结构热电材料的发展对纳米尺度下泽贝克系数的测量提出了较高的要求，其表征方法在原位技术上发展起来，如扫描隧道显微术、扫描热学显微术和导电原子力显微术等。利用扫描热学显微术中探针的微区加热功能和原位电/热信号检测功能可以实现微区泽贝克效应的原位激发和原位表征。

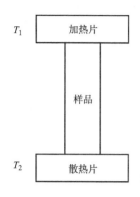

图 9-20 泽贝克系数
测试原理示意图

2. 电导率 电导率是热电材料的基本电学性质之一，其测量原理简单、测量方法成熟。电导率 σ 的表达式为：

$$\sigma = \frac{J}{E} = \frac{Il}{VA} \tag{9-11}$$

从上式可知：σ 是流经材料的电流密度 J（$J = I/A$）与材料内部的电场强度 E（$E = V/l$）的比值。其中，V 为材料上沿电流方向长度为 l 的两点之间的电势差；I 为横截面积为 A 的材料上通过的电流总强度。材料电导率的测量方法主要有两探针和四探针法，以四探针法为主。低维材料的电导率测试还可以利用范德堡法测量薄膜电阻的过程。与四探针法相比，范德堡法不受温差引起的热电势影响，并且不受形状限制，适用于各种不规则的任意形状和尺寸的低维材料电导率的测量。

3. 热导率 精确测量热导率的关键在于解决待测样品与外界之间的热交换问题，而由于辐射、传导、对流等多种热交换形式的存在，实现热绝缘的难度远远大于电绝缘。材料热导率测量的方法主要包括稳态法和非稳态法两大类。稳态法是热导率测量中最早使用的方法，将待测样品置于加热器和散热器之间，在一端施加稳定的热源，使之处于稳态，通过测量样品两端的温差及样品中流过的热流密度来计算材料热导率。非稳态法是针对稳态热流法中存在的测量时间长、热损失对测量精度影响大等问题发展起来的一种快速测量方法。根据施加热源方式的不同，非稳态法主要包括周期性热流法和瞬态热流法两大类，其基本原理是在样品上施加周期性热流或瞬态（脉冲）热流，再测量样品的温度变化来计算热导率。而对于低维材料而言，三倍频法（3ω）是一种常用的技术。该方法的基本原理是，向材料表面金属电极施加频率为 ω 的交变电流导致产生 3ω 的交流电压信号，该电压信号与材料的热导率相关，从而实现了材料热导率的表征。该方法的优点在于不受辐射热损的影响，适用温度范围宽。需要注意的是，根据材料的尺寸调整加热频率。

之后，人们在这三个参数的基础上，用热电材料热电转换性能的无量纲热电优值（ZT）来表征材料热电性能，其值越大，代表相应热电材料的热电性能越好。根据公式（19-12）可知，为了保证热电材料具有明显的热电效应，热电材料必须具备较高的电导率、较低的热导率以及较大的 Seebeck 系数。

$$ZT = \frac{S^2 \sigma}{K} T \tag{9-12}$$

式中：Z 为优值系数，1/K；T 为绝对温度，K；S 为 Seebeck 系数，V/s；σ 表示电导率，1/（$\Omega \cdot$ m）；K 表示热导率，W/（m · K）。

热电材料性能好坏除了用 ZT 表示外，对于有些材料，例如，薄膜材料，其热导率不易测量，也可以用功率因子 F_P 来衡量材料转化能量的能力，而不考虑其效率。F_P 由关系式得出：

$$F_P = S^2 \sigma \tag{9-13}$$

对于热电器件而言，能量转化效率（η）是评价热电发电器件的最重要的指标，其值与相应热电材料的 ZT 值及卡诺循环极限效率（η_C）有关，关系式：

$$\eta = \eta_C \frac{\sqrt{1 + ZT} - 1}{\sqrt{1 + ZT} + T_C/T_H} \qquad (9-14)$$

式中：$\eta_C = (T_H - T_C)/T_H$；T_H 和 T_C 分别为热端和冷端温度。

根据式（9-14）可知，在 η_C 范围内，器件的最大转换效率只与器件冷热端温度差和热电材料的 ZT 有关。热电材料的性能优值（ZT）决定了热电器件的理论最大效率，但器件的拓扑结构（几何形状、尺寸、连接方式、电流与热流耦合匹配等）、异质界面（电极与热电材料、电极与绝缘基板等）等结构要素严重影响器件的实际能量转换效率、功率密度及可靠性等使用特性。为最大限度地发挥热电材料的性能、提升器件实际转换效率更好地满足实际应用，对其功能和结构提出了要求，它是器件优化设计与集成制造技术的核心科学与技术问题。

（二）热电纺织材料的分类

热电效应发现后的一百多年，热电材料的研究一直集中在金属材料及其合金上。金属材料的热电转换效率一般较低，所以，关于金属材料的热电研究进展也一直很缓慢。随着一些热电传输效应和机制的提出，许多高性能的热电材料体系相继被发现，其热电优值也在不断地刷新。热电材料包括 Bi_2Te_3 基合金、PbX（X=S，Se，Te）化合物、硅基热电材料、笼状结构化合物、快离子导体热电材料以及氧化物热电材料等。1993 年，Hicks 提出，纳米结构化的热电材料，其功率因子可以显著增强。这是因为，当材料维度降低时，会引起费米能级附近电子能态密度的提高，从而增加了对热传输和电传输性能调控的自由度，泽贝克系数得到增加。随后，人们在超晶格薄膜热电材料、量子点超晶格材料、一维纳米线材料等低维结构热电材料中实现了热电性能的大幅度提升。

按照热电材料种类，可分为无机型和有机型两种。相比较而言，无机柔性热电材料的性能要优于有机柔性热电材料。研究者们基于这两种热电材料制备了各种各样的柔性热电器件。与块体热电材料相比，柔性热电材料具有质量轻、体积小、可弯折的优点。经过近十年的发展，各种柔性热电材料纷纷涌现，热电转化性能也有了很大的提高。目前，研究的热电柔性材料有三类：一是以聚 3，4-乙撑二氧噻吩（PEDOT）、聚苯胺（PANI）、聚 3-己基噻吩（P3HT）为代表的导电高分子材料。这类材料的电导率可以达到 $10^3 S/cm$，但是 Seebeck 系数较低。二是以碳纳米管和石墨烯为代表的碳材料。这类材料具有较高的电导率和载流子迁移率，但 Seebeck 系数也较低。三是纳米化的无机半导体材料。将无机半导体材料纳米化，可以有效提高材料的柔性，再利用表面活性剂将其分散，制备柔性的热电薄膜类材料，将其用于纺织结构的热电传感器中。

（三）热电纺织材料性能的优化

导电率、Seebeck 系数、热导率是决定材料热电优值的三个重要的参数，这三个参数相互影响、相互制约。一般来说，电导率的提高会导致 Seebeck 系数的降低和热导率的提高，从而使热电材料整体的性能难以优化。因此，为了优化热电材料的优值，必须尽可能独立地调控这三个参数。在热电纺织材料的制备中，往往会使用热导率较低的导电高分子作为主体，或者使用热导率较低的柔性基底材料。热电纺织材料的热导率很难测定，一般用功率因子来衡量。因此，如何提高材料的功率因子是合成高性能热电纺织材料的关键。

根据热电公式可知，提高材料的功率因子关键是提高材料的电导率以及泽贝克系数。用于热电纺织结构中材料最多的是导电聚合物和无机纳米碳材料。导电聚合物具有准一维的分子结构，主链上含有交替的单键和双键，形成了共轭 π 键，官能团间的 π—π 共轭是载流子传输的主要通道。近年来，人们从实验出发，研究了掺杂方法、掺杂程度、聚合物分子微观分子链排布状态等对热电传输性质的影响，对导电聚合物热电性能优化的途径和机理进行了初步探索。常用的掺杂方法有化学掺杂、电化学掺杂、质子酸掺杂等。通过改变掺杂程度可以对载流子浓度进行调节，从而影响其热电性能。但是，改变掺杂程度会引起电导率和泽贝克系数的反向变化，因此，仅通过掺杂程度调控导电聚合物材料的热电性能存在局限性。由于导电聚合物分子链结构和排列的无序性，在分子链内及链间形成了大量的 π—π 共轭的缺陷，从而增加了跃迁激活能，降低了载流子迁移率，使导电聚合物的载流子迁移率通常比无机半导体材料要低 1~2 个数量级。2002 年，Toshima 等对聚苯胺薄膜进行了机械拉伸，发现沿着拉伸方向聚合物分子链排列的有序度增加，降低了链内和链间 π—π 共轭缺陷，增加了导电聚合物载流子的迁移率，同时提高了导电聚合物的电导率和泽贝克系数。因此，提高载流子迁移率是优化聚合物热电性能的重要途径。

随后，人们发现将导电聚合物和无机纳米碳材料（碳纳米管、石墨烯）复合，可以有效地提高材料的热电性能。一方面，无机纳米碳材料的加入，提高了复合材料的电导率，从而提高材料的热电功率因子。纯的导电聚合物热电功率因子一般为 $10^{-1} \sim 10\mu W/(m \cdot K^2)$，导电聚合物/无机纳米复合材料的热电功率因子可以增至 $10^{-1} \sim 10^2\mu W/(m \cdot K^2)$，比聚合物基体高 2~3 个数量级。大部分导电聚合物基纳米复合热电材料的热导率小于 $0.5W/(m \cdot K)$，这比目前最好室温附近的无机热电材料更低。另一方面，通过无机纳米碳材料和导电聚合物之间强的 π—π 共轭效应，可以诱导聚合物分子沿着碳材料表面进行有序生长，从而提高了载流子迁移率，使电导率和泽贝克系数同时上升。此外，还可以利用碳材料和导电聚合物之间的 π—π 共轭作用形成层层自组装的结构，这种有序结构提供了导电通道，有利于载流子迁移率的增加，实现电导率和泽贝克系数的协同提高。

三、热电式纺织传感器设计

人体的核心温度是在 28~37℃，而外界环境的温度一般在 -20~40℃。经研究发现，一个成年人每天的正常活动可以产生 50~150W/m² 的热量。图 9-21 是人体不同部位的发电能力。因此，可以充分利用人体的热量与外界环境的温差持续地产生电能，从而构建可穿戴式的柔性发电器件。

柔性热释电器件常采用滴涂成膜、丝网印刷及喷墨打印等技术，这些方法有利于较大面积热电器件的制备。柔性热电发电机可分为薄膜型、纤维型以及织物型。薄膜型热电发电机具有良好的拉伸、弯曲和平面内剪切性能，能够适应三维形变，是目前研究较多的一种。制备柔性热电薄膜的方法主要是：将无机热电材料与柔性基底 PI、PDMS、PET 等聚合物基底相结合，利用碳材料力学性能的优势，将其单独制成柔性热电薄膜，或与其他材料复合再制成复合柔性热电材料。按照热电材料在基底上的排列方式，柔性热释电发电器可以分为面内型和面外型结构图 9-22 所示。面内型结构的热释电发电器：热电材料与基底平面平行，热电材料为薄膜结构。

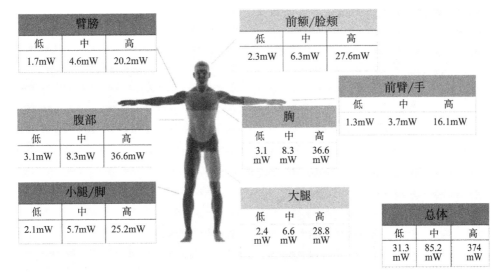

臂膀		
低	中	高
1.7mW	4.6mW	20.2mW

前额/脸颊		
低	中	高
2.3mW	6.3mW	27.6mW

前臂/手		
低	中	高
1.3mW	3.7mW	16.1mW

腹部		
低	中	高
3.1mW	8.3mW	36.6mW

胸		
低	中	高
3.1 mW	8.3 mW	36.6 mW

小腿/脚		
低	中	高
2.1mW	5.7mW	25.2mW

大腿		
低	中	高
2.4 mW	6.6 mW	28.8 mW

总体		
低	中	高
31.3 mW	85.2 mW	374 mW

图 9-21 人体不同部位的发电能力

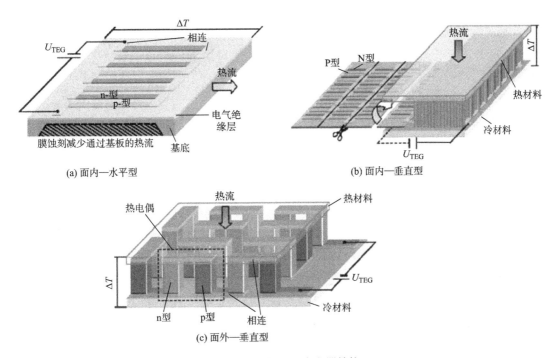

(a) 面内—水平型

(b) 面内—垂直型

(c) 面外—垂直型

图 9-22 柔性温差发电器结构

按照热流传递方向，又分为面内—水平型与面内—垂直型结构。面内—水平型结构的热流沿水平方向传递，其薄膜热电材料常采用印刷或沉积的工艺加工在柔性衬底上。由于热电材料长度较长，可以在基底水平面内产生较大的温度梯度、获得较高的开路电压。面内垂直型热释电发电器是通过机械弯折或卷曲等方式，将加工在柔性基底上的薄膜热电材料直立或倾斜起来构成的。与面内—水平型温差发电器相比，薄膜热电材料由水平排列改为垂直或倾斜布置可以提高单位面积的热电材料，增大了温差发电器的功率密度，同时减小了薄膜热电材料的弯曲应力。面外型结构热释电发电器的热电材料与基底垂直，其热流传递方向也与基底垂直。块体热电材料的底面积远大于薄膜热电臂，可以有效提升通过热电材料的热流，从而提高温差发电器的输出性能。

美国得克萨斯州农工大学的 YU 等提出了一种由碳纳米管硫化物薄膜热电材料构成的温差发电器，如图 9-23 所示。利用化学气相沉积的手段制备了功率因子较大的 P 型 MWC-NTS，再利用二乙撑三胺（DETA）代替聚乙烯胺对 MWCNTs 进行改性，使其导电类型由 P 型转变为 N 型，同时保持相对较高的电导率。最后，采用聚四氟乙烯胶带组装薄膜热电材料，当温度差为 49K 时，由 72 对热电材料组成的温差发电器产生 465mV 的电压。该热释电器件与微型葡萄糖传感器集成，其输出功率达到 1.8μW。

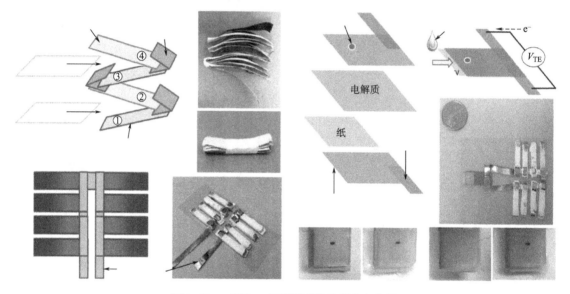

图 9-23　P 型和 N 型碳管薄膜热释电发电器

CHO 等首先在 PI 基底上分别丝网印刷了 N 型 Bi_2Te_3 及 P 型 Sb_2Te_3 薄层，厚度约为 40μm。再采用滴涂渗透的方式将 PEDOT：PSS 溶液覆盖在无机纳米半导体的薄层上，将多余的 PEDOT：PSS 溶液甩掉并烘干复合薄层以后，PEDOT：PSS 就能填补进薄层中的微孔中，在保持热电性能不同的情况下极大提高复合材料的柔性。图 9-24 展示的是 15 组 P—N 热电对组成的柔性热电器件，体温与环境温差约为 5K，器件可产生 12.1mV 的温差电压。

为了更好地实现可穿戴的理念，柔性热释电器件的基底材料由 PI、PDMS、PET 等聚合物逐渐向更加柔软舒适的纺织纤维和织物发展。根据热释电工作原理，设计出基于织物结构的热电器件。图 9-25（a）是在织物电极的基础上，采用针织工艺进行编织。中间的敏感元件由在线圈柱上包裹着 P 型或 N 型热臂材料的导电纱线相互串套而制成。图 9-25（b）显示的是泽贝克效应，在这种效应中，P 型半导体材料涂覆在纱线上，如果半导体被连接到导电织物电极上，电流则由从热释电纱线线圈移动而产生。

TAKAI 等在 2002 年首次设计并制作了一种由金属丝编织而成的热释电装置，如图 9-25（b）所示。这些金属线相互连接构成了热电单元，每个热电单元在 26K 的温差时能够输出最大功率 0.166μW。然而，金属丝作为热电材料的使用牺牲了器件的舒适性。SHTEIN 等在

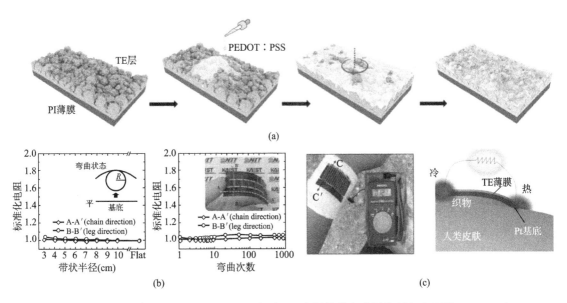

图 9-24　（a）PEDOT：PSS 填充的丝网印刷无机半导体热电薄层的制备流程图；（b）15 组
P-N 热电对组成的柔性热电器件的性能测试；（c）器件在 C—C′方向的剖面示意图

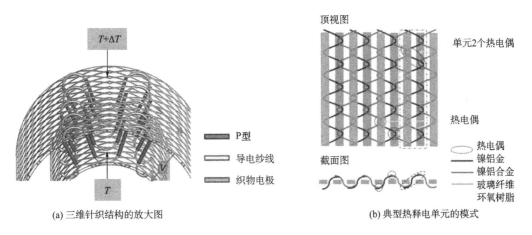

图 9-25　基于织物结构热释电发电机的设计

2008 年报道了纤维上金属薄膜的一维热释电发电机。在此基础上，BAUGHMAN 等直接用编织的方法制作了二维热释电发电机，而没有使用刚性衬底。

CHO 等采用丝网印刷的方式，将 P 型的碲化锑（Sb_2Te_3）与 N 型的碲化铋（Bi_2Te_3）圆形点状薄膜印刷在柔性的玻璃纤维布上，用铜箔连接成小型的柔性热电器件，如图 9-26（a）所示。构建串联的 PN 单元得到在温差 50K 时的输出功率为 28mW/g，厚度为 500μm，质量为 0.13g/cm^2 的热电发电器。进一步，他们用包含 11 个热电对的器件制成了一条如图 9-26（b）所示的以体温为能量源的腕带，在环境温度为 15℃的条件下，腕带的开路电压为 2.9mV，输出功率为 3μW。另外，实验还对器件的柔韧性能进行了测试：在循环弯曲 120 次后观察器件电阻变化，体现了器件的机械稳定性能。

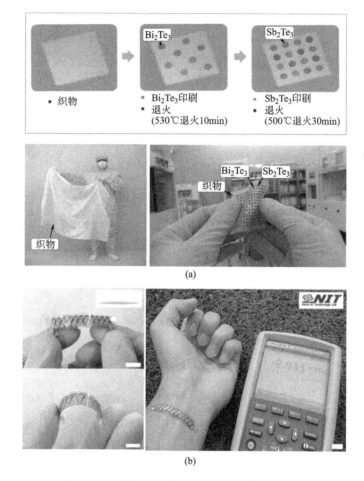

图 9-26 柔性玻璃纤维布基底制备热释电器件

研究者系统考察了 PEDOT：PSS 和 PEDOT：PSS—无机纳米结构复合材料的制备及热释电器件的性能。在此研究的基础上，首次采用 PEODT：PSS 对涤纶织物进行处理，成功制备出了具有透气性的柔性织物热电材料（图 9-27）。该柔性织物热点材料在 300~390K 具有非常稳定的热电性能。将所制备的柔性织物热电材料通过剪切和连接后制备成了一种灵活透气的热电发电器件，该器件可以将人体与环境之间的温度差转变为电能。但是该器件的输出电压和输出功率仍相对较低，主要原因是所制备的柔性织物材料本身的电导率和 Seebeck 系数较低。可见，合理设计柔性热电器件的构造、实现能量输出的最大化并提高使用者的舒适度，是柔性热电器件的发展方向之一。

虽然高热电优值的材料已经得到了发展，但将热电材料应用在器件中仍面临许多挑战。热能的无效耗散不仅危害设备的性能，而且危害设备的生命周期以及设备的可靠性。在电子封装中，应重视热电模块和系统的传热。图 9-28 显示了一个典型的热释电器件单元的示意图。N 型热电材料作为热电臂被涂覆在纤维/长丝的表面。由柔性导电织物构成的电极取代了刚性电极。这种结构虽然满足了柔性和可变形性的要求，但其接触电阻问题比传统的刚性热释电更为突出。如图 9-28 所示，如果用复合丝作为连接层，在热电材料与连接层之间存在一个带有空气的绝缘多孔区域。当柔性热电器件变形时，由于连接层与热电臂接触点数量

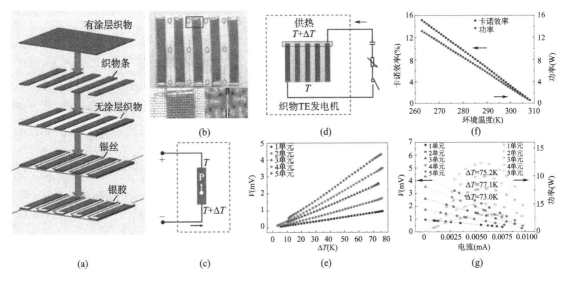

图 9-27　制备透气性的基于织物的 TE 发生器的过程

的变化, 会引起导电率的变化。事实上, 连接层通常是由长丝组成的多层。在这种情况下, 导电和导热对器件的性能有着深刻的影响。微间隙 (如空气) 的导热系数和电导率通常比热电材料和连接层织物的导热系数低得多。因此, 非导电区域的热流传导小于整个接触区域, 导致界面热阻增大。因此, 对织物型热释电器件设计时, 要充分考虑织物的结构特点及对性能的影响因素。

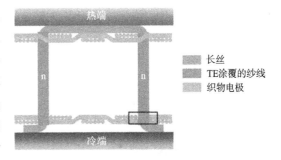

图 9-28　基于织物结构典型热释电单元的模式

第五节　太阳能电池 (Solar Cell)

太阳能的开发与利用对于缓解能源和环境问题具有重要的意义。太阳能的利用方式多种多样, 其中太阳能利用的重要形式之一为将太阳能转化为电能。太阳能电池的分类有很多, 按形态可分为刚性太阳能电池和柔性太阳能电池。按结晶状态可分为结晶系薄膜式和非结晶系薄膜式两大类, 而前者又分为单结晶形和多结晶形。按材料可分为硅薄膜形、化合物半导体薄膜形和有机膜形。根据所用材料的不同, 还可分为硅太阳能电池、多元化合物薄膜太阳能电池、聚合物多层修饰电极型太阳能电池、纳米晶太阳能电池、有机太阳能电池等。

一、太阳能电池的工作原理

本书主要针对纺织用柔性太阳能电池作介绍。现阶段, 研究最多的柔性太阳能电池以染料敏化太阳能电池、钙钛矿太阳能电池为主, 具有低成本、易制备、柔性等优点, 受到科学界和工业界的广泛关注。以下介绍这两种电池的工作原理。

（一）染料敏化太阳能电池（Dye-Sensitized Solar Cells）

染料敏化太阳能电池是一种光化学太阳能电池，结构主要包括导电基底、光阳极（纳米晶氧化物薄膜）、染料敏化剂、电解质和对电极。其中，导电基底作为集流体收集电子，纳米晶氧化物薄膜起到吸附染料、分离和传输光生电子的作用，常用的纳米晶氧化物为 TiO_2、ZnO、SnO_2、WO_3、Nb_2O_5 等。染料敏化剂起到吸收太阳光产生电子作用，常用的染料是金属络合物染料和有机染料。电解质主要作用是传输离子和使染料再生，最常用的是 I^-/I_3^- 氧化还原对的电解质，对电极起到催化还原的作用。

染料敏化太阳能电池工作原理如图9-29所示，在太阳光照射下，染料分子吸收太阳光后，电子从 HOMO（最高分子占据轨道）跃迁到 LUMO 能级（最低未占分子轨道），由于染料的 LUMO 能级比氧化物纳米晶的导带电位要高，所以，激发态染料中的电子会很快跃迁到低能级的 TiO_2 导带中，在浓度梯度的作用下，电子会通过 TiO_2 纳米晶网络扩散至 TCO 导电基底，经过 TCO 导电基底收集的电子通过外电路带动负载工作。被氧化的染料分子可以被电解质中的 I^- 还原为基态，同时 I_3^- 可以通过对电极上进入的电子完成还原，这样即完成一次电子输运循环。除此之外，还会发生导带中的电子与氧化态染料之间的复合以及纳米晶薄膜中传输的电子与电解液中的 I_3^- 离子的复合。

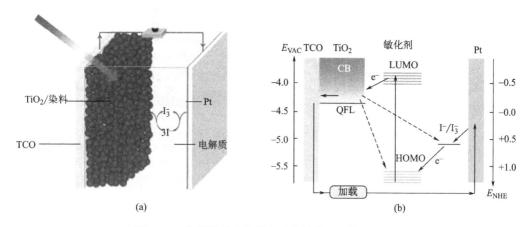

图9-29 染料敏化太阳能电池的结构和工作原理图

因此，为了获得高光电转换效率的染料敏化太阳能电池，一般从以下三个方面进行努力：一是设计多孔结构以提高工作电极的比表面积，从而吸附更多的染料分子；二是提高对电极的催化活性；三是设计高效率的染料分子。

（二）钙钛矿电池（Perovskite Solar Cells）

钙钛矿电池是在染料敏化太阳能电池基础上发展起来的，是目前发展最为迅速的太阳能电池。钙钛矿电池的组成根据功能可分为底电极、电子传输层、介孔层、钙钛矿层、空穴传输层和顶电极。具体到单个电池，因其包含的功能层会有差异而呈现不同的结构，常见的有介孔结构、介孔超结构、平板结构、无空穴传输层结构、有机结构等。在传统的钙钛矿电池中，底电极一般是用 FTO 玻璃，电子传输层为高温烧结的 TiO_2。当钙钛矿电池由刚性转为柔性时，相较于其他功能层、底电极和电池传输层通常需要更大的改变。

钙钛矿材料具有电子迁移率高、光吸收系数大、带隙较宽等特点，最初作为染料敏化剂被应用在染料敏化电池中。钙钛矿通常为立方体或正八面体结构，结构式为 ABX_3。在此结构中，12 个 X 离子将中心的 A 离子包围成配位立方八面体。如图 9-30 所示。钙钛矿太阳能电池中，A 通常为 $CH_3NH_3^+$、$NH_2CH=NH_2^+$、$CH_3CH_2NH_3^+$ 等有机阳离子。B 离子指的是金属阳离子，主要有 Pb^{2+} 和 Sn^{2+}。X 离子为卤族阴离子，即 I^-、Cl^-、Br^-。

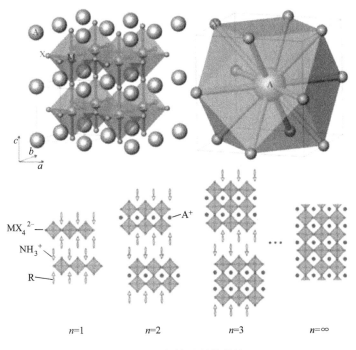

图 9-30　钙钛矿晶体结构

钙钛矿电池工作原理是在接受太阳光照射时，钙钛矿层首先吸收光子产生电子—空穴对。由于钙钛矿材料激子束缚能的差异，这些载流子或成为自由载流子，或形成激子。而且，因为这些钙钛矿材料往往具有较低的载流子复合概率和较高的载流子迁移率，所以，载流子的扩散距离和寿命较长。这就是钙钛矿太阳能电池优异性能的来源。然后，这些未复合的电子和空穴分别从电子传输层和空穴传输层收集，即电子从钙钛矿层传输到 TiO_2 等电子传输层，最后被 FTO 收集。空穴从钙钛矿层传输到空穴传输层，最后被金属电极收集。最后，通过连接 FTO 和金属电极的电路而产生光电流。当然，这些过程中不免伴随着一些载流子的损失，如电子传输层的电子与钙钛矿层空穴的可逆复合、电子传输层的电子与空穴传输层的空穴的复合（钙钛矿层不致密的情况）、钙钛矿层的电子与空穴传输层的空穴的复合。要提高电池的整体性能，这些载流子的损失应该降到最低。相比于聚合物太阳能电池，钙钛矿太阳能电池不仅具有全固态结构，同时有更高的光电转换效率，目前最高光电转换效率超过 20%。

二、太阳能电池的纺织敏感材料

（一）太阳能电池性能表征

描述太阳能电池性能好坏最直接的方法是通过电流—电压曲线（图 9-31）。表征太阳能电池的主要性能参数有短路电流（I_{sc}）、开路电压（V_{oc}）、最大工作电流（I_m）、最大工作电压（V_m）、最大输出功率（P_m）、光电转化效率（η）、填充因子（FF）等。

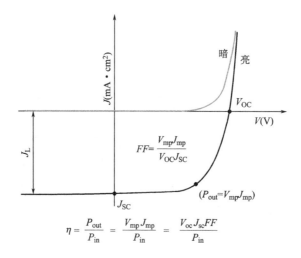

$$\eta = \frac{P_{out}}{P_{in}} = \frac{V_{mp}J_{mp}}{P_{in}} = \frac{V_{oc}J_{sc}FF}{P_{in}}$$

图 9-31　太阳能电池的光伏特曲线及主要参数

短路电流（I_{sc}）是太阳能电池的重要参数之一，为电池短路时的电流。单位截面积的短路电流称为短路电流密度，用 J_{sc} 表示，单位为 A/cm^2。开路电压（V_{oc}）为当太阳能电池外电路电阻是无穷大时电流的端电压，其值为 I—V 曲线在横坐标上的截距，单位为 V。最大工作电流（I_m）和最大工作电压（V_m）为太阳能电池输出最大功率时所对应的电流和电压。最大输出功率（P_m）代表电池实际工作的状态，为最大工作电流与最大工作电压的乘积，即：

$$P_m = I_m \times V_m \qquad (9-15)$$

光电转化效率（η）是太阳能电池的重要指标，它是衡量电池性能的一个重要的标准。它是在光照下，太阳能电池的最大输出功率与入射功率的比值。其中，P_m 为最大输出功率，P_{in} 为最大入射功率，S_{active} 为电池的有效面积。

$$\eta = \frac{P_m}{P_{in} \times S_{active}} \qquad (9-16)$$

填充因子（FF）是最大输出功率与开路电压和短路电流乘积之比值。填充因子的大小定义为图中阴影部分的面积与虚线部分的矩形面积之比，也就是说，在短路电流与开路电压不变的情况下，阴影部分的面积越大，填充因子越大，电池质量越好。反映到曲线上就是当曲线越接近于正方形，填充因子越大，电池效率就越高。填充因子的计算公式为：

$$FF = \frac{P_m}{I_{sc} \times V_{oc}} = \frac{I_m \times V_m}{I_{sc} \times V_{oc}} \qquad (9-17)$$

（二）太阳能电池用柔性材料

1. 染料敏化太阳能电池用柔性材料　柔性染料敏化太阳能电池与一般染料敏化太阳能电池的不同之处在于其光阳极和对电极采用可弯曲基材，从而使电池具有柔性。对于柔性染料敏化太阳能电池，理想的光阳极应该具有透明度高、质量轻、效率高、成本低、柔性好等特点。而光阳极的基材无疑是影响这些性能最为关键的因素。要得到高效率染料敏化太阳能电池，光阳极材料必须满足以下条件：构成光阳极的纳米晶材料必须有高的比表面积，能充分与敏化剂接触，敏化剂吸附越多、接触越充分，电池的光生电流密度也越大；纳米晶传输电子的速度要快，纳米晶网络中的缺陷必须尽量少，尽可能使所有染料激发出的电子迅速迁移到导电层被收集到外电路等。根据光阳极材料的条件，可以通过静电纺丝技术获取纳米纤维，直接喷涂在 FTO 玻璃表面，省略了浆料制备和涂覆环节。还可以通过提高纤维的比表面积，提高染料的吸附量。

按照光阳极基材的材质划分，光阳极可分为聚合物薄膜光阳极、金属箔片光阳极、金属网格光阳极等。聚合物薄膜具有密度小、透明度高、韧性好等优点。聚合物薄膜光阳极是研究的重点。以聚合物薄膜为基材的光阳极材料主要是聚苯二甲酸二乙酯（PET）和聚萘二甲酸二乙酯（PEN）。PET 和 PEN 具有较高的透明度，广泛用于柔性太阳能电池。但 PET 和 PEN 不耐高温，选用基材时，热处理温度一般要求在 150℃ 以下。因此，聚合物基材的柔性染料敏化太阳能电池研究大多集中于 TiO_2 薄膜的低温制备。尽管低温制备电极材料的方法有很多，但制得的电池的效率通常低于 7%，与传统燃料敏化太阳能电池通常可达 10% 的效率相差太远。因此，现阶段高温烧结在制备高性能染料敏化太阳能电池中的作用仍不可替代。除此之外，还可以选择金属箔片、金属网格、柔性玻璃、金属线等为基材制备光阳极。目前，将光阳极材料直接制备于基材上的方法主要有电泳沉积法、压力法、化学沉积法等。

对电极材料的种类比较多，除铂以外，常见的有碳材料、导电聚合物、金属化合物等。而对电极的基材，除了常见的 PET、PEN、金属箔片外，碳布、纸张、棉纺织物等材料也被研究。对于柔性对电极材料的要求，首先对 I^-/I^{3-} 氧化还原反应要有较高的催化性能，其次要有较高的导电性能，使外电路电子能被迅速收集传输，最后，价格便宜，制备过程简单，能被广泛应用。因此，在众多对电极材料中，碳材料、导电聚合物和金属化合物以及它们的复合材料为最有前景的柔性对电极材料。

2. 钙钛矿太阳能电池用柔性材料　在柔性基底上制备钙钛矿太阳能电池是柔性钙钛矿电池研究的主要方向。钙钛矿电池和染料敏化太阳能电池在基材、电极材料及制备方法等方面面临相似的问题。

在柔性钙钛矿电池中，柔性底电极要具备柔性好、导电率高等特点，目前，PET—ITO、PEN—ITO 是众多研究者的主要研究对象。但是，ITO 存在弯曲半径较小时容易破裂、长期使用时稳定性不佳等问题，所以，目前研究的热点主要集中于如何用其他材料取代 ITO。电子传输层的作用是抽取和传输钙钛矿层产生的电子，增强载流子分离，减少电子—空穴对的复合。传统的电子传输层使用的是高温烧结的 TiO_2，烧结温度为 450~550℃。而柔性钙钛矿电池常用的聚合物薄膜基材一般只能耐受 150℃ 以下温度，所以，低温制备是电子传输层研究的重点。低温制备的材料有 TiO_2、Nb_2O_5 是有效的载流子抽取层，能减少电极和钙钛矿层之间的载流子复合。钙钛矿电子传输材料从原来的 TiO_2 发展为现在的多种材料，包括金属氧化物、金属硫化物、碳材料、导电有机物等。这些材料在染料敏化太阳能电池中也有广泛的应用。

三、典型纺织结构的太阳能电池设计

纺织结构太阳能电池是以轻质的纺织材料作为基板，减轻了电池的重量，降低了电池的

制作成本，而且可以弯曲变形，便携性更好，拓展了太阳能电池的应用范围。平面状有机太阳能电池光电转换效率较低，但是它却有其独特的优势，如成本低、易制备、柔性好等，特别适合于生活中的小功率器件。纤维状有机太阳能电池不仅具有平面状有机太阳能电池的所有优点，同时还具有可编织、更好的柔性和三维受光特性等独特的优势，通过编织，可进一步组装成各种形状的柔性光伏织物，集成到日常生活中，给随身携带的电子产品充电。

LIU 等首次提出了纤维状太阳能电池的概念，如图 9-32 所示。作者采用标准多模光纤作为纤维基底，依次涂 ITO、空穴传输层 PEDOT∶PSS、光活性层 P3HT∶PCBM，最后以 LiF/Al 作为外电极，组成纤维状聚合物太阳能电池。这种电池工作时，光主要在光纤内部传播，因此，光利用效率较高，光电转换效率达到 1.1%。但是，这种结构的纤维状电池无法在实际生活中使用。随后，邹德春教授团队研制出能够从纤维外部吸收太阳能的纤维状太阳能电池。作者以裹有二氧化钛粒子的不锈钢丝作为工作电极，而以裹有聚合物的铂丝作为对电极，通过互相缠绕来构建纤维状的染料敏化太阳能电池。这种电池的缺点是效率较低（~0.23%），之后开发的纤维状太阳能电池都是以这个结构为基础。

纤维状太阳能电池的独特优势可以通过低成本的纺织技术实现规模化应用，进一步把高效率的纤维状染料敏化太阳能电池进行编织，得到的太阳能电池织物具有良好的柔性和弹性，并且保持较高的光电转换效率。织物的输出电流和电压可以通过纤维电池的并联和串联得到有效调控。复旦大学彭慧胜教授课题组在提高纤维状太阳能电池光电转换效率方面做了很多工作（图 9-33），以碳纳米管和石墨烯纤维为基础发展了一系列高效的纤维状太阳能电池，并将纤维状太阳能电池和纤维状储能器件集成，在一根纤维上实现了光电转换和储能。通过编织，实现了光伏织物的初步应用，为发展便携式、可穿戴式设备提供了重要的科学依据和技术支持。

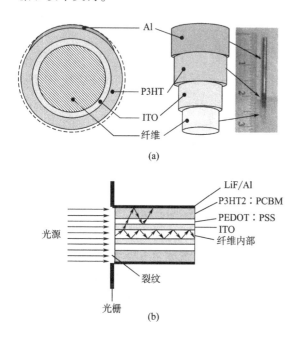

图 9-32 （a）光纤光伏电池结构示意图；
（b）光照明、光传播的射线图

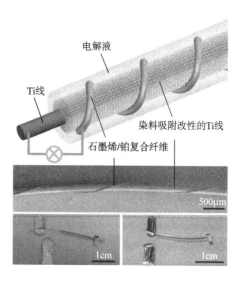

图 9-33 以石墨烯/铂纳米粒子复合纤维为对电极的
纤维状染料敏化太阳能电池的结构示意图

　　研究首先通过湿法纺丝合成石墨烯纤维，再通过电化学沉积铂纳米离子制备具有优异电学和催化性能的复合纤维作为对电极。以阳极氧化法制备表面有二氧化钛纳米管阵列修饰的钛丝作为工作电极，两根纤维电极缠绕而得到纤维状染料敏化太阳能电池。通过优化电极材料和结构，光电转换效率达到 8.45%。在此基础上，制备了可拉伸纤维电极，即把具有高导电率的纳米薄膜材料（如取向碳纳米管薄膜）通过旋转平移法紧密缠绕在弹性纤维基底上，在拉伸过程中（取向碳纳米管）结构保持不变，从而获得了具有弹性的导电纤维，如图 9-34（a）所示。这类纤维在拉伸 100% 后仍然保持较高的电导率。以取向碳纳米管弹性纤维作为对电极，以二氧化钛纳米管修饰的螺旋状钛丝作为工作电极，把弹性纤维对电极插入到螺旋状工作电极中即可得到弹性纤维状染料敏化太阳能电池，最高光电转换效率达到 7.13%，并在拉伸 30% 后基本保持不变，如图 9-34（b）所示。

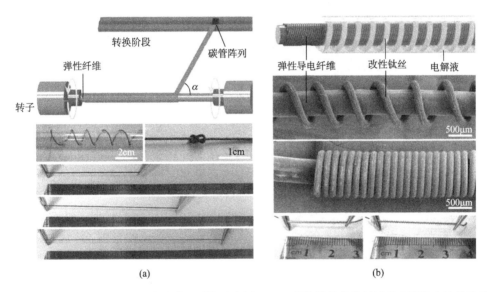

(a)　　　　　　　　　　　　　　　　(b)

图 9-34　（a）制备弹性导电纤维的纺丝系统示意图；（b）弹性纤维状染料敏化太阳能电池的示意图

　　为了能够将产生的电能储存起来，在弹性纤维状染料敏化电池上进一步集成了弹性的超级电容器，从而发展出一类新型的弹性纤维状集成能源器件。将超级电容器与太阳能电池以同轴结构的方式集成在同一根弹性纤维上，获得集成器件，能量转换和储存效率最高可以达到 1.83%，而且在 50 次拉伸后保持良好的稳定性。在此研究的基础上，进一步将高效率的纤维状染料敏化太阳能电池进行编织，得到太阳能电池织物，并通过纤维电池的并联和串联分布调控光伏织物的输出。电流和电压。如图 9-35 所示。这种光伏织物由于全部由可拉伸的弹性太阳能电池来制备，使整个织物如弹力布一样具有良好的弹性。可以集成在手套中，虽然手指的弯曲会使织物产生形变，但是不会影响织物的光伏性能。

　　现有的纤维状器件几乎都是经过简单的排列或者手工编织、刺绣等方式集成织物状器件，很少有工作采用工业化的织布装置来进行大规模生产。关键问题在于工业化织造手段难以精确控制电极微纳界面应力，从而导致器件性能衰减甚至失效。因此，有学者自行搭建新型的器件飞梭织造装置，克服了纤维器件微纳界面应力作用控制的技术难题，实现了单层全固态太阳能电池织物的飞梭织造，成功构建了织物结构的全固态光伏电池模块，并将其与超

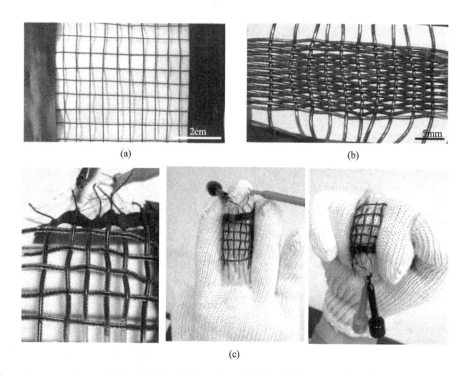

图 9-35 （a）、（b）以弹性纤维状太阳能电池进行编织得到的光伏织物在拉伸前后的光学照片；
（c）光伏织物的实物图和光伏织物集成于手套上的实物图

级电容器、摩擦纳米发电机等功能纤维编织成新型的轻薄、透气型可穿戴智能复合能源织物。这种新型的飞梭织造技术操作简便，易于规模化集成，进一步降低了织物成本，展现了良好的应用前景。具体工作如下。

（1）将湿法电镀和化学镀等结合，在能级匹配度较低的廉价金属丝以及绝缘高分子纤维上包裹金属锰层作光阳极基底，而后在该导电纤维基底上水热生长一维 ZnO 纳米阵列，经过制备条件优化，最终得到适用于编织集成的超轻便、高柔性、全固态纤维染料敏化太阳能电池光阳极，图 9-36（a）所示。

（2）以自主搭建适用于纤维电池的编织机为基础，借鉴飞梭织造的方式对 Mn 基复合纤维光阳极、镀金铜丝对电极进行交错编织，克服了电极微钠界面应力控制的技术难关，制备出单层的全固态染料敏化太阳能电池织物。阐述了纤维状染料敏化太阳能电池的具体编织方法，系统考察不同编织条件（编织压强、飞梭对象、对电极等）对电池性能的影响，采用串并联方式构建全固态染料敏化太阳能电池织物，并对织物模块的编织纹路等进行优化。实验结果表明［图 9-36（b）］，图（b）中，A 为平纹结构；B 为 2/1 斜纹结构；C 为 3/1 斜纹结构；D 为 5/3 缎纹结构；E 为 8/5 缎纹结构；F 为平纹和 3/1 斜纹复合编织结构；G 为平纹、2/1 斜纹和 5/3 缎纹复合编织结构。平纹结构的太阳能电池织物有效光照面积最大，可以达到 96.1%，同时它的电流密度为 6.7mA/cm^2，开路电压为 0.39V，整个光电转换效率可达 0.8%。8/3 缎纹结构编织而成的太阳能电池织物有效光照面积为 92.8%，同时，它的电流密度为 5.3mA/cm^2，开路电压为 0.38V，整个光电转换效率可达 0.6%。其他复合编织结构织物性能均介于两种基本编织结构之间。通过对电池织物不同编织结构的研究，为后续构建形态更加多样化的电池织物具有重要的指导意义。

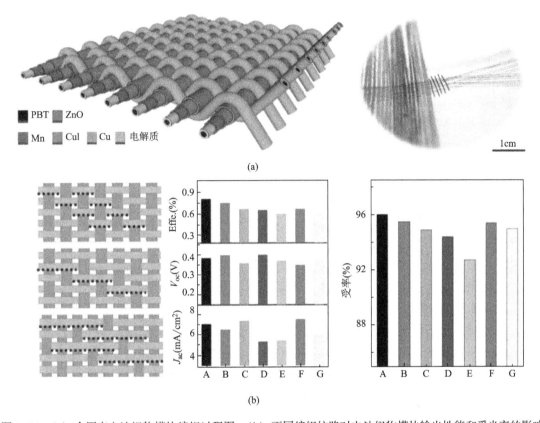

图 9-36　（a）全固态电池织物模块编织过程图；（b）不同编织纹路对电池织物模块输出性能和受光率的影响

（3）为实现对电子产品持续供电，研究在染料敏化太阳能电池织物基础上，将纤维染料敏化太阳能电池和纤维超级电容器复合编织在同一织物中，从而制备出了集太阳能采集和存储于一体的全固态新型光伏织物。通过吸收太阳能，可以在 17s 内达到 1.2V 充电电压，此外，该织物还可以任意裁剪，为后续可穿戴电子衣物的多样性设计提供了更多可能。

（4）为驱动随身携带电子设备不间断工作，研究在染料敏化太阳能电池织物的基础上，通过飞梭织布技术，将纤维基太阳能电池与纤维摩擦纳米发电机共同编织，制备了一种单层的全固态复合可穿戴能源织物，其可以同时采集太阳光能以及人体运动产生的机械能。

第六节　发展趋势

随着无线系统和智能系统的发展，传统电源装置会造成使用时间受限和频繁充电不便等，限制了智能电子设备的进一步发展。因此，能量收集技术的研究受到了众多研究学者的青睐。人体在运动的过程中产生大量的能量，在可穿戴电子领域，将这些能量有效的转换是至关重要的。并且，能量收集材料与传感器集成有利于使电子设备朝着微型化、轻质化、功能化等方面发展。进一步，人们对柔性、可伸缩、可穿戴的能源设备的需求类似于真实的服装，希望能源设备可以完全集成在真实的服装中，没有异质性。这使得人们对基于纺织发电器件作为自供电可穿戴电子设备的电源越来越感兴趣。目前，人们对基于纺织能量收集材料与传感器的器件进行了大量的研究，今后有必要在以下几个方面进一步研究开发。

（一）能量收集材料与自供能式传感器传感性能的优化

根据传感器的技术指标要求，传感器的主要研究工作还是应该采取一系列措施提高传感性能。具体措施有材料的选择、结构的设计以及制备工艺的优化等。材料的选择分为基底材料选择与敏感材料选择两部分。根据传感器的类型、使用场合以及敏感材料的不同，选择合适的基底材料是开发能量收集式纺织传感器的第一步，需要考虑其延展性、工艺兼容性以及环境友好性等方面。虽然基底材料对传感器的长期使用性、可应用性具有重要的影响，但是，传感器核心的组成部分依然是传感元件。导电传感元件优异的机械性能、导电性能和柔韧性是传感器制造必不可少的。在传感器结构的设计方面，通过结构设计增加传感器的灵敏度、重复性等传感性能指标以及满足传感器的工作性能要求。纺织传感器在制备过程中，涉及如光刻、刻蚀等多种工艺。多数已发表的工作集中于采用复杂的制造技术提高自供能式传感器的性能，往往不适合大规模生产。许多有成效的工作需要昂贵的设备，且制备的样品尺寸有限，而且工艺通常与纺织品有关的卷对卷制造工艺不相容。因此，今后应在保持纺织材料性能的基础上，采用与标准纺织制造工艺兼容的方式进行制造生产。

（二）基于纺织的混合式能量收集装置的开发

虽然人体处于不断的运动过程中，但是其运动的频率较低，不能保证总的发电量满足可穿戴设备的持续消耗。再者，人体在运动过程中产生的能量不止一种，有必要运用不同的技术对其进行收集、储存及转换。例如，以纺织平台为基础，将压电、摩擦或热释电发电机与太阳能电池结合开发混合能源装置，可以同时获取两种能源，实现互补发电。因此，有必要对混合式能量收集装置进行研究开发，使能量资源得到充分有效的利用和互补，从而提高能源转换效率和能源总产量。

（三）基于纺织基能量收集传感器纺织性能的提升

可穿戴器件多是在织物基底上将导电材料编织到织物或纤维之间，对于实现全织物的供能、储能或传感器件仍然具有很大的挑战。为了实现能量收集式传感器的实际应用，重要的是获得能量后，纺织品的性能保持不变。由于发电器件可以使用功能性纱线，因此，通过织造以及编织工艺制成标准的纺织品，要求器件依然保持传感性能。此外，还需要考虑器件的外观、柔性、透气性等作为纺织结构器件必需的性能。耐用性和可洗性对自供能式传感器来说也是至关重要的，普通的衣服应该能够承受洗涤剂、洗涤、干燥和熨烫。以纤维为基础的自供能式传感器，应该充分考虑洗涤过程中纱线的解捻、材料的磨损和起球、收缩、起皱和干燥情况。鉴于张力作用于两种材料之间的摩擦接触，纺织品的磨损不可忽视，应进行标准的纺织品磨损试验来量化设备的寿命。最后，器件的可剪裁性也是非常重要的。

（四）纺织基能量收集传感器标准化建设

目前，在方法和性能数据等方面，自供能式传感器缺乏标准。在众多研究中，研究者依赖于一种工作模式提出材料和器件结构和性能指标，而且其测试方法没有标准化，不同的测试手段获得的数据也缺乏可比性。此外，在通常情况下，性能参数受各种因素的影响，包括环境温湿度、工艺参数以及接触作用等，而这些细节在文献中往往没有提供。

思 考 题

1. 压电效应的工作原理是什么？

2. 纺织用压电材料有哪些？各自具有哪些特点，并举例说明压电式纺织传感器的应用。

3. 摩擦发电的工作原理是什么？摩擦发电机的工作模式有哪些？各自具有哪些特点。

4. 开发摩擦发电式纺织传感器的设计要点有哪些？

5. 如何提高热电材料的性能？

6. 解释泽贝克系数、热电优值、功率因子的含义。

7. 目前热电式纺织传感器发展的瓶颈有哪些？

8. 用于太阳能电池的纺织敏感材料有哪些？

9. 举例说明太阳能电池与压电式、摩擦起电式、热释电发电机的集成。

10. 根据目前自供能传感器研究的问题，论述未来能量收集材料与传感器的发展趋势。

参考文献

[1] WANG Z. On maxwell's displacement current for energy and sensors/the origin of nanogenerators [J]. Materials Today, 2017, 20 (2)：74-82.

[2] BYUN K, LEE M, CHO Y, et al. Potential role of motion for enhancing maximum output energy of triboelectric nanogenerator [J]. Apl Materials, 2017, 5 (7)：074107.

[3] MASON W P. Piezoelectricity, its history and applications [J]. The Journal of the Acoustical Society of America, 1981, 70 (6)：1561-1566.

[4] CADY W G. Piezoelectricity an introduction to the theory and applications of electromechanical phenomena in crystals [J]. Physics Teacher, 1965, 3 (3)：130-130.

[5] WANG Z, LIU Y. Piezoelectric effect at nanoscale [M]. Berlin：Springer Netherlands, 2015.

[6] WANG Z, SONG J. Piezoelectric nanogenerators based on zinc oxide nanowire arrays [J]. Science, 2006, 312 (5771)：242-246.

[7] 朱杰. 柔性压电纳米发电机的设计构建与应用研究 [D]. 太原：中北大学, 2018.

[8] SCHWARTZ R, CROSS L E, WANG Q. Estimation of the effective d_{31} coefficients of the piezoelectric layer in rainbow actuators [J]. Journal of the American Ceramic Society, 2010, 84 (11)：2563-2569.

[9] ZHAO P, ZHANG B. High piezoelectric d_{33} coefficient in Li/Ta/Sb-codoped lead-free (Na, K) NbO$_3$ ceramics sintered at optimal temperature [J]. Journal of the American Ceramic Society, 2008, 91 (9)：3078-3081.

[10] IKEDA T. Piezoelectricity [M]. London：Oxford University Press, 1990.

[11] KARASAWA N, GODDARD A. Force fields, structures, and properties of poly (vinylidene fluoride) crystals [J]. Macromolecules, 1992, 25 (26)：7268-7281.

[12] KRUCIŃSKA I, CYBULA M, RAMBAUSEK L, et al. Piezoelectric textiles：state of the art [J]. Materials Technology, 2010, 25 (2)：93-100.

[13] GOMES J, SERRADO N, SENCADAS V, et al. Influence of the β-phase content and degree of crystallinity on the piezo-and ferroelectric properties of poly (vinylidene fluoride) [J]. Smart Materials and

Structures, 2010, 19 (6): 065010.

[14] SETTER N, DAMJANOVIC D, ENG L M, et al. Ferroelectric thin films: review of materials, properties, and applications [J]. Journal of Applied Physics, 2006, 100 (5): 051606.

[15] MANDAL D, YOON S, KIM K J. Origin of piezoelectricity in an electrospun poly (vinylidene fluoride-trifluoroethylene) nanofiber web-based nanogenerator and nano-pressure sensor [J]. Macromolecular Rapid Communications, 2011, 32 (11): 831-837.

[16] PERSANO L, DAGDEVIREN C, SU Y, et al. High performance piezoelectric devices based on aligned arrays of nanofibers of poly (vinylidenefluoride-co-trifluoroethylene) [J]. Nature Communications, 2013, 4: 1633.

[17] LANG C, FANG J, SHAO H, et al. High-sensitivity acoustic sensors from nanofibre webs [J]. Nature Communications, 2016, 7: 11108.

[18] ANAND S C, SOIN N, SHAH T, et al. Energy harvesting "3-D knitted spacer" based piezoelectric textiles [J]. IOP Conference Series: Materials Science and Engineering, 2016, 141: 012001.

[19] 郎晨宏. 静电纺压电纳米纤维膜在声电转换器件中的应用研究 [D]. 上海: 东华大学, 2017.

[20] LANG C, FANG J, SHAO H, et al. High-output acoustoelectric power generators from poly (vinylidenefluoride-co-trifluoroethylene) electrospun nano-nonwovens [J]. Nano Energy, 2017, 35: 146-153.

[21] TAO X. Study of fiber-based wearable energy systems [J]. Accounts of Chemical Research, 2019, 57 (2): 307-315.

[22] ZENG W, TAO X, CHEN S, et al. Highly durable all-fiber nanogenerator for mechanical energy harvesting [J]. Energy & Environmental Science, 2013, 6 (9): 2631-2638.

[23] 王中林. 自驱动系统中的纳米发电机 [M]. 北京: 科学出版社, 2012.

[24] FAN F, TIAN Z, WANG Z. Flexible triboelectric generator [J], Nano Energy, 2012, 1: 328-334.

[25] 李潇逸. 摩擦纳米发电机和传感器件的设计与研究 [D]. 北京: 清华大学, 2017.

[26] ZHU G, PAN C, GUO W, et al. Triboelectric-generator-driven pulse electrodeposition for micropatterning [J]. Nano Letters, 2012, 12: 4960-4965.

[27] HINCHET R, SEUNG W, KIM S. Recent progress on flexible triboelectric nanogenerators for selfpowered electronics [J]. Chem Sus Chem, 2015, 8: 2327-2344.

[28] WANG Z. Triboelectric nanogenerators as new energy technology for self-powered systems and as active mechanical and chemical sensors [J]. ACS Nano, 2013, 7: 9533-9557.

[29] ZHONG J, ZHANG Y, ZHONG Q, et al. Fiber-based generator for wearable electronics and mobile medication [J]. ACS Nano, 2014, 8: 6273-6280.

[30] WANG J, LS, YI F, et al. Sustainably powering wearable electronics solely by biomechanical energy [J]. Nature Communications, 2016, 7: 12744.

[31] 田竹梅. 面向自供电人体运动信息采集的柔性摩擦纳米发电机研究 [D]. 太原: 中北大学, 2018.

[32] LIU L, PAN J, CHEN P, et al. A triboelectric textile templated by a three-dimensionally penetrated fabric [J]. Journal of Materials Chemistry A, 2016, 4 (16): 6077-6083.

[33] KWAK S S, KIM H, KIM J, et al. Fully stretchable textile triboelectric nanogenerator with knitted fabric structures [J]. ACS Nano 2017, 11: 10733-10741.

[34] SEEBECK J. Metalle underze durch temperature-differenz [M]. Berlin, 1822.

[35] 高洁, 苗蕾, 张斌, 等. 柔性复合热电材料及器件的研究进展 [J]. 功能高分子学报, 2017, 30

（2）：142-167.

［36］PELTIER J C A. Nouvelles experiences sur la caloricite des courants electrique ［J］. Annales de Chimie et de Physique，1834，56：371-386.

［37］THOMSON W. On a mechanical theory of thermo-electric currents ［J］. Proceedings of the Royal Society of Edinburgh，2015，1851：91-98.

［38］TAN M，WANG Y，DENG Y，et al. Oriented growth of A_2Te_3（A = Sb，Bi）films and their devices with enhanced thermoelectric performance ［J］. Sens Actuators，A Phys 2011，171（2）：252-9.

［39］陈立东，刘睿恒，史迅. 热电材料与器件 ［M］. 北京：科学出版社，2018.

［40］HICHKS L D，HARMAN T C，DRESSELHAUS M S. Use of quantum-well superlattices to obtain a high figure of merit from nonconventional thermoelectric materials ［J］. Applied Physics Letters，1993，63（23）：3230-3232.

［41］TOSHIMA N. Conductive polymers as a new type of thermoelectric materials ［J］. Macromolecular Symposia，2002，186：81-86.

［42］STARK I. Converting body heat into reliable energy for powering physiological wireless sensors ［C］. Wireless Health，DBLP，2011.

［43］GLATZ W，SCHWYTER E，DURRER L，et al. Bi_2Te_3-based flexible micro thermoelectric generator with optimized design ［J］. Journal of Microelectromechanical Systems，2009，18（3）：763-772.

［44］史尧光. 穿戴式柔性温差发电器的设计与热电耦合建模研究 ［D］. 杭州：浙江大学，2018.

［45］KIM S L，CHOI K，TAZEBAY A，et al. Flexible power fabrics made of carbon nanotubes for harvesting thermoelectricity ［J］. ACS Nano，2014，8（3）：2377-2386.

［46］WE J H，KIM S J，CHO B J. Hybrid composite of screen-printed inorganic thermoelectric film and organic conducting polymer for flexible thermoelectric power generator ［J］. Energy，2014，73：506-512.

［47］ZHANG L，LIN S，HUA T，et al. Fiber-based thermoelectric generators：materials，device structures，fabrication，characterization，and applications ［J］. Advanced Energy Materials，2017，8（5）：1700524.

［48］YAMAMOTO N，TAKAI H. Electrical power generation from a knitted wire panel using the thermoelectric effect ［J］. Electrical Engineering in Japan，2002，140（1）：16-21.

［49］YADAV A，PIPE K P，SHTEIN M. Fiber-based flexible thermoelectric power generator ［J］. Journal of Power Sources，2008，175（2）：909-913.

［50］LEE J A，ALIEV A E，BYKOVA J S，et al. Woven-yarn thermoelectric textiles ［J］. Advanced Materials，2016，28（25）：5038-5044.

［51］KIM S J，WE J H，CHO B J. A wearable thermoelectric generator fabricated on a glass fabric ［J］. Energy & Environmental Science，2014，7（6）：1959-1965.

［52］DU Y，SHENB S Z，CAI K，et al. Research progress on polymer-inorganic thermoelectric nanocomposite materials ［J］. Progress in Polymer Science，2012，37（6）：820-841.

［53］DU Y，CAI K F，CHEN S，et al. Facile preparation and thermoelectric properties of Bi_2Te_3 based alloy nanosheet/PEDOT：PSS composite films ［J］. ACS Applied Materials & Interfaces，2014，6（8）：5735-5743.

［54］DU Y，CAI K，CHEN S，et al. Thermoelectric fabric：toward power generating clothing ［J］. Scientific Reports，2015，5：6411.

［55］ZHANG S，YANG X，NUMATA Y，et al. Highly efficient dye-sensitized solar cells：progress and future challenges [J]. Energy & Environmental Science, 2013, 6: 1443-1464.

[56] GAO P, GRäTZEL M, NAZEERUDDIN M K. Organohalide lead perovskites for photovoltaic applications [J]. Journal of Physical Chemistry Letters, 2014, 7: 2448-2463.

[57] MISHRA A, BäUERLE P. Small molecule organic semiconductors on the move: promises for future solar energy technology [J]. Angew Chem Int Ed, 2012, 51: 2020-2067.

[58] SAHITO I A, SUN K C, JEONG S H. Flexible and conductive cotton fabric counter electrode coated with graphene nanosheets for high efficiency dye sensitized solar cell [J]. Journal of Power Sources, 2016, 319: 90-98.

[59] LI H, LI X, SONG W. Highly foldable and efficient paper-based perovskite solar cells [J]. Sol RRL, 2019: 1800317

[60] FAN X, CHU Z, WANG F, et al. Wire-shaped flexible dye-sensitized solar cells [J]. Advanced Materials, 2008, 20 (3): 592-595.

[61] LIU J, NAMBOOTHIRY M A G, CARROLL D. Optical geometries for fiber-based organic photovoltaics [J]. Applied Physics Letters, 2007, 90 (13): 133515.

[62] YANG Z, DENG J, PENG H. Stretchable, wearable dye-sensitized solar cells [J]. Advanced Materials, 2014, 26 (17): 2643-2647.

[63] PENG H. Fiber-Shaped energy harvesting and storage devices [M]. BerLin: Springer, 2015.

[64] YANG Z, SUN H, CHEN T, et al. Photovoltaic wire derived from a graphene composite fiber achieving an 8.45% energy conversion efficiency [J]. Angewandte Chemie International Edition, 2013, 52 (29): 7545-7548.

[65] 张楠楠. 新型可穿戴染料敏化太阳能电池织物研究 [D]. 重庆: 重庆大学, 2017.

[66] 仰志斌. 高性能纤维状太阳能电池 [D]. 上海: 复旦大学, 2014.

第十章　传感系统能量存储器件

第一节　概述

为了保证纺织传感系统能够正常工作，供电装置需要提供足够的能量。采用能量收集材料构建的自供能系统可以有效地将人体自身产生的能量收集、转换和储存。但是，目前开发的自供能系统的能量都比较低，不能满足传感系统的正常使用，通常情况下还需要电源装置的协助。常用的电源装置有电池和超级电容器。表 10-1 比较了电池和超级电容器的储能参数。从表中可以看出超级电容器充放电速度快、效率高，循环寿命比电池长。除此之外，电池具有较高的能量密度、较低的功率密度；超级电容器则具有较高的功率密度、较低的能量密度。为了进一步直观地对比储能器件的能量密度和功率密度，常用 Ragone 图表示。图 10-1 显示了传统电容器、超级电容器及各种电池系统的 Ragone 图。由此可见，电池和超级电容器各自具有优势，可以提供不同的存储途径，是两种互补的能量存储设备。

表 10-1　电池和超级电容器参数比较

储能装置特性	电池	超级电容器
充电时间	$1h < t < 5h$	$1 \sim 30s$
放电时间	$t > 0.3h$	$1 \sim 30s$
比能量（$W \cdot h/kg$）	$10 \sim 100$	$1 \sim 10$
寿命（循环次数）	1000	10^6
比功率（W/kg）	<1000	10^4
充/放电效率	$0.7 \sim 0.85$	$0.85 \sim 0.98$

与超级电容器相比，电池具有悠久的历史。1800 年，意大利物理学家伏特（Volta）发明了人类历史上第一套电源装置。随后，铅酸电池（1859）、锌锰干电池（1868 年）、氧化银电池（1883 年）、镍镉电池（1899 年）、镍铁电池（1901 年）相继被开发。1970 年埃克森（M. S. Whit Tingham）采用硫化钛作为正极材料，金属锂作为负极材料制成首个锂电池。以金属锂作为负极材料的锂电池虽然可以充电，但是循环性能不佳，尤其是在充放电过程中容易形成锂枝晶，造成电池内部短路。1980 年，Armand 采用能够可逆脱嵌锂的石墨代替金属锂作为负极，首次提出了摇椅式电池的构想。在这种电池中，锂不是以金属态而是以离子态存在，极大地改善了电池的循环性能和安全性能。自此，以锂离子电池为代表的可充电金属离子二次电池进入了快速发展的时期，包括钠离子电池、锌离子电池以及钾离子电池等。同时，为了提高器件的能量密度，人们也逐步开发了如锂硫电池、锂空气电池、锌空气电池等储能器件，大大拓展了电化学储能器件的种类和应用范围。

超级电容器是一种介于传统电容器与电池之间，主要依靠双电层和氧化还原赝电容电荷来储存电能的储能器件。最早的双电层模型是 19 世纪德国物理学家 Von Helmholtz 在研究胶

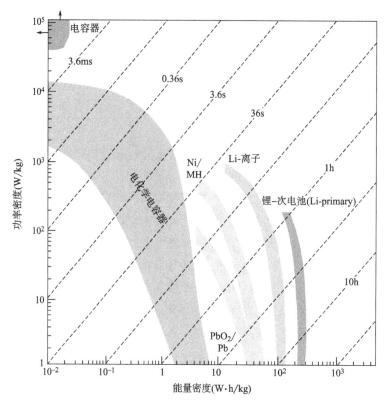

图 10-1　用于各种电能存储设备的 Ragone 图

体粒子颗粒的工作中提出的。1957 年，Becker 首次提出了以多孔碳材料为电极的超级电容器的雏形。直到 1969 年，标准石油公司（SOHIO）首次将双电层电容器推向市场。随后，该公司将该项技术转让给日本 NEC 公司。1979 年 NEC 公司开始生产"supercapacitor"品牌的大容量电容器，超级电容器因此而来。此后，超级电容器开始大规模生产，各种各样的超级电容器被推广使用。1971 年，意大利 Trasatti 和 Bugganca 等人研究了贵金属氧化物——二氧化钌的充放电行为。研究发现，二氧化钌在充放电过程中能够储存大量的电荷。从此，以金属氧化物为超级电容器的电极材料开始受到研究学者的关注。时至今日，超级电容器电极材料已经涉及各种碳材料、金属氧化物/氢氧化物、有机聚合物等，其材料的使用性能和器件的结构设计也在不断突破。现阶段，超级电容器作为产品已趋于成熟，不仅可以与蓄电池或燃料电池组成混合储能装置，还可以作为单独的储能器件，广泛应用在工业、医疗、交通等领域。

　　开发柔性电化学储能器件是支持柔性纺织传感器电子设备的关键技术。传统的电源装置刚性大、分量重，不适合用于可穿戴式的柔性传感装置中。为了实现整体设备的可穿戴性，储能器件需要满足轻型化、微型化以及集成化的发展需要。纺织材料是天然的可穿戴性材料，具备一定的柔性特征，并且可以通过纺织制造加工技术直接生产为可穿戴织物。可见，开发基于纺织材料和结构的储能器件是实现可穿戴能源装置发展的理想策略之一。

　　理想的纺织能源存储器件，要求人体在不断运动的状态下不会发生电化学性能的衰减，并且具有一定纺织品的使用性能。因此，电源装置也多是由柔性元件组成，如柔性集流体、柔性电极、固态电解质及柔性封装材料。

电极是储能器件工作的核心。目前，制备柔性电极的方法主要有两种，一种是采用能够自支撑并具有电化学活性的材料；另一种是以柔性基底作为支撑，与电化学活性材料相结合。可自支撑并具有电化学活性的材料主要是碳材料，包括碳纳米管、石墨烯、碳布以及碳纤维等。柔性基底一般是纺织纤维、织物以及纤维素纸等。这两种制备柔性电极的方法在应用过程中各有优缺点。以碳材料为主制备的具有电化学活性的自支撑电极，省掉了传统电极制作过程的黏结剂和金属集流体，导电性好、具有一定的柔性。但是其制备过程复杂、成本较高，力学性能达不到纺织纤维和织物的机械强度，很难满足实用化和工业化的生产要求。以纺织柔性材料为基底制备的复合电极，虽然能够保证足够的力学强度，但是绝大多数纺织材料是绝缘的，所以制备电极的过程复杂。此外，制备的电极导电性差，这是制约器件电化学性能优化的主要原因。因此，目前，发展纺织柔性电极的关键问题是增强自支撑电极的力学强度以及提高基于纺织材料复合电极的导电性。

固态电解质也是储能器件工作的关键部件。目前，用于柔性器件的固态电解质主要是聚合物电解质和凝胶电解质。固态电解质解决了传统液体电解质的安全隐患，但是依然存在界面电阻过大、离子电导率低、机械强度差等问题。因此，对于纺织基储能器件来说，兼具较好力学强度和离子电导率的固态电解质是研究的主要方向。除此之外，包装材料也需要具有高柔性、可拉伸的特点。常用的方法是将可承受拉伸形变量超过100%的聚二甲基硅氧烷（Polydimethyl-siloxane，PDMS），利用固化剂通过模具浇筑法制备成任意形状，并可进行大批量的生产。

对于纺织能源存储系统的研究，多集中在储能元件如柔性电极、固态电解质的制备以及元件之间相互作用和关系的研究，在储能领域大多关注活性物质而非纺织材料及纺织结构。纺织材料及结构具体包括纺织材料的物化性质、纺织纤维的排列方向、纤维之间的孔隙结构、纱线和织物结构成型技术的运用等。将纺织材料的加工成型技术和纺织品组织结构运用到储能领域，对于器件的组装和设计以及开发高性能的柔性器件有着重要的意义，也是今后可穿戴设备的重点研究内容。

此外，能源存储器件市场的成功在很大程度上取决于四个因素，即成本、性能、可靠性以及美观。这四个因素必须通过加工工艺、产品设计以及生产制造等调控，如图10-2所示。对于纺织能源存储器件来说，要使产品得以商品化，器件不仅要具有高能量、高功率、长寿命、柔韧性等功能特性，还需考虑美学、环境和可制造等特性。对于智能纺织品的最终销售商来说，这些特性是非常重要的，需要纺织技术的研究者在这方面发挥重要的作用。

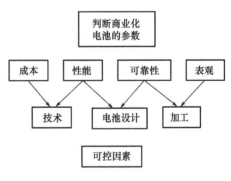

图10-2　判断商用化电池的因素及标准

第二节　能源器件的基本概念

一、超级电容器

（一）超级电容器的分类

超级电容器主要是由两个工作电极、隔膜、电解液所构成。按照不同的分类标准，超级电容器可大致分为以下六类。

（1）根据储能机理可分为双电层电容器、氧化还原型电化学电容器（赝电容器）、双电层电容器和赝电容器的混合电容器。

（2）根据电解液的类型可分为水系电解液电容器、有机电解液电容器以及固态电解质电容器。

（3）根据电极材料可分为碳电极电容器、金属氧化物/氢氧化物电容器、导电聚合物电容器等。

（4）根据正负极材料或发生的反应是否相同可分为对称型超级电容器和非对称型超级电容器。

（5）根据超级电容器器件的柔性可分为柔性超级电容器和非柔性超级电容器。

（6）根据超级电容器的结构可分为一维纤维结构电容器、二维平面结构电容器和三维立体结构电容器等。

纺织基超级电容器是由柔性正负电极、凝胶电解质、隔膜以及柔性封装材料组成。与传统超级电容器的主要区别在于电极材料、电解质以及封装材料都具有柔性。器件的结构多为夹心结构及同轴结构。

（二）超级电容器的工作原理

电化学材料根据储能机理的不同分为双电层电容材料和赝电容材料。

1. 双电层电容器　双电层电容器是通过电极材料的表面吸附大量的电荷来实现储能。具有双电层电容的电极材料主要是活性炭、石墨烯、碳纳米管、介孔碳等碳材料。碳材料具有较高的比表面积、良好的电容响应、较高的倍率、超长的循环寿命等特征，且来源广泛、价格低廉，一直是超级电容器研究的重点。

双电层模型主要经过了三个阶段，如图 10-3 所示。Helmholtz 双电层模型阐述了在电极—电解液界面会形成相互间距为一个原子尺寸的两种带相反电性的电荷层。考虑到双电层上吸附的电荷离子会受到热运动的影响，Gouy 和 Chapamn 分别在 1910 年和 1913 年对 Helmholtz 双电层模型进行了修正，提出了扩散双电层 Gouy—Chapamn 模型。这个模型认为由于离子热运动的影响，电极材料表面的离子不可能紧密排列在界面上，而是按照电势差从界面一直连续分布到本体电解液中，形成有效扩散层。随后，Stern 将 Helmholtz 模型和 Gouy—Chapamn 模型结合，认为双电层由紧密层和扩散层组成，离子强烈吸附在电极上形成紧密层；电解质离子由于热运动在扩散层中形成连续分布。因此，双电层电容 C_{dl} 由紧密层电容 C_H 和扩散层电容 C_{diff} 串联构成的，其关系式为：

$$\frac{1}{C_{dl}} = \frac{1}{C_H} + \frac{1}{C_{diff}} \tag{10-1}$$

对于典型的平板电容器，C 正比于每个电极的面积 A 和电介质的介电常数 ε，与两个电极之间的距离 D 呈反比，即

$$C = \frac{\varepsilon_0 \varepsilon_r A}{D} \tag{10-2}$$

式中：ε_0 是真空的介电常数；ε_r 是电解液的介电常数；A 为界面面积；D 为双电层的厚度。

与传统电容器相比，超级电容器双电层的厚度与原子直径在同一个数量级，因此，双电

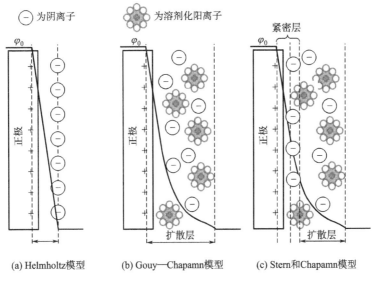

图 10-3 双电层模型

层电容器的比容量比传统的平行板要大得多。而界面面积指的是电解液到达的电极表面形成的双电层的有效面积。可见，决定双电层电容的因素包括电极材料、电极面积、两电极之间的距离、电极表面的可接触性等。此外，电解质的大小、孔道结构、表面曲率等都会对电极材料的双电层电容产生影响。

2. 赝电容电容器 赝电容电容器，是指在一定的电位范围内，电极表面或体相的活性物质发生电化学欠电位沉积或氧化还原法拉第过程的电容器。这类电容与电极电位有关。赝电容器充电时，电解液中的离子（H^+/OH^-）在电场作用下，从电解液扩散到电极/电解液界面，发生如下的电化学反应：

$$MO_X + OH^- - e^- \rightarrow MO_X(OH) \tag{10-3}$$

$$MO_X + H^+ + e^- \rightarrow MO_{X-1}(OH) \tag{10-4}$$

通过上述电化学反应，电解液中的离子进入电极材料表面活性物质的体相中，电极材料实现电荷的存储。如果电极材料具有大的比表面积，可以容纳更多的电化学反应发生，这样，更多的电荷便存储于电极材料中。放电时，存储的电荷会通过外电路释放，而进入电极材料表面活性物质中的离子也回到电解液中。赝电容电容器的电荷存储方式既包括双电层上的存储，又包括电解液中的离子与活性物质的氧化还原所存储的电荷，氧化还原反应存储的电荷占赝电容电容器电荷存储的主要部分。

现阶段，赝电容材料包括氧化还原型和插入型，其比容量高于双电层材料，但是，其导电性和循环稳定性较差。常见的氧化还原型赝电容材料包括含有异质原子（O、N、B、P、S、Cl 等）所形成的官能团的碳材料、金属基化合物电极材料（金属基氧化物、氢氧化物、氮化物、硫化物等）以及导电高分子材料（聚苯胺、聚吡咯、聚噻吩等）。常见的插入式赝电容材料有 MoS_2、TiS_2、CoO_2、Nb_2O_5、MoO_3、金属层间碳化物（Mxene）等。插入式赝电容材料的充放电曲线特征与电容器类似，具有良好的倍率特性。

3. 混合电容器 混合电容器是为了提高超级电容器的能量密度和电池的功率密度而发展

起来的。2001 年，Amatucci 等首次提出了金属离子混合电容器的概念。金属离子混合电容器是通过将电池型负极材料和双电层电容型正极材料，根据适当条件匹配组合得到的一种新型的能量存储系统，其拥有比金属离子电池更大的功率密度和比超级电容器更大的能量密度。图 10-4 是典型的金属离子混合电容器的结构。嵌入/转换型或者合金类型的电池负极材料与金属离子在电极表面或类表面发生氧化还原反应或者可逆的脱嵌反应，而拥有高比表面积的电容型正极材料，通常以碳材料为主，电荷在电

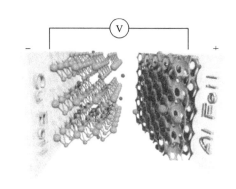

图 10-4　典型的金属离子混合电容器的结构

极的表面发生吸脱附反应。混合超级电容器在充放电过程中，由于正负极活性材料的电荷存储机理不同，因而赋予了混合电容器双电层电容器和电池的双重特性。锂离子混合电容器是研究最早的一种，之后又逐渐开发了钠离子混合电容器和钾离子混合电容器等。

二、电池

（一）电池的分类
电池又称为化学电源，是将化学能通过电化学氧化还原反应直接转变为电能的装置或系统。按照不同的分类标准，电池可分为以下几类。

1. 根据电极反应是否可逆分类　可分为一次电池和二次电池，也叫作动力电池和储能电池。一次电池又称原电池，即不能再充电的电池，有铅酸蓄电池、锌锰干电池以及碱性电池等；二次电池，即可充电电池，包括传统二次电池，如镍镉电池、镍铁电池、银锌电池等，以及非传统二次电池，如锂离子电池、锂硫电池、锂空气电池等。

2. 根据电解液的类型分类　可分为碱性电池、酸性电池和有机电解液电池。碱性电池的电解质主要以氢氧化钾水溶液为主，如碱性锌锰电池（俗称碱锰电池或碱性电池）、镉镍电池、镍氢电池等。酸性电池主要以硫酸水溶液为介质，如锌锰干电池、海水电池等。有机电解液电池主要以有机溶液为介质，如锂电池、锂离子电池等。

3. 根据储存方式分类　可分为一次电池、二次电池、燃料电池和储备电池。燃料电池，即活性材料在电池工作时才连续不断地从外部加入电池，如氢氧燃料电池等；储备电池，即电池储存时不直接接触电解液，直到电池使用时，才加入电解液，如镁化银电池，又称海水电池等。

4. 根据电池所用正、负极材料分类　可分为锌系列电池、镍系列电池、铅系列电池、锂系列电池、二氧化锰系列电池以及空气（氧气）系列电池。如锌锰电池、锌银电池等；镉镍电池、氢镍电池等；铅酸电池等；锂离子电池、锂锰电池；锌锰电池、碱锰电池等；锌空气电池、锂空气电池等。

5. 根据电池的外形分类　可分为扣式电池、方形电池、圆柱形电池、三明治形电池以及纤维状电池等。

（二）电池的工作原理

电池的种类很多，目前，应用在柔性可穿戴式储能装置中，最为广泛的是可充电金属离子二次电池（锂离子电池、钠离子电池、锌离子电池等）、锂硫电池、锂空气电池等。

1. 可充电金属离子二次电池 可充电金属离子二次电池实质上是一种金属离子浓度差电池，金属离子穿过电解液、隔膜和电解液，在正负电极材料之间嵌入和脱出进而达到充放电的目的。如图 10-5 所示。电池中没有金属单质的存在，因此，也被称为"摇椅式电池"，如锂离子电池、钠离子电池、钾离子电池、铝离子电池等。

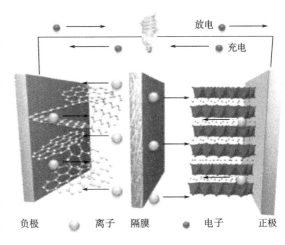

图 10-5　金属离子电池工作原理

其工作原理是：电池充电时，金属离子从正极脱出，嵌入负极材料的层间或晶格中；电池放电时，金属离子从负极材料的层间或晶格中脱出，嵌入正极材料。同时，为了保持电荷平衡，相同数量的电子在金属离子嵌入和脱出的过程中经过外电路传递，电子的得失使电池的正负极发生响应的氧化还原反应。

钠离子电池、钾离子电池与锂离子电池有相似的工作原理。在正常的充放电情况下，钠离子或钾离子在正负极之间嵌入和脱出，材料的化学结构基本保持不变。但是，由于钠离子的离子半径（1.02Å）和钾离子的离子半径（1.38Å）远大于锂离子的离子半径（0.76Å），当电池在工作时，钠离子和钾离子的嵌入和脱出受到层间距更多的限制，导致材料的体积发生改变，离子扩散速度降低，并且在循环过程中材料容易坍塌。因此，在钠离子和钾离子储能器件中，对材料结构稳定性的要求更为严格。三者具体比较见图 10-2。

表 10-2　锂、钠、钾金属离子性能对比

物理/电化学性能	锂	钠	钾
离子半径（Å）	0.76	1.02	1.38
密度（g/cm³）	0.535	0.968	0.856
E° vs. SHE（V）	−3.04	−2.71	−2.93
熔点温度（℃）	180.5	97.7	63.4
丰度（mass%）	0.0017	2.3	1.5
理论容量（mA·h/g）	3861	1166	685
碳酸盐成本（US $/ton）	6500	200	1000

2. 水系锌离子电池 水系锌离子电池指的是用单质锌或者锌的衍生物作为负极材料，二氧化锰（MnO_2）、羟基氧化镍（$NiOOH$）等作为正极材料。在充放电过程中，正极材料可

进行 Zn^{2+} 的脱嵌，负极可进行 Zn 的氧化溶解和 Zn^{2+} 的还原沉积，电解液为含 Zn^{2+} 的近中性或弱酸性水性溶液。

锌离子电池由于其低成本和高安全性是未来能源存储的重要发展方向。据估算，其成本接近镍铁和铅酸电池，远低于现有锂离子电池成本，在未来的大规模储电领域具有较好的应用前景。此外，锌离子电池具有高功率密度、高能量密度，尤其在体积能量密度方面有突出优势。目前的研究结果表明，新型的锌二次电池非常适合广泛应用在柔性电子产品中。但是也存在一定的缺点，如容量衰减较快，容易出现"胀气"等问题。这是由于 Zn^{2+} 嵌入/脱出反应为两电子过程，离子迁移能垒较大，电化学极化较高，使得宿主微观结构和相结构易破坏，抑制了锌离子电池的电压、倍率及循环性能。未来开发具有高比能量、高功率、长寿命的低成本水性锌电池应该集中在以下三个方面：一是寻找具有高电压、高比容量、高倍率、长寿命的正极材料；二是寻求高度可逆的锌负极材料，提高 Zn 负极在高放电深度下的循环性能；三是寻求廉价、稳定的水性电解液。

3. 锂硫电池　单质硫在地球上储量丰富，利用硫作为正极材料的锂硫电池，其材料锂硫比容量和电池理论比能量较高，分别达到 1675mA·h/g 和 2567W·h/kg，成为了极具发展潜力的二次电池之一。锂硫电池属于锂电池的一种。典型的锂硫电池一般采用单质硫作为正极，金属锂片作为负极。放电时，负极反应为锂失去电子变为锂离子，正极反应为硫与锂离子及电子反应生成硫化物，正负极反应的电势差为锂硫电池所提供的放电电压。在外加电压作用下，锂硫电池的正负极反应逆向进行即为充电过程。锂硫电池在放电过程的中间产物（多硫化物）溶于有机电解液，会产生穿梭效应，导致活性物质利用率低，造成电池容量损失和循环性能下降，而锂金属枝晶和界面问题同样限制了锂硫电池的进一步发展和利用。

4. 锂空气电池　锂空气电池是一种以金属锂作为电池负极，以空气中的氧气作为正极反应物的电池。在放电过程中，负极锂金属失去电子变成 Li^+，Li^+ 通过电解液扩散至正极。而空气中的氧气通过正极的导气层扩散溶解在电解液中，得到从外电路过来的电子，再与 Li^+ 结合形成放电产物 Li_2O_2，沉积在正极的孔隙间。充电过程正好相反，放电过程产生的产物首先在电极表面分解，释放出氧气，锂离子则在负极被还原成金属锂。其总的化学方程式为：$O_2 + 2Li^+ + 2e^- \leftrightarrow Li_2O_2$（$\Delta E = 2.96 V$）。因此，锂空气电池可以源源不断地利用空气中的氧气，有效地减轻了电池的重量，进而提高了电池的比能量。而且在电池的充放电过程中，无有害物质的产生，是零污染的绿色电池。

锂空气电池的正极材料通常由四部分组成：活性材料、催化剂、黏结剂和基底。其中，活性材料有碳材料、贵金属材料、过渡金属基材料、氧化还原中间体（有机类、有机金属类和卤化物）。锂空气电池的氧还原和氧析出反应动力学缓慢，需要高效的催化剂来促进反应，进而提高电池的能量效率。同时，放电过程中会产生大量的难溶性产物 Li_2O_2，需要电极具有足够的空间储存这些产物。此外，放电产物的反复沉积和分解会导致电极存在一定的体积膨胀/收缩，因此，正极材料还需要具有一定的机械稳定性。

三、纺织基能源器件的评价

纺织基能源器件不仅要有与常规电源接近的高能量密度和功率密度，还需要具有较好的耐弯曲、耐冲击、可拉伸性能，以满足柔性传感器在外力作用下的储能需求。评价纺织基柔性储能器件主要包括电化学性能、力学性能以及纺织性能评价三个方面。目前，除了表征器件的电化学性能有清晰的参数和测试方法，其他性能的测试方法和参数是多种多样的，缺乏统一的标准，很难准确地评价、比较相关性能。

（一）电化学性能评价

1. 电化学测试技术　衡量储能器件电化学性能的指标一般为比电容、倍率性能、阻抗特性、库仑效率、能量密度、功率密度以及循环稳定性等。常用的电化学测试技术是暂态技术和稳态技术。其中，暂态技术包括循环伏安、计时电位分析法、计时电流分析法等；稳态技术包括电化学阻抗谱和旋转圆盘电极等。

（1）循环伏安法（Cyclic Voltammetry，CV）。循环伏安法是电化学分析非常重要的一种研究方法，可以对电极材料或器件进行定性和半定量的研究。其测试原理是：在电极上或者组装的器件上施加一个随时间线性变化的电压信号，以恒定的变化速率进行扫描，并记录其在相应电压下的电流响应。当达到某设定的终止电压时，再反向回扫到设定的初始电压。获得的电流响应随电压变化的关系曲线，即为循环伏安曲线，也称为 CV 曲线。通过 CV 曲线可以确定电极或器件稳定的工作电压窗口和其在电压窗口内的电容特性，以及电化学反应动力学特征，以此来评估电极或器件的比容量、速率特性以及循环稳定性。

忽略超级电容器的内阻，通过电极上的电流为：

$$I = \frac{\mathrm{d}Q}{\mathrm{d}t} = C\frac{\mathrm{d}U}{\mathrm{d}t} \tag{10-5}$$

式中：Q 为电量；U 为电压；t 为时间。

当施加的电压为线性变化，即 $\mathrm{d}Q/\mathrm{d}t$ 为常数，则电流响应为恒定值，CV 曲线为一矩形，如图 10-6（a）所示。实际上，超级电容器的内阻响应是不可忽略的，因而，实际测试的结果如图 10-6（b）所示，当施加线性变化的电压，在正向扫描与负向扫描相互转换时，电流不能垂直上升到恒定值，需经过一定曲线变化，这是由于电容器内阻造成的，且内阻效应越大，这种曲线变化越明显。

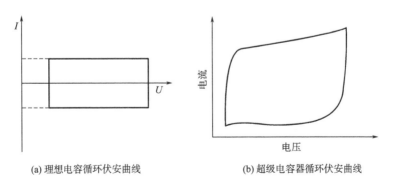

(a) 理想电容循环伏安曲线　　　　　　(b) 超级电容器循环伏安曲线

图 10-6　超级电容器循环伏安曲线

（2）恒电流充放电（Galvanostatic charge/discharge，GCD）。恒电流充放电也称为计时电位分析法（Chronopotentiometry）。与循环伏安法不同的是，恒电流充放电曲线表征的是电压随电流发生的线性变化。其基本原理是使待测电极或器件在电压窗口内以恒定电流进行充放电，并记录电位随时间的变化关系。获得的电压随时间变化的关系曲线，即为恒电流充放电曲线，也称为 GCD 曲线。通过 GCD 曲线可以得到电极或器件的比电容、速率性能以及循环稳定性等参数。对于组装后的超级电容器一般用 GCD 进行测试。

当电流保持恒定充放电时，dQ/dt 变化也为恒定值，则电压随电流发生线性变化，如图 10-7 所示。$\Delta U'$ 是由于电极或器件的内阻，在充放电转换的瞬间形成的压降，$\Delta U' = IR$，R 为内阻。随着电流密度的增大，$\Delta U'$ 会线性增加，这样会导致材料或者器件的能量密度降低。因此，恒流充放电测试非常适合于分析随着功率密度的增大，材料或器件能量密度的变化。

（3）交流阻抗测试（Electrochemical Impedance Spectroscopy，EIS）。交流阻抗测试是一种以频率变化小振幅的正弦波电压为扰动信号，测量其相应的电流信号的电化学测量方法。通过对交流阻抗结果进行分析和拟合，可以推测电化学过程的等效电路，并计算出等效电路中相关元件的参数，如等效串联电容、电荷转移电阻等，进而分析电极结构在电化学过程中的阻抗特性及动力学性质。

超级电容器或者电极的阻抗特性，通常情况下可以由图 10-8 所示的等效电路表示，其阻抗 Z 可以写为：

$$Z = R_{\mathrm{S}} + \cfrac{1}{j_{\mathrm{w}}C_{\mathrm{DL}} + \cfrac{1}{R_{\mathrm{CT}} + W_{\mathrm{O}}}} - j\,\frac{1}{\omega C_{\mathrm{F}}} \tag{10-6}$$

式中：R_{S} 为等效串联电阻；C_{DL} 为双电层电容；W_{O} 为 Warburg 传输阻抗；R_{CT} 为传荷电阻；C_{F} 为法拉第电容；ω 为角频率，j 为虚数单位。

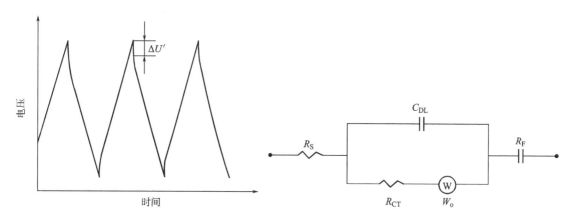

图 10-7　恒电流充放电曲线示意图　　　　图 10-8　超级电容器的常见等效电路

典型的超级电容器（或电极）的 Nyquist 图如图 10-9 所示。图谱可以分为三个区域：低频区是一条与 X 轴近乎垂直的倾斜直线；中频区是与 X 轴成 45° 的倾斜直线；高频区是在 X 轴上的半圆弧。其中，低频区与 X 轴近乎垂直的倾斜直线代表纯粹的电容行为，斜率越大电容特性越好。与 X 轴成 45° 的倾斜直线代表电解质离子在电极材料体相的扩散电阻，即 Warburg 阻抗，Warburg 型曲线在 X 轴上的投影长度，投影长度越短，表示有更丰富的质子和大量的离子交换位点，有利于电解质离子可逆的多尺度扩散。半圆弧的直径代表电荷转移内阻，由界面的传荷电阻和双电层电容并联组成，与 X 轴的交点代表电解液、集流体等的欧姆电阻，也可以反映固态电解质在器件中的本体电阻，称为等效串联电阻。

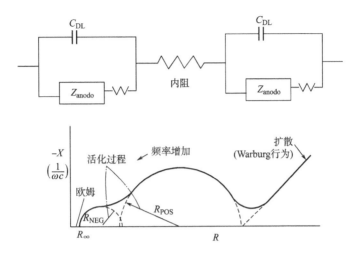

图 10-9　典型的超级电容器（或电极）的 Nyquist 图

2. 电化学性能指标

（1）容量和比容量。容量是评价能源器件性能的最重要的指标之一，可以直观地了解电极材料或者储能器件的基本表现。能源器件总电容 $C_总$ 计算公式见式（10-7）：

$$\frac{1}{C_总} = \frac{1}{C_正} + \frac{1}{C_负} \tag{10-7}$$

式中：$C_正$、$C_负$ 分别是器件正、负单电极的电容。正负极的电容以及整个器件的电容都可以由上述三种重要的电化学表征计算得出。

① 依据循环伏安曲线计算电容：

$$C = \frac{S}{2\Delta Uv} \tag{10-8}$$

式中：C 为电容，F；S 为一个循环伏安曲线包围的积分面积；ΔU 为扫描电势差；v 为设定的扫描速度。

② 依据恒流充放电曲线计算电容：

$$C = \frac{2It}{\Delta U} \tag{10-9}$$

式中：C 为电容，F；I 为恒流充放电测试时设定的电流密度；t 为充放电时间；ΔU 为充放电 t 时间内电压变化。

③ 通过交流阻抗谱计算电容：

$$C = \frac{-1}{2\pi fZ} \tag{10-10}$$

式中：f 为频率；Z 为虚轴阻抗。

二者可以通过阻抗图谱，找到扩散部分（低频区——斜向上的曲线）的阻抗值以及相对应的频率，代入公式即可。

此外，由阻抗数据获得复合电容模型是超级电容器性能的基本分析方法之一。实部电容 C' 和虚部电容 C'' 可以从电容实部阻抗 Z' 和虚部阻抗 Z'' 按照以下公式推导计算：

$$Z(w) = \frac{1}{jwC(w)} \tag{10-11}$$

$$C(w) = C'(w) - jC''(w) \tag{10-12}$$

将式（10-11）、式（10-12）并结合复数的表达式可得到实部和虚部电容的计算公式：

$$C'(w) = \frac{-Z''(w)}{w|Z(w)|^2} \tag{10-13}$$

$$C''(w) = \frac{Z'(w)}{w|Z(w)|^2} \tag{10-14}$$

实部电容 C' 代表所存储能量随频率的变化情况；虚部电容 C'' 对应的是以能量耗散形式随频率变化时的能量损失。最大的虚部电容对应的频率为特征频率，对应的是弛豫时间常数 τ_0。

$$\tau_0 = \frac{1}{f_0} \tag{10-15}$$

通过以上公式计算的总电容除以长度、质量、面积、体积，可以得到相应的长度比电容（F/cm）、质量比电容（F/g）、面积比电容（F/cm^2）和体积比电容（F/cm^3）。

长度、质量、面积、体积比电容多是针对非纺织类材料。而对纺织材料，纤维和纱线一般都不是理想的圆柱体，很难准确计算材料的面积和体积，计算的面积或者体积比容量会有偏差。在纺织领域习惯使用单位长度的质量（线密度）或单位质量的长度（线密度的倒数）来表征纤维或纱线粗细规格。我国法定计量制的线密度单位是特克斯（tex），简称特，表示1000m 长的纺织材料在公定回潮率时的重量（g）。一段纤维或纱线的长度为 L（m），公定回潮率时的重量为 G_k（g），则该纤维或纱线的线密度 Tt 为：

$$\text{Tt} = 1000 \times \frac{G_k}{L} \tag{10-16}$$

此外，还用旦尼尔（denier），简称旦（N_d）和公制支数（N_m）来表示纤维或纱线的细度。其中，旦尼尔表示9000m 长的纺织材料在公定回潮率时的重量（g）；公制支数表示在公定回潮率时重量为1g 的纺织材料所具有的长度（m）。

由此可见，纺织的计量单位对于表征纺织基能源器件具有一定的优势，尤其对于纤维状能源材料来说，同时考虑了器件的质量和长度。采用纤维或纱线标准的计量方法规范纤维状电极的比容量，如 F/tex、F/dtex、F/旦 等，不仅有利于解决目前器件计量不规范的问题，而且有望将产品的商业化生产与纺织生产工艺计算方法衔接。

（2）倍率性能。倍率性能也称为大电流充放电性能，主要通过 CV 曲线和 GCD 曲线求得的容量或比容量来判断。一般来说，随着扫描速率或者充放电电流的增加，电极或器件的容量或比容量变化不大，并且在高扫描速率或者高电流密度时极化很小，同时容量或比容量的保持率比较高，说明电极或者器件具有良好的速率性能。

（3）阻抗特性。电极或者器件的阻抗特性主要通过 GCD 曲线和 Nyquist 图获得。如图

10-7 所示的 GCD 曲线，在电极或者器件充放电过程的初始阶段，电压会有一个快速的升高或者降低，而且研究发现这个电压台阶和充放电电流基本成正比，是由电极中的内电阻导致的。Nyquist 图反映等效串联电容、电荷转移电阻，具体见第十章第二节三（一）交流阻抗测试分析。

（4）库仑效率。在理想的情况下，充放电过程中容量应该是相等的。但是在实际中，其放电容量和充电容量往往是不相等的。判断电极材料或器件的库仑效率最直观的方法就是观察 GCD 曲线或 CV 曲线的对称性，对称性越好，说明库仑效率越高。因此，库仑效率考察了器件或者电极在充放电过程中的容量差别，由式（10-17）得出。其中，C_d 为充电容量，C_c 为放电容量。

$$\eta = \frac{C_d}{C_c} \tag{10-17}$$

（5）能量密度和功率密度。Ragone 图反映超级电容器功率和能量密度的综合性能。根据恒电流充放电的数据，可以计算材料或器件的功率密度和能量密度，公式为：

$$E = \frac{1}{2}CV^2 \tag{10-18}$$

$$P = \frac{E}{t}$$

式中：E 为能量密度，（W·h）/kg；P 为功率密度，W/kg；C 为电容；V 为扫描电势差；t 为放电时间。

（6）循环稳定性。循环稳定性考察电极材料在一定的电流密度和电压范围内，循环一定次数后，材料比容量与初始容量相比的保持率。对于循环稳定性的评估，一般使用循环进行 CV 或者 GCD 来考量。考察求得的容量随测试次数的衰减情况，或考察库仑效率随着测试次数的变化情况。总之，随着测试次数的增加，考察的物理量衰退越慢表示其循环稳定性越好。

（二）力学性能评价

纺织基柔性储能器件在使用的过程中，会受到各种外力的作用，因此，要求器件具有一定抵抗外力作用的能力。纺织基器件的力学性能是非常重要的性质，是电极制造、器件成型以及产品使用的关键指标，具有一定的技术和实际意义。

纺织材料的基本力学性质是指纤维、纱线、织物等在外力作用时的性质，总体包括了拉伸、压缩、弯曲、扭转、摩擦、磨损、疲劳等各方面的作用。这些都是纺织材料服用性能的重要物理性能之一。大致归纳起来可分为三方面：一是纺织材料的基本力学性质，如纤维和纱线的力学性质，有静态和动态力学性质，以表征纺织材料的基本力学特征；二是模拟实际穿着时低负荷下的纺织材料的力学行为，如小负荷下的材料的拉伸、弯曲、剪切、起拱、压缩、悬垂和摩擦等；三是有破坏和耐久试验，以讨论纺织材料的各种破坏的形式、条件和耐久性。如拉伸、撕裂、顶破、冲击、磨损等机械破坏，以及热、光、电作用的降解、变形失效和击穿破坏。

根据纺织材料的力学测试和评价可知，纺织品的力学性能是一个涉及多方面的、非常复杂的问题。由纺织品的组成、结构、使用方法以及应用领域等因素决定。因此，对纺织基柔性电池和超级电容器力学性能进行评价时，也要考虑多方面的因素。目前，纺织基柔性器件的力学测试和表征多使用实物照片说明，通过让电极或器件在弯曲、扭转、拉伸等状态下工作，证明其具有良好的柔性及性能的稳定性，如图10-10所示。

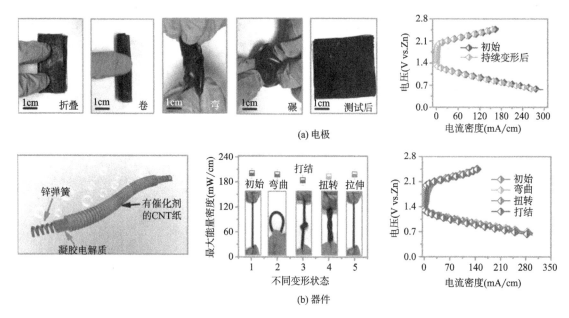

(a) 电极

(b) 器件

图 10-10　在弯曲、扭转、拉伸等状态下示意图

现开发的纺织基储能器件有平面三明治结构和一维纤维结构。平面状结构电极或器件的力学性能测试可依据织物或柔性材料，如皮革、纸张、塑料等测试方法及标准进行评价。纤维状电极或器件需要进行结构和编织的设计，评估力学性能的标准与平面结构的有所不同。因此，有更多的研究者思考和探索建立统一可接受的测试方法和标准来评估柔性储能器件的力学性能，以推动柔性可穿戴储能器件的发展。

1. 电极与器件的拉伸性能　纺织材料在外力作用下破坏时，主要是被拉断。纺织材料的电极与器件拉伸性能多是由基底材料决定的。纺织纤维及纱线是长径比较大的柔软细长体，轴向拉伸是受力的主要形式，但是，这种单向拉伸一般只适合于纤维状的电极或器件。由纺织纤维或纱线组成的平面状电极或器件一般会受到多轴向拉伸作用，因此需要多方面考虑。

纺织材料在拉伸过程中，应力和变形同时变化，将这个拉伸曲线图（图10-11）称为应力应变曲线。表征纺织材料抵抗拉伸能力的指标有很多，主要是指纺织材料的断裂强力、相对强度、断裂伸长率及纺织材料拉伸的初始模量。断裂点 C 对应的拉伸应力是断裂应力，对应的伸长率就是断裂伸长率。初始模量代表纺织纤维、纱线和织物在受拉伸

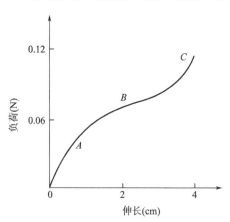

图 10-11　应力应变曲线

力很小时抵抗变形的能力，一般用 E_0 表示，OA 段的斜率即为 E_0，其大小与纤维材料的分子结构及聚集状态有关。

依据纺织材料的应力应变曲线，分析纤维状电极及器件力学性能的影响因素。影响纺织纤维电极拉伸断裂强度的主要内部因素是纤维电极的内部结构，如大分子的聚合度、取向度、结晶度等。影响纤维状器件拉伸断裂强度的主要因素是纤维电极的性能以及器件的组装结构。器件的组装结构对拉伸断裂强度和其他特性的影响是很大的，包括器件中各个元件排列的平行程度、伸直程度以及缠绕（加捻）程度等。此外，具有一定力学性能的纺织电极或器件，在作用力连续作用的过程中，变形量实际上并不恒定，而是随着时间不断变化。在一定拉伸力作用下，变形随时间而变化的现象称为蠕变，在拉伸变形（伸长）恒定的条件下，内部应力即张力将随时间的延续继续不断地下降称为松弛。对于纺织材料而言，产生这两种现象的基本原因在纤维的内部结构及纤维间的滑移和错位，而对于电极或器件而言，反映的是在外力作用下，活性材料的内部结构及各个组装元件的结构和相互之间界面不断改变的结果。

东华大学丁辛教授课题组采用锦纶/氨纶织物作为弹性基底，通过原位化学聚合方法制备了可拉伸超级电容器电极材料的聚吡咯涂层织物。在纵向拉伸的过程中，聚吡咯涂层织物的电阻随着拉伸而减小，在反复拉伸 1000 次后，织物的电阻变大。但是，涂层织物依然保持良好的电化学性能，即 1000 次 100%拉伸后，织物比容量的减少不到 10%。值得注意的是，聚吡咯涂层的比容量和循环性能随着拉伸而逐渐改善，这体现了以织物作为基体所带来的性能上的优越性。复旦大学彭慧胜教授课题组将取向结构的多壁碳纳米管加捻，制成具有均匀螺旋环的弹性纤维电极（图 10-12）。该电极具有较高的拉伸性能，即当伸长率为 305%时，拉伸强度为 82.7MPa。当断裂伸长率低于 100%时，曲线符合虎克定律，初始模量为 9.80MPa，与橡胶相当。这种高弹性的纤维状电极可应用于超级电容器和锂离子电池，表现出杰出的电化学性能。由此可见，利用纺织材料及纺织结构可有效提高电极或器件的力学使用性能。

纤维状电极或器件最终要集合在服装或织物中使用，因此，如何利用织物的结构特征提高织物电极或器件的力学性能是非常重要的。影响织物拉伸强度的因素包括织物密度与织物组织、纱线的线密度和结构、纤维的品种与混纺比。当所用原材料确定后，织物的密度和织物组织结构是影响强力的关键因素。对于机织物而言，当经向密度不变，纬向密度增加，则织物中纬向强度增加，而经向强度有下降趋势；当纬向密度不变，增加经向密度，则织物的经向强度和纬向强度均有所增加。应该指出，对某一品种的机织物，经纬密度都有一极限值，经纬密度在某一极限内，可能对织物强度有利。平纹、斜纹及缎纹是机织物的三原组织，在其他条件相同的情况下，平纹织物的强度和伸长大于斜纹织物，而斜纹织物又大于缎纹织物。可见，织物的强度和伸长与一定长度内纱线交错次数以及浮线长度等有关。综上，采用纤维电极交织或编织织物电极或器件时，可以通过改变电极的排列、密度以及组合规律来提高纺织电极或器件的拉伸性能（图 10-13）。

理想的可拉伸柔性储能器件的拉伸过程是弹性可逆的，但是大多数研究人员都致力于使柔性储能器件更具拉伸性（更大的应变），对其机械可恢复性（弹性）关注较少。在纺织品的力学测试中，表示材料耐疲劳性的拉伸弹性回复率是非常重要的指标，而在柔性储能器件

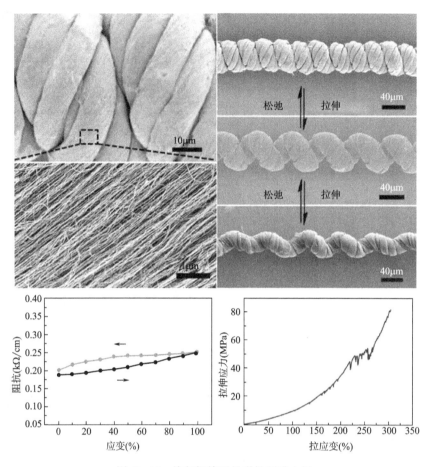

图 10-12　均匀螺旋环的弹性纤维电极

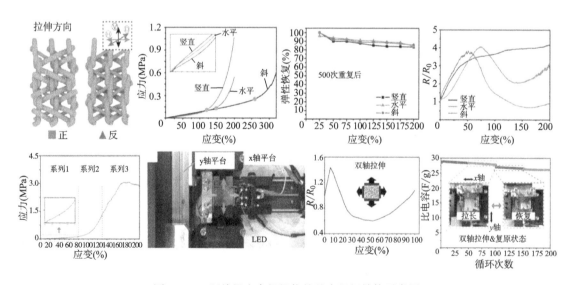

图 10-13　经编机生产机织物的基本组织结构示意图

的研究中常常被忽略。在实际应用中，要求柔性储能器件不仅可以在拉伸状态下正常工作，而且在外力消失后，其电化学性能不会受到影响，能完全恢复其原始形状。在通常情况下，在现有的材料以及结构设计条件下，柔性储能器件弹性回复率不可能达到100%，其残余应变显著存在。但是，研究人员在对比不同电极或器件的拉伸性时，往往没有注明拉伸试验后电极或器件的残余应变，尤其是设计拉伸性能优异（大拉伸应变）的电极或器件时。

2. 电极与器件的弯曲和起拱　纤维、纱线或织物在纺织加工或在纺织制品使用过程中都会受到弯曲变形。纤维或纱线在弯曲过程中，和任何梁的弯曲一样，各个部位的变形是不同的。中心面以上受拉伸，中心面以下受压缩。弯曲曲率越大（曲率半径 r_0 越小），各层变形差异也越大，特别是最外层受到的拉伸应力和拉伸变形越大。而对于织物来说，弯曲一般对其不造成破坏，最简单的形式是无剪切的经向或纬向弯曲，图 10-14（a）。香港城市大学支春义教授课题组聚焦柔性电池和超级电容器的弯曲测试，综合使用弯曲角度 θ，弯曲半径 R 和器件的长度 L 来系统评估柔性储能器件的弯曲耐受性。这些参数的示意图如图 10-14（b）所示。三个独立参数的有效性如下：当 θ 和 R 固定时，L 可以不同。显然，当受力区域确定时，较长的器件可能受到弯曲的影响较小。类似地，当 R 和 L 保持不变时，θ 也可以改变，导致不同的应力区域（图 10-14）。因此，研究者提出：当描述柔性储能器件弯曲试验的容量/电容保持率时，三个几何参数 θ，R 和 L 应该全部提供。

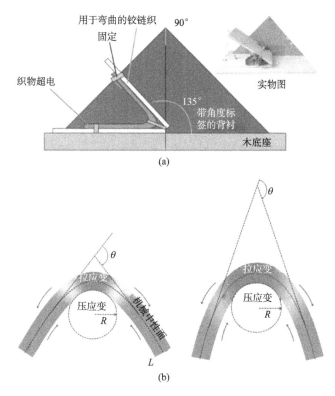

图 10-14　评估柔性储能器件的弯曲耐受性测试装置及参数

3. 电极与器件的压缩性质　由于单根纤维和纱线轴向的压缩性能测定困难，针对单根电极或器件的压缩性能研究几乎空白，更多的是考察纤维集合体（纱线除外）的压缩性能。

纤维集合体压缩时，压缩变形示意图如图 10-15 所示。目前，多是用厚度变形率来表示材料的压缩性能，这是不够准确的。因为，纤维集合体横向变形系数也需要考虑。因此，压缩曲线的变形坐标一般用单位体积质量表示。纤维集合体加压过程中的变形，与拉伸类似，有急弹性、缓弹性和塑性变形三种。故加压再解除压力后，纤维集合体体积逐渐膨胀，一般不能回复到原来的体积。压缩后的体积（或一定截面时的厚度）回复率表示了纤维集合体被压缩后的回弹性能。

4. 电极与器件的耐久性　电极与器件的耐久性质讨论的是对电极或器件破坏的力学行为。目前，在该方面的研究集中在自愈合电极或器件，如图 10-16 所示，即电极或器件受到外力破坏后，能够重新愈合的能力。

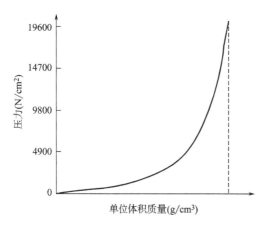

图 10-15　纤维集合体压缩时压缩变形示意图

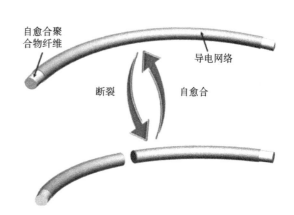

图 10-16　自愈合电极示意图

（三）纺织性能评价

柔性电池和超级电容器的终极目标之一就是使其像纺织品一样柔软舒适，尤其对智能纺织品的最终销售商来说，这是产品推广和销售的关键因素。根据纺织品舒适性的定义可知，服饰的舒适性是一个涉及人体生理、心理、服装（织物）、气候环境等因素的多学科交叉、相当复杂的问题，其舒适水平是由心理、生理和物理三个方面因素决定的，三者相互联系、相互影响。

香港城市大学支春义课题组根据国际标准 ISO 17235 对皮革常用的柔软度评估方法，提出了一个"柔度"的概念，来评估柔性储能器件的穿戴舒适性。参考评估皮革柔软度的国际标准，采用不同的柔性集流体和不同的电极片，金属箔材直接作为电极片，将活性材料涂覆或者电沉积在柔性集流体上。结果表明，不同的制备方法制备的器件具有完全不同的柔度，即活性材料涂覆在柔性集流体（碳纳米管纸、碳布等）上的电极结构柔度更佳，但需要注意的是，柔性集流体通常价格高、产量低，这可能限制大面积应用。

此外，储能器件在提供高容量的同时，更厚的活性材料层也会牺牲器件的部分柔度。因此，在设计柔性储能器件时要平衡柔度与能量密度的关系，只是简单地通过提高负载量来提高能量密度而不提及其柔软性对于柔性储能器件来说是没有意义的。因此，在设计高容量的柔性储能器件时，研究者应提供柔度信息来保证平衡。

与服饰的舒适性类似，纺织基柔性器件的舒适性不仅需要考虑材料和器件的柔度，还需要考虑热、湿舒适性，接触或触觉舒适性以及视觉的舒适性。器件的视觉舒适性较多体现的是人的心理直接感受，如器件的色彩、光泽、组织和形态。器件的触觉舒适性又称接触舒适性，是指人体皮肤在受到外加器件作用时的一种生理感觉，具有被动性和不可回避性。其作用位置是人体需遮蔽保护或保暖的皮肤，与手感不同，其作用形式则是局部的刺激和压迫。触觉不舒适性包括柔性器件的刺痒感、器件对出汗皮肤的粘贴、器件结构设计的不合理引起对皮肤局部的压迫不适。纺织器件的热湿舒适性反映人—器件—环境间微气候对人体的作用，主要为人体的生理和物理感觉，如透气导湿性、传热或保暖性等，常用热阻或湿阻等传热或传湿指标来表征热湿舒适性。

除了舒适性外，能源器件还应具有一定的使用性能。类似于织物的成衣性能，如易护理性、可缝纫性、尺寸稳定性、可剪裁性、抗静电性等。还有一些特殊应用功能，如阻燃与耐高温、拒水和防风、耐酸碱和化学作用等，以及智能、生态要求、相变储能、形状记忆、生物降解等。

第三节　纺织基能量存储元件

一、纺织基储能器件用柔性电极

（一）柔性电极的分类

根据制备方法的不同，可以将柔性电极分为三类：一是将电化学活性物质直接负载在柔性的导电基底上；二是将具有良好导电性的碳材料（如碳管、石墨烯等）与活性物质共混抽滤成膜；三是在不具有导电性能的柔性基底（如纸张、纺织品、海绵等）上涂覆或者刮涂一层导电性良好的涂层材料，并在此基础上负载电极活性物质。这三种方法各有优缺点，研究的热点和重点集中在保证柔性电极在复杂的不同环境中（如高温、低温等），以及在使用的过程中（如弯曲、拉伸、折叠、压缩等）依然保持稳定的电化学性能（主要是能量密度、功率密度以及循环寿命）。

（二）柔性电极的性能要求

电极是能源器件的核心部件，其优劣直接影响电池性能。一般而言，对纺织基电极基本要求有：具有较好的导电性及较高的容量，具有一定的力学性能，轻柔、便于集成，化学/热稳定性高，与电解液相容性好，环境友好且价格便宜等。对于器件而言，正负极又有不同的要求。一般而言，电活性材料的关键结构指标有化学成分、晶体结构、粒度分布、振实密度、层间距、比表面积等。

以锂离子电池为例，锂离子电池的正极材料必须有能接纳锂离子的位置和扩散的路径。如允许大量离子嵌入脱出，具有较高的氧化还原电位，嵌入脱出可逆性好，结构变化小，金属离子扩散系数和电子导电性高等。锂离子电池的负极材料必须是能大量存储锂离子、比容量高、结构稳定性好、质量密度高的材料。如具有较低的氧化还原电位，嵌入脱出的速度快，结构稳定，具有良好的电子电导率和离子电导率，减少电极极化，保证大电流的充放电等。

二、纺织基储能器件用电解质

（一）电解质的分类

电解质是能量存储器件的主要组成之一，位于器件正、负极之间，其作用是在正、负极之间形成良好的离子导电通道。根据电解质的状态，可以分为液态电解质、固态聚合物电解质以及凝胶聚合物电解质。

1. 液态电解质 液态电解质是发展最早、最成熟的一种电解质材料。但是对封装要求很高，且尺寸固定，不利于柔性能源器件的发展。

固态电解质消除了漏液的风险，热稳定性高，有固态聚合物电解质和凝胶聚合物电解质两类。

2. 固态聚合物电解质 固态聚合物电解质是由锂盐溶解于聚合物中而形成的电解质体系，较低的室温离子电导率限制了其应用。

3. 凝胶聚合物电解质 凝胶聚合物电解质是依靠溶胀电解液来满足离子电导率的要求，虽然聚合物自身的力学性能降低，但是其离子导电率、成膜性和柔性均优于固体聚合物电解质，因此，是柔性储能器件中应用最多的电解质之一。

凝胶聚合物电解质是由电解质盐、聚合物和小分子增黏剂等组成。聚合物在凝胶电解质中主要起支撑作用，其基体必须满足以下要求：成膜性好、膜强度高、电化学窗口宽、在有机电解液中稳定性好等。目前，聚环氧乙烷（PEO）、聚甲基丙烯酸甲酯（PMMA）、聚丙烯腈（PAN）和聚偏四氟乙烯（PVDF）是四种常用的聚合物基体材料。电解质盐在储能器件中起传输离子的作用，对器件的性能有重要的影响。合适的电解质盐具有良好的溶解性、较高的电导率、较好的化学稳定性等要求，另外，成本低、无污染和无毒害也是必须考虑的。常用的电解质盐有 $LiPF_6$、$LiClO_4$、$LiBF_4$、H_3PO_4、H_2SO_4、KOH 等。

（二）固态电解质的性能要求

聚合物电解质性能好坏直接影响能源器件性能的优化和提高。因此，聚合物电解质应满足以下三个要求。

1. 离子电导率高 这是表征电解质导电能力的主要参数，凝胶聚合物电解质必须具有较高的离子导电性，一般其室温离子电导率应大于 10^{-3} S/cm，这是保证器件快速充放电的基本条件。

2. 热、电化学稳定性好 为了获得合适的使用温度范围，凝胶聚合物电解质必须有一定的热稳定性。另外，凝胶聚合物电解质还必须在器件工作电压窗口范围内具有电化学稳定性。

3. 具有机械稳定性 作为柔性器件的重要组成，柔性电解质也需要具有耐机械形变的能力，保证器件的正常使用。

三、纺织基储能器件用隔膜

在纺织基储能器件的组成中，凝胶电解质的使用较多。但是，有时为了防止器件内部短路，也会在正负极之间增加一层多孔的隔膜材料。隔膜的结构和性能决定了储能器件的界面结构、内阻等，极大地影响器件的能量密度、功率密度、循环寿命以及使用安全性等。

用于储能器件的隔膜本身不参与任何反应，它有两个基本的作用：一是避免正极和负极活性物质直接接触，保证器件内的电子不能自由穿过；二是在电化学反应时，保证电解液中的离子可以自由迁移。因此，储能器件的隔膜材料需要满足以下要求。

（1）具有优良的电子绝缘性，以保证电极间有效的隔离。

（2）具有足够的化学、电化学稳定性，有一定的耐湿性和耐腐蚀性，在与正负极接触时不发生副反应。

（3）具有良好的吸湿和吸液保湿能力，在反复充放电过程中能保持电解液的高度浸润和高吸液量。

（4）具有一定的孔隙率，对离子有很好的透过性，并能有效阻止颗粒、胶体等物质的迁移。

（5）具有良好的机械强度和防震能力。

（6）成本低、制作过程简单、适合于大规模工业化绿色生产。

在隔膜的使用和生产中，纺织材料的使用较多，包括天然纤维和合成纤维。其中，天然纤维包括纤维素纤维及其化学改性衍生物。合成纤维包括聚烯烃、聚酰胺、聚乙烯醇、聚四氟乙烯、聚偏氟乙烯、聚氯乙烯以及聚酯等。非织造技术是生产隔膜常用的方法。将纺织纤维通过成网、加固（化学、物理或者机械方法）黏结而生产的纤维状隔膜，也称为非织造隔膜。非织造隔膜的优点是：材料的选择广泛，工作温度范围更宽，孔隙率较高，亲液性、保液性更好，适用于大容量、快速充放电、安全性能要求更高的动力电池。

根据非织造成网工艺，制造非织造隔膜的工艺可分为干法成网、湿法成网和聚合物挤压成网。干法成网指的是在干态条件下将纤维制备成纤网，干法制备隔膜原料主要有改性聚丙烯、改性聚酰胺、聚乙烯醇纤维，加固工艺为热黏合和化学黏合法。湿法成网是相对于干法成网而言，指的是纤维悬浮在水中呈湿态，采用造纸方法成网。聚合物挤压成网中具有代表性的是熔喷法隔膜和静电纺隔膜。熔喷法制备的聚丙烯隔膜，属于疏水性材料，需要经过亲水性处理，保证隔膜具有良好的吸液量，再按照不同规格要求制成袋式、平板式、波纹式、槽纹式的隔板。目前，开发非织造隔膜的国家主要是日本（NKK、Asahi、UBE 等）、美国（Celgard）、韩国（SK），研究集中在静电纺丝技术。由静电纺丝所得的隔膜具有高比表面积、多孔性、质量轻、成本低等特点，且制造工艺简单，制造流程短，是目前研发储能器件用隔膜的重要方法之一。

一般来说，隔膜的厚度范围在 $15 \sim 50 \mu m$，这主要是因为隔膜的厚度是影响能源器件电阻的关键因素。根据非织造产品加固工艺的特点，生产非织造隔膜常用适用于薄型产品的热黏合加固。热黏合加固是将热塑性高分子聚合物作为黏结剂，纤网受热后部分热熔纤维或粉末软化熔融，纤维间产生粘连，冷却后形成热黏合隔膜。热塑性纤维的黏合加固减少了化学黏结剂对电池性能的不利影响，被广泛应用于电池隔膜的生产。

第四节　纺织结构储能器件的设计

纺织成型技术，包括纤维、纱线、绳索等一维结构材料的成型以及机织物、针织物、编织物和非织造物等二维织物结构的成型。纺织结构是纺织材料的固有特征，是决定纺织材料内在性质和外观特征的主要因素。纺织结构由纤维、纱线和织物的结构三部分组成，其中纤维结构是研究纺织结构的基础。如图 10-17 所示，短纤维和长丝可以先通过纱线成型工艺形成纱线，进而采用织造或编织工艺形成整片织物，包括针织物和机织物。受到纺织结构的启发，储能器件也根据纱线或织物的成型方式分类。纤维（或纱线）和织物是纺织材料的两种基本形态，截至目前，基于纺织材料的可穿戴储能器件的研究形成了两大体系，分别是以纤维为基本单元的一维储能器件和以织物为基本单元的二维储能器件。可见，纺织成型技术对器件的组装和设计具有重要的指导意义。

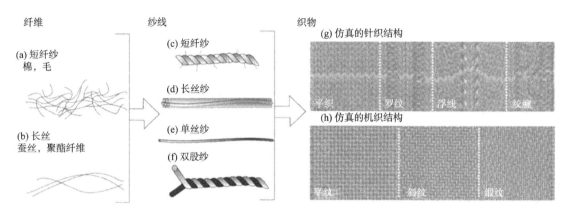

图 10-17 （a）短纤维；（b）长丝；（c）短纱；（d）长丝纱；（e）单丝纱；
（f）合股纱；（g）软件模拟的针织结构；（h）软件模拟的机织结构

此外，为了提高储能器件的可穿戴性或者提高与纺织传感器的集成，要充分考虑电极或器件与织物或服装配件的结合，如图 10-18 所示。目前，常用的结合方式有两种：将组装的柔性器件手工穿入现成的织物中，或通过外接工艺与传统织物黏合，从外观上形成可穿戴式的智能纺织品；将纤维状电极或器件通过织造、编织等纺织成型加工工艺，从结构上织制可直接穿戴的智能纺织品。

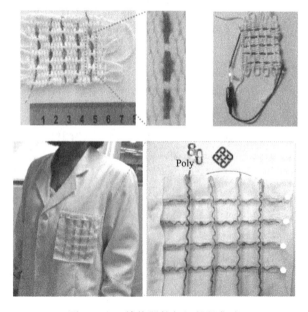

图 10-18 储能器件与织物的集成

一、一维结构储能器件的设计

一维纺织结构是指由天然纤维或化学纤维通过纺纱工艺形成的，包括纱、线、绳等纤维状结构的纺织材料。一维纺织材料在任意方向均具备柔性，可以根据产品的外观和性能要求对一维材料进行随意组合、弯曲，还可以通过传统的纺织成型工艺织制成直接穿戴的织物。一维结构的储能器件是从传统"三明治"平面状器件的"电极/隔膜/电极"结构演变而来的，二者的工作原理相同。与平面结构相比，线状结构易于纺成二维或三维的织物或扭成不同形状，满足用途所需。因此，一维结构的柔性器件是一种适合于开发可穿戴设备的理想结构。

纤维电极是储能器件中最重要的元件之一，要求在弯曲的过程中，纤维保持可制造性（可织性和可编织性）且电化学性能不会恶化。图 10-19 说明了器件的设计，根据所需的功率或能量的大小以及制造的工艺设计，可以是单一、双重或是复合器件，且纤维电极可用于超级电容器、电池以及混合电容器中。

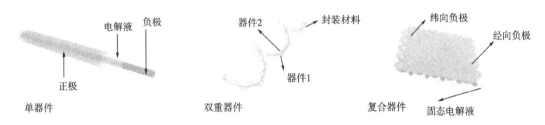

图 10-19 纤维状器件的设计及集成

纤维电极根据基底纤维的导电性可以分为非导电纤维类和导电纤维类。基于非导电纤维的纤维状超级电容器的基材一般为天然纤维（棉、麻、丝、毛等），也有聚对苯二四酸乙二酯（PET）、聚二甲基硅氧烷、聚对苯二甲酰对苯二胺（Kevlar）和聚甲基丙烯酸甲酯（PMMA）纤维等。非导电纤维（或纱线）作为基材的器件具有良好的机械性能，包括强力和弹性等。如图 10-20 所示，为了提高这些纤维基材的电导性，通常会在纤维表面镀上金属（如喷金），或者缠绕上其他活性物质（如碳纳米管）。

基于导电纤维的纤维状超级电容器基底一般为金属丝或者碳材料制备的纤维等。常用的金属纤维有金、银、铜、镍、不锈钢、钨等。按照碳纤维的制备条件和方法

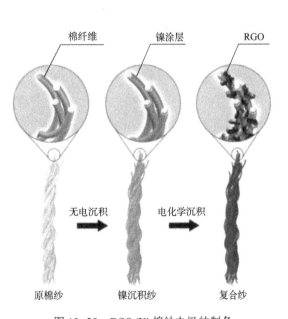

图 10-20 RGO/Ni 棉纱电极的制备

可分为普通碳纤维、石墨纤维、活性碳纤维以及由碳纳米管或石墨烯气相中凝结生长的碳纤维。金属纤维和普通碳纤维电导率与机械性能优良，但是刚性较大，体型较笨重。由碳纳米

管和石墨烯通过湿法纺丝、干法纺丝等技术制备的碳纤维密度小，具有良好的柔韧性以及导电性能，可以直接实现电极与集流体合二为一的作用。但是，单纯的碳材料作为电极在电容的容量方面有所局限，需要与金属氧化物和导电聚合物复合。此外，制作成本较高，力学性能无法满足工业化织造的要求。一维结构储能器件的性能不仅受到构成器件的单电极、凝胶电解质等材料性能的影响，而且与材料的成型加工方式有关。与纱线结构类似，器件结构的基本问题是纤维状单电极在一维结构中的排列状态、聚集复合形式以及多组（或多轴）成型。目前，常见的一维结构有平行排列结构、缠绕结构和同轴结构，如图 10-21 所示为一维器件结构示意图。

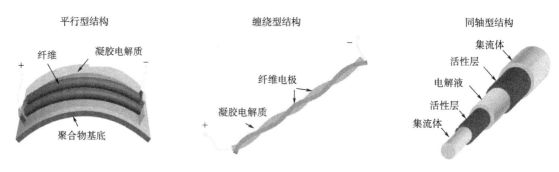

图 10-21　纤维状储能器件的结构

（一）平行型结构

平行型结构纤维状器件将 2 根纤维电极平行放置于平面基底上，并用固态电解质封装制得。具有制备工艺简单、易于集成等优点，如图 10-22 所示。这种结构的纤维状器件对纤维电极的强力要求较低，可轻易将多个平行型纤维状超级电容器放置于同一个平面基底上，通过串并联的途径集成在一起，以满足微型电子器件的特定能量和功率的需求。由于平行型结构通常需要一种薄膜材料作为基底，有时人们将其划为薄膜器件。缺点是纤维电极需要平面基底的支撑，其存在会占据一定的空间，很大程度上限制平行型结构纤维型器件的潜在应用，且基底的引进会增加集成器件整体质量的增加，造成集成器件整体能量密度和功率密度的降低。

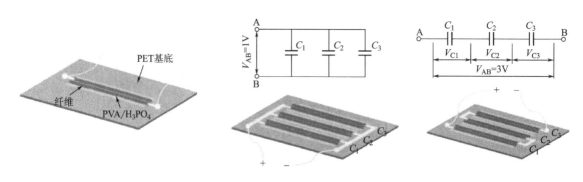

图 10-22　平行型结构储能器件

（二）缠绕型结构

缠绕型纤维状器件通过将 2 根包覆了电解液或固态电解质的纤维电极彼此缠绕在一起制

得，成形过程类似于纺纱加捻（图10-23）。相比于平面型结构，缠绕型结构纤维状器件脱离了基板衬底，2根电极之间具有较高的直接接触面积，有利于电容器充放电过程中电化学反应的进行。但这样的结构在使用时，2根纤维电极在弯折过程中可能造成物理上的分离，导致器件内阻的升高，从而降低器件性能。此外，需要特别注意避免固态电解质或隔离物质失效，造成两根电极直接接触，产生短路。这种缠绕结构的器件呈现出典型的一维结构，能够参与编织形成织物，或者嵌入到纺织成品织物的缝隙中，作为可穿戴能量储存器件。这种结构的缺点在于两个电极的直接接触面积有限，内阻通常也较大，并且缠绕螺距也会影响表面积。

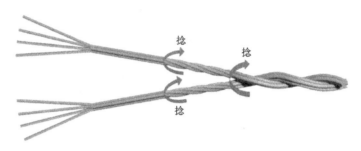

图10-23　缠绕型结构储能器件

（三）同轴型结构

相较于缠绕型和平行型结构，同轴型结构纤维状器件的2根电极之间具有更大的有效接触面积，有益于电荷在电极表面的吸附与脱附，以及电极表面氧化还原反应的进行。并且在器件弯曲时，结构更加稳定，表现出一系列纤维状器件的优势。与平行和缠绕结构中电极放置方式不同，同轴结构的纤维状器件呈现为皮芯结构，类似于包芯纱的生产。从内到外依次包括内电极、电解液、隔膜和外电极。YANG等利用PDMS纤维作为基材，外包取向碳纳米管薄膜，制备了纤维状超级电容器电极材料，而后按照内电极、电解液（作为隔膜）、外电极的顺序，由内向外一层一层包裹得到了同轴型超级电容器，制备方法如图10-24所示。该同轴结构纤维状超级电容器的内阻明显比缠绕结构小，并且最高比电容达19.2F/g。

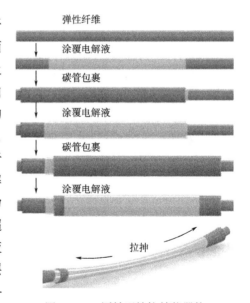

弹性纤维
涂覆电解液
碳管包裹
涂覆电解液
碳管包裹
涂覆电解液
拉抻

图10-24　同轴型结构储能器件

同轴型结构组装工艺复杂，随着便捷可穿戴电子器件尺寸的减小，在小直径和长纤维表面精确控制多层薄膜逐层组装，在技术上更具有挑战性，这很可能会限制同轴型纤维状器件的规模化制备生产。包芯纱及包芯长丝的生产工艺为开发同轴结构的电极及器件提供了思路。KOU等利用异形喷丝头结合湿法纺丝技术制备出壳聚糖（CMC）包裹石墨烯的同轴复合纤维，制备原理如图10-25所示。有了CMC的包裹，一方面克服了纤维电极组装时容易短路的缺点，另一方面为电解液中的离子扩散提供了通道，并且纤维的机械性能也得到了保障，在多次（1000次）弯曲后，形貌和性能还能维持稳定。为了进一步提高纤维电极电化学性能，可以在芯层石墨烯纺丝液中添加其他活性材料——碳纳米管，制得的石墨烯/碳纳米管复合纤维电极，电容性能较之前有了很大改善，达 $177mF/cm^2$。

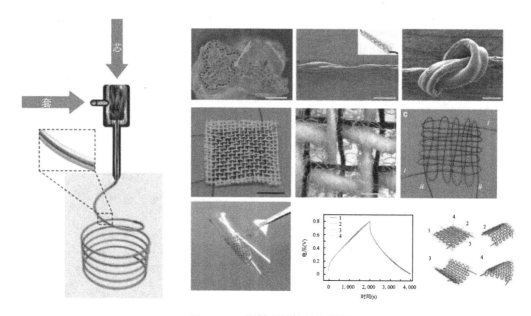

图 10-25　同轴型结构储能器件

　　一维结构器件的成型性好，但是这种结构的器件能量较低，一般不单独使用，需要将多根电极或器件按照一定的成型方式进行编织，制备成具有一定面积和厚度的纺织品。要实现一维结构电极或器件大规模的成型制造，对一维电极或器件的力学性能要求很高，必须具有一定的可纺性，即受到外力作用时，具有一定抵抗外力作用的能力。

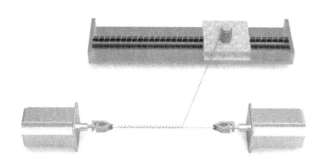

图 10-26　从三维到一维制备能源器件

　　在纺纱的成型加工中，提高纱线的可纺性主要与纱线的加捻程度和工艺密切相关。加捻是使纱线具有一定的强伸性和稳定外观形态的必要手段。目前使用的纤维状的缠绕结构，就是采用纺纱加捻的方式，将两根电极材料绕其条状轴线的扭转、搓动或缠绕，使得两电极充分接触，并获得一定的力学性能（图10-26）。LEE 等利用导电聚合物聚噻吩（PEDOT）与多壁碳纳米管（MWCNT）薄膜阵列合股加捻制备出一种复合纱。为了进一步提高该纱线的机械和导电性能，他们又将加捻纱线与 Pt 纤维进行合股作为电极材料，如图 10-27 所示，最后利用该电极平行排列组装成纤维状超级电容器器件，体积比电容达到 179F/cm³，并且可以进行超快的充放电。

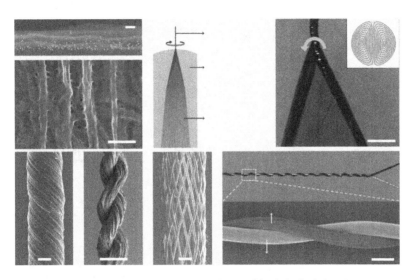

图 10-27　PEDOT 与 MWCNT 合股加捻制备复合纱式电极

加捻作用是影响纱线结构与性能的重要因素，也是改善电极或器件结构松紧程度以及储能元件排列的重要加工手段。Márcio D. Lima 等人成功研制了一种"双重卷织（biscroll）"技术，如图 10-28 所示。将 50nm 厚的碳纳米管片状材料通过加捻的工艺，获得截面结构不同的一维材料，以此制备而成的多功能复合材料，可应用于超级电容器、锂离子电池及燃料电池催化剂等多个领域。研究者指出，通过改变纺丝条件和工艺参数（如尾端约束、纺丝过程中的应力不对称、加捻的角度），可以产生本质上不同的纳米管纱线结构。事实上，这些工艺参数正是纺织领域纱线加捻需要考虑的一系列指标。因此，对一维结构电极和器件的研究，应该更多地以一维纺织材料的成型工艺为参考，在加工过程、产品性能以及测试标准等方面进行深入的研究。

二、二维结构储能器件的设计

织物狭义上是一种柔性平面薄层状的物质，大部分是由纤维经成网固着或成纱经织、编而成的。相对于纱、线、绳等一维结构材料来说，一般以二维结构来讨论，如机织、针织、编织或非织。但是，严格来说，即使是很薄的片状织物在厚度方向也存在着变化，是典型的三维结构。

二维织物结构的成型，主要体现在纤维、纱线、织物的排列方式和结构组合方式的不同。

二维结构的储能器件一般有两种：基于织物电极开发的多层结构器件［图 10-29（a）］和利用纤维状器件编织的平面结构器件［图 10-29（b）］。利用纤维状器件直接进

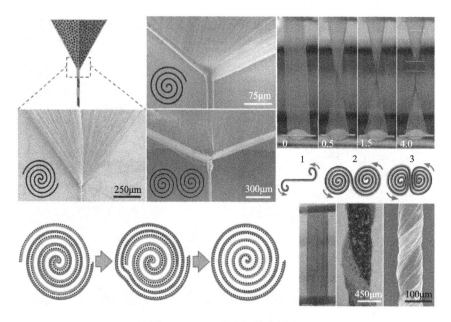

图 10-28 双重卷织技术原理

行编织或织造平面器件对纤维状器件的力学要求较高，现阶段主要以手工编织为主。

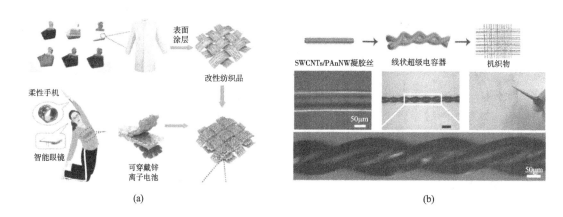

图 10-29 二维结构的储能器件

基于纺织材料的织物通常不具备导电性能，要想开发织物基的电极，必须要赋予织物导电性能。通常做法是：利用含有活性物质的导电纱线织制成织物 [图 1-30（a）]，或在编织好的织物表面引入电化学活性物质 [图 10-30（b）]。目前基于织物的柔性电极的制备方法有浸渍、印刷、原位聚合以及电化学聚合等方式。其中，浸渍和印刷类似于织物染色的过程，首先将电化学活性物质（碳材料、金属氧化物及导电聚合物等）均匀分散在溶剂中，将织物浸泡，或者通过筛网浸渍，使得活性物质吸附于织物表面。原位聚合是引导导电聚合物原位生长于织物表面，而电化学聚合是指先通过喷涂等方式使得织物导电，再通过电化学方法在织物表面沉积上活性物质。

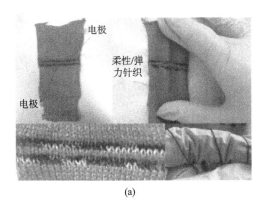
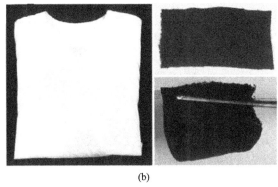

(a)   (b)

图 10-30 导电织物的制备

（一）机织结构

目前，研究器件的组装结构多是机织物的原组织，即平纹、斜纹和缎纹组织。平纹组织是由两根经纱和两根纬纱组成一个组织循环，经纱和纬纱每隔一根纱线交织一次，所以，平纹组织是所有织纹组织中交织点数最多的组织。斜纹组织最明显的特征是在织物表面有序生成倾斜纹路，斜纹线的倾斜方向有左有右，分别称为左斜纹和右斜纹。缎纹组织的织物表面通常由较长浮长线所覆盖，在织物单位长度内纱线根数相同的条件下，缎纹组织是原组织中组织点最少的组织，因此，手感最柔软，强度也最低。

研究者选用了不具有拉伸特性的两种机织物，基本性能对比见表 10-3。采用传统的丝网印刷技术，通过浸渍将多孔碳材料负载于棉织物和涤纶织物制备电极，研究两种电极的电化学行为。结果表明，织物的多孔结构有利于电极之间离子的转移和传输。采用循环伏安法、恒流充放电法和电化学阻抗谱法研究了电极材料在硫酸钠、硫酸锂等无毒水溶液中的电容行为，测试装置如图 10-31 所示。在之后的工作中，研究者采用高导电的碳纤维代替了棉和涤纶，利用针织技术制备了导电集流体，再通过印刷工艺在集流体上直接负载多孔碳材料，从而制备了全固态的超级电容器。在这项工作中，研究者虽然比较了针织物和机织物集流体对活性碳材料的负载能力，但是并未统一织物的结构参数。

表 10-3 织物基本性能和比容量比较

纺织品	组织结构及纤维含量	纱线/织物的厚度（μm）	织物重量（mg/cm²）	碳负载（mg/cm²）	质量比电容（F/g）
棉布	平纹，100%棉	50/160	6.8	1.2	86
聚酯布	斜纹，100%聚酯	50/200	13.3	2.2	90

东华大学丁辛教授课题组对织物结构对器件的影响做了深入的研究。研究者以常见棉织物为基底，选用三种典型结构的织物（机织物、针织物、非织造织物），其厚度均为 1mm。通过化学原位聚合的方法结合聚吡咯制备了导电织物，研究了三种基本织物组织结构与负载量以及电极性能的影响关系。结果表明，厚度相同的织物会因结构的不同导致织物的孔隙率、比表面积以及纤维的松紧程度有很大差异，而这些因素均会影响活性物质的负载牢度和负载量。因此，首先讨论了织物结构对织物比表面积、孔隙率及孔径分布的影响，进一步讨

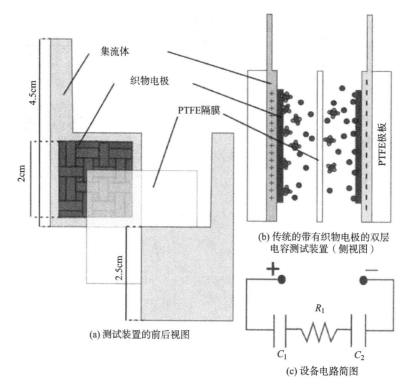

图 10-31　电化学电容器组件

论了织物结构对活性物质的负载量和电学性能的影响。

　　为了详细了解织物结构影响聚吡咯的沉积过程，研究人员在实验中详细观察了三种结构织物的反应过程，如图 10-32 所示。实验结果表明，在同等条件下，针织物具备最优的活性物质负载能力，所制备的导电织物的电性能和电化学性能也最优。最终以针织结构为基底，制备出负载量为 12.3mg/cm² 的导电织物，并以此为电极制备了二维（织物）储能器件。组装的全固体平面状超级电容器表现出良好的电化学性能和优异的灵活性，在弯曲或扭转 500 次以后依然可以稳定地工作，并且经过简单的串联可点亮 LED 灯。

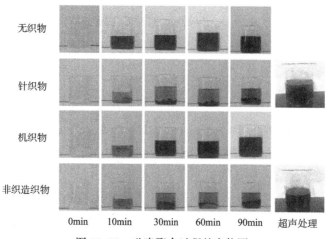

图 10-32　吡咯聚合过程的实物图

（二）针织结构

针织物的基本结构单元是线圈，根据线圈的结构特征，针织物可分为纬编针织物和经编针织物。目前，用于储能器件的主要是纬编针织物。纬编针织物的组织结构是其横向线圈由同一根纱线按顺序弯曲成圈而成。根据线圈结构的不同，纬编针织物的织纹组织通常分为基本组织、变化组织和花色组织三大类。基本组织是由一种基本单元组成的最基本的组织，变化组织是由两个或两个以上的基本组织复合而成的组织。由基本组织和变化组织变化而引申的其他组织属于花色组织。纬编针织物的基本组织有纬平组织、罗纹组织、双反面组织和双罗纹组织等。纬平组织又称纬平针组织、平针组织，是单面纬编针织物中最简单、最常用的基本组织。纬平组织由连续的单元线圈向一个方向串套而成，织物同一面上每个线圈的大小、形状和结构完全相同。目前，多是直接利用现成的纬平针织物制备储能电极材料，而对其线圈结构对储能性能的影响分析几乎空白。

（三）编织结构

编织是一种将多根纤维（纱线）按照特定的规律交织，使纤维（纱线）相互集合在一起的工艺。编结是编和结的统称与组合，编是指由纤维或纱线材料透过对角线交叉排列组合而成，结则是利用纤维材料或绳辫以手工或棒针钩编相结而形成，因此，将借助棒针、钩针等工具以手工方式形成的织品也归入此类。常见的编结物还包括绳索、管状织物、平面二维织物及不规则三维织物等。

编织工艺流程简单，可以将多股纱线进行并合，其过程对纱线的磨损较少，织造成本低。采用专用编织设备加工时，一方面沿编织方向可以实现所需构件的一次成型；另一方面，沿圆周方向纱线受到向心力的作用抱合紧密，故制备得到的绳状、管状及其他构件织物具有强度高、耐冲击、抗蠕变等特点。目前，常见的编织结构多以手工编织为主，如图10-33（a）所示。也有应用编织机加工的储能元件，如图10-33（b）所示。

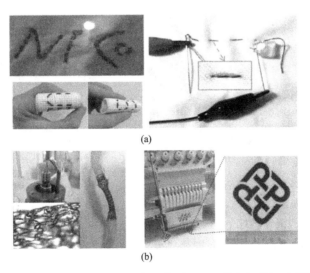

图10-33　（a）手工编织器件示意图；（b）编织机编织示意图

近年来，东华大学丁辛教授的研究团队利用编织工艺制备了高能量同轴超级电容器，在此基础上采用层层编织法制备了具有可拉伸的绳状超级电容器，最后通过编织方式设计制备了一种高电压、一体化、自串联的同轴绳状储能器件，如图 10-34 所示。具体工作是研究者首先以聚乳酸长丝（PLA）为基础原位聚合聚吡咯，制备负载活性物质高储能性能的 PLA 基纱线电极，解决了长丝表面导电高分子负载量小的问题。将该方法制备得到的这种复合长丝电极材料用于纺织后道工序的加工。在此基础上，研究者利用编织技术、加捻技术制备一种绳状电极，即将 12 根改性长丝电极在 12 锭编织机上编织制备（编织角度为 30°）复合丝，再将 12 根长丝电极利用自制加捻设备加捻获得（捻度：27 捻/10cm）绳状电极。随着参与编织的纤维电极根数的增加，得到的编织电极性能增大，说明编织、加捻工艺有效提高了电极的能量及电容性能。同时，研究者在编织电极的基础上，再次利用编织工艺制备了一种同轴超级电容器器件。最后，以同轴超级电容器为基础，设计了一种新颖的高电压、一体化、自串联超级电容器结构。该自串联超级电容器不仅具有高的能量存储，而且可以根据需要调节组成单元个数，满足不同电压输出的需求，并做了应用展示。

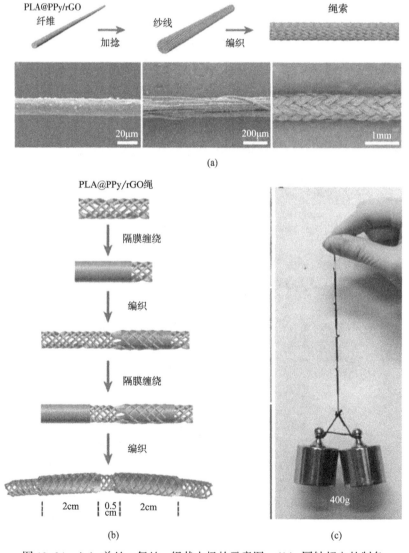

图 10-34 （a）单丝、复丝、绳状电极的示意图；（b）同轴超电的制备流程图；（c）4 个自串联超电吊起不同重量的砝码图片

（四）非织造结构

与传统的纺织品（机织物、针织物）相比，非织造织物的主体构成是纤维，由定向或随机排列的纤维组成三维网状结构，通过摩擦、抱合、黏合或者这些方法的组合而互相结合制成的片状物、纤网或絮垫。因此，非织造织物最大的特点是具有较大的比表面积和丰富的孔隙结构。很多研究者利用非织造织物这一特点，制备了高性能的储能元件，包括电极和隔膜。但也有研究结果表明，非织造织物过大的孔隙尺寸，并不利于活性材料的紧密附着，水洗过程中出现活性物质大量脱落的现象。

研究者组装了一种由全棉衍生的、完全可折叠、高倍率性能的全固态柔性超级电容器（图10-35）。其中，电极是由两片棉毡（0.5mm）在1000℃炭化制得，隔膜采用未经任何处理的棉毡。这项工作展示了一种简单可行的超级电容器配置，这将极大地促进高倍率、可折叠电子设备的发展。

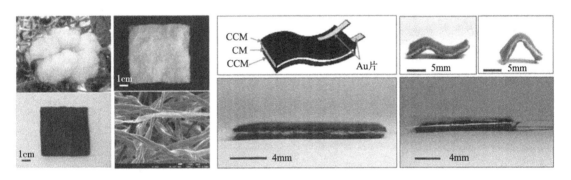

图10-35　全棉毡柔性超级电容器的构建

综上可知，织物是一种优良的柔性多孔基底，其孔隙率和孔隙结构对负载活性材料起关键作用。常用的纺织织物均可用于能源器件的设计和构成。目前，基于织物的电极和器件的研究有很多报道，但重点关注对象多为活性材料而非织物本身。织物作为负载电活性材料的载体，其结构和性质对最终器件性能有重要的影响。织物的性质差别除了与纱线的性质和结构有关外，还与织物的结构因素和参数的变化有关，包括织物的厚度、织物的密度、织物的覆盖系数、未充满系数、孔隙率以及织物表面的平整度等，有待于针对织物的组织结构做更深入的研究。

第五节　发展趋势

随着电子技术的快速发展，电子设备正在向着轻薄化、柔性化和可穿戴的方向发展。为了适应下一代柔性电子设备的发展，纺织基柔性储能器件已经成为近几年的研究热点，其在纺织传感系统的工作中发挥重要的作用。相比于传统的储能器件或者其他柔性器件，纺织储能器件需要在使用的过程中，同时保证力学性能、电化学性能、纺织性能及其他性能。不论织物电极还是纺织储能器件都还处于起步阶段，需要纺织、材料、电子、化学、能源等众多领域研究人员的进一步付出与努力。要真正实现纺织储能器件的实际应用和规模化生产，还面临诸多的问题和挑战。

一、纺织储能器件的柔性化和可伸缩性

优良的柔性化和可伸缩性是纺织储能器件应用的基础。与电极制造、器件成型及产品使用密切相关的是高性能电极材料、固态电解质、集流体、电极与器件结构、生产工艺等。具有高的导电率和电化学性能，同时又具有较高的比容量和能量密度的电极材料是储能的关键，因此，寻找适合纺织储能的电极材料，尤其是导电高分子材料及其复合材料是研究工作的重点。区别于传统储能器件，纺织储能器件需要使用固态电解质。寻找离子迁移数高、电导率高，并且与电极材料相容性好的固态电解质，才能保证器件使用的机械性能和安全性能。同时，要减少集流体、黏结剂和导电剂的使用。如何将这些元件设计与组装到一起，制备成具有柔性和可伸缩性的电极及器件仍是一个基础的科学与应用问题。

二、纺织储能器件机械性能和储能性能的平衡及使用稳定性

纺织储能器件在织造和使用过程中，面临拉伸、压缩、弯曲、扭曲、摩擦、磨损、疲劳等力的作用，保证纺织储能器件的基本机械性能。从储能角度看，比容量和能量密度等储能性能越高越好。遗憾的是，在纺织储能器件设计的时候，机械性能和储能性能往往是冲突的。因此，如何设计出具有基本的机械性能以满足制备和使用时的力学需求，同时满足一定的储能能力的纤维状电极与器件，是关系其能否集成到服装或织物中真正应用的前提。另外，纺织储能器件在纺织和使用过程中，要保证机械性能、储能能力均具有相当的稳定性。

三、纺织储能器件的轻量化及连续生产

纺织储能器件实际上是一种微型化的器件。在很小的一根或多根纤维或纱线上，包含了电极、电解液、隔膜、集流体、导电剂、柔性基底等诸多元器件。这种微型化的纺织储能器件要实现规模化制备和连续生产，还有很长的路要走。而且，基于可穿戴的特点，要求纺织储能器件轻量化，以提高其实际应用的可能性。

四、纺织储能器件在人体上的应用及生物相容性

纺织储能器件有望应用于可穿戴电子设备和人造器官。一方面，当纺织储能器件用于可穿戴电子织物或服饰时，要求其具有舒适性，包括热、湿舒适性，接触或触觉舒适性、视觉舒适性。另一方面，当纺织储能器件用于人造器官或部件时，要求其具有生物相容性，包括血液相容性、细胞相容性、组织相容性等。收集人体运动的能量并采用纺织储能器件储存，给心脏起搏器稳定供电，就是一个很好的例子。科学家们已经提出了一些纺织储能器件舒适性评价的方式，但是对于生物相容性的评价还是空白，这将成为未来发展的趋势。

思 考 题

1. 简述超级电容器的工作原理及分类。
2. 说明锂离子电池的工作原理。
3. 根据锂离子、钠离子以及锌离子的差异，分析各自电极材料的特点。

4. 如何计算电极材料或器件的比容量？

5. 简述纺织基电极材料或器件比容量的表达指标、单位以及影响因素。

6. 如何全面的评价纺织基储能器件的性能？

7. 简述储能器件中电化学性能的评价指标及测试方法。

8. 纺织基储能器件柔性电极的制备方法有哪些？举例说明。

9. 简述固态电解质和隔膜的性能要求及应用。

10. 从材料的选择、结构的设计、成品的制作等方面，举例论述一维结构和二维结构储能器件的开发。

参考文献

[1] CONWAY B E. Electrochemical supercapacitors: scientific fundamentals and technological applications [M]. Kluwer Academic, Plenum Publishers, 1999.

[2] RAFIK F, GUALOUS H, GALLAY R, et al. Frequency, thermal and voltage supercapacitor characterization and modeling [J]. Journal of Power Sources, 2007, 165 (2): 928-934.

[3] ROBERT F SERVICE. New 'supercapacitor' promises to pack more electrical punch [J]. Science, 2006, 313 (5789): 902.

[4] TARASCON J M, ARMAND M. Issues and challenges facing rechargeable lithium batteries [J]. Nature, 2001, 414: 359-367.

[5] KÖTZ R, CARLEN M. Principles and applications of electrochemical capacitors [J]. Electrochimica Acta, 2000, 45 (15-16): 2483-2498.

[6] WINTER M, BRODD R J. What are batteries, fuel cells, and supercapacitors? [J]. Chemical Reviews, 2004, 104 (10): 4245-4269.

[7] TEBYETEKERWA M, MARRIAM I, XU Z. et al. Critical insight: challenges and requirements of fibre electrodes for wearable electrochemical energy storage [J]. Energy & Environmental Science, 2019, 12 (7): 2148-2160.

[8] BREZESINSKI T, WANG J, TOLBERT S H, et al. Ordered mesoporous α-MoO_3 with iso-oriented nanocrystalline walls for thin-film pseudocapacitors [J]. Nature Materials, 2010, 9 (2): 146-151.

[9] 董文举, 孔令斌, 康龙, 等. 超级电容器电极材料及器件的柔性化与微型化 [J]. 材料导报 A: 综述篇, 2018, 32 (17): 2912-2919.

[10] ZHANG L, ZHAO X S. Carbon-based materials as supercapacitor electrodes [J]. Chemical Society Reviews, 2009, 38 (9): 2520-2531.

[11] YANG Z G, ZHANG J L, KINTNER-MEYER M C W, et al. Electrochemical energy storage for green grid [J]. Chem Rev, 2011, 111, 3577-3613.

[12] SIMON P, GOGOTSI Y. Materials for electrochemical capacitors [J]. Nature Materials, 2008, 7: 845-854.

[13] BEGUIN F, FRACKOWIAK E. 超级电容器: 材料、系统及应用 [M]. 张治安, 译. 北京: 机械工业出版社, 2014.

[14] AUGUSTYN V, SIMON P, DUNN B. Pseudocapacitive oxide materials for high-rate electrochemical energy storage [J]. Energy & Environmental Science, 2014, 7 (5): 1597-1614.

［15］AMATUCCI G G, BADWAY F, PASQUIER A D, et al. An asymmetric hybrid nonaqueous energy storage cell ［J］. Journal of the Electrochemical Society, 2001, 148 （8）: A930-A939.

［16］WANG H, ZHU C, CHAO D, et al. Nonaqueous hybrid lithium-ion and sodium-ion capacitors ［J］. Advanced Materials, 2017, 29 （46）: 1702093.

［17］LI F, ZHOU Z. Micro/Nanostructured materials for sodium ion batteries and capacitors ［J］. Small, 2017. 14 （6）: 1702961.

［18］XIE Y, CHEN Y, LIU L, et al. Ultra-high pyridinic N-doped porous carbon monolith enabling high-capacity K-ion battery anodes for both half-cell and full-cell applications ［J］. Advanced Materials, 2017, 29 （35）: 1702268.

［19］ZHANG J, LIU T, CHENG X, et al. Development status and future prospect of non-aqueous potassium ion batteries for large scale energy storage ［J］. Nano Energy, 2019, 60: 340-361.

［20］ZHANG T, CHEN J, YANG B, et al. Enhanced capacities of carbon nanosheets derived from functionalized bacterial cellulose as anodes for sodium ion batteries ［J］. RSC Advances, 2017, 7 （79）: 50336-50342.

［21］CHAO D, ZHOU W, YE C, et al. An electrolytic Zn—MnO_2 battery for high-voltage and scalable energy storage ［J］. Angewandte Chemie International Edition, 2019, 58 （23）: 7823-7828.

［22］HUANG J, WANG Z, HOU M, et al. Polyaniline-intercalated manganese dioxide nanolayers as a high-performance cathode material for an aqueous zinc-ion battery ［J］. Nature Communications, 2018, 9 （1）: 2906.

［23］BRUCE P G, FREUNBERGER S A, HARDWICK L J, et al. $Li-O_2$ and Li-S batteries with high energy storage ［J］. Nature Materials, 2012, 11 （1）: 19-29.

［24］MANTHIRAM A, FU Y, CHUNG S, et al. Rechargeable lithium sulfur batteries ［J］. Chemical Reviews, 2014, 114 （23）: 11751-11787.

［25］杨振东. 自支撑结构电极的制备及其在锂空气电池的电化学性能 ［D］. 长春: 吉林大学, 2018.

［26］曹楚南, 张鉴清. 电化学阻抗谱导论 ［M］. 北京: 科学出版社, 2002.

［27］SHAND D, YANG J, LIU W, et al. Biomass-derived three-dimensional honeycomb-like hierarchical structured carbon for ultrahigh energy density asymmetric supercapacitors ［J］. Journal of Materials Chemistry A, 2016, 4 （35）: 13589-13602.

［28］LIU L, LANG J, ZHANG P, et al. Facile synthesis of Fe_2O_3 nano-dots@ nitrogen-doped graphene for supercapacitor electrode with ultralong cycle life in KOH electrolyte ［J］. ACS Applied Materials & Interfaces, 2016, 8 （14）: 9335-9344.

［29］SOON J M, LOH K P. Electrochemical double-layer capacitance of MoS_2 nanowall films ［J］. Electrochem and Solid-State Letters, 2007, 10 （11）: A250-A254.

［30］姚穆. 纺织材料学 ［M］. 4 版. 北京: 中国纺织出版社, 2014.

［31］ZENG Y, ZHANGX X, MENGY Y, et al. Achieving ultrahigh energy density and long durability in a flexible rechargeable quasi-solid-state $Zn-MnO_2$ battery ［J］. Advanced Materials, 2017, 29 （26）: 1700274.

［32］MA L, CHEN S, WANG D, et al. Super-stretchable zinc-air batteries based on an alkaline-tolerant dual-network hydrogel electrolyte ［J］. Advanced Energy Materials, 2019, 9 （12）: 1803046.

［33］于伟东, 储才元. 纺织物理 ［M］. 上海: 东华大学出版社, 2002.

［34］YUE B, WANG C, DING X, et al. Polypyrrole coated nylon lycra fabric as stretchable electrode for supercapacitor applications [J]. Electrochimica Acta, 2012, 68：18-24.

[35] ZHANG Y, BAI W, CHENG X, et al. Flexible and stretchable lithium-ion batteries and supercapacitors based on electrically conducting carbon nanotube fiber springs [J]. Angewandte Chemie International Edition, 2014, 53 (52)：14564-14568.

[36] LEE Y H, KIM Y, LEE T, et al. Anomalous stretchable conductivity using an engineered tricot weave [J]. ACS Nano, 2015, 9 (12)：12214-12223.

[37] JOST K, STENGER D, PEREZ C R, et al. Knitted and screen printed carbon-fiber supercapacitors for applications in wearable electronics [J]. Energy & Environmental Science, 2013, 6 (9)：2698-2705.

[38] LI H, TANG Z, LIU Z, et al. Evaluating flexibility and wearability of flexible energy storage devices [J]. Joule, 2019, 3 (3)：613-619.

[39] SUN H, YOU X, JIANG Y, et al. Self-healable electrically conducting wires for wearable microelectronics [J]. Angewandte Chemie International Edition, 2014, 53 (36)：9526-9531.

[40] 刘亚赛. 基于聚吡咯/棉织物电极的固态超级电容器的研制 [D]. 上海：东华大学, 2014.

[41] 张天芸. 基于细菌纤维素纤维的电化学储能材料及器件 [D]. 上海：东华大学, 2018.

[42] GINESTE J L, POURCELLY G. Polypropylene separator grafted with hydrophilic monomers for lithium batteries [J]. Journal of Membrane Science, 107 (1-2)：155-164.

[43] 梁银峥. 基于静电纺纤维的先进锂离子电池隔膜材料的研究 [D]. 上海：东华大学, 2011.

[44] 柯勤飞, 靳向煜. 非织造学 [M]. 上海：东华大学出版社, 2004.

[45] LAWRENCE W T. High power carbon-based supercapacitors [D]. Melbourne：The University of Melbourne. 2006.

[46] JOST K, DION G, GOGOTSI Y. Textile energy storage in perspective [J]. Journal of Materials Chemistry A, 2014, 2 (28)：10776-10787.

[47] PU X, LI L, LIU M, et al. Wearable self-charging power textile based on flexible yarn supercapacitors and fabric nanogenerators [J]. Advanced Materials, 2016, 28 (1)：98-105.

[48] CHEN Y, XU B, WEN J, et al. Design of novel wearable, stretchable, and waterproof cable-type supercapacitors based on high-performance nickel cobalt sulfide-coated etching-annealed yarn electrodes [J]. Small, 2018, 14 (21)：1704373.

[49] LIU L, YU Y, YAN C, et al. Wearable energy-dense and power-dense supercapacitor yarns enabled by scalable graphene-metallic textile composite electrodes [J]. Nature Communications, 2015, 6：7260.

[50] YU D, QIAN Q, WEI L, et al. Emergence of fiber supercapacitors [J]. Chemical Society Reviews, 2015, 44 (3)：647-662

[51] YU D, GOH K, WANG H, et al. Scalable synthesis of hierarchically structured carbon nanotube-graphene fibres for capacitive energy storage [J]. Nature Nanotechnology, 2014, 9 (7)：555-562.

[53] 刘连梅, 翁巍, 彭慧胜, 等. 纤维状超级电容器的发展现状 [J]. 中国材料进展, 2016, 35 (2)：81-90.

[54] HUANG Y, HU H, HUANG Y, et al. From industrially weavable and knittable highly conductive yarns to large wearable energy storage textiles [J]. ACS Nano, 2015, 9 (5)：4766-4775.

[55] YANG Z, DENG J, CHEN X, et al. A highly stretchable, fiber-shaped supercapacitor [J]. Angewandte Chemie International Edition, 2013, 52 (50)：13453-13457.

[56] KOU L, HUANG T, ZHENG B, et al. Coaxial wet-spun yarn supercapacitors for high-energy density and safe wearable electronics [J]. Nature Communications, 2014, 5 (1)：3754.

［57］SUN H, ZHANG Y, ZHANG J, et al. Energy harvesting and storage in 1D devices ［J］. Nature Reviews Materials, 2017, 2 (6): 17023.

［58］LEE J A, SHIN M K, KIM S H, et al. Ultrafast charge and discharge biscrolled yarn supercapacitors for textiles and microdevices ［J］. Nature Communications, 2013, 4: 1970.

［59］LIMA M D, FANG S, LEPRO X, et al. Biscrolling nanotube sheets and functional guests into yarns ［J］. Science, 2011, 331 (6013): 51-55.

［60］ZHAO T, ZHANG G, ZHOU F, et al. Toward tailorableZn-ion textile batteries with high energy density and ultrafast capability: building high-performance textile electrode in 3D hierarchical branched design ［J］. Small, 2018, 14 (36): 1802320.

［61］MENG Q, WANG K, GUO W, et al. Thread-likesupercapacitors based on one-step spun nanocomposite yarns ［J］. Small, 2014, 10 (15): 3187-3193.

［62］JOST K, DURKIN D, HAVERHALS L M, et al. Natural fiber welded electrode yarns for knittable textile supercapacitors ［J］. Advanced Energy Materials, 2015, 5 (4): 1401286.

［63］BAO L, LI X. Towards textile energy storage from cotton T-shirts ［J］. Advanced Materials, 2012, 24: 3246-3252.

［64］JOST K, PEREZ C R, MCDONOUGH J K, et al. Carbon coated textiles for flexible energy storage ［J］. Energy & Environmental Science, 2011, 4: 5060-5067.

［65］LIU L, WENG W, ZHANG J, et al. Flexible supercapacitor with a record high areal specific capacitance based on a tuned porous fabric ［J］. Journal of Materials Chemistry A, 2016, 4 (33): 12981-12986.

［66］YE X, ZHOU Q, JIA C, et al. A knittable fibriform supercapacitor based on natural cotton thread coated with graphene and carbon nanoparticles ［J］. Electrochimica Acta, 2016, 206: 155-164.

［67］YUN Y J, HONG W G, KIM W J, et al. A novel method for applying reduced graphene oxide directly to electronic textiles from yarns to fabrics ［J］. Advanced Materials, 2013, 25 (40): 5701-5705.

［68］ZHANG D, MIAO M, NIU H, et al. Core-spun carbon nanotube yarn supercapacitors for wearable electronic textiles ［J］. ACS Nano, 2014, 8 (5): 4571-4579.

［69］NIE W, WENG W, LIU L, et al. Robust rope supercapacitor constructed by programmed graphene composite fibers with high and stable performance ［J］. Carbon, 2019, 146: 329-336.

［70］刘连梅. 基于纺织结构的产储能器件的研究 ［D］. 上海: 东华大学, 2017.

［71］XUE J, ZHAO Y, CHENG H, et al. An all-cotton-derived, arbitrarily foldable, high-rate, electrochemical supercapacitor ［J］. Physical Chemistry Chemical Physics, 2013, 15 (21): 8042-8045.

第十一章 传感系统信号传输器件

第一节 引言

近几年来，智能材料在智能服装中的应用越来越广泛，其中导电材料应用的新领域涵盖了各种类型的现代传感器、纺织品中的电子元件和计算机系统，被称为电子织物。电子织物不仅具备可穿着和外观柔软性等常规性质，而且能够监测环境并且具备无线通信能力。计算、通信、电池与连接部件成为织物/电子织物内在的组成部分，织物系统可收集敏感信息、监测环境并借助无线信道将数据传送至外部网络，以供进一步计算处理。在电子织物系统中，由于电子元件之间的连接是提供电能或传输数字、模拟信号的路径，故在这些元件间实现稳定的电能和信号传输是很重要的。一般而言，用于电子元器件之间电能和信号传输的器件包括信号传输线、电路及天线等。

第二节 纺织电力电子元件之间的互联

互联传输作为智能服装传感系统的组成元素之一，通常以导体的形式将服装中的电子元件连接起来，是纤维柔性电子产品在可穿戴集成应用中的必要组件。将互联定义为可将两个或多个器件或导体连接到另一个器件或导体的无源电子元件，并且在机械和电气上与纺织材料兼容。基于织物信号互联的体域网可以传递直流和交流的数据信号，避免了在可穿戴系统内的各模块之间连接传统线路的需要。

一、发展现状

电子纺织品新兴领域的重点是开发变革性技术，以生产灵活、舒适和大面积的基于纺织品的电子系统。开发电子纺织品的主要障碍之一是在纺织品内部与刚性半导体电路和其他设备进行互连，并有效地布线这些电路。由于纺织品和其他材料需要承受制造和最终使用的应力和应变，这一问题变得更加复杂。形成这些互联的根本挑战包括使它们具有灵活性、坚固性和环境稳定性，同时确保足够的电连接性。从机械的角度来看，从软材料到硬材料的转变应以最小的应力/应变集中进行。如果得不到解决，这些挑战将继续成为纺织电子系统大规模发展的障碍。

传统互联多是采用金属导体，虽然金属材料具有良好的导电性能但并不适合应用到服装中。基于导电纱/织物的互联传输，其本身具有织物的柔软性，便于集成到纺织材料中，而且可以通过合理的工艺设置使其具备较好的传输电能和信号的能力。通过这种方式，传统的导线甚至是整个电路板都可以用纺织材料来进行替代。

遗憾的是，尽管电子纺织品具有潜力，目前纺织品中电子产品的一体化在商业上的成功非常有限。大多数挑战都与将现有的硅基技术采用和适应纺织产品的结构和功能的困难有关。事实上，许多当代的电子设备和工艺必须重新发明才能应用于纺织品。在电子纺织品取得重大进展的同时，存在一个瓶颈——机械相容性。纺织品不仅易弯曲，大多是柔软、可扩展和多孔的。显然，基于半导体的硬电子元件与柔软易弯曲的纺织品之间不匹配。

可变形、可弯曲和可拉伸的电子电路在电子纺织品中是必不可少的，特别是对于需要组件和设备之间互联的生物医学应用设备来说。电子纺织品发展的主要障碍之一是纺织面料内部的互联，包括硬半导体芯片和其他刚性和/或柔性的器件和电路。由于纺织品和其他材料需要在重复使用过程中承受各种机械应力和应变，使得这一问题变得更加严重。制造这些互联件的关键性挑战包括使其在环境条件下可拉伸、灵活、坚固和稳定，同时保证足够的电气连接。AGCAYAZI等人最近在该领域发表了一篇有趣的综述，讨论了与纺织品互联相关的技术问题以及潜在的研究方向和挑战。

自20世纪90年代末以来，人们一直在努力为印刷电路板（PCB）上使用的所有半导体/金属基组件制造纺织兼容替代品。迄今为止，各种已发表的研究都指向未来的电子纺织系统，该系统完全由柔性聚合物基材料构建。虽然已经展示了几种基于纤维的有源和无源元件，例如，高度可拉伸和可固化的半导体聚合物晶体管，但集成各种电路元件的工作才刚刚开始。就目前而言，可穿戴电子纺织品面临的主要挑战之一是有效地在纺织品基板上布线电路，并利用商业上可用的具有适当互联的"硬"集成电路和元件。最佳的解决方案应该允许将当前刚性半导体/金属/介电元件无缝集成在一个足够坚固的、可承受类似衣物处理和洗涤的柔性纤维网络中。在制造过程中，需要将电力、通信和转换电路等硬电子产品集成到完全可伸缩的系统中。

因此，一个互联的距离可以很短也可以很长。常见的电子互联的例子有电缆连接器、德国标准协会连接器、板对板或片对片连接器，以及各种应用的电线连接器。纺织互联的基本挑战包括用于制作柔性导体（如纤维和纱线）的材料，用于对信号/电力进行路由，与系统中可能使用的刚性电路元件的终端的连接，以及在纺织网络中布线这些连接器的技术。目前，对于纺织互联传输器件的制作和性能探究还处于研究阶段，没有形成完备的理论体系。已有研究对基于纺织互联的制作方式做了尝试，主要涉及在机织/针织物生产过程中直接将导电纱引入，或是在织物表面喷涂及沉积金属物质，或者以刺绣等工艺在织物表面缝制。接下将探讨用于互联的材料、表征互联的机电性能的相关方法、传统刚性电子元件互联的技术以及纺织品中潜在的互联布线技术。

二、互联材料

纺织品结构通常是柔软灵活又坚固坚韧的。在大多数服装应用中，它们被设计成可以承受较大的变形（相对于其他材料）并可恢复的结构。而在其他主要产业应用（如轮胎帘布）中，变形是有限的。纺织品具有像衣服一样的防护性和舒适性，而且由于具有这些特性和透气性、多孔性和纹理性等基本特征，在其他产业应用中也很有用。这些独特特性的结合源于它们的层次结构，这些结构为电子纺织品的微观结构（一种高度定向的长分子链组装）的发展带来了挑战。这些连续或不连续长度的纤维被组装成纱线，并经常通过扭转结构中的摩擦力连接在一起。随后，这些纱线通过诸如机织、针织和编织等工艺交织成织物。纤维的化学和形态学特征以及纤维组件（如织物）的几何结构决定了任何层次上的纺织组件的基本特征，如弯曲性、孔隙率、柔软度等。开发电子纺织品所必需的电气特性可以在任何分层的绝缘聚合物基纺织品组件中产生。然而，关键要求是以合适方式将各种电子功能集成到纺织品中，以及保持纺织品的理想特性。

从材料的角度来看，导电可以传递到纺织品结构的任何层次，如图 11-1 所示，使用金属、固有导电聚合物（ICP）、导电粒子/聚合物（纳米）复合材料（CPC）在加载水平刚超过渗透阈值。这些材料可以以纤维或任何其他合适的形式使用，如印刷层或用于路由电路的焊料等。这些材料及其形式已在第三章中讨论，将在纺织品互联的背景中简要讨论。目前，市场上有许多以多种形式应用的商用软/柔性导体。

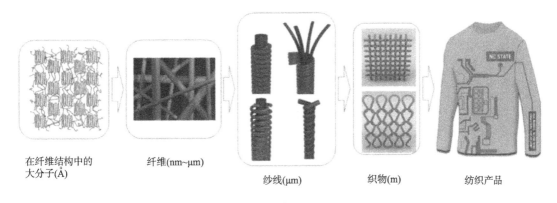

在纤维结构中的　　　纤维(nm~μm)　　　纱线(μm)　　　织物(m)　　　纺织产品
大分子(Å)

图 11-1　纺织结构的层次和尺度

（一）固有导电聚合物

通过纺织品传递信号需要有导电途径，实现这一点的最佳方法是在纺织品中使用导电的连续纤维（或纱线）。ICPs 有许多具有吸引力的特性，如可调电导率和环境稳定性、易于加工和经济可行性。然而，由于 ICPs 对水分、温度和氧气的耐受性较低，不能抵抗高温，并且随着时间的推移会变得不稳定。

（二）导电高分子复合材料

CPC 由嵌有导电颗粒（如碳质、金属或 ICPs）的聚合物基体组成。渗透复合材料的导电性归因于分散在聚合物基质中的导电段之间的电荷转移。渗流是描述无序系统中物种空间分布的一种标准模型。它被定义为随机系统中远程连通性（网络）的发展，被广泛用于解释电导率、磁性、电化学、分子输运等不同研究课题中的不同物理现象。从结构的角度来看，当由大团簇组成的几何特征接近临界团簇大小时，就会发生渗流。在这一点上，足够大的团簇在样本之间形成一个连续的通路，从而连接样本的相对边缘，显示出网络。当团簇尺寸或颗粒体积浓度较低时，复合材料的导电性较低，这与填料颗粒单独分散或作为絮凝体分散的情况相对应。在一个被称为渗流阈值的临界浓度下，复合材料的电导率急剧增加，这表明在该浓度下，填充颗粒的连接通道首先存在于复合材料的整个体积中。在高于阈值的浓度下，复合材料的导电性接近填料颗粒的导电性。

填料和聚合物基体的性能均可影响 CPC 的导电性能。填料的尺寸、形状、硬度等性能以及聚合物基体的内在力学性能和施加在 CPC 上的任何外部应力等性能都会影响 CPC 的性能。

保证导电填料在聚合物基体中的良好分散是形成导电性能和力学性能良好的 CPC 的关

键步骤。分散可以通过物理和化学方法进行。物理分散方法包括喷射研磨、超声波处理和剪切混合，而化学分散方法包括填料颗粒表面官能化或加入表面活性剂，以帮助它们在聚合物基质中分散。SEKITANI 等人研究出了一种由 SWNT 掺杂的偏氟乙烯基脱六氟丙组成的弹性导体，形成了可拉伸的复合膜。他们表示，在不影响复合膜力学性能的情况下，加入高达 20% 的 SWNT，并在该薄膜上涂敷聚二甲基硅氧烷（PDMS），进一步增强材料的弹性。合成的材料的导电率为 57S/cm，当拉伸至 134% 时，电导率下降至 6S/cm。因此，该薄膜的高导电性适用于电子电路。MATSUHISA 等人还研发了一种可打印、高度可拉伸的弹性导体，他们用银片作为导电填料加到氟弹性体中，和氟表面活性剂一起组成，增强了银片与氟聚合物基体的亲和性，而 PDMS 作为支撑基材。根据银片的浓度和表面活性剂的不同，可以改变基体的拉伸性和导电性。当银片的数量从 43% 增至 56%，电导率从 469S/cm 增加到 2182S/cm，导体的最大拉伸性从 194% 降至 8%。一般来说，基于互联的应用，需要获得机械（如可拉伸性）和电气（如导电性）性能的平衡。LEE 等人使用湿法纺丝在聚（苯乙烯-嵌段-丁二烯-嵌段-苯乙烯）基体中，用银纳米线（AgNWs）和银纳米颗粒（AgNPs）制备导电纤维，电导率高达 $2450cm^{-1}$，断裂伸长率为 900%，纤维直到拉伸 220% 才失去导电能力。这是由于 AgNWs 沿单轴应变轴排列，从而弥补了复合材料中 AgNPs 在拉伸时可能发生的断开。这些纤维已用于可穿戴电子设备，作为压电式触摸传感器应用于运动传感手套等应用中。GU 等人报道了以聚乙烯（PE）为基体，炭黑填充膜为电极组成的 ICP 基电容纤维的制备。电极层厚为 $91\mu m$，表面电阻率为 $17k\Omega/sq$ 和体积电阻率为 $2.2\Omega m$。他们采用了一种多层纤维拉伸技术，通常用于制造聚合物光纤，使他们能够从一个预制件中产生数公里长的纤维。该技术涉及低密度聚乙烯或聚碳酸酯薄膜与 PE—炭黑填充层的共拉伸，以丰富制造电容器的设计。他们制备的纤维用于电容，要将光纤连接到电子探针时，他们采用的技术是将只具有导电聚合物层的光纤与光纤结构中的外部探针连接。这种互联方法可以应用于其他导电高分子复合材料。

（三）金属

一般来说，金属在纺织电子互联中作为电线、聚合物纤维或基体的涂层材料。金属纤维是导电的，通常有两种制造方法。一种方法利用金属本身，如镍、不锈钢、钛、铜、铝和黑色合金，通过集束拉拔法生产，以合金牺牲层包覆一根实心导线，拉伸使其截面面积低 10%~20%，再把 40~470 根细丝集束得到最终的纤维。其他纤维生产工艺，诸如单丝牵伸生产直径大于 $100\mu m$ 的纤维、熔融合金快速凝固形成纤维、电镀生成金属晶体、切削细丝生产长度可控的 $50~120\mu m$ 的纤维。

与聚合物形成的纤维相比，金属作为纺织品的一部分受到其相对较高的刚度和较低的拉伸失效的限制。许多研究采用几何或结构方法获得柔韧性，从而弥补这些缺点，如图 11-2 所示。在预拉伸高达 25% 的 PDMS 基板上沉积一层薄金膜（25~500nm），预应变释放后，弹性体表面的金膜发生弯曲，形成可拉伸的导体，沉积在松弛的 PDMS 基底上的扁平金带在一定拉伸弯曲范围内没有任何拉伸变形。但这些不能直接应用于传统的纺织衬底。据报道已应用类似方法开发柔性纤维状导体，LIU 等人利用缠绕在高拉伸橡胶纤维［增塑型苯乙烯（乙烯-丁烯）-苯乙烯嵌段共聚物纤维芯］上的多壁 CNT 片作为皮层，制备了一系列多层纤维。当制备时施加的应变释放后，由于 CNT 片的二维分层屈曲，这些纤维发生了有趣的形态学变化，并形成了应变相关的周期性结构，如图 11-3 所示，这些纤维在被多次拉伸 1000% 后导电率几乎没有改变。

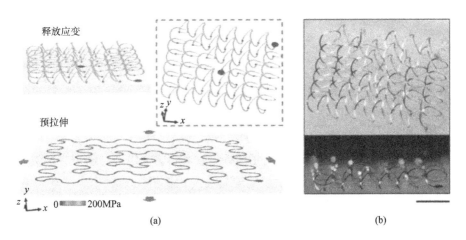

图 11-2　（a）针对蛇纹结构的有限元分析；（b）在硅基材料表面应用平版印刷制备的多层 PI/Au 或 Cu/PI 带

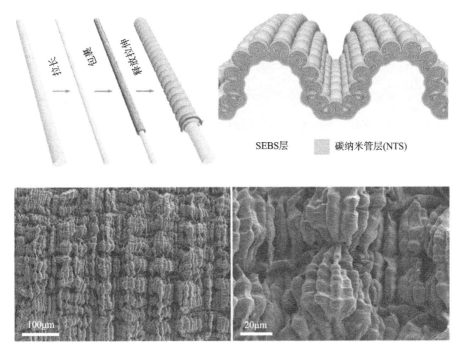

图 11-3　具有多层屈曲的超弹性导电皮芯纤维

1. 金属作为聚合物纤维　金属在更传统的纺织品应用中，De Vries 和 Cherenack 研究了导电铜线（Cu）织入纺织品中的鲁棒性。他们在织物上安装了一组交错排列的发光二极管，与织入机织物中的铜丝形成互联，并对铜丝在循环载荷作用下的机械疲劳性能进行了评价。一般来说，失效发生在硬球顶与软线之间的过渡区，表明过渡区是应力集中区。他们还报告了疲劳延性指数为-0.20，相应弯曲半径为 0.05~0.07mm。该研究证实在纺织互联中显著不同的软硬区对机械连接鲁棒性提出了挑战。使用金属纤维作为连接件的另一个挑战是，其限制了纺织品的柔韧性并增加了重量，而且延展性有限，还存在各种开裂和裁剪问题。

2. 金属作为导电涂料　以纤维、纱线或织物形式存在的纺织材料，可以通过在其表面涂上金属使其导电。应用过程取决于涂层的类型和特定用途。纺织基材最常用的涂层方法包括真空等离子喷涂、物理气相沉积、电沉积和金属粉末印刷。这些工艺可以在钛/碳化硅纤维—金属基复合材料或用于制备铝涂层织物的金属粉末印刷等纤维上制备可控的金属保形涂层。镀银导电纱具有机械强度高、重量轻、具有抗菌性和柔韧性好等优点，在金属涂层方面很受欢迎。CHUI 等对镀银锦纶丝的力学化学性能、开路电导率、差示扫描量热法和电阻分析进行了广泛的研究。此外，他们还评估了镀银纱线和织物在织造、缝纫、编织、刺绣和洗涤等过程中的电阻变化。研究发现，涂层的均匀性（由涂层工艺决定）对于可靠性至关重要。镀银锦纶纱最大的缺点是缺乏耐磨性，这可能会导致在纺织加工过程中导电性损失。在另一项研究中，SCHWARZ 等人通过化学镀在芳纶表面镀金，由 1000 根单丝组成的复丝的阻值为 $0.103\Omega/cm$，相比裸纱（5508.19cN/tex）而言，其模量降低至 4783.43cN/tex，经 25 次循环洗涤后电阻增加到 $1.077\Omega/cm$。虽然他们的电极材料在串联电阻和电荷转移电阻上显示出较小的值，但它具有较大的恒相元件阻抗（非理想电容）值，这一结果归因于电极表面的光滑伪影，可以通过使电极表面更粗糙，或者通过在三维结构中编织纤维创建粗糙/多孔表面来降低这一数值。表 11-1 列出了一些金属涂层纤维，它们有多种用途，也可以制成柔性导体。图 11-4(a)~(d)为铜和镍涂层碳纤维的 SEM 和透射电镜（TEM）图像，可用作电线，而图 11-4(e)~(m)可用作纳米摩擦发电纱。

表 11-1　金属涂层纤维及应用

材料	生产工艺	传导机理	机械性能	电气性能
涂银棉织物	Ag-NP 涂层，化学镀	基于银纳米微粒的金属传导	—	表面电阻率0.91S/sq
涂银及 CNT 的 PP 纤维	单螺杆式挤出	碳纳米管提供电子桥，使不连接的 Ag 微粒之间实现导电	Ag/CNT/PP 复合纤维比 Ag/PP 纤维强力高	导电性：SWCNT 纤维，4.1~7.2×10^{-2}S/cm；MWCNT 纤维，2.2×10^{-2}~6.4×10^{-2}S/cm
涂铜纤维素纤维	化学镀	单纤维导电性低，但两根纤维末端接触后形成导电通路，得到等效共振纤维长度	—	微波导电率：1.4S/m；5GHz：106S/m
铜/镍涂层碳纤维	化学镀	电流流过碳纤维表面的金属层，而不是芯层	—	导电率：5.9×10^{-6}S/cm；电阻温度系数：1.14×10^{-3}/K
CrN 涂层 FBG 纤维	等离子溅射	CrN 涂层随温度变化呈现热膨胀；CrN 牢固黏附在 FBG 表面引起 FBG 布拉格波长的偏移	—	传感器敏感性：10.4pm/℃
铜/PET 和 PI/Cu/PET 纱	化学镀	当在二者椭圆接触区施加压力时，经纬纱之间出现摩擦电效应	—	最大短路电流密度：15.0mA/m^2；最大功率输出密度：23.86mW/m^2

续表

材料	生产工艺	传导机理	机械性能	电气性能
镀锌不锈钢丝纱	电镀	由于增强长丝纱表面性能包覆的 Zn 纳米片的导电率高，纱中电子传输速度快	在 95° 和 360° 弯曲 1000 次后电容分别为初始值的 80% 和 70%	比电容：5mA·h/cm³

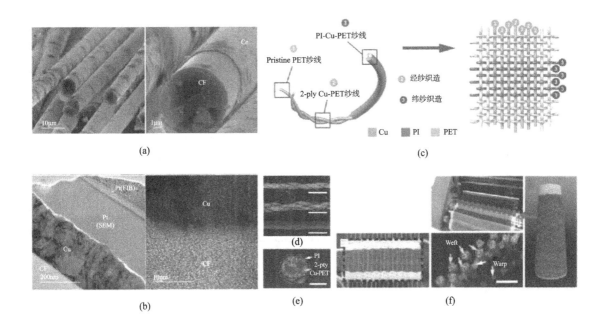

图 11-4　显示通过连续化学镀制备金属涂覆碳纤维

（a）为在碳纤维（CF）上涂覆 Cu 和 Ni 的 SEM；（b）TEM 图；（c）示意由 Zhao 等开发的编织纺织摩擦纳米发电机（t-TENG）的经纱和纬纱；（d）分别为 1 层、2 层 Pi—Cu—PET 纱线的 SEM 图像（1mm 比例尺）；（e）Cu—PET 纱线截面图；（f）金属纱线的编织和卷绕锥形筒

（四）复合纱线

另一种已经投入使用的技术是导电纱线，它由贯穿衣服的金属纤维制成。可穿戴技术设计公司 Clothing+ CEO 阿克塞利·雷霍（Akseli Reho）表示，导电纱线相比可打印墨水更有弹性、更加舒适，而后者则可以提供更便于将硅芯片嵌入衣服的平台。

复合纱线是由传统纺织纤维（绝缘）和一种或多种导电纤维混合而成。导电纤维可以是金属纤维、ICP 纤维或经涂层处理的纤维。这种导电纱可以用天然纤维或合成纤维纺成复合纱。复合纱线已被探索出各种各样的应用，如用丝线包裹的铜丝制成的导电丝绸织物、用铜线缠绕聚酯纱线制成的传输线和纺织品传输线。BAHADIR 等研究了不锈钢纱线组成的棉织物在直接染色和活性染料染色时的电阻变化，观察到导电纱线在染色后电阻逐渐增大，并将这种现象归因于纱线在染色过程中所经历的机械应力，在纬向织入织物的导电纱线表面有裂纹，化学过程可能加剧了现有的应力。

图 11-5 总结了上述材料的导电率，以帮助理解这些材料作为纺织品互联的潜在应用。ICPs 的导电性变化范围取决于是否掺杂，而金属纤维的导电性要大得多。然而，它们存在采用传统缝纫机无法缝制的缺点，这是由于在整个纱线长度上存在应力集中，使其与电路其他部件的连接更具挑战性。

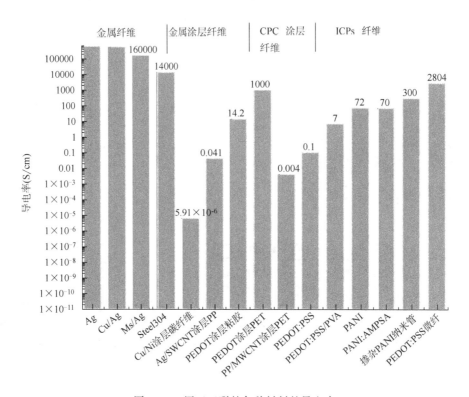

图 11-5　用于互联的各种材料的导电率

就制造这些柔性导体所用的材料而言，需要考虑的一个重要方面是可扩展性。这些导电纤维或纱线的尺寸从几纳米到几毫米不等。例如，晶体管的栅极宽度约为 50nm，用于连接微处理器与芯片的焊线直径约 25.4μm、长度约几毫米。同样，纺织纤维可以是 10μm 或更小，集束形成直径从 0.2~0.5mm 的纱线。可扩展性很重要，因为电路板设备和可穿戴设备的尺寸变化很大，连接这些设备需要制备方法可以缩放互联体到适合设备的尺寸，同时保持本身的导电性和机械鲁棒性。此外，设计的这种可扩展工艺应始终避免洁净室和微机电系统（MEMS）技术。目前，用于纺织品的传统制造技术与制造电子元件的技术之间有很大的区别，需要一种具有成本效益、可扩展的新方法整合这两种不同系统的制造工艺。在纺织互联材料的方法开发方面需要进行更多研究。

三、相关的互联特性和表征

纺织品互联的主要目的是在不损失织物品质的前提下传输信号。虽然表征互联织物的电性能非常重要，但了解其耐用性、机械性和舒适性对其性能也至关重要。大多数可拉伸/柔软电子材料的电气性能通常是工程化机械顺应性的平衡。提高机械性能对于避免从硬的电子元件过渡到较软的纺织品时产生应力集中至关重要，而环境稳定性对于在一定湿度和温度范围内实现互联功能具有实际重要性。这些特性不仅仅受所用材料的影响，还受其结构几何形状和周围材料的影响。因此，除了导电材料以外，还应考虑在电子纺织品制造中创造的几何形状结构、纺织工艺。

（一）电气特性

电传输通常分为直流（DC）和交流（AC）。DC通常用于为电子纺织电路供电，而交流通常用于传输信号和传感。互联线是电子技术中传输信号最基本的形式，一般可将互联线划分为"长线"和"短线"。"长线"是指传输线的几何长度和线上传输的电磁波波长可相近或更长，反之，当传输线的几何长度与电磁波的波长相比短得多时则称为"短线"。"短线"对应于低频传输线，它在低频电路中只起连接导线的作用。因为频率较低，分布参数所引起的效应可忽略不计，可认为沿线的电压只与时间有关，其幅度与相位均与空间距离无关。随着频率的提高，电路元件的辐射损耗、导体损耗和介质损耗增加，电路元件的参数也随之变化。当频率提高到其波长和电路的几何尺寸相近时，电场能量和磁场能量的分布空间很难分开，而且连接元件导线的分布参数已不可忽略。传输线最基本的特性是信号完整性，它是指电路系统中信号不失真地从源端传到接收端，并不对其他信号产生干扰。对于电子纺织品互联来说，互联材料的复杂电阻抗影响两种电信号的电气特性，主要表现是对时序的影响、信号振铃、信号反射、近端串扰、源端串扰、衰减等。纺织品互联可在材料形态和材料的最终互联形态中表征（即导电聚合物相比导电聚合物线）。复阻抗的实部（即电阻）是确定导电能力的关键。虚部（即电抗）用于表征响应频率、电磁耦合的影响以及与附近互联的串扰。

1. 电阻　材料的电阻是其对电流阻抗力的衡量指标。电子纺织品互联的电阻与其物理尺寸、材料电阻率有关。因此，在设计互联器时，优先选择具有适当尺寸的低电阻率材料，以确保低的整体抗蚀性。如果材料的电阻率过高，那么，通过材料传输的大部分电能将以热能形式消散、失去。这不仅需要更高的能量和电压水平，还会在传导信号上引入额外的热（汤姆逊）噪声。

可以用两点或四点数字源表来测量材料的电阻率。这两种方法都是让恒电流流过材料，测量电压，计算电阻。四点源电流表将电流探头与电压探头分开，以消除在两点测量中产生的寄生引线电阻和接触电阻。虽然，在日常使用中，引线和接触电阻可能不影响电阻的测量，但在需要电阻最小化的电子纺织品互联中，四点设备更适合精确测量电阻。在测量电阻之后，使用几何量来计算电阻率。

对于导线来说，电导（电阻的倒数）表示线电阻（Ω/m）。在谈到材料时，电导通常表示为电阻率、比电阻率或体电阻率。这些术语可以替换使用，单位是欧姆米（$\Omega \cdot m$）。另一个术语，薄层电阻仅用于描述具有均匀厚度（t）的材料，用电阻和电阻率表示：

$$R_S = R(W/t) = \rho/t \qquad (11-1)$$

式中：l 为材料长度；W 为材料宽度。

互联器最好有尽可能低的电信号传输阻抗，同时又必须考虑其电气特性和机械特性（如柔性）之间的平衡。当导电织物被弯曲或拉伸时，其几何形状可能改变，导致电阻发生变化。例如，导电聚合物复合材料的电阻率主要取决于导电填料的体积分数和分布，当受压

（拉伸或压缩）时，在添加的微粒及其在基体内的取向接近度会改变，引起材料的电特性发生变化。时间长了，这些材料就逐渐失去弯曲能力，电连接开始减弱。

在交流及射频电路中，电子不能完全渗透到导体中，因此，不同于直流电路，交流电路中导体表面的电流密度较高，称作趋肤效应。一个固定频率的导体的趋肤深度可以表示为：

$$\delta = \frac{1}{\sqrt{\pi f \mu \sigma}} \quad\quad\quad (11-2)$$

式中：f 为电路频率；μ 为渗透率；σ 为导体电导率。

例如，织物基印刷传输线导电层的表面粗糙度 Δ 会影响交流电路的电阻，表面粗糙导体单位长度的电阻 R_s 可以表示为：

$$R' = \frac{1}{w} \sqrt{\frac{\pi \mu f}{\sigma}} \quad\quad\quad (11-3)$$

$$c = \left\{ 1 + \frac{2}{\pi} \tan^{-1} \left[1.4 \left(\frac{\Delta}{\delta} \right)^2 \right] \right\} \quad\quad\quad (11-4)$$

$$R_s = cR' \quad\quad\quad (11-5)$$

式中，c 为表面粗糙度校正因子。

2. 频率响应 互联器的电阻是了解其对 DC 和 AC 信号响应的基本特性，但影响 AC 信号的另一个重要特性是电抗（复阻抗的虚部）。电抗是由于电流变化而产生的电阻。应该视这一响应为材料或互联器的动态电阻值，它们随 AC 振荡信号的频率变化而变化。在设计传统模拟电路时，用电容和电感来获得所需的电抗，但在分析互联器时，要采用传输线方法。

传输线上入射电压与入射电流之比（也称为行波电压与行波电流之比）称为传输线的特征阻抗，反映的是传输线对射频信号的传输特性。如果传输射频信号的传输线的特性阻抗不一致，在某处发生了变化，射频信号就会在阻抗变化处产生反射。

$$特征阻抗 \ Z_0 = \sqrt{\frac{R + jwL}{G + jwC}} \quad\quad\quad (11-6)$$

传播常数 γ 用来描述信号在传输过程中，幅度和相位随传输距离而变化的参数。它描述了传输线上入射波和反射波的衰减和相位的变化，阐明了传输线的结构、几何尺寸和使用的材料对不同频率的信号传输造成的影响。

$$\gamma = \alpha + j\beta \quad\quad\quad (11-7)$$

式中：α 为衰减常数，β 为相移常数。α 越大，电压和电流的行波衰减程度就越快，即在相同的传播距离内，消耗在传输线上的能量就越多，经过传输线后，波的振幅越小。而行波的速度 $v=w/\beta$，波长 $\lambda=2\pi/\beta$，则 β 的大小主要影响了行波的速度和波长，表示电压和电流行波沿传输线行进时，每单位长度上相位滞后的程度。

传输系数为通过传输线上某处的传输电压波（或电流波）与该处的入射电压波（或电流波）之比，记为 T。

$$T = \frac{V^t}{V^+} = \frac{I^t}{I^+} \quad\quad\quad (11-8)$$

插入损耗又称为失配损耗，表示反射信号引起的负载功率的减小，包括输入输出失配损耗和其他电路损耗（导体损耗、介质损耗、辐射损耗），定义为输入功率与传送到负载的功率之比。

$$L = 10 \times \lg \frac{\text{输入功率 } P_{\text{in}}}{\text{传送到负载的功率 } P_{\text{L}}} dB = -20 \times \lg |T| dB \qquad (11-9)$$

因此，这里频率响应意味着分析互联器对不同频率信号的响应。这样分析有助于认识 AC 信号响应带宽。传输线的带宽决定了它在各种频率下的信号承载能力。带宽越大，通过互联器传输的不同频率信号就越多。在本节最后，将分析可能通过互联器传输的各种 AC 信号。为了完整起见，本节包括简要概述构成电抗的因素，以便进一步表征纺织互联器。

电子纺织元件的复阻抗（Z）包括电阻（R）和电抗（X），并表示为 $Z=R+jX$，其中所有物理量的单位是 Ω。按虚数项 $j=\sqrt{-1}$ 来定义，电阻和电抗分别是阻抗的实部和虚部。阻抗也可以用其大小和相位的形式表示为 $|Z| \angle \theta$。元件对信号输入的影响以幅度和相位形式表述更容易理解。幅度像电阻一样，它指定了特定频率下的电阻。相位指定了输出电流相对于输入电压的滞后量或超前量。阻抗的电抗部分可以是电容 X_{c} 或电感 X_{L}。这两种电抗之间的主要区别是它们的相位差异。理想电容的相位是 $-\pi/2$，理想电感的相位是 $\pi/2$。直观地说，由于电容器需要初始电荷来存储电位，因此，电流变化比电压变化更快地通过，特别是在电压变化前的四分之一个周期。在电感器中，由于电压降为零，电压变化在电流变化前的四分之一个实际周期内发生。因此，在电感器中，电压超前电流引导 $\pi/2$，而在电容器中，电压则滞后 $\pi/2$。

复阻抗的影响，如果互联器用作承载 AC 信号的传输线，那么，表征频率响应就是必不可少的一步。如果 AC 信号的中心频率未知，则最好将带宽做到最高。通常，网络分析仪用于测量频谱范围内发射信号能量的衰减，并评估传输带宽。该过程涉及发送的各种频率信号，并比较输出信号与输入信号。

关于纺织互联器的频率响应的表征已发表许多研究成果。该技术类似用于表征各种传输线的方法。纺织互联器通过带 SMA 连接器的转接板连接到网络分析仪，再用同轴电缆将这些 SMA 连接器连接到网络分析仪来表征纺织互联器。已有研究用这些技术探索了使用纺织互联器甚至用不同织物传输 AC 信号的效果。也有学者将 PETEX 织物用作数据传输的频率响应，并发现其有 2GHz 的带宽，该实验装置和产生的频率响应如图 11-6 所示。

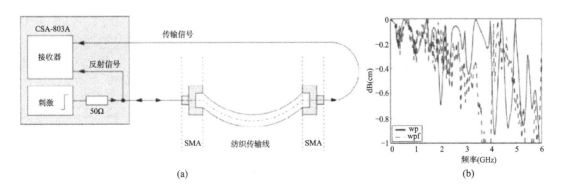

图 11-6 （a）实验装置；（b）PETEX（PET）织物的频率响应

在电子纺织品电路中使用 AC 信号的分析也是至关重要的。一种主要的 AC 信号是为集成电路（ICs）之间提供通信协议。现代 ICs 间通过串行或并行通信协议通信。串行通信协议以串行方式传送消息，在单个传导线上一次发送一位。这种方式优于并行通信，并行方式能在给定时间内传输更多信息，但在 ICs 间运行需要多个并行线。内部集成电路（I²C）、串行外围接口（SPI）和通用串行总线（USB）是最常见的串行通信协议。在设计或使用纺织品互联器进行串行通信时，检查操作频率是否在带宽内是十分重要的。有关串行通信协议以及必要的导线数量和操作电压的更多信息，请查阅相关专业书籍。

另一个重要的交流信号是记录身体表面的生物电位信号。生物电位信号具有独有的特征，因此，要通过纺织品互联器传感和传输则需仔细分析它们的特性。心电图（ECG/EKG）信号源自心脏，可在皮肤上感知。所生成信号的差异可能取决于电极，其值在 1~5mV。肌电图（EMG）信号来自肌肉组织，可在皮肤上达到 30mV。脑电图（EEG）信号记录在头皮上，源于大脑细胞。头皮上记录下的电压低至 10μV。

无线频射（RF）通信信号到外部收发器介在电路中的其他交流信号之间。更高带宽的 RF（在 GHz 的量级）信号在电子纺织电路中是很难处理的。最近，科学家们都专注于可以传输或接收这种高速信号的可穿戴柔性天线。就像其他交流信号一样，纺织互联器的带宽通常受工作频率的限制。表 11-2 中给出了有关这些信号性质的更多信息。传感器和其他换能器产生的交流信号也很重要。例如，将所施加的触觉力转换为电容变化的电容式触觉传感器需要把电容连接到数字转换器 IC，它将以已知频率的 AC 信号激励传感器。互联器需要能传输该激励信号，使测量更精准。

表 11-2　在电子纺织品中使用的 AC 信号概述

交流信号	描述	所需导体数量	信号幅度	工作频率
内部集成电路（I²C）	双向（半双工）：无限个组件和主设备连接到一个集成电路	2（串行数据线路，SDA；串行时钟线，SCL）	3V	最大 5Mbit/s
串行外设接口（SPI）	全双工：无限个主从设备连接到一个 SPI 线	3+设备（主进从出）、时钟（CLK）和芯片选择（CS）	3V	仅受信号携载电路和主微控制器限制
通用串行总线（USB）	双向（半工）：现代设备的多数标准通信类型；具有差分功率的高吞吐量；传递功率和数据；自身最大连接数 127	USB2.0：4 条连接线（地、数据+、数据-、Vbus）USB3.0：9 条连接线（增加的线包括：超速传输+、超速传输-、地、超速接收+、超速接收-）	5V	USB2.0：最高 480MHz USB3.0：最高 4.8GHz
心电图（ECG/EKG）	源自心脏的电活动；能被无创伤监测	最少 3（右臂、左臂和腿）	1~5mV，与电极有关	最小特征（P 波）在 80ms 处，则最大信号频率为 12.5Hz
肌电图（EMG）	源自肌肉的收缩和静息；能被无创伤监测	每块肌肉 2 条（一条接地、一条在肌肉附近）	~50μV 到 ~30mV	取决于肌肉使用
脑电图（EEG）	源自脑细胞的电活动；能被无创伤监测	一般 64 通道，但也存在 128 或 256 高密系统	~100μV	最快活动是在 40~70Hz 的 γ 波

续表

交流信号	描述	所需导体数量	信号幅度	工作频率
幅度调制、模拟幅度、调制 AM、正交 AM	数据以幅度编码；频率及相位不变；信号为正弦	2（信号和地）	随传输数据而变	射频（RF） 3kHz ~300GHz
频率调制、模拟调频、频移键控 FSK、最小 MSK、高斯 MSK、二元 FSK	数据以频率编码；幅度和相位不变；信号为正弦	2（信号和地）	常数	射频（RF） 3kHz ~300GHz
相位调制、模拟相调 PM、相移键控 PSK 二元 BPSK 正交 QPSK	数据以相位编码；幅度和频率不变；信号为正弦	2（信号和地）	常数	射频（RF） 3kHz ~300GHz
Zigbee	低功耗无线网络技术	2（传输和地）	常数	2.4GHz
Bluetooth	低功耗无线技术	2（传输和地）	常数	2.4GHz
WiFi	电脑和设备的无线因特网连接	2（传输和地）	常数	2.4GHz
电容	用于测量导线隔离和介电成分变化	2导线（激励和接收）	常数	最高 250kHz 电流中断自动容到数字转换器
电感	用于测量芯材料的变化	2导线（激励和接收）	常数	高达 30MHz

存在多个变量干扰纺织互联器传输这些 AC 波形的频率响应。如果材料的固有共振频率在要传输的信号频率边界，那么材料将有很大局限性。在共振频率下，材料共振的分子吸收正在传输的信号能量，并将其作为热量释放。用于制造互联器的方法也很重要，因为它改变了变更共振频率的分子形成。影响传输信号的第二个变量是互联器的行程。在接近 RF 和微波频率的频率下，信号将受到互联器行程和几何形状的弯曲度影响。这也包括在使用中织物互联器的弯曲度。第三个变量是环境因素，如温度或湿度，特别是在互联器和接地面之间的电介质受这些因素影响。另一个重要干扰因素电磁干扰。任何类型的外部电磁噪声都会根据其能量水平反映在信号中，包括其他导电电子纺织品迹线和承载 AC 信号的导线产生的电磁信号。

这些变量指出了当前设计用于交流信号传输的纺织互联器时面临的挑战。设计过程始于根据电子纺织品应用确定目标频率带宽。可以逐步分析系统的频率响应，首先表征导电互联材料，表征不同几何形状的最终互联，表征在纺织品中不同弯曲度的布线互联，表征与连接器的互联。如果带宽保持较窄，且互联与环境因素和电磁（EM）噪声隔离，则最终系统将显示更稳定的 DC 和 AC 功能。

3. 串扰 串扰也称"交调干扰"，主要源自两个相邻导体之间所形成的互感与互容。

高速信号以电磁波的形式在传输线上传输，电磁波形成的电磁场或电场不仅仅存在于传输线，在导线之外也存在。当高速信号在导线上传输时，信号的电场或磁场会以某种方式耦合到其他线路，这种耦合的电磁场强度达到一定量时，就会对临近的线路造成影响，即串扰干扰。

当携载 AC 信号的电子纺织互联器靠近其他导线运行时会产生这种效应。由于电磁耦合，一条线上的电压变化会影响其他线路上的电压，这通常称为串扰。由于材料内的振荡信号，在高频下工作的传输线产生磁场，并且由于法拉第效应，该磁场在其他传输线上感应出电流。当距离足够近时，串扰就会影响两条线路，且两者的信号完整性都会恶化。在纺织电子学中，柔性电路和互联器的弯曲都可能改变线之间的距离，且可能暂时使互联器彼此靠近。该磁场对其他传输线的影响随着距离和传输线之间的接地线而显著降低。可将携带交流信号的电子纺织纤维尽可能与接地线捻合在一起，甚至覆盖电磁力屏蔽材料。

DHAWAN 等人很早以前就研究了串扰的影响以及减少机织物串扰的方法。在实验装置中，使用具有 AC 方波信号（1V 和 1MHz）的干扰线和相隔 0.3175cm 的干扰线。实验装置以及串扰的影响如图 11-7 所示。串扰的进一步描述可在 CARLSSON 等人的研究中找到。

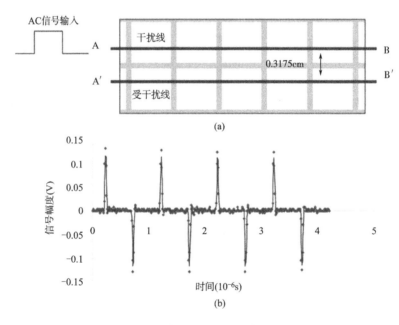

图 11-7 （a）评估干扰线中串扰效应的实验装置；
（b）在 0.32cm（0.125 英寸）长的干扰线中输入 1V、1MHz 的方波信号

4. 反射干扰 反射干扰主要涉及高速信号的输送。任何信号的传输线，对一定频率的信号来说，都存在着一定的非纯电阻性的波阻抗，其数值与集成电路的输出阻抗和输入阻抗的数值各不相同，在相互连接时会存在着一些阻抗不连续的点。当信号通过这些不连续点时便发生"反射"现象。另外，较长的传输线必然存在较大的分布电容和杂散电感，信号传输时将有一个延迟，信号频率越高，延迟越明显，造成的反射越严重，信号波产生的畸变也就越厉害。反射产生的影响主要表现在信号振荡、信号过冲和信号下冲，由于信号振荡和阶梯

效应可能引起误触发导致的数据错误。传输线阻抗的变化表现在传输线形状尺寸发生变化、传输环境变化和材料本身不匀等因素。传输网络的任何一点阻抗不连续，都会引起传输信号的反射现象，当反射积累到一定程度就会严重影响信号质量，因此，保证传输线上的瞬态阻抗一直是消除反射的首要任务。对于均匀传输线，当信号在上面传播时，在任何一处受到的瞬态阻抗都是相同的，在瞬态阻抗不变时，称其为特征阻抗。

信号从源端经传输线传向终端，当终端接有负载阻抗且 $Z_L \neq Z_0$ 时，则传向负载的入射波将激起从负载向源方向的反射波。反射系数为反射电压波的振幅与入射电压波的振幅的比值，记为 Γ。

$$\Gamma = \frac{V_0^-}{V_0^+} = \frac{Z_L - Z_0}{Z_L + Z_0} \tag{11-10}$$

传输线上的电压和电流是由入射波和反射波的叠加组成的，称作驻波。由传输系数计算式可知，反射系数模的变化范围为 $0 \leqslant |\Gamma| \leqslant 1$，只有当 $\Gamma = 0$ 时，传输线的工作状态为行波状态，才不会有反射波，此时负载阻抗等于传输线的特征阻抗。阻抗匹配的目的在于当有信号传递时，入射波能在能量损失最小的情形下，顺利地传送到接收端，并且接收端将其完全吸收而不产生任何反射。

电压驻波比 VSWR 是用来表达传输线与负载之间匹配程度优劣的指标。产生驻波比的原因是在负载失配时，反射波的存在会导致驻波，入射波的能量未被负载完全吸收，未吸收部分形成了反射波，反射波与入射波叠加形成驻波比。在其相位相同的地方，电压振幅相加，为最大电压振幅 V_{max}，形成波腹；在其相位相反的地方，电压振幅相减，为最小电压振幅 V_{min}，形成波节；其他各点的振幅介于波腹与波节之间，为形驻波。

$$\text{VSWR} = \frac{V_{max}}{V_{min}} = \frac{1 + |\Gamma|}{1 - |\Gamma|} \tag{11-11}$$

其中 $1 \leqslant \text{VSWR} \leqslant \infty$，反射系数越小，则驻波比越接近1，传输线与负载的匹配就越好。

回波损耗又称为反射波损耗，其定义为传输线入射功率与反射功率之比的分贝数，记为 RL

$$RL = 10 \times \lg \frac{\text{输入功率} P_{in}}{\text{反射功率} P_R} dB = 10 \times \lg \frac{1}{|\Gamma|^2} dB = -20 \times \lg |\Gamma| dB \tag{11-12}$$

当负载匹配，即 $\Gamma = 0$ 时，$RL \to 0$。

（二）力学性能

在当今和不久的将来，电子纺织系统中柔韧的纺织品基底必须容纳相对弯曲刚度更大和硬度更高的电子材料，并与非零高斯曲率的物体形状（如人体）共形。在使用过程中，系统必须承受几十个百分比的静态和动态多轴有限应变。用于纺织品的聚合物通常具有黏弹性、柔韧性，且可以经受多次循环大变形（例如，聚酯纤维的失效应变为10%~20%），而大多数电子器件由脆性无机材料制成，如果应变超过百分之几则可能会断裂。纤维形成聚合物所具有的机械性能使其合成的器件应用范围广泛，也就是弹性体要非常坚硬，适用于各种应用。例如，虽然聚氨酯纤维的拉伸性优异（500%~600%），使其成为运动服的理想用料，但强（2.5GPa）和硬（70~100GP）对位芳纶用于防护服不利。在聚合物基纺织品和半导体以及金属中发生形变和破坏的机制是完全不同的。脆性材料变薄会降低弯曲刚度，但不能改变延展性或适应性。因此，用作硬质材料和软质材料之间界面的理想互联应该能够帮助其在使用期间转移机械应力和应变，而不产生应力集中。此外，与硬质半导体材料和金属不同，由于使用过程中复杂的变形，纺织品在小应力下会承受很大的应变。变形可能是多轴面内拉伸、剪切、压缩和面外的组合。在这些条件下，纺织基底对这些变形的响应及其尺寸稳定性可能决定了元件的电气特性（如电阻）和电气系统的使用寿命。

另外一个重要的考虑因素为兼容性，即电子材料通过传统（或改进）的纺织工艺整合到纺织基材中。相比于脆性半导体和韧性金属，纺织材料应考虑柔韧性和黏弹性。机械性能定义了材料的加工局限性，在传统电子产品中，常常是与封装和基于半导体的设备故障相关的主要问题。在加工过程中，纱线通常需要支持大的静态和动态载荷，在制造过程中，引入系统的任何材料也必须能够在工艺过程中存活。例如，在商业织机中，施加到纱线上的应力高达 2~4MPa，同时，纱线之间有大量摩擦力。

因此，互联材料的选择必须根据加工条件、特定的应用环境以及目标市场的需求和期望，仔细表征这些材料的各种相关的力学性能。通常，在复杂形变下的纺织材料性能通过它们对基本变形模式（如拉伸、压缩、弯曲等）的响应来评估。在大多数机械特征中，力或位移作用于试验样品，而另一种作用于测试样品。材料响应通常用各种标准化参数表示，如失效时的应力/应变、刚度、韧性等。随后，可在模型中使用这些参数来阐明其复杂形变的响应。另一个重要的因素是纺织品的不均匀性和各向异性。表征技术和测试样品的制备必须考虑响应的方向性和固有的可变形性。例如，织物的拉伸或弯曲特性在经纱（长）和纬纱（交叉）方向上有很大不同。

对材料力学行为的基本理解通常可以用来解释其更高层次的性能。对于纺织面料，其悬垂性可能被认为是某些应用的重要因素。低应变弹性模量通常预测织物悬垂性。PEICE 首先表明指出，织物的悬垂性和柔韧性可以用柔度计来评估。如果电子纺织品用于服装，那么其舒适性至关重要。机械、热生理和流动性相关的舒适性问题已被广泛讨论。有关纺织材料力学性能评估的具体方法，读者可参考 ASTM 纺织材料测试标准，如 ASTM D3822 和 ASTM D5034。

许多人已经报道了互联器的电特性随机械变形的变化。通过循环拉伸应变来评价柔性连接器的性能，对可拉伸铜连接器进行高达 20%的循环拉伸应变，同时监测其导电性，发现电阻逐渐增加，直至铜连接器完全破裂，这是由于铜发生了微裂纹。也有研究通过弯曲—不弯曲循环对机织的镀银聚酰亚胺互联线进行力学性能和电学性能评价，发现纱线在应变时导电性能下降。进一步采用特制的多孔夹具，对由多股镀银导电铜丝纱包封的光子织物进行循环弯曲试验，夹具的孔洞用于移动织物将压力只施加在互联点上，观察到样品失效是由于在多次测试循环期间样品的疲劳而造成。丝网印刷互联器的可靠性通过在 5%~10%的预应变下评估，进行高达 20%的循环应变测试，发现印刷互联线的电阻随应变增加，且当应变消除后，电阻仍然高。这几个实例表明，纤维基连接器需要可靠的机械测试程序，以确保其持续性能。

（三）环境稳定性和使用寿命

纺织品缺乏环境稳定性是指其暴露于温度、湿度和光线下性质的降低。使用寿命包括耐久性能（磨损）和洗涤等问题。在实际条件下，对产品故障的评估虽然是理想的，但成本高、耗时长。因此，寿命评估通常采用把样品暴露在远高于实际使用条件下加速失效过程。如果加速条件下的失效时间仍然无法实现，可以通过测试在更严苛的环境（如 UV 光）或机械（如弯曲循环）条件下的性能变化。加速 UV 测试是一种可行方案，通常可以更快速地在一致且可重复的条件下测量光对材料的影响。紫外线光源通常使用放置在机柜中的氙弧灯，环境的任何因素（如湿度、温度等）可以引入气候室（也称"老化测试仪"）中。可以通过在实际范围内改变测试环境温度来检查互联材料的温度敏感性，用于预测材料在各种温度下的电学行为的参数是电阻的热系数（α）。比如，PPy 涂层织物的电阻热敏感系数为 $\alpha = -0.018/℃$，该值与具有负温度系数的陶瓷热敏电阻的相当。

洗涤涉及纺织产品在特定的洗涤化学品和预洗条件下的重复循环洗涤及随后的干燥。纺织品可能会取决于循环次数、所用水的类型、用于洗涤的化学品和洗涤温度而呈现不同性质的变化。根据美国 AATCC 专论 6—2016，基于各种指导和测试方法的家庭洗涤技术被统一，以规范洗涤过程。这些属性见表 11-3，为传统洗衣机的洗涤条件。染色也是纺织品生产中的一个重要过程，其性质也会受到洗涤的影响。用于确定基于织物基互联器色牢度的标准测量方法是 AATCC 测量方法 61-2A，它是一种加速测试，45min 即可确定其色牢度。

表 11-3 传统顶装洗衣机的洗涤条件

类型	机器参数	机洗环境	清洗	US 护理标签术语
水温	冷	(16±4.2)℃	冷水龙头	不合适
	暖	(30±4.2)℃	冷水龙头	冷
	热	(44±4.2)℃	冷水龙头	暖
	极热	(54±4.2)℃	冷水龙头	热
洗衣机参数	机器设定	普通	微妙	—
	水位中等	(71.9±7.6) L	(71.9±7.6) L	—
	搅拌速度	(86±5) 次/分钟	(27±5) 次/分钟	—
	洗涤时间	(16±2) min	共 8.5min（5min 综合浸泡）	—
	冲洗次数	1	1	—
	最终旋转速度	(660±20) r/min	(500±20) r/min	—
	最终旋转时间	5-0/+5min	—	—

由表 11-3 可知，纺织基互联品可能在洗涤过程中受到破坏，但是它是评价纺织品寿命和实用性的重要过程。对于柔性互联器而言，ISO 105 标准可评估纺织电极、传感器和互联板的耐洗性。也有学者使用 AATCC 的 61-2A 加速洗涤测试丝网印刷可拉伸互联器的耐洗性，发现经热固性聚氨酯（TPU）封装后的互联器仍然导电，电阻增加了 4.6Ω。CHERENACK 等应用 AEG Electrolux Bella 洗衣机评价了机织薄膜连接线的可洗性，发现条带由于吸湿而显示出曲率，表明封装可以减少这种现象。

除了洗涤之外，如果贴近人体皮肤使用，织物连接器也处于出汗环境。汗水可以根据穿着织物的人的生物组成而变化，从酸性到基本浓度变化。为此，AATCC 耐汗渍色牢度试验方法是一种评价互联性能的好方法。该方法涉及在 pH 为 4.3 时确定纺织品对酸性汗液的色牢度。当用酸试剂处理织物 30min 时，使用颜色灰度变化来评估颜色改变。也有人用染色灰度级或 9 步 AATCC 色度转移标度来研究有色染料从染色织物到未染色织物的迁移。这些方法中，特别是那些涉及颜色变化评估的方法，似乎与电子纺织品无关，但这些方法的价值在于多年来开发的模拟实际应用的环境暴露方法，测试方法中规定的暴露方法也可用于评估电子行为的变化。

四、连接器

可穿戴电子纺织品的目标是仅使用纺织材料将所有与传感和计算相关的电子器件全部集成到服装中。在纺织材料晶体管方面的最新进展是有希望的。然而，在纺织材料制造的处理器之前，还面临着更多的挑战。可穿戴纺织品的真正创新将通过使用柔性和可拉伸电路实现其子组件，从而消除刚性集成电路，可以使用标准的纺织制造工艺来制造这些电路。在此之前，将刚性半导体器件集成到柔性材料中将是最实用的解决方案。

目前，在柔性纺织基材上嵌入传统 PCB 上使用的硬壳技术，解决的具体问题是集成电路上的金属导线和其他金属连接器与导电纺织材料的连接。由于电气连接质量通常取决于物理连接区域，因此，本节更侧重于比较和分析纺织品中连接类型的可用性。

（一）物理连接

在现代刚性电路中，元件通过低温焊接工艺连接在电路板上。该过程涉及加热两个金属引线（如 PCB、元件引脚和电路板焊盘），直到填充金属（即焊料）可以在连接器之间融化。在表面清洁剂（即焊剂）的帮助下，熔融金属填料黏附在两个表面上，从而形成物理和电气连接。尽管不太常用于获取电连接，但高温焊接是用于连接两个金属引线的另一种方法。高温焊接过程不用填充金属，通过融化两个金属引线直接形成强的机械接触。高温焊接过程更常用于制造可承受更高应力的连接。医疗器械采用低温焊接要优于焊接，以避免易受腐蚀的焊接材料对生物相容性造成威胁。

使用这些物理连接方法将导电纺织材料连接到刚性金属引线，需要基本了解材料的热和应力响应，以及用于纺织设备接头的脆性。POST 等人使用微点高温焊接连接不锈钢丝纱与芯片的金属引线。

具有金属品质且耐高温的材料可用于低温焊接电路元件的金属引线，图 11-8（a）中展示了一个实例。对于不像金属那样耐高温的材料，可以使用低温焊料。一个重要的发现是，由于熔点不同，用低温焊料比普通焊接形成的连接更柔软。金属丝黏合或更精细的低温焊接也被用于连接织物内部的电路元件，如图 11-8（b）、（c）所示。通过低温焊接连接可以得到非常高的导电性，因为它限制了可用的材料并形成对于纺织应用来说过脆的连接，因此，不推荐使用该连接。值得注意的是，如果用于身体上不经常移动的地方，脆弱的连接是可行的。GEMPERLE 等人提供了一个深入的研究，找出在日常活动中正常运动中受到影响最小的身体位置。

（二）机械夹持

在由于热、应力和脆性问题而不能进行焊接的情况下，可以使用机械夹持进行连接。通常是压接、装订或刺绣，这种连接是通过导电织物和电路元件的金属导线之间的机械夹持实现的。它涉及固定金属引线以固定柔性导电织物，或将金属引线缠绕在其周围以提供电连

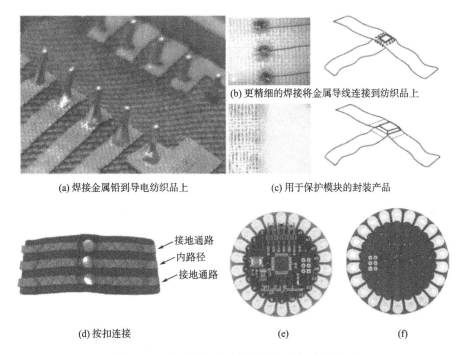

(b) 更精细的焊接将金属导线连接到纺织品上

(a) 焊接金属铅到导电纺织品上　　　　　　(c) 用于保护模块的封装产品

接地通路
内路径
接地通路

(d) 按扣连接　　　　　　(e)　　　　　　(f)

图 11-8　电子纺织品中使用的各种物理连接器

接。压接属于第一种情况。采用机械夹持的电气连接可用刚性连接器，如服装中的弹簧（按扣），将两种不同的织物连接在一起。图 11-8（d）中显示了应用按扣连接。压接技术的缺点是连接不灵活，当纺织品移动时可能导致连接的切断或断裂。

实现机械夹持的另一种方式是，在柔性较小的互联器外包裹更柔软且更易弯曲的互联材料。商业产品"LilyPad"应用了这种技术，机械加持两种材料。这种方法包括将柔性纺织互联线通过电路多次缠绕，实现牢固、紧密、柔韧的连接，并使用柔性电路，使整个系统更适合纺织品应用。LilyPad 使用相同的机械夹持方法来提供电气连接。它的微控制器板和其他外围为电路元件提供特殊的通孔（垂直内部连接），如用于与导电纺织品进行电气连接的开口，如图 11-8（e）、（f）所示。

机械夹持连接也被用于制造刚性连接器，如按扣、紧固件和导电绵纶搭扣，它们可用来连接两种不同的织物。这些方法可用于与刚性连接器连接。

尽管几乎可以用任何类型的导电织物来实现连接，但这种连接引入了改变连接质量的变量：湿度、温度和运动，这些变量不可以由用户控制。但是，这些变量可以通过在机械夹持点上涂柔性环氧树脂来部分控制。当然，减少环境和运动因素的更好方案是使用导电环氧树脂。

（三）导电黏合剂

导电黏合剂是 CPC 的一部分（在第三章第二节中已详细讨论），具有黏性的附加特性，通常是由于其组合中存在环氧树脂。导电黏合剂广泛用于制造电连接，且大致分为两种类型——各向同性导电黏合剂（ICA）和各向异性导电黏合剂（ACA）。各向异性CPC 表现出在每个方向上不同相互作用的电特性。通常，CPC 中的电学各向异性可通过颗粒的优先取向产生，从而操纵导电路径。在互联中，ICA 由金属微粒和聚合物（环氧树脂）黏合剂组成，通常是银。ICA 常被称为"聚合物焊料"，它很环保。然而，它们导电性低、热机械疲劳和冲击性能低。ICA 与贵金属表面处理的设备一起使用时接触也不稳定。

ACA 是在其中均匀分散细导电颗粒的复合材料，它们也可以是薄膜的形式。ACA 中的电各向异性是通过添加相对少量的导电填料来实现的，导电填料的体积分数范围为 5% 到 10%，这取决于填料尺寸。黏合 ACA 的过程涉及压力和温度的同时应用。在此过程中，黏合树脂被挤出，而单层导电颗粒被困在连接的基板之间，导致它们在施加压力的方向上传导。这对 ACA 是有利的，因为它们仅在特定位置进行电气连接，无须电气连接其他组件。然而，它们受到基体中导电填料的随机分布的限制，在某些可能需要电气连接的地方造成空隙，需要高压和高温才能形成空气连接，有时它们的电流携带能力由于接触面积有限而很差。

导电黏合剂是通过焊接以及机械夹持提供物理连接的桥梁。用导电环氧树脂制成连接的主要优点是其制造方法、结构相对简单。这种连接的不利之处在于，虽然与机械夹持不在同一水平，但由于温度和湿度等环境条件引起的聚合物膨胀影响连接质量。然而，这些问题可以通过用绝缘层覆盖连接器来改善，并监测温度来减小其影响。由此产生的电导率也相对较低，虽然一般在可接受的使用范围内。

基于 ICP 的胶黏剂也逐渐成为各组分间相互连接的选择，特别是在 ICP 的导电性能可通过掺杂得到增强的情况下。比如，使用 ICP 作为互联的黏合材料，用掺杂的聚苯胺，表现出良好的附着力和剪切强度。电子纺织品中，可以用黏合剂将织物与刺绣电路连接，从而在导电纱线和组件之间形成接触。这类连接器是由热塑性材料与导电颗粒掺杂的黏合剂制成的。一些用作填充物的颗粒包括石墨、镍、银和镀银颗粒。有研究用银薄片结合乙烯基封端的 PDMS（乙烯基—PDMS）和氢化物封端的 PDMS（H—PDMS）的混合物来制造导电黏合剂，提出了新的传导机制。采用这种方法是因为，与环氧胶黏剂不同的硅基胶黏剂具有较低的固化收缩和弹性模量，且有生物相容性，因此，需要更好地了解它们的传导机制以便在未来得到应用。当然，固化收缩不是配置硅氧烷基导电黏合剂（ECA）的先决条件，H—PDMS 减少了银薄片上存在的表面活性剂，从而提高了银薄片的导电性，这是有机硅—ECA 导电的主要原因。这种黏合剂的传导机制有别于基于环氧树脂和 PU 的 ECA 的传导机制。表 11-4 总结了各种类型的连接，以说明当柔性纺织线连接到刚性金属引线时它们的优缺点。

表 11-4 连接柔性纺织线和刚性金属导线的连接类型

连接类型	方法	结构	优点	缺点
物理	高温焊接	熔融两种金属形成物理连接，通常用于强物理连接	高导电；强物理连接	材料需要耐高温；连接点不柔软
	低温焊接	在两个电连接材料界面引入低温熔融材料	高导电；强物理连接；可用低温熔融焊料	材料需要耐高温；连接点不柔软

续表

连接类型	方法	结构	优点	缺点
机械夹持	松弛的柔性夹持	在金属物体表面环绕导电纤维；通过 ZigZag 缝纫包裹金属丝	简单，连接柔软	连接质量随运动、温度和湿度变化
	压接	用金属物体压接纺织品	稳定的物理和电气连接	不柔软
聚合物复材	导电黏合	掺杂导电颗粒的可固化树脂	一些环氧树脂固化后是柔软的；高导电；强物理连接	可能因湿度、温度变化而损坏

五、电路布线技术

通常情况下，设计纺织电路的要求是低功率和高输入阻抗，这与传统的互联元件低阻抗要求相反。鉴于常规织物电路的特性，在设计中有必要考虑织物电路信号完整性。从电学角度，在纺织电路设计中，导电是最重要的因素。电阻低至电能流过是关键的，诸如电能或数据传输。金属、碳或光纤都是公认导体。需要先进技术把这些材料加工成纤维及纱线。从纺织角度来看，电子纺织品需要设计成具有类似传统纺织品的物理特征，可弯曲、拉伸和机洗，同时保持良好导电性。

目前，有几种方法用这些材料传输电力，把导电纤维织成网格结构，经窄带织物或把纤维绣成期望的图案，几种典型技术如图 11-9 所示。在织物形成过程（如编织和针织）中，导电纤维和纱线可以在织物内布线（或交织），或者在织物形成后使用刺绣或缝合技术能将相同的导电纱线引入织物中。每种织物制造技术在特定基材性能方面都有其自身的优缺点，对技术的选择应基于电子纺织品的最终用途。在织物表面上印刷或沉积导电聚合物（或复合材料）形成用于互联的导电通路。

（一）机织

机织设计确定了纬纱相对于经纱的位置（向上或向下）。理论上，纬纱能够在织物的边缘（或镶边）连续不断旋转 180°。纱线尺寸（直径或质量线密度）、间距、机械性能和加工条件决定了织物结构，如今的织机已经可以精准控制这些条件。

最简单的机织结构，即平纹织法中，纬纱通过在每个交叉点向上或向下移动来与经纱交织（图 11-10）。根据拓扑学，该结构具有垂直于织物平面的纵轴和横轴。在某种程度上，所有编织设计都可视为浮点和交织点的结合，其中交织被定义为纬纱相对于经纱从上到下的交叉。没有交织的现象被定义为一个浮点。交织的频率和分布、织物结构中浮点的长度决定了其物理和力学特性。这些参数在电互联方面也十分重要，它让交织的连续点可产生更好的电接触。浮点可能会对生成断开或为与设备互联作引线至关重要。运用机织，不同的经纬线（如导电和绝缘）可以以任何理想的几何顺序排布，且每根经纱可以"被定位"、被独立操控（在机织期间）来促进互联。图 11-10 表明了由浮点和交织的组合衍生出的一些更复杂的织物组织设计。例如，在斜纹组织中，产生了不对称性和由浮点生成对角斜线。缎纹组织

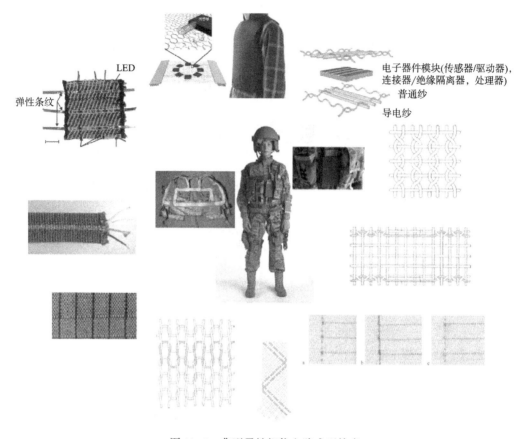

图 11-9　典型柔性织物电路成型技术

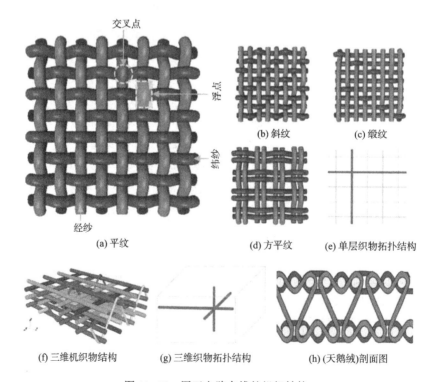

图 11-10　用于电路布线的机织结构

的出现源于斜纹组织，但由于交错点的不规则分布，斜纹就消失了。在方平组织中，几根相邻经纱和纬纱成组移动，像平纹织物一样交织，产生多根纱线平纹组织的拓扑结构。这些结构中的任意一种都可用于开发理想的互联路径或电路。在多层机织结构中，部分纱线的形成来自于一层经纱或纬纱中的一种或两种，它们能横穿到另一层。或者，可以沿着织物的厚度方向引入另一组纱线来交织［图11-10（f）和（g）］，这些结构可用于具有 PCB 通孔的多层电路。

在电路布线技术方面，机织有很大利用前景。在编织过程中，经纱和纬纱都承载着较大的轴向张力。通常，经纱在加工过程中比纬纱承受更高水平的应力。然而，可以控制加工过程中引起的经纱和纬纱应力，从而控制纱线轴向形状（即曲率），便于加工更多种类的纤维。机织结构中纱线规则（和可控）几何排列，允许织物中层内的两个或多个点之间的互联及层间互联，很像 PCB 中的通孔。机织是一种积极式、批量化的卷对卷工艺，当需要纺织电路布线时，它可以取代传统的平板技术，还能确保器件能够与互联精准对应，但这在 MEMS 制造工艺下很难实现。

DHAWAN 等人首次在电子纺织品互联中使用机织结构。用聚酯纱线和钢丝、铜线组成的平纹织物作为形成互联的导体，目标是在纱线交叉点形成电互联——即一根导电纱线在机织结构中与另一根正交导电纱线相交，并采用电阻焊接来形成互联。使用相同方法但不同工艺参数也可形成断开。并且，以铜互联的接触电阻为 0.267Ω，钢互联的接触电阻为 0.4323Ω。为了减轻在机织电路中相邻平行线间产生串扰、不希望信号耦合，通过使用同轴和双绞线铜线可以在很大程度上减少相邻铜线之间的串扰，如图 11-11（a）所示。也有研究用 Sefar 公司特种 PETEX 混合织物进行实验，如图 11-11（b）所示，PETEX 混纺织物采用聚酯单丝纱和聚氨酯清漆绝缘的铜合金丝机织而成。从信号传播的频率响应，证实该结构可以传播高达 2GHz 的信号。将电路元件连接到织物的方法如图 11-11（c）所示。用 PE-TEX 织物制造通孔的过程始于去除聚氨酯清漆来暴露铜合金，切断要连接的电线以避免与经线或纬线的其余部分发生任何短路，导电黏合剂用于连接两根外露的导线，最后使用环氧树脂封装连接，该过程如图 11-11（d）~（f）所示。值得注意的是，如果引入一个称为插入器的适配层，用于把集成电路引线之间的间隙匹配至导电纤维间的织物间距。在组件、插入器和织物之间的最终连接如 11-12 所示。

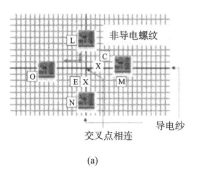

(a)

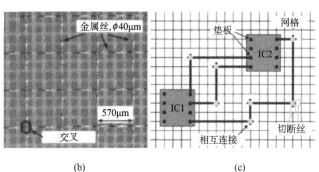

(b)　　　　　　　　　　(c)

图 11-11

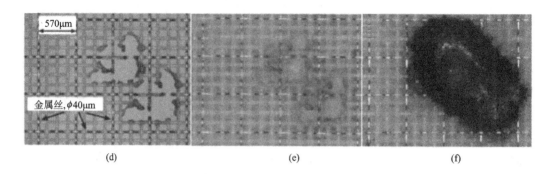

图 11-11　（a）使用机织导电纱的电路的布线技术；（b）PETEX 纤维的特写图片；

（c）利用 PETEX 织物中嵌入铜线的电路布线技术；（d）在 PETEX 织物中

制作通孔的过程：（d）在通孔周围图上绝缘漆，切割末端使得只通过通孔

连接而非通向其他位置；（e）通过线连接纬纱和经纱；（f）保护连接

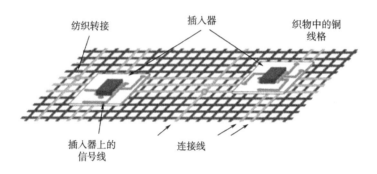

图 11-12　在组件和 PETEX 结构之间的最后连接

相对于针织及编织结构织物，机织物结构织物电路板具有结构稳定、电线排列紧凑和在交叉点处间具有稳固的电力连接等优势。然而，现有机织技术只能满足导电纱线的纵或横向交织，在交织点形成电力互联，难以满足普通电路板中电路连接线的多向及曲折分布的制备要求。同时，机织电路或电路板不仅要求在不同交叉点形成互联，且沿导电纱在预设位置断开，从而控制电路中信号传输路径。导电纱线的交叉结构导致较高的电阻损耗和阻抗不匹配。一些研究已提出不同方案把导电单元和电子设备集成到机织物中，接触可通过焊接或在交叉点使用导电黏合剂来实现，但会使基板柔性下降。另一种方法是通过在经纱和纬纱交织点处的法向压力实现电接触（图 11-11），发现这种使用方法不可靠，但是对于更关注柔软性的应用中可能更有应用价值。

（二）针织

柔性织物电路存在的制备技术问题是，现有纺织加工技术不能满足日益增加的电子网络节点互联要求。针织物与机织物在结构上的区别在于针织物是通过线圈的连接形成。注意在针织和机织结构中，纱线路径的显著差异是十分重要的。通常，简单针织结构中纱线的路径可通过图 11-13 中的网格来表示。为了适应这种路径，纱线不能像机织那样密集堆列。因此，与针织相比，使用机织更容易形成更致密、更稳定的结构。更重要的还有，由于以上原

因，针织结构在尺寸上相对更不稳定且会更易发生拉伸或产生变形。当使用需要亲肤的传感器的电路布线时，会变得更容易，此时，柔性是保持与皮肤紧密接触的关键。此外，虽然在机织结构中纱线的曲率最小，且在垂直于织物平面的平面内，但同样的针织结构曲率会更大且常出现在织物平面内。在互联方面，针织结构中纱线较大的曲率限制了在纱线材料和尺寸方面的选择。另外，机织结构中的路径或纱线更容易沿着织物或穿过织物传递信号。相比之下，简单的针织结构只能在横向或纵向上传输信号。

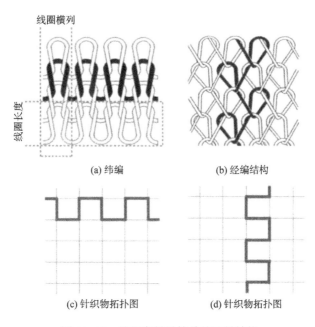

图 11-13 针织布料最简单的面料结构

在电子纺织品领域，针织结构已被用于互联和器件开发。ZHANG 等人建立了一个理论模型用于预测导电针织物在单轴大应变下的机电性能。该织物用不锈钢纱线针织制成，纱线接触电阻是决定织物对施加载荷响应灵敏度的重要参数。对于机织物来说，等效的织物阻力不依赖于纱线接触阻力，而这是针织物结构中的关键参数。尽管针织物的机电响应可用于制造应变传感器，但由于用很多线圈形成这种通路时具有更高的电阻、低的电流能力及稳定性，用针织线圈来形成导电通道是有挑战性的。为了能够让电路板像普通布料一样柔软耐用，来自香港理工大学的研发团队采用电脑横机编织技术，将预拉伸的弹性纱和聚氨酯涂膜铜纤维，按照独特的编织方法集成在一起形成织物电路。作为电路，它具有优秀的导电性能和小于 1% 的相对电阻，但耐磨性和稳定性不适合应用于一些极端环境下电子器件的互联，而且在高速高频信号传输时，导电纱线圈结构易引起信号失真和延时。

有学者用漆包铜线作为普通针织面料的一部分，应用于可变形弯曲体上的可拉伸针织互联，它主要由聚酯和弹性氨纶长丝制成。发现针织互联器在 3D 冲头测试中表现出一致的可接受电阻（44.0~45.0Ω，持续 5000 次循环，平均应变为 46%），且在冲压试验中，施加的机械压缩以及实验中使用的不锈钢球与铜线之间的摩擦是影响针织连接件疲劳性的主要因素。

此外，导电和弹力纤维也被用于组成针织面料。其中，导电纤维含有 100~150nm 的银离子和以嵌入柔性聚合物基质（偏氟乙烯和六氟丙烯共聚物）中的 3~5nm 银颗粒修饰的多壁碳纳米管（MWNTs），通过湿纺制备。通过比较单根纺织纤维、双股绳索、4 股绳索和纬编针织物在受到拉伸应变时的阻力变化，发现在高达 200% 张力下的阻力增加可忽略不计。这种现象归因于在纬编横截面处紧密接触的织物。他们采用的导电纤维的初始导电率为 17460S/cm，当减少到 236S/cm 时，纤维能达到 490% 的最大应变。此外，通过用 PDMS 涂覆织物，它们可以增强针织物的弹性，从而使其在机械和电气上的可逆应变达到 100%。这是由于湿纺纤维的有效泊松比的变化，从未涂布纤维的 0.243 增加到 PDMS 涂层纤维的 0.333。ZENG 等也研究了针织物电极，它由聚氨酯和银涂层聚酰胺复丝纱线制成，正面有 1219 圈/平方厘米的高导电纱线圈，而背面的线密度为 590 圈/平方厘米，这种针织物电极拉伸长度高达 250% 长度，杨氏模量低至 0.0525MPa，施加 0.2MPa 的压力时，电阻在 30~33Ω，该电阻值在 2727 次循环的循环压缩试验中保持稳定。

（三）刺绣

刺绣是将紧密的重叠线缝合在织物基底上以形成复杂的图案。虽然，它传统上用于纺织品制作装饰，但作为电路布线技术，刺绣已被作为电路集成的简单方法之一，使用计算机辅助设计（CAD）工具来缝合电路轨迹、组件连接垫片或传感表面的图案，成为一种重要且受欢迎的刺绣技术，将材料（如刺绣线或绳索）不断地准确放置到基底基线上。其他刺绣技术包括 2D 和 3D 刺绣，前者在纺织基材上沿 X 和 Y 方向形成刺绣图案，而后者可在 X，Y 和 Z 轴上提供 3D 结构刺绣图案，从而形成多层结构。另一种刺绣技术是化学刺绣，其中图案绣在水溶性或热溶性纺织品基材上，通常用于制造机器、制鞋带，也用于组织工程和加固结构开发的各种应用。

POST 等人利用刺绣来制造信号传送电路，使用导电不锈钢和聚酯复合材料将电极缝到纺织品基板上。它们以一根连续的线缝制电极，这种线穿过自身几次后形成了几个连续的螺纹交叉点。即使是导电性低的线用这种方式缝合到一起后具有更大的导电率。IRWIN 等人使用本征导电聚合物（PEDOT∶PSS）涂覆的纤维，将电路缝接到织物上。这种方法很新颖，因为采用的是柔性纤维而不是更硬的金属纱线。刺绣布线也被用于开发一种四键触摸传感器，完成各种织物层之间的连接及用于在传感器中开发纺织品的连接，如图 11-14 所示。WANG 等也用刺绣开发由金属聚合物纤维组成的共形天线，该聚合物纤维由柔性镀银纤维组成，其电阻率为 0.8Ω·m。将这些纤维绣在聚酯织物上，组装到聚合物 PDMS 基底上，再在第一层顶部添加了第二层刺绣以达到高缝合密度。利用这项技术，可以制造射频（RP）样品，如传输线、贴片天线和天线阵列，且发现其射频设备的损耗低，仅高于铜传输线的测量值（0.03dB/cm）。

另外，刺绣技术也被用于固定并连接在纺织基底表面的电子元器件。图 11-15 显示，采用导电纱线，把不同柔性电路板（FPCB）缝编固定在织物表面，同时，具有电连接织物表面电子元件的功能。在导线和 FPCB 之间的电阻抗包括导线电阻、接触电阻和 PCB 电阻三部分 [图 11-15（c）]。导线电阻取决于导电纱的材料和结构，为 10~100Ω/m。相比于纱线电阻，PCB 电阻较小，可忽略不计。根据接触电阻理论，决定电阻的因素可表示为：

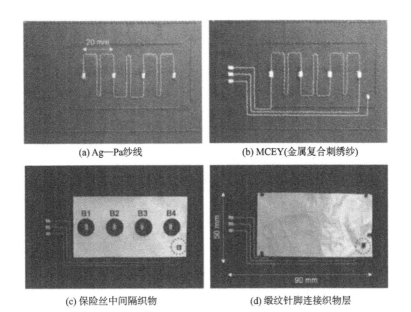

(a) Ag—Pa纱线   (b) MCEY(金属复合刺绣纱)

(c) 保险丝中间隔织物   (d) 缎纹针脚连接织物层

图 11-14　四键触摸传感器，用刺绣在织物层间进行连接

$$R_{\mathrm{c}} = \frac{\rho}{2} \sqrt{\frac{\pi H}{nP}} \qquad\qquad (11-13)$$

式中：ρ、H、n、P 分别为电阻率（$\Omega \cdot \mathrm{m}$）、材料硬度（$\mathrm{N/m^2}$）、接触点数量及金属材料与导线界面之间的接触压力（N）。

(a)   (b)   (c)

图 11-15　（a）具有金属化接触垫及绣花连接的柔性基材经缝编；
（b）在针织物上固定粘贴已焊接 LED 的柔性电路板；（c）缝编电阻的等效电阻模型

手工刺绣可以通过各种导电线进行，但是机器的可缝纫性需要适当的机械性能以实现对线以相对高的速度对针的操作。LINZ 等人对机器可缝纫的可用导电线进行实验研究。他得出结论，如果导电纤维在混合料中的比例很小，包含导电和非导电纤维的复合纱可在缝纫机上缝纫。复合纱中的导电纤维很小，这意味着电阻更高。但 LINZ 选用金属涂层聚合物纤维继续进行研究，因其有良好的导电性和可缝纫性。

相对而言，在机织物表面进行刺绣或激光刻蚀可实现复杂的连续电路布局。但是，迹线暴露在织物上，出现了因织物弯曲导致电路短路的问题，而且刺绣过程对导电纱线的电学性能造成损伤。同时，针迹之间导电连续性远不如单根导线，在传输信号时易形成互感和互容，影响信号完整性。缝纫后可选择对绣品进行绝缘，但这会使原始织物的柔韧性和适应性下降。在织物表面激光刻蚀金属而形成电路，以此形成的电路迹线抗弯折性差，不满足可穿戴服装对电路的机电性能要求。

市场上，有很多纱线可以用于连接电路元件，包括银丝、不锈钢线、钛线、金线和锡线。美国俄亥俄州立大学的研究人员以 0.1mm 的精度，将电路绣进布料中。如此高的精度，有望实现将传感器、内存等电子设备集成到衣物中。

（四）印花

柔性印刷电路板（P-FCB）是一种新技术，可用于可穿戴电子应用的平纹布片上实现电路板功能。它的特点是与普通的衣服一样触感柔软。P-FCB 基板是用机织物等织物制备，平面电极通过导电环氧树脂的喷印、丝印或金溅射等直接沉积在织物贴片上。只要导电材料能机械地黏附在织物材料上，那么这些方法就可用于任何类型的织物（机织物、针织物和非织造织物）。

柔性导电线也可以由导电油墨和导电聚合物制成。厚和薄印刷工艺是印刷导电油墨的两种生产工艺。利用石墨烯基导电油墨的喷墨打印技术，也可以得到导电图案。丝印使用厚膜工艺，在网状织物的开放区域使用导电油墨黏合剂，使油墨能够渗透进织物中。喷射工艺也可用于在纺织基材上加上高分辨率电路。纺织基材要保持在 150℃，需要放置在装有如氩之类的惰性气体的真空室中，并且在一个阴影遮罩中制作电路图案。还有一些研究项目报道了使用纳米焊接方法，用碳纳米管（CNT）导电线来生产电子纺织品。碳纳米管通过超声波焊接到非织造布的纤维表面，使碳纳米管与纺织纤维之间具有很强的附着力。当电子纺织品在剧烈的机械搅拌下，即使在洗涤后，CNTs 也不会分离。

喷墨印刷是指适量的墨滴在基片上图案中形成并沉积的过程。然而，喷墨印刷受到以下限制，导电油墨在溶液中需要非常高的纯度，工艺效果取决于其黏度及表面张力。对于银、铜、金等导电油墨，其应用过程通常涉及喷墨印刷，随之则是热烧结，使其能够形成连续的网状结构。在金属导电油墨中，导电性归因于价电子的存在，它使电流流过金属。人们已经探索在柔性基片上喷墨印刷各种电子。如果用含有分散银颗粒的导电油墨印刷，则存在喷嘴堵塞及随后的高烧结温度等引起的问题。为了解决这些问题，已有研究开发反应型银墨水，它含银复合物，从而去除导电油墨中的颗粒，通过在 TENCEL 织物表面直接喷墨印刷形成导电通路。这种油墨表现良好（厚度为 150nm 的体积电导率为 $7.2 \times 10^4 S/m$）。由于它扩散到基板中，使其保持固定在特定位置而没有模糊环。类似的，也可以配置这种水溶性反应型喷墨墨水，在 90℃ 低温烧结，固化后含银量为 22%，适用于在各种纺织品基材上进行喷墨印刷，诸如聚丙烯腈（PAN）、非织造聚丙烯（PP）、PET 和玄武岩织物。所得到的表面电阻取决于所用基材的类型以及印在织物上的银层数。他们证明了这种材料和印刷方法在高频纺织传输线制作中的应用，测出阻抗为 100Ω，变化率<4.6%，传播系数为 500MHz。BIDOKI 等人在 PET 塑料膜、纸张、平纹棉、涤纶、棉/涤织物等各种柔性基材上制作喷墨印刷导体，在纸上的导电性最高（$5.54 \times 10^5 S/m$），其次是 PET 薄膜（$2.94 \times 10^5 S/m$），聚乙烯醇涂层棉（PVA）/PET 织物（$1.4 \times 10^5 S/m$），最次是棉/PET 织物（$0.168 \times 10^5 S/m$）。这是因为纺织产品发生表面改性，如亲水性聚合物处理，使不规则纤维表面光滑，接受油墨，可以提高整体导电性。

丝网印刷和溅射已用于在纺织产品上印刷电路。在丝网印刷情况下，使用光敏聚合物掩模，在溅射中使用阴影掩模。KIM 等人在 2008 年提出了平面印装电路板（P-FCB），通过丝网印刷或溅射在织物上印制平面薄膜。首先，将电路板通过丝印在织物贴片上。再将 IC 放置在织物上，并将其与图案电极用线结合。最后，IC 采用不导电环氧树脂模压成型［如图 11-16（a）所示］。利用这些技术，研究人员还开发了一种多层电路［图 11-16（b）］。以往的研究着重展示如何获得电气和机械特性以及有价值的系统设计参数，例如，降低最大功耗、最大电流密度；减少相邻两条线路之间的串扰以及耐久性。除了印刷痕迹小到足以集成硅片，P-FCB 还可用于在织物上印刷电感、电容器和电阻等被动电子元件。将被动元件直接印在织物上至关重要，因为纺织品的柔韧性意味着刚性元件的连接可能会断裂。引入 P-FCB 概念后，对其进行了更全面的解释和电表征，其平均表面电阻为 $134m\Omega/sq$。经过 50 次循环洗涤后，涂层 P-FCB 的电阻保持在原始值的两倍之内。也有可穿戴的商业印刷控制板。表 11-5 显示了市场上可穿戴控制面板的定性属性比较。根据表中所示的信息，Xadow 是目前市场上最好的可穿戴控制板，因为它具有模拟/数字接口和板内无线通信功能，同时，可以被清洗，也可以与纺织品和纺织纤维实现永久连接。

(a)　　　　　　　　　　　　　　(b)

图 11-16　（a）单层 P-FCB 系统制造过程；（b）使用孔眼实现多层连接

表 11-5　可穿戴控制板的比较分析

控制板	可洗性	模拟接口	数字接口	无线通信
Lilypad	是	是	是	否
Intel Edison	是	是	是	是
Flora	是	否	是	否
Xadow	是	是	是	是
SquareWear	是	是	是	否
Printoo	是	是	是	否
BITalino	是	是	是	否
Igloo	是	是	是	否
WaRP7	否	是	是	是
nRF52832	否	是	是	是

KARAGUZEL 等人使用不同的非织造织物进行了导线的丝网印刷，但在 25 次循环洗涤后丝网印刷迹线的电阻出现明显差异。图 11-17 展示了由 LOCHER 和 TROSTER 通过印刷开

发的纺织品传输线，使用于印刷的银浆固化后传输线阻抗约为 50Ω，但在较低的印刷通道有明显的开裂，且当线被折皱时其电阻发生变化。因此，有研究采用图 11-18 所示可伸缩的互联结构，并用热塑性聚氨酯薄膜封装，增强丝网印刷的轨迹，改善导电迹线的寿命，在100 次洗涤循环后互联线保持在原始电阻值的两倍之内。这种结构被称为"马蹄形"，能够在机械应力的作用下适应较大的变形，从而保持电学性能。事实上，对于高频信号而言，互联必须是可拉伸的，因此，基板和导体也必须是可伸缩的。使用这些技术与导电纱线相结合的互联可以克服电子纺织品电路中缺乏稳健性的这一实际问题。

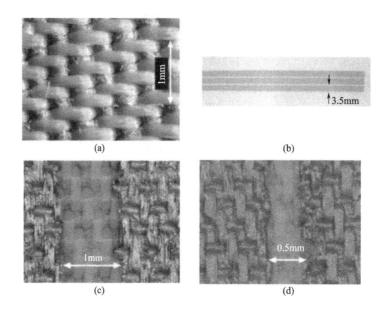

图 11-17　丝网印刷纺织品传动装置：（a）用于丝网印刷传输线的
丙烯酸—棉织物基材；（b）在相同位置（10 次印刷通过）
上按压印刷模板 10 次后制成的印刷传输线；（c）打印通过传输
线的特写；（d）10 次印刷通过传输线，突出显示结构细度的差异

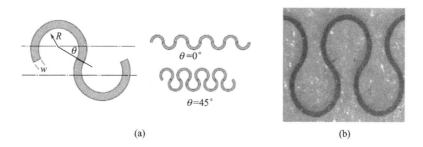

图 11-18　（a）马蹄形设计的重要尺寸；（b）嵌入 Sylgard 186 PDMS 矩阵的马蹄形金属互连器
R—内半径　θ—连接角　w—金属轨道宽度

六、纺织传输线设计实例

织物基传输线以织物为基材，具有一定柔韧性、可水洗性和可穿戴性。虽然织物基传输

线可由机织或刺绣制成，相对而言，刺绣工艺具有较高灵活性，可以定制和大规模生产织物基传输线，不需要黏合剂而直接集成到织物或服装上。

制作刺绣传输线时，需要对导电纱线传导电流的方式即电阻，进行优选。对于刺绣织物传输线，国内目前的研究较少，但对机织带状线的研究表明纤维集合体传输线具有一定的信号传输能力。国外对此的研究主要是导电纱线材质和影响刺绣织物传输线的电学性能的相关因素等。对导电纱线材质的研究表明，铜相比于其他材质的导电能力强，故在设计时可根据需要对于导电纱线进行选择。对刺绣织物的导电纱线方向的研究表明，导电纱线沿电流传播方向排列时织物电阻较小，不同的导电纱线方向可以组合，将两个方向的导电纱线组合成"V"形后的织物天线效率高。当用不同的纱线间距离制作传输线时，纱线间的距离越小，即密度越大，该传输线的电阻越小，传输性能越好，但过大的密度会影响标签的整体效率。总之，导电纱线本身的电阻和制作传输线时使用的线迹对于传输线的传输性能有很大影响。

目前，虽然对于刺绣传输线部分参数（如导电纱线密度等）具有一定的研究，但缺乏其他相关参数以及刺绣工艺对于传输线电阻影响方式的系统研究。为了理解和分析刺绣工艺参数对刺绣传输线直流电阻的影响及其影响方式，下面从导电纱线的方向、刺绣的针距和导电纱密度等几个方面对刺绣传输线的直流电阻进行测试和分析。

（一）传输线的刺绣工艺设计

为了最有效地研究传输线的传输特性，需要对传输线进行几何形状设计。通常要使传输线在测试时与网络矢量分析仪匹配达到最优，设计传输线特征阻抗需满足 $Z_0 = 50\Omega$。根据文献中的常用介电常数和本文中使用的纯棉织物，选择织物基材 $\varepsilon_r = 1.54$，传输线宽度计算公式：

$$\frac{W}{d} = \frac{2}{p}\left\{B - 1 - \ln(2B - 1) + \frac{e_r - 1}{2e_r}\left[\ln(B - 1) + 0.39 - \frac{0.61}{e_r}\right]\right\} \tag{11-14}$$

$$B = \frac{377p}{2Z_0\sqrt{e_r}} \tag{11-15}$$

式中：d 为基材厚度；W 为传输线宽度。

本实验采用纯棉织物基材，其厚度经 YG 141D 数字式织物厚度仪按照 GB/T 3820 测量得到 $d = 0.352$mm，计算得传输线宽度 $W = 1.35$mm。为了使绣花机便于制作，最终设计传输线宽度为 1.5mm。

（二）刺绣传输线的制作与测试

刺绣传输线就是将导电纱线以刺绣工艺缝制到织物基材上。导电纱线为镀银长丝纱，导电率为 $21.5\Omega/5$cm，线密度为 11.1tex。采用 Wilcom 绣花软件设计不同参数的刺绣传输线，将设计好的花样在电脑绣花机上制作，典型刺绣传输线如图 11-19 所示。

采用万用表测量刺绣传输线的电阻。为了保证测试中刺绣传输线的平整，使用两个板式夹头代替万用表夹头夹紧织物测量（如图 11-20）。为了保证测试的准确性，固定平板夹头位于在传输线两端恰好夹住且不露出的位置。

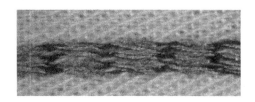

图11-19 刺绣传输线

图11-20 刺绣传输线直流电阻测试图

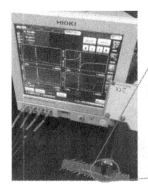

图11-21 刺绣传输线阻抗测试

在高频电路中，为使得传输线具有较好的传输性能，要求信号源的内阻等于电路的输入阻抗，电路的输出阻抗等于负载的阻抗，从而减少反射信号。而对于电抗电路，要达到阻抗匹配的目的，则要求输入和输出电路中的电阻值相等，电抗值应大小相等、符号相反，即为共轭匹配。刺绣传输线的阻抗采用日置阻抗分析仪（IM 7585）进行测量，如图11-21所示。由于仪器探针的可测长度限制，本课题测量的是5mm长度刺绣传输线的阻抗。假设传输线各部分均匀，则此时测得的即为这一传输线在不同频率下的阻抗。阻抗分析仪的原理为将激励信号施加到被测元器件（DUT）上，通过对被测信号进行采集并分析，从而得到被测元器件在不同频率下的电参数。

（三）工艺参数对传输线主要性能的影响

1. 针迹类型 在刺绣传输线的制备过程中，导电纱线与电流传输方向之间的关系会影响传输线的电阻。导电纱线的方向一般包括平行于电流方向、垂直于电流方向和与电流方向成一定角度，如图11-22所示。针迹类型即制作绣花织物时选用的绣花的轨迹类型。常用的针迹类型包括直线针、周线针和它它米针等。

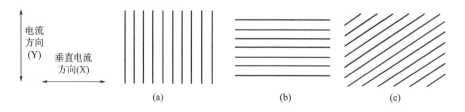

图11-22 导电纱线方向：（a）导电纱线平行于电流方向；（b）导电纱线垂直于电流方向；（c）导电纱线与电流方向成一定角度

不同的针迹类型引起的导电纱排列方向存在差异。当高频信号通过刺绣传输线时，传输线和参考平面之间都存在着电感和电容，并且导电纱之间也存在着电感和电容。当针迹类型为周线针时，导电纱之间容易产生接触并有一部分重叠，使刺绣传输线中产生严重的互感和互容现象，同时也具有较大的分布电阻。而它它米针迹或直线型针迹中，传输线中的导电纱与电流流向成一定角度，此种情况下，传输线中的导电纱不易产生相互接触及重叠，因此，电抗值较小。

2. 针迹间距 在一定范围内，导电纱线的密度大，导电织物的电阻越小且整体反射性能好。针迹间距通过影响导电纱线的密度影响传输线的电阻。传输线的导电纱线根数相同时，电阻近似相等；针迹间距越小，传输线的分布密度越大，电阻值越小，传输信号的能力强。但是，传输线表面导电刺绣纱线之间的相互作用对直流电阻的影响还需要进一步研究。

针迹间距对刺绣传输线的影响主要在于改变了单位长度内的导电纱根数。针迹间距较小时，刺绣传输线中的导电纱接触紧密，当电流通过时，相邻纱线之间产生较大的影响。高频信号通过传输线时，引起导线发热使导线本身具有分布电阻效应，这与直流状态下的传输线电阻值有所区别，可能是由于导电纱的重叠引起的。同时，导电纱根数的不同也会导致电路谐振状态的改变，当偏离谐振频率时，针迹间距较小的传输线的分布电阻变化很大。其次，刺绣传输线是由导电纱组成的而不是一个连续平面，当多条导电纱相邻时，导电纱之间存在互容和互感即存在耦合，因此，当针迹间距增大时，导电纱之间的互容和互感都将减小。但是，当针迹间距过大时，刺绣传输线中的导电纱间距增大，刺绣传输线的分布电参数之间的波动较大。

3. 针迹长度 针迹长度即每次针行走的长度，周线针的针迹长度指传输线表面每一节导电纱线的长度。

针迹长度主要改变了每两个刺绣落针点之间导电纱线的距离、落针点的个数及导电纱与织物基底之间的结合状况。针迹长度较小时，相邻落针点间的导电纱长度较短，落针点个数多，所用导电纱长，结合紧密。但过短针迹长度容易导致断线及在反面纱线易缠结，从而引起分布电阻的增大，而导电纱长度的增加会使传输线中的分布电感增大。另一方面，当针迹长度过大时，相邻两个落针点间的导电纱长度较长，在相同的刺绣张力作用下，导电纱与织物基底之间的结合较弱，下机传输线表面易产生褶皱，导致分布电阻增大，并且在导电纱之间易产生交叉，当高频信号通过时。纱线之间产生互感互容现象，导致传输线电抗增大。

4. 张力 导电纱线的强力和脆性与刺绣张力有关，过小的张力会引起纱线成团，过大的张力会引起纱线挤压断头。

在刺绣过程中，刺绣张力的大小会改变导电纱受到的张力大小，从而影响下机后刺绣传输线中导电纱的伸直情况以及传输线的表面平整度。当刺绣张力较小时，导电纱因受到一定的张力而拉伸，下机后刺绣传输线仍较平整；但过小的刺绣张力会导致传输线中的导电纱因受力过小而松弛，导电纱之间有较大的接触面积，当高频信号通过时导电纱之间产生电场和磁场，导致电参数变化；当刺绣张力较大时，刺绣过程中导电纱受到较大的张力作用容易发生断线，同时会导致下机后的传输线发生皱缩，影响电路分布参数。但总体而言，刺绣张力对刺绣传输线中的导电纱的相互作用影响较小，在刺绣过程中，可根据所用织物基底和导电纱的实际参数来进行刺绣张力的设置，尽量避免因过大或过小的刺绣张力导致的导电纱性能恶化现象。

第三节　纺织天线

近年来，由于无线通信新技术和微处理器等相关领域的飞速发展，人体中心网络天线研究技术也渐渐进入大众的视野。人体无线通信网络是指利用可穿戴或可植入传感器组成的人体本身或人与人之间的网络。具备智能、美观、质轻以及穿戴舒适性等特点的便携式智能终端受到广大消费者的青睐。然而，柔性天线的制作不仅需要穿戴式终端设备在联网、通信、数据共享等功能方面的需求，更需要具备柔性、可形变、易穿戴等特点。传统天线几乎全是由金属导体制作而成的，不易弯曲，在人体无线通信技术中得不到应用。而纺织材料和材料加工工艺的发展，为人体的无线通信技术的实现带来可能，可制备纤细柔软且不易折断的金属纤维等。纺织天线是以织物为基质，与导电材料结合，可利用织物的低介电常数，减小天线的表面波损耗，提高天线带宽，同时，纺织天线发生弯折后，天线的性质不会受影响。因此，纺织天线可以在人体无线通信技术中得到应用。利用织物制作柔性可穿戴天线是实现人体无线通信的一种新手段。

可穿戴通信也是最近的研究热点。用于可穿戴应用的天线需要穿着舒适，而传统的硬质基板技术并不适合这一点。它允许人们将信息从衣服内部的传感器传递到控制单元或者监控其他电子参数。简单的纺织天线仅仅是特殊长度的导电纱线，可以缝合或编织成非导电织物。导电纺织品的制造技术的迅速发展使得可穿戴天线的发展成为必然，开发出新的灵活和舒适的智能结构。为了获得良好的效果，可穿戴天线必须是薄的、轻量的、低维护的、坚固的、廉价的并且易于集成在射频（RF）电路中。

一、纺织天线特性

纺织品天线是可穿戴计算系统和智能服装拥有传感和无线通信功能的重要组成部分。纺织品中可利用的大面积区域可以被开发安装上多个天线以及其他电子线路。为了充分利用天线的区域，电池或能量收集装置可以放置在辐射贴片的顶部。然而，当将柔性纺织无线通信模块植入衣物中时，由于人体的活动，设备也会发生扭曲变形，产生起皱、应力、应变和弯曲。因此，合适的设计技术对于保证稳定可靠的天线性能至关重要。此外，选择合适的纺织天线材料，对提供良好的辐射特性和用户的舒适性也是关键问题。这种材料应该同时具有导电性和绝缘性，因此，需要找到一种合适的制造方法将天线拓扑结构与纺织品相结合。更要注意的是，为了克服不同环境下天线性能的差异，必须选择回潮率小的疏水织物。

可穿着柔性微带天线具备较高的隐蔽性、灵活性和适应性，可无缝融入纺织服装中，将天线结构与服装达到一体化。正由于柔性微带天线的特殊结构特点，其必须具备优良的导电性和均匀的电阻系数，从而使天线电磁性能的损失最小化。同时，作为可穿着的服装，又必须具备良好的柔软度和耐磨性等诸多服用性能，以满足穿着需要。

二、纺织天线设计原理
（一）材料属性
材料的若干特性会影响天线的性能。一般来说，纺织品的介电常数很低，可以降低表面波损耗，增加天线的阻抗带宽。因此，了解这些特性如何影响天线的行为以尽量减少不必要的影响非常重要。例如，平面微带天线的带宽和效率主要取决于基片的介电常数和厚度。材料的选择不当会影响设备的性能，目前已用于设计天线的基底材料列于表11-6中。

表 11-6　天线设计用纺织材料属性汇总

应用	介电材料				导电材料
	材料	厚度（mm）	ε_r	$\tan\delta$	
GSM（900MHz）和蓝牙（2.4GHz）	某种纺织面料	0.236	3.29	0.0004	—
WLAN（2.4GHz）	起绒织物	3	1.04	—	针织铜布
GPS（1.5GHz）	灯芯绒	0.5	1.1 和 1.7	—	铜带
蓝牙（2.4G）	PA 间隔织物	6	1.14	忽略不计	镀银铜镍机织物
蓝牙（2.4G）	毛毡	3.5	1.45	0.02	镀银铜镍机织物
190MHz	起绒织物	2.56	1.25	—	导电布
WLAN（2.45、5、8GHz）	毡	1.1	1.30	0.02	导电布
ISM（900MHz）	PU 泡沫	11	1.16	0.01	导电布
2.45GHz	闭孔发泡橡胶泡沫	3.7	1.49	0.016	导电布
ISM（2.45GHz、4.5GHz）	绵羊皮革	0.7	2.5	0.035	导电布
ISM（2，4GHz）	棉/涤	2.808	1.6	0.02	导电布/导电油墨

介电材料的本构参数是介电常数 ε，它是一个复值参数，通常用下面的方程表示：

$$\varepsilon_r : \varepsilon = \varepsilon_0 \cdot \varepsilon_r = \varepsilon_0 \cdot (\varepsilon_r' - j \cdot \varepsilon_r'') \tag{11-16}$$

式中：ε_0 为真空介电常数，$8.854 \times 10^{-12}\text{F/m}$。介电性能与材料的温度、频率、表面粗糙度、含水量、纯度和均匀性等物理参数有关。表 11-7 显示了介电常数 ε_r' 与虚部和实部的比率（$\tan\delta = \varepsilon_r''/\varepsilon_r'$）。

表 11-7　常规织物的介电性能

非导电织物	ε_r'	$\tan\delta$
Condura	1.90	0.0098
棉	1.60	0.0400
聚酯纤维	1.90	0.0045
Quartzel	1.95	0.0004
科尔迪尤拉/莱卡	1.50	0.0093

低介电常数（1~2）降低了与基片内导波传播有关的表面波损耗。因此，降低介电常数会增加空间波，从而增加天线的阻抗带宽。此外，水分还会影响纺织品的介电行为。尤其是当水被纤维吸收时，介电常数和损耗切线都会增大。纺织品覆盖物或表面处理可提供足够的保护，使其免受湿度和各种气候条件的影响。坦佩雷科技大学的研究人员与爱国者合作，开发了一种能够在不同环境条件下工作的坚固的纺织品天线。研究表明，不同功能的纺织层可

以改善和优化天线的性能。在这种情况下，他们成功地保护天线免受水分和其他环境因素的影响。介质材料的厚度改变了平面天线的带宽。必须在效率和带宽之间找到一个平衡方案，同时也要影响天线的几何尺寸。

天线设计的另一种材料是构建天线的导体材料。在天线设计中，相关参数是织物的电导率（σ），其单位为西门子/米（S/m），以方程式（11-17）表示：

$$\sigma = 1/(\rho_s \cdot t) \tag{11-17}$$

式中：ρ_s 是织物的表面电阻率，t 是织物的厚度。

关于天线用导电织物的导电性，要注意 σ 值的均匀性。事实上，织物内部有几处不连续，这些不连续性影响了电流的流动。影响导电性的另一个方面是织物的结构。电流的流动取决于所使用的纺织结构的类型，为了尽量减少导电损耗，最好是将导电路径与当前的方向对齐。正确选择与纺织结构相结合的材料，可以提高纺织品天线的性能，达到传统天线所能保证的性能。

（二）天线拓扑结构

物体的运动会使天线发生空间几何变形并影响其性能。当织物适应表面的拓扑结构时，它会弯曲和变形导致其电磁性能改变，从而影响天线的性能。因此，设计的可穿戴调频天线应比调频广播频带（81~130MHz）更宽，以免受到人体影响而引起失谐。

正确选择天线项目的要求如下。

（1）纺织天线的定位选择正确。

（2）织物天线必须具有准确的厚度堆叠。

（3）贴片的几何尺寸必须保持稳定。

（4）层与层之间的连接不能影响"电子服装"的电气性能，与其他部分的连接必须是稳定且坚固的。

如果没有遵循这些点中的几点，设备的功能可能难以达到期望的效果。

平面结构、柔性导电材料和介质材料是耐磨天线的特殊要求。降低介电常数会增加空间波，从而增加天线的阻抗带宽。水分会影响纺织品的介电性能。特别当水被纤维吸收时，介电常数和损耗正切增加。可提供织物覆盖物或超细处理，使其在湿度和变化的气候条件下得到充分的保护。与智能服装中集成的纺织天线相关的另一个问题涉及可以使天线的空间几何形状变形的主体的运动影响。当织物适应于表面拓扑时，弯曲和变形导致其电磁特性的变化，并因此影响天线性能。可佩戴的 FM 天线应该设计为比 FM 广播波段宽（81~130MHz），而不是遭受人体所引起的失调。纺织天线可由传统的或工业的织物组成，典型的是导电的天线部件由现代导电材料制成。纺织 RFID（射频识别）是天线的特定解决方案。在这个方面，TexTrace AG（瑞士）提供生产线以及用于工业内部生产机织 RFID 标签的组件。集成 RFID 和标签将为服装制造、物流、销售和售后管理提供附加值。将基于纺织品的 RFID 集成到智能服装中，可以为医疗信息系统中接受康复治疗的患者的数据管理做出很大贡献。

三、纺织无线通信天线制备技术

随着材料及工艺的发展，越来越多的新型材料逐渐应用于柔性可穿戴天线的研究中。柔性织物因其具备透气、柔软、穿戴舒适等独特的优势成为可穿戴天线柔性介质基体的理想基材，并广泛用于制备织物天线。柔性织物天线通常可分为两类，一类是基于纺织或刺绣工艺，将导电纤维按照天线的结构缝在织物基体上；另一类是基于喷墨打印/涂覆等工艺，在柔性织物基体上按照天线结构通过打印纳米导电颗粒或涂覆导电聚合物等制备柔性可穿戴织物天线。目前，市场上主要有三种纺织天线制造技术，它们对导电部分进行图像化，并将导电部分与绝缘天线部分连接起来。一种是用传统的方法，包括编织、整合或刺绣铜带、导线（如银或铝）或导电纱线制成衣服；另一种广泛使用的技术是将电子纺织品（通常是镀铜或镀铜镍的非织造布）与纺织面料通过热激活热敏片结合在一起；还有一种是添加制造技术，如丝网或喷墨印刷和 3D 打印，可以用来配置天线、反射器、纺织品底面。最近，一种新型的衬底波导技术被设计生产完全由纺织品制成的可穿戴天线，这是在（多层）高频层合板中构建波导的一种行之有效的方法。

（一）可穿戴纺织天线

国内关于柔性可穿戴纺织天线的研究仍处于起步阶段，主要集中在北京邮电大学、东南大学、西安电子科技大学、华南理工大学等高校。近些年，随着穿戴式智能终端设备的日益增多，在无线通信设计环节，具备柔性、可共形等特点的纺织天线设计与实现逐渐受到研究者的关注，并取得了一定的研究成果。从已发表的研究成果看，国内关于柔性可穿戴天线的研究，一方面是基于导电织物，通过在织物基体上编织不同结构的柔性可穿戴织物天线；另一方面是天线阵，在服装等基体上设计成腰带或马甲式的大型天线阵。与国外研究成果相比，国内在基于其他柔性介质基体和新型材料研制柔性可穿戴天线方面的研究较少。

北京邮电大学刘宁等人提出一款用于人体中心网络的超宽带可穿戴织物天线，并对比分析了不同导电织物的电磁特性以及不同编织方式对天线性能的影响。同时，基于人体三层组织人体模型，分析了近人体情形下人体对穿戴式柔性织物天线性能的影响。基于导电织物成功设计出 2.4GHz ISM 频段可穿戴圆极化天线、可穿戴超宽带天线、甚高频以及特高频天线。

华南理工大学邱允会等人基于人工磁导体最基本的表面波带隙与反射相位带隙特性，开展面向体域网的可穿戴天线研究。包括了双频单极子天线和宽带风车型偶极子天线，并对天线在体表弯曲时的性能以及天线对人体的辐射特性等进行研究。研究结果表明，人工磁导体结构在提升天线增益、降低天线与人体耦合度以及保持天线低剖面特性等方面具有重要作用。西安电子科技大学吴强等人提出一款与人体腰部共形的微带共形天线阵和基于马甲载体的可穿戴共形天线阵的设计方法，然而，上述两款共形天线阵的导电辐射贴片选材均是铜箔，同时，天线介质基材也是刚性的，仅在一定程度上减少了在穿戴过程中因发生弯曲、拉伸、折叠等形变对共形天线阵性能造成的影响，由于基材采用刚性介质板，会导致共形天线阵质量增加，且影响其穿戴舒适度。

图 11-23 为美国俄亥俄州立大学（The Ohio State University）基于纺织制造技术研制的一款织物天线，通过在柔性布料基体中刺绣直径为 0.1mm 的特殊导电材料，并依据天线结构绣成对应的图案以实现织物天线功能。

通过编织或刺绣等工艺在柔性织物基体上制备柔性可穿戴

图 11-23 织物基地上刺绣柔性织物天线

天线，天线辐射贴片电阻率的均匀性很难保障。此外，由于导电纤维在编织或刺绣过程中会形成缝隙，且导电纤维形成的交叉结构使得辐射贴片表面粗糙，不利于降低电阻率，影响天线的辐射性能。随着纳米打印技术的日益成熟，借助纳米打印技术在不同柔性基体上打印电子墨水制备柔性电子器件成为一种新兴技术和解决方案。相比于编织或刺绣等工艺，波兰罗兹理工大学基于喷涂打印技术在织物柔性基体上打印银纳米颗粒制备的柔性可穿戴织物天线，喷涂打印工艺提升了辐射贴片的表面平整性与均匀性，同时，其加工精度可控。PARK等人在弹性纺织纤维表面喷涂打印银纳米颗粒制备柔性可拉伸半波偶极子天线。中国科学院化学研究所新材料实验室宋延林课题组在纳米绿色打印柔性天线领域取得了优异的成果。宋延林等人基于绿色纳米打印技术在柔性基体上研制了柔性电路及天线实物，该柔性电子系统已成功应用于北京 APEC 会议场馆门卡的设计中。

罗文大学和马来西亚大学的研究人员首次使用一种由材料激励单元电池开发全纺织波导天线，该单元也用于复合的右/左手传输线。该天线结构紧凑，坚固耐用，可用于 2.45GHz 和 5.4GHz 双频无线局域网器件。帕特里亚（芬兰，哈利）是一家在纺织品天线设计方面具有专长的公司。开发的是由传统或工业纤维组成的纺织天线，而通常导电的天线部件是由现代的导电纤维制成的。

（二） 可穿戴织物天线设计要求

对于柔性可穿戴织物天线来讲，应着重讨论可穿戴的特点。而对于可穿戴方面，需要考虑多种性能，设计天线的天线性能，包括对于可穿戴天线的辐射方向图、发射功率、效率、增益等天线性能参数有许多不同的需求。其外形、尺寸和厚度等都会在一定程度上受到应用领域的限制。

1. 天线性能　可穿戴天线的频率是固定的，此实验设计 2.45GHz 的柔性可穿戴织物天线。其辐射范围主要集中在体域网一个小范围内，需要的传输距离短，所需的信号强度也较低，故发射功率很小。但是，可穿戴器件配置的电池同样要满足体积小的应用要求。在此情况下，效率就显得格外重要。为提高可穿戴天线的效率，需要用低损耗的天线材料来解决。

佩戴者在穿戴、走动的过程中，存在多种姿态，其数据的终端相对佩戴者穿戴的天线位置和方式是不固定的，天线可活动范围较大，并不是单一指向，故在设计的过程中，应着重考虑设计成较宽的天线发射角度，并不是强调特定的方向性。

此外，可穿戴天线经常出现弯折情况，弯折情况可影响天线的频率特性以及方向图特性的影响。故在设计阶段，应考虑好弯折对两者的影响情况，尽量降低弯折带来的频率偏移和其他损耗及影响。

2. 物理特性　可穿戴天线的物理特性着重考虑天线对于外型、尺寸、厚度的要求。穿戴于不同的位置、场合，对三者的要求也不相同。天线过大过厚，穿着会较硬，影响佩戴者的舒适感。考虑到天线的弯折情况，天线的设计尺寸不应过大。同时，在激烈的运动过程中，四肢受到的猛烈撞击可能会弯折天线，所以，关于佩戴位置会有很高的限制。应用在军事领域中时，天线也应具有一定的强度和抗疲劳性。

为方便天线在衣物上的集成，柔性可穿戴织物天线需要考虑在衣物上的集成性，织物天线以纺织材料为衬底，在衣物上的集成有很大的优势。要求可穿戴天线的衬底材料的损耗要尽量低，其重要参数为损耗角正切值。导电材料导电率要尽量高，其在特殊应用会考虑防水、透气等特性。

3. 人体和天线的相互影响　一方面，电磁辐射会影响佩戴者的健康，虽然可穿戴天线的发射功率较小，但是背向辐射较强，就会对身体造成损伤；另一方面，在体域网外通信和体表通信频段内，人体可被看作皮肤层、脂肪、肌肉、骨质等多层电介质堆叠出来的层状结构。当天线放置于人体表面或附近时，人体自身的电磁场会影响天线性能，应该考虑好电磁隔离问题。

（三）设计原理

以微带天线为例讲述设计方法。微带天线是近几十年来逐渐发展起来的新型天线。它的结构由辐射元、介质层和参考地三部分组成。与天线性能相关的参数包括辐射源的长度 L、辐射源的宽度 W、介质层的厚度 h、介质的相对介电常数损耗正切、介质的长度和宽度。图 11-24 所示的微带贴片天线（微带馈线）是采用微带线来馈电的。

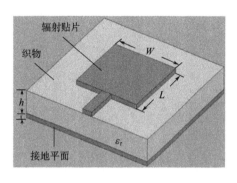

图 11-24　微带天线工作原理及结构

由图 11-24 可见，上表面的导体贴片带电，下表面接地，不带电。以织物为中间介质基片，所需的介电常数要大。其微带天线的辐射机理是贴片四周与接地间激励出高频电磁场，通过贴片四周与接地间缝隙向外辐射。一个微波电路如果没有被导体完全封闭，电路中的不连续处就会产生电磁辐射。在微带电路的开路端处，结构尺寸的突变、折弯等不连续处也会产生电磁辐射。当频率较低时，这些部分的电尺寸很小，因此，电磁泄漏小，反之增大。再经过特殊处理，改变适当尺寸、大小使其工作在谐振状态。辐射明显增强，辐射效率提高。

（四）实施方案

在织物表面模仿微带天线结构以及控制尺寸，满足特定频率实现功能。选用石墨烯和聚苯胺制备高导电性辐射贴片与接地平面，石墨烯与聚苯胺之间相互连接，其协同作用利于提升复合材料的电学性能。并基于丝网印刷技术在丁尼布织物两面制备织物微带天线。依据传输线模型及丁尼布的特性参数（介电常数 $\varepsilon_r = 1.68$，损耗角 $\tan\delta = 0.03$），对柔性织物天线进行优化设计。

柔性可穿戴织物天线的制备流程：石墨烯和聚苯胺混合并中加入适量分散剂并进行超声分散，加入一定固化比例的 PDMS，搅拌均匀制备石墨烯/聚苯胺/PDMS 复合导电材料。用丝网印刷技术制备，拓扑成型后组装成柔性织物天线。

（五）性能评价

1. 增益方向图　天线方向图是表征天线辐射特性与空间角度关系的图形，目的是验证柔性可穿戴织物天线在 2.45GHz 处中心频率的辐射是否有良好的一致性。增益是用来表征信号朝一个特定方向收发信号的能力，对它的要求是范围尽量广。由图 11-25 可见，XOZ 与YOZ 平面的方向图仿真结果与实测结果保持良好的一致性，而且背向辐射小，减小了辐射对头部辐射的伤害。验证了设计的柔性可穿戴织物天线的可行性。

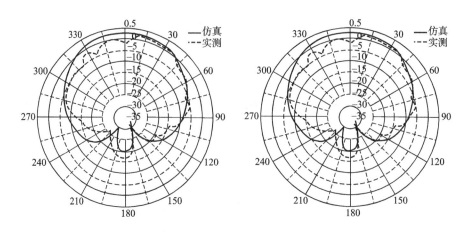

图 11-25　XOZ 与 YOZ 平面仿真与实测增益方向图

2. 回波损耗　回波损耗是表示信号反射性能的参数。回波损耗说明入射功率的一部分被反射回信号源。损耗高的频率被利用接收（即回波损耗越小，接收利用率越高）柔性可穿戴织物微带天线的回波损耗仿真与实测结果如图 11-26 所示，中心频率 2.45GHz 处实测其仿真与实测回波损耗分别为-36.2dB 和-22.6dB，-10dB 带宽约为 165MHz，满足工程要求。

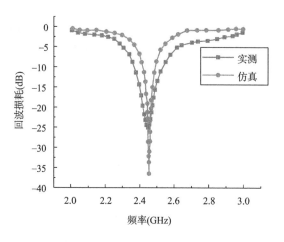

图 11-26　柔性织物天线回波损耗仿真与实测结果

3. 对人体的影响　柔性织物天线在可穿戴式应用领域，通常采用比吸收率（SAR）定量衡量天线辐射能量对人体组织的影响，将人体组织模拟为三层所示模型（包括皮肤、脂肪和肌肉），建立如图 11-27 所示的人体模型。根据给出的 2.45GHz 时模拟三层的电磁参数（表 11-8），改变天线与人体表面的距离参数，进行如图图 11-35 所示 SAR 仿真分析，得出表 11-9 数据，根据结果可知均小于规定 1.6W/kg 的标准。则说明，此天线对人体的伤害在规定范围内。

表 11-8 模拟皮肤的各层电磁参数

人体组织	相对介电常数	电导率（S/m）	损耗角正切值 tanδ	厚度（mm）
皮肤	38.007	1.464	0.283	1
脂肪	5.2801	0.105	0.105	3
肌肉	52.729	1.739	0.242	20

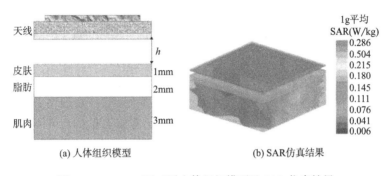

(a) 人体组织模型　　(b) SAR仿真结果

图 11-27　HFSS 下三层人体组织模型及 SAR 仿真结果

表 11-9　不同距离下的 SAR 值

h（mm）	1	3	5
SAR（W/kg）	0.295	0.286	0.271

4.人体对天线的影响　图 11-28 为在 2.45GHz 工作频率下天线模型与人体组织模型在不同距离下的回波损耗仿真结果，当天线与人体组织模型较近时，其中心频率会发生轻微偏移，然而，其性能仍能满足要求。人体的辐射影响不是那么大。但是不仅需要考虑人体，人体佩戴其他物品也可能会影响回波损耗。

5.弯折问题　弯折对天线性能的影响很大。选取弯曲半径为 100mm 时，结果如图 11-29 所示，当柔性织物可穿戴织物天线沿 X 轴或 Y 轴发生弯曲时，其中心频率会沿低频方向发生轻微偏移，但仍能满足工程应用需求。但实

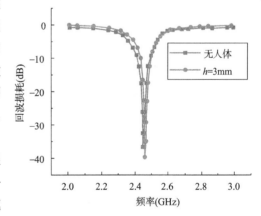

图 11-28　天线在距离人体不同位置时的回波损耗

验仿真可知，当弯曲半径降低至 80mm 时，柔性可穿戴织物微带天线已不能继续正常工作。所以，织物天线不能佩戴在弯曲程度较大的部位，如肘关节、膝盖等。

（六）改进建议

可选择多种介电常数较大的织物进行测试比较。在弯折方面，由实验可得在弯曲半径小于 80mm 时，天线就不能正常工作，导致织物天线所处位置的限制性增大。例如，在运动的过程中，激烈的动作会导致天线损坏率增大，故应该寻找抗弯曲能力强且不影响天线性能的

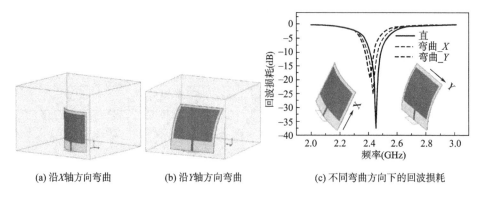

| (a) 沿X轴方向弯曲 | (b) 沿Y轴方向弯曲 | (c) 不同弯曲方向下的回波损耗 |

图11-29　柔性可穿戴织物天线弯曲仿真模型及回波损耗

材料作为织物天线的材料。在温度升高的情况下，织物的介电常数会改变很大，这会影响天线的正常工作，应该经过改性等使材料相对于温度变化不那么明显。另外，湿度对其影响也很重要，在很多应用中都需要防水性极高的柔性天线。在人体对天线的影响中，还有一些外界因素比如人体携带的手表、手机等对其辐射的影响，每个人体的三层组织的含量不相同。

第四节　发展趋势

智能纺织品作为新兴可穿戴技术的一部分，尽管已引起相当大的研究和商业兴趣，但目前几乎没有可用的商业产品。在纤维尺度开发聚合物基纺织兼容设备，并把这些设备集成到可能包括传统半导体设备的功能性电子纺织系统中，同时保留纺织品的柔软性和舒适性等基本性能，仍存在很大挑战。这种集成的一个重要部分是可在纺织工艺中实现信号传输及互联的材料和方法。传输互联技术的大多数问题源于互联使用的必要材料，这些材料的力学性能和尺寸不匹配（通常是几个数量级的）的情况不容小觑。虽然大多数纺织纤维比硅和金属的柔韧性高几个数量级，无论是在微观尺度还是在宏观尺度，但大多硅基器件是脆性的，且具有微观级别的特征。在这种情况下，基于弹性体的柔性电子材料是有前景的。通常，弹性体的性质，如弹性模量、电导率和介电性能，都可以局部工程化调节。然而，将超导电的刚性互联器与柔软的或聚合物基对应物相匹配并非易事。此外，必须考虑用于可穿戴设备的材料生物相容性和环境安全性等问题。

织物传输互联技术在应用中存在的关键技术问题是在邻近导体之间的交流信号串扰、交叉点之间的电阻损耗和阻抗匹配。当在智能织物互联网络中的导体被平行排列且彼此接近时，尽管彼此没有直接接触，在邻近信号线之间可能出现电容和电感信号串扰。这类串扰导致相邻信号线信号失真。此外，在邻近信号载线的无噪声信号线中，串扰引起信号波动，这是由于在信号载线中电信号的起落。为了降低织物互联中信号串扰，美国北卡罗来纳州立大学研发团队提出开发类似同轴线缆的包覆纱、包缠纱，并设计纱罗及多层织物组织结构进行电路布线。另外，在传统织物电路中电气连接点的电阻之间存在差异。如果导体以经纬纱织成织物，经纬纱之间接触点间隔各不相同，这样在接触点之间不能实现均一电阻。在导体接触点之间减小接触将增加直流电阻，并产生诸如寄生电容和电感等不良交流特征。鉴于此，在未来织物电路开发中需要设计和制备新型复合导电纱及织物电路，降低导电复合纱介电常数和介电损耗，认识织物电路板的电力及信号传输性能，优化选择性连接和绝缘织物中导体的方法和电路体系。

到目前为止，已发表的大量电子纺织品研究主要集中在新材料和独特系统的材料及制备，而没有考虑纤维集合体的层次结构及纺织材料在加工和使用中经受的应力和应变兼容性问题。因此，后续研发需要提出设计和制造完整的电子纺织系统的新策略，包括电源、转换、通信、驱动和数据处理，这种完整的智能/电子纺织品所需的传输互联应该平衡材料、设计、加工和表征技术，这些技术来自材料科学、微电子制造和电路设计、纤维和聚合物科学以及纺织等多学科领域。

思 考 题

1. 影响纺织天线性能的基本材料属性是什么？
2. 织物电路对材料有什么基本属性要求。
3. 简述纺织互联器的特性。
4. 举例说明纺织电路的制备方法。
5. 举例阐述纺织电子元器件之间互联互通技术的瓶颈。

参考文献

[1] AGCAYAZI T, CHATTERJEE K, BOZKURT A, et al. Flexible interconnects for electronic textiles [J]. Advanced Materialss Technologies, 2018, 3 (10): 1700277.

[2] STOPPA M, CHIOLERIO A. Wearable electronics and smart textiles: a critical review [J]. Sensors (Basel), 2014, 14 (7): 11957-11992.

[3] ROH J S. All-fabric interconnection and one-stop production process for electronic textile sensors [J]. Textile Research Journal, 2017, 87 (12): 1445-1456.

[4] DE VRIES H, CHERENACK K H, Schuurbiers R, et al. Failure modes in textile interconnect lines [J]. IEEE Electron Device Letters, 2012, 33 (10): 1450-1452.

[5] 肖渊, 蒋龙, 陈兰, 等. 织物表面导电线路成形方法的研究进展 [J]. 纺织导报, 2018, 8: 92-95.

[6] WANG B, FACCHETTI A. Mechanically flexible conductors for stretchable and wearable e-skin and e-textile devices [J]. Adv Mater, 2019, 31 (28).

[7] GEMPERLE F, KASABACH C, STIVORIC J, et al. Design for wearability [C]. Papers Second International Symposium on Wearable Computers, 2002.

[8] ZHANG H, TAO X, WANG S, et al. Electro-mechanical properties of knitted fabric made from conductive multi-filament yarn under unidirectional extension [J]. Text Res J, 2005, 75, 598.

[9] LI Q, TAO X. A stretchable knitted interconnect for three-dimensional curvilinear surfaces [J]. Text Res J, 2011, 81, 1171-1182.

[10] MA R, LEE J, CHOI D, et al. Knitted fabrics made from highly conductive stretchable fibers [J].

Nano Lett, 2014, 14, 1944.

［11］ ZENG W, TAO X, CHEN S, et al. Highly durable all-fiber nanogenerator for mechanical energy harvesting ［J］. Energy Environ Sci, 2013, 6, 2631.

［12］ POST E R, ORTH M, RUSSO P R, et al. E-broidery: design and fabrication of textile-based computing ［J］. IBM Syst. J, 2000, 39, 840.

［13］ IRWIN M D, ROBERSON D A, OLIVAS R I, et al. Conductive polymer-coated threads as electrical interconnects in e-textiles ［J］. Fibers Polymers, 2011, 12, 904.

［14］ WANG Z, ZHANG L, BAYRAM Y, et al. Embroidered conductive fibers on polymer composite for conformal antennas ［J］. IEEE Trans Antennas Propag, 2012, 60, 4141.

［15］ KIM H, KIM Y, KWON Y S, et al. A 1. 12mW Continuous healthcare monitor chip integrated on a planar fashionable circuit board ［C］. IEEE International Solid-State Circuits Conference-Digest of Technical Papers, IEEE, 2008.

［16］ KIM J H, OH D, KIM W. Accurate characterization of broadband multiconductor transmission lines for high-speed digital systems ［J］. IEEE Trans Adv Packag, 2010, 33 （4）: 857-867.

［17］ KARAGUZEL B, MERRITT C R, KANG T, et al. Flexible, durable printed electrical circuits ［J］. Text Inst, 2009, 100 （1）: 1-9.

［18］ LOCHER I, TROSTER G. Screen-printed textile transmission lines ［J］. Text Res J, 2007, 77 （11）: 837.

第十二章　传感系统的信息交互及其他部件

纺织传感器的不断涌现，并逐步融入大众的生活，成为人们获取、传输信息的主要手段。使用方便、易于携带的输入设备成为提高信息输入效率、增强用户体验的关键。微型键盘、触摸屏、语音控制等技术的应用不断提高电子设备的人机交互性能。一个完整的传感系统不仅包含信号采集、传输电路，还需要配有信号采集控制的人机交互界面、采集信号的显示界面等，如织物写字板、触控界面和织物显示屏。基于织物的输入设备采用织物作为主体，具有轻薄、柔软、可折叠，便于与服装进行集成的优点，成为便携式输入设备的理想选择。

虽然大家熟知柔性、触摸敏感设备的架构，但把这些设备转变为纤维集合体基底并不容易。要求纺织品的外露导电纱逐渐接触人体皮肤时产生电阻变化，这类选择性触摸响应纺织品尚未被报道。但是，当用户皮肤或触觉交互表面是脏的、油的或湿的时候，这种工作原理将失效，限制了纺织基触觉交互界面在实际环境中的应用。

第一节　织物输入键盘

最为人熟知的人机交互界面则是电脑键盘，目前，常用的计算机键盘具有不能卷曲、不可洗、携带不方便等缺点。织物键盘具有柔软、可折叠等优点，把行列矩阵电路植入织物，代替硬质键盘的膜开关。采用物理方法在织物中植入导电材料，保持硬质键盘的优点，同时发挥传统纺织品的优势。

一、工作原理

基于导电织物的柔性键盘一般分为开关原理的扫描式键盘和触摸屏原理的电阻式键盘两种。开关键盘采用导体或银浆作为导电通路嵌入织物面料中，通过轮询扫描按压点的通断信息，判断按键位置，其结构和控制电路比较简单，功能也较单一。同时，由于导体材料与织物面料力学特性存在差异，在折叠及受力情况下，导体容易发生断裂、移位等现象，导致按键功能失效。

就电阻式触摸屏原理的织物输入设备而言，采用表面电阻均匀的导电织物代替常见触摸屏的透明氧化金属导电层，对导电织物表面电阻值的一致性要求较高。同时，设备基于电阻分压原理设计，电压测量控制与位置计算也相对复杂，一般采用专用的芯片实现电路功能。与开关式键盘不同，触摸键盘属于连续型电压模拟量测量，原理上可以细分到控制芯片DA分辨率相同数量的按键数目，还可通过软件配合完成键盘、鼠标等多种自定义功能，具有更为广泛的用途。

基于单层织物电容的第一代发明是织物基计算器和键盘。在这样的设备中，接触点可能是一组刺绣或丝网印刷电极，测量接触引起的总电容变化，其电容随手指在电容电极表面的触摸而改变。而且，使用电极阵列的电容交互界面也能显示服装是否合身。电容式织物交互界面用作键盘的制备和使用原理如图12-1所示。TAKAMATSU等采用涂覆PEDOT：PSS导电聚合物的锦纶形成导电纱线，再织成机织物。在手指每次施加压力时电容改变，发出信号。虽然这种结构简单，但是导电聚合物涂层的弯曲能力和稳定性是非常重要的。这些电子纺织品的敏感性可通过两种方法控制。一种是电容传感界面的自身质量，另一种是产品中导电纱线的导电能力。

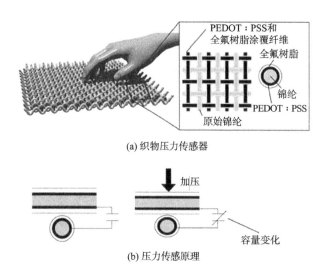

(a) 织物压力传感器

(b) 压力传感原理

图 12-1　电容式织物交互界面示意图：（a）在交互结构中，导电聚合物和介电膜涂层纤维作为经纱和纬纱，形成电容；（b）在触控交互机理方面，施加的压力引起电容变化

二、织物键盘的开发现状

柔性织物键盘开关是柔性织物键盘的重要组成部分，近年来，基于薄膜开关结构的柔性织物键盘开关已逐渐发展成为智能纺织品领域的研究热点，受到了广大研究者和企业的关注。2002 年，SERGIO 等研究者报道了一种电容式织物压力传感器，利用行电路和列电路间相互配合制作完成，并且通过刺绣的方式将导电纱线分别植入传感器的上下织物层，行电路分布于上织物层，列电路分布于下织物层，上下织物层间使用弹性泡沫材料隔开。虽然该传感器可以捕捉织物表面的压力变化信号，但是弹性泡沫降低了传感器的灵敏度，同时，这种夹层式的传感器结构不够柔软，服用性能受到很大的限制。2006 年，浙江理工大学研制了一种柔性织物键盘，由织物代替键盘的塑料等材料，由上下电路层、按键层和隔离层构成。该织物键盘具有柔软可折叠的优点，同时灵敏度高和准确性好，不足之处在于这款键盘的电路层是由导电浆料印制而成，使用过程中随着导电银浆的磨损、褪却，可能会影响织物导电的稳定性，从而影响键盘的使用寿命。2009 年，张美玲等报道了一种柔性织物键盘。该键盘基于三维立体织物结构，由按键层、功能层和隔离层构成。其中，功能层采用导电纱线和绝缘纱线交替织造而成，按键部分采用孔洞结构，四周使用角连锁组织将其固定，孔洞下层的纬纱使用导电纱线，形成行电路，上层经纱也采用导电纱线组成列电路。当按压按键层时，上下导电层相互接触，电路导通，松开按键层，电路则断开。该织物键盘采用一体织造成型，因此，对纱线的性能和织造条件有很高的要求。2011 年，东华大学杨旭东等研制了一种刺绣型织物键盘。包括上下覆盖层、绝缘织物层以及上下传导织物层，每一层均为不导电织物，再利用刺绣的方法将导电纤维分别植入上下传导织物层，形成行电路和列电路。该

键盘可卷曲折叠，实现了键盘织物化。2012 年，郭力设计了一种柔性织物键盘，该键盘由按键层、上下功能层、隔离层和保护层组成。按键层上标有字符，隔离层上的孔洞与每个按键——对应，上下功能层分别设有单根弓字型结构的导电纱线且带有两个接触点，提供外接接口，可与手机、电脑等硬件设备连接。该键盘具有可携带性、可折叠性及全织物化等优点，为可穿戴智能纺织品开辟了道路。2015 年，周莉采用三维立体机织的方法织造了柔性织物键盘开关，设计的织物开关由三维结构的支撑部分和孔洞部分组成，支撑部分使织物开关的上下传导层在通常状态下保持隔离，孔洞部分使上下传导层在按压力下接触导通。

相关资料表明，国外已经在柔性织物键盘方面进行了研究，并且出现了一些产品。例如，织物键盘应用在 PDA（掌上电脑）、标准键盘和手机上，Logitech、Orange、Techpinch、Spyderer 等公司也有相关的产品。实际上，这些公司均采用英国 Eleksen 公司的 ElekTex 技术。ElekTex 制作成五层织物叠加排列构成一个电子触摸板。外层和中心层为导电层，两个隔离层围绕中心层。当压缩各织物层时，该传感器接触启动，形成一个电路。通过这个动作，位置 X 和 Y 产生分辨率低的压力测量值（Z）。这些 X、Y、Z 值衡量和解释相关的电子控制装置，如可将动作转换为一个指令传给手机或电脑等目标电子设备。同时，IDEO 与 Electro textiles 两家公司创造的柔性键盘（图 12-2），每个字母或数字都有相应的按键，且对触控作用响应灵敏。

图 12-2　ElekTex 织物键盘

新西兰纺织研究和开发组织（WRONZ）已研制出导电纺织连通技术和聚合体应用工艺来生产开关装置，该装置能保留传统纺织品的美学性质和功能及技术性质。Peratech 已生产一系列具有独特特性和不同电子性能的弹性电阻聚合物，其是一种"可变电阻"量子隧道效应复合材料，能提供电子装置的比例控制及简单的开关转换。这意味着一旦手指触摸，该材料能由绝缘体变为金属般的导体，对于数字式或模拟式均可适用，可以用作最基本的开/关控制，也可以根据压力的大小来进行程度性控制。如一个按键可以更换 MP3 声道，也可以控制音量大小。WRONZ 欧洲实验室与 Peratech 公司已研制出一系列样品，包括织物音乐键盘、服装用触控垫和计算机用键盘等，如图 12-3 所示。用羊毛编织的计算机键盘可以像围巾一样卷起来。在羊毛中添加特殊的合成纤维，这种纤维能在受压时从绝缘体变为导体，只要按压键盘，信号就可以传送给计算机。

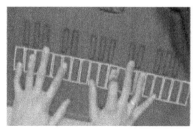

(a) 织物音乐键盘　　　　　　　　　(b) 织物计算机键盘

图 12-3　织物键盘

美国 MIT 的实验室用导电纱刺绣制成织物键盘。该织物键盘使用导电性和非导电材料缝制成一个行列寻址结构,使用此键盘的数字衣服可以像其他衣服一样在洗衣机中洗涤。日本爱知县产业技术研究所对外宣称已成功开发具有传感功能的织物,其具备接触式开关功能。据资料介绍,该织物采用皮芯结构,芯部为具有导电功能的金属纤维,皮层为具有绝缘性的纤维。这种纤维制成的织物在受压后,经线和纬线之间的距离变小,其间静电电容量发生变化,这种电容量的变化可以实现开关功能。

三、织物键盘的设计

信息化服装及可穿戴计算机是将信息处理设备穿戴于人身上,与人所穿的衣物相结合实现人与计算机之间自然、方便和有效的信息交互,因此,需要将键盘、鼠标进行柔性化、织物化后与服装进行有效集成。信息化服装及可穿戴计算机要求输入方式灵活,特别是对鼠标控制功能的需求,传统扫描式按键已无法满足需求。

(一) 柔性输入设备的原理

基于电子织物的柔性输入设备组成如图 12-4 所示,主要由织物传感器、触屏控制电路、USB 接口电路组成。其中,织物传感器采用具有一定表面电阻的导电织物材料作为核心,结合多层结构设计,将按压位置信号线性转换为对应电压信号。触屏控制电路具有标准电压生成、模/数转换、逻辑控制三大功能,基于电阻分压原理在导电织物表面形成标准的电压梯度,测量按压点的电压后进行模/数转换,生成数字信号向外输出。接口电路采用 USB 接口芯片,写入触屏控制电路参数,实时获取传感器输出数据,向主控设备传输。上位计算机接收数据后完成电压与按键位置的线性转换。

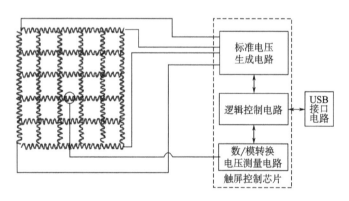

图 12-4　织物键盘接线原理

为简化系统设计,提高设备运行的可靠性,选用高度集成的 5 线制触摸屏控制芯片 ADS7845 实现标准电压的生成、数据采集处理及逻辑控制。芯片采用 5V USB 电源供电,生成的 5V 参考电压输出管脚 UR、LR、UL、LL 与具有一定面电阻的织物材料的 4 角分别相连,织物表面形成横向及纵向的梯度电压。在按压状态下,位置点 P 处横向及纵向的电压通过 wiper 引脚分时刻进入芯片内部 12 位 ADC,将模拟电压量化为数字信号。芯片接口电路将转换后的数据通过 USB 接口向计算机输出。计算机程序获取按压点电压值,与 5 V 参考比较,确定按压点在传感器中的相对坐标,从而确定其所在的具体位置及对应的控制符号，进而实现相应的控制操作。

（二）导电织物电学性能的分析

作为织物键盘的核心部件，导电织物表面电阻值的均匀性与一致性是织物键盘的基础。导电织物一般采用镀银工艺或是高分子导电布料形成具有一定表面电阻的织物面料，用于抗静电及抑制电磁辐射等。由于纺织及织造工艺的限制，其织物不同区域表面电阻的差异非常大，均匀性较差，必须在使用前进行电学性能分析。

（三）织物键盘结构设计与功能实现

织物键盘通过导电织物层、功能定义层、隔离层、保护层的设计，实现按压位置到电压信号的变换，提供按键区域的定义划分及对键盘进行保护。计算机应用程序获取传感器采集数据，进行电压数据到位置数据的转换，并根据按键区域的功能定义实现操作控制功能。

简单的织物键盘一般分为五层。键盘顶层为符号定义层，用于划分触摸区域，采用印染或针织等方式定义键盘功能，如字符、功能键、计算机控制等，同时为键盘提供保护。第2层为上导电织物层，作为检测电极在按压状态下与下导电织物层接通，获得按压位置的横向和纵向电压值。上导电织物层通过外接导线与触屏控制器的 wiper 管脚相连，实现检测信号输入。第3层为隔离层，用于分隔上、下导电织物层，系统采用网状多孔轻薄织物组成，两层在不受外力时不接触。按压操控状态下，上、下导电织物层受外力，在按压点通过隔离层的细孔接通两织物层，将电压信号输出。第4层为下导电织物层，该层织物的4个顶角通过金属线对应连接触屏控制器的 UR、LR、UL、LL 四个管脚，控制电路提供标准电压，在织物层表面形成电压梯度，通过位置电压表示其在织物层上的相对位置。最底层为保护层，为导电织物层提供绝缘保护并加固键盘。

隔离层织物的选型决定键盘的实用性能。由于导电织物层比较柔软，过薄的厚度和过大的网孔很容易接通上、下导电层，在未按键时出现错误按键指示。如果隔离层过厚，织物网孔过小，则所需按压力度比较大，影响操控的手感。实际设计中选用厚度为 0.3mm、孔径为 2.0mm 的多孔织物，实现较好的按压手感和接通效果。

采用表面电阻值分布均匀的导电织物作为触摸操控设备的传感器，通过结构设计可实现键盘鼠标等输入设备，满足人们对轻便、柔性输入设备的需求。现有导电织物面料表面电阻值范围从几十欧到几千欧，差异较大，需选取标准差率小于 0.5% 的织物以获得较好的一致性。采用触摸屏技术与导电织物相结合可实现键盘、鼠标等功能，相较基于开关信号输入的扫描式键盘，具有更紧凑的结构，更丰富的功能，可更好满足实用需求。

第二节　触控装置

柔性触摸装置在智能纺织品的研制中，作为人机交互的界面，因其直观、简单、快捷等优点，在机器人的皮肤传感领域以及可穿戴触摸技术领域有着非常重要的应用。谷歌公司开展提花布 Jacquard 项目，该项目在纺织品内编织导电纱线，使衣服具有触摸敏感性与交互性，如同触摸屏一般。王中林院士团队研究并开发了一种基于丝网印刷方式制备的、具有手势感应功能的自驱动型智能织物。这款织物不仅能够实现手势感应，而且还能够像普通衣物一样清洗。这款衣物采用碳纳米管溶液作为电极材料，碳纳米管不但具有较高的电导率，并

图 12-5　谷歌公司采用提花技术
开发的织物交互界面

且还具有良好的耐清洗性能。

触摸装置作为一种人机交互信息的输入媒介，主要通过触摸的方式输入信号。常见的触摸装置具有质地坚硬、不可变形、体积较大、不方便携带的特点。相对而言，柔性织物触摸垫可折叠、轻便易携带。目前，按工作原理可分为红外、表面声波、电阻式、电容式柔性织物触摸垫。其中，织物开关、织物键盘、织物触摸垫等电容柔性触控装置在智能纺织品中的研究得到越来越多的关注。

电阻式触摸屏主要工作层为两层导电层（ITO 均匀涂层），导电层的对边印有电极，导电层按照电极互相垂直的方向叠放；在两层导电层之间有许多隔离点（或者空气层）把它们隔开绝缘。检测时，两导电层互为电压施加层和探测层。当手指触摸时，相互隔离的导电层在触摸点位置有了一个接触，闪其中一面导电层接通 X 轴（与之垂直的方向设为 Y 轴）方向某一电压（如 5V）的电压场，使得探测层的电压由零变为非零，控制器探测出接通信号后，进行 A/D 转换，并将得到的电压值与 5V 相比，即可得到触摸点的 X 轴坐标；同理可得出触摸点的 Y 轴坐标。

计算机的输入设备有键盘、鼠标、手写板以及触摸板，这四种输入装置的基本原理大致相同。手写板和触摸板不仅能绘画、写字，而且具备鼠标的功能。柔性触摸垫利用使用者的手指移动来控制指针的动作，可作为鼠标的替代物应用于计算机。从工作原理来说，满足这些功能的触摸垫有电容式触摸垫和电阻式触摸垫，二者都可实现单点触控和多点触控。

1. 触摸垫的性能指标　关于标准的触摸垫性能指标暂无统一，但评价其操控性能的指标主要包含操控的可重复性、线性度、灵敏度和分辨率等方面。其中，线性度和重复性指标仅代表部分区域信号的偏移程度和稳定性。

线性度是用来描述传感器静态特性的一个重要指标，主要是被测输入量在稳定状态下的性能。线性度为触摸垫上任意测试点与解析点之间的一致性程度，也是拟合直线与实际输出线之间的最大偏差。拟合直线的算法有最小二乘法、重心法、端基法等。其准确度由传感器的基本误差和外界因素引起的改变量确定。利用端基法求出的最佳直线的拟合程度比最小二乘法略差。最佳直线的求法很多，如图解法、步进法、拉格朗日法等。有研究通过步进法测试触摸点坐标，得出四线电阻式触摸屏 X 轴方向的线性度为 $\pm0.184\%$，Y 轴方向的线性度为 $\pm0.337\%$。

重复性是指在触摸垫上连续多次重复测量同一位置，所得测量值之间的一致程度。现有的柔性触摸垫，由于材料的柔性、压缩回弹性等特征，重复性测试稳定性较差。如果采用弹性较大的导电膜作衬底，在提高弹性的同时，触摸垫的信号滞后性也增加，导致测试结果信号的稳定性差。金曼制作的硬质衬底多层感芯结构可提高在连续压力下的触摸垫压电薄膜信号输出的稳定性。李乔等通过改变织物的组织结构来提高织物开关的信号稳定性。

触摸垫的分辨率与极板材料的电阻均匀程度、线性度、相邻触控点间距有关。电阻均匀程度越好，线性度偏差越小，相邻触控点间距越小，分辨率越大。触摸垫的灵敏度与电容变化量相关，电容变化量越大，电容相对变化率越大，灵敏度越好。

2. 电容触摸垫的坐标定位原理 电容触摸系统分为触摸垫、驱动控制器 IC 和微处理器 CPU 三部分，如 12-6 所示。触摸垫本质上是一种传感器件，将触摸信号转化为电流信号。驱动控制 IC 相当于接收处理器，完成电流信号的接收并将电流信号转化成触摸位置数据。微处理器即接收反馈器，对接收的触摸位置数据进行处理并反馈到驱动控制 IC。

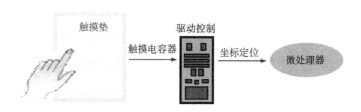

图 12-6 电容触摸屏的整体系统结构图

电容触摸垫工作原理（图 12-7）：当处于未触摸状态时，电容触摸垫相当于多个电容器并联，触摸面为等势面。当手指接触触摸垫时，人体与触摸垫之间形成耦合电容。在高频驱动信号作用下，手指吸走触摸点的小部分电荷，同时形成很小的微电流，微电流经检测器检测，并根据相应的坐标定位算法，确定触摸点的位置。

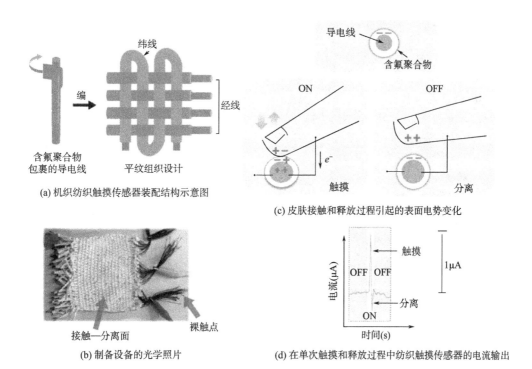

(a) 机织纺织触摸传感器装配结构示意图

(b) 制备设备的光学照片

(c) 皮肤接触和释放过程引起的表面电势变化

(d) 在单次触摸和释放过程中纺织触摸传感器的电流输出

图 12-7 典型电容触摸垫工作原理

按工作原理，电容式触摸垫可分为投射式电容触摸垫和表面式电容触摸垫。

一、投射式电容触摸垫

1. 投射式电容触摸垫结构及特点 投射式电容触摸垫是根据触摸屏的结构进行制备。矩形条状电极的投射式电容触摸屏结构如图 12-8 所示，玻璃上表面的矩形条为 X 轴上的感应电极，在 X 轴上的感应电极施加驱动信号，当人体接近时，感应电极的电容发生变化。玻璃下表面的矩形条为 Y 轴方向的感应电极，对 Y 轴上的电极进行扫描，检测感应电极接收到的信号。同时使用重心算法，分别对 X 轴感应的信号和 Y 轴感应电极上检测到的信号进行定位，得到手指在触摸垫上的位置。投射电容式触摸垫因检测方法不同，可分为自电容和互电容两种形式。自容式指当触控物体接触触摸垫时，与电极之间产生电容耦合，引起感应电极相对于地之间的电容变化，通过检测自电容的变化来确定是否发生触碰。互容式是检测交叉电极之间的耦合电容变化来确定是否发生触碰，并计算触摸位置。

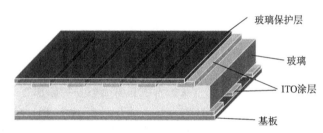

图 12-8　普通投射式触摸屏

轴交错式和可定位式二者还存在一些共同的特性，表 12-1 详细列举了二者特性的比较，以及自电容和互电容的应用。

表 12-1　轴交错式和可定位式的特性比较

	轴交错电容式	复杂触点可定位式
感测技术	自电容	自电容+交互电容
面板感测方法	列+行	列×行
最少 ITO 层数	2	2
多点手势识别	可	可
多点触控定位	1 点（2 层式）	多点
CPU 运算需求	单纯	复杂
存储器需求	小（小于 1KB）	数 KB

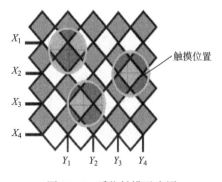

图 12-9　手指触摸示意图

2. 投射式触摸垫的定位坐标算法 触摸屏领域用到菱形电极比较多，以菱形电极为例。用户对于在电容式触摸屏上的定位精确度通常要求小于 ±1mm。由于触摸屏菱形图案对角线的长度一般为 4~6mm，当人手指触时，如图 12-9 所示，一般至少会触碰到 4 个菱形，X_1、X_2、X_3 和 X_4 分别为 X 轴方向的电极，Y_1、Y_2、Y_3 和 Y_4 分别为 Y 轴方向的电极。用重心算法计算触摸点坐标得到：

$$Px = \frac{\sum_{n=1}^{Nx} n \cdot S_n}{\sum_{n=1}^{Nx} S_n} \times G \qquad (12-1)$$

$$Py = \frac{\sum_{n=1}^{Ny} n \cdot S_n}{\sum_{n=1}^{Ny} S_n} \times G \qquad (12-2)$$

其中 S_n 为在第 n 个菱形感应块上的信号值，N 为 X 方向或 Y 方向感应电极的个数，G 为运算放大器的放大系数。

二、表面式电容触摸垫

（一）表面式电容触摸垫的结构

表面式电容触摸垫的结构与触摸屏结构类似，此处仅对触摸屏结构进行分析，触摸屏以玻璃层为中间层形成四层结构，如图 12-10 所示。在玻璃层上下表面各沉积一层透明导电膜，形成电容极板。常用的透明导电膜为铟锡氧化物（ITO），最底层的 ITO 为电容下极板，同时具有屏蔽作用，用来屏蔽在触摸屏显示时产生的电磁干扰对导电膜的损害，保证 ITO 的工作环境良好。内侧的 ITO 导电膜即上极板，作为工作环境，在其四角引出电极。最外层为矽土玻璃，用于保护内侧 ITO 导电膜，即表面电极。当使用者触摸电容屏时，手指和工作面形成一个耦合电容，人体与大地电位相同，此时从触摸屏四个角上的电极产生很小的电流经人体流向地面，每个角上的电流都与手指到对应角的距离成比例，经控制器计算四个比例，得出触摸点的位置。

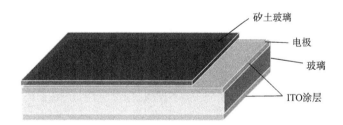

图 12-10　表面式电容触摸屏的结构投射式电容触摸垫

（二）表面式电容触控垫的坐标（X 和 Y）定位原理

1. 表面式电容触控垫的结构　图 12-11 呈现了电容触摸垫提取信号的原理。触摸垫为三层结构：上下两层为导电织物，作为触摸垫的极板；中间为不导电的织物，形成介电层。在上层极板四周分布 4 条矩形电极，使极板为均匀的线性电阻，而分布在触摸垫四角的点电极（A～D）用来连接引出导线。信号源发射出信号，通过四角的电极连接到触摸屏，使触摸屏表面产生均匀的电场。当手指接触触摸垫时，与极板表面形成耦合电容，并将电荷通过人体导入大地，同时在触摸垫上产生很小的微电流，通过四角的引线流到控制器，经过信号处理以后，得到触摸点的坐标位置（X、Y）。因为当手接触触摸屏表面时，各点的输出阻抗不同，电位不同，各输出信号与触点的相应位置有关。注意，基于这种原理的触摸垫只能进行单点触控。

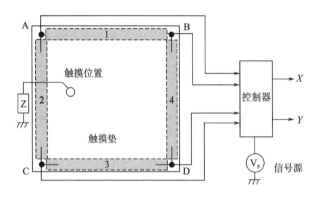

图 12-11　触摸垫触摸点位置信息提取示意图

1~4 代表矩形电极，A~D 为点电极

该结构触摸垫的电容影响因素包括织物的材料特征、周电极的形状及位置、点电极的大小等。针对表面电容式触摸垫电极的形状及电阻，蒋晶晶研究了电极形状与触摸垫偏离程度，表明增加电极长度，在一定程度上能够提高触摸垫的线性区域。而且，研究发现，如果表面电极的电阻太大，则电容式触摸垫的电场太小，而如果电阻太小，电极引出线消耗的功率太大，则影响触摸垫的精确度。

2. 一维定位原理　图 12-12 是根据电流确定电阻丝上点 8 的位置 1 和 4 为接口，2 和 5 为电源，3 和 6 为电流计，9 为均匀的电阻丝，8 为电阻丝上任意一点，7 为人体阻抗。

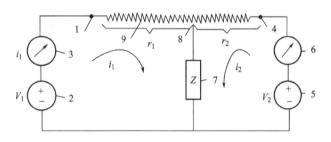

图 12-12　点 8 位置确定电路图

在图 12-11 中，电阻丝的阻值为 R，电阻丝上任意一点 8 将电阻丝分成阻值为 r_1 和 r_2 的两段，且 $R=r_1+r_2$，电源 2 和电源 5 的电压分别为 V_1 和 V_2。据戴维南定理可得：

$$V_1 + i_1 r_1 + (i_1 + i_2)Z = 0 \tag{12-3}$$

$$V_2 + i_2 r_2 + (i_1 + i_2)Z = 0 \tag{12-4}$$

以上两式相减，代入 $r_2=R-r_1$，得：

$$\frac{r_1}{R} = \frac{i_2}{i_1 + i_2} + \frac{V_2 - V_1}{(i_1 + i_2)R} \tag{12-5}$$

当 $V_1=V_2$ 时，得：

$$\frac{r_1}{R} = \frac{i_2}{i_1 + i_2} \tag{12-6}$$

又因为电阻丝的阻值和长度成正比，所以确定电阻丝上点 8 位置的关键在于测量电流 i_1 和 i_2，整个求解过程与阻抗 Z 无关。

图 12-13 是触摸垫一维定位原理电路图。图中 9' 为触摸垫电阻等效为一维电阻，任意触点 8 将电阻丝电阻 R 分为 r_1 和 r_2。当手触摸到外层电阻单元时，产生很小的微电流，该电流通过人体流到地，由此形成回路。由图可知，运算放大器 10 和 11 的输出电压分别为：

$$V_{10} = V - i_1 R_{12} \tag{12-7}$$

$$V_{11} = V - i_2 R_{13} \tag{12-8}$$

i_1 和 i_2 分别是通过 r_1 和 r_2 的电流。12 和 13 是运放的反馈电阻 R_{12} 和 R_{13}，且 $R_{12} = R_{13}$。当手触摸触摸垫上任意一点以后，信号通过运放器将信号进行放大，再通过相减器将电源电压抵消，经过整流器对电流进行处理，可以算出 r_1 和 r_2 的电压 V_1 和 V_2：

$$V_1 = i_1 R_{12} \tag{12-9}$$

$$V_2 = i_2 R_{13} \tag{12-10}$$

经相加器和相除器的计算，其最后输出的电压 $V_{输出}$ 正比于触摸点在触摸表面电阻丝上的位置：

$$V_{输出} = \frac{V_2}{V_1 + V_2} = \frac{i_2}{i_1 + i_2} \tag{12-11}$$

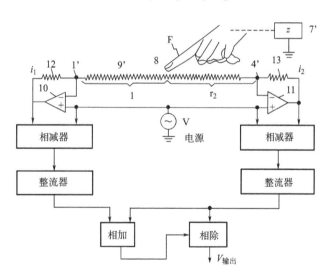

图 12-13 一维定位原理示意图

1'，4'—电阻丝接口 9'—均匀的电阻丝 8—电阻丝上任意一点
10，11—运算放大器 12，13—运放反馈电阻 Z—人体阻抗

刺绣触摸传感器是将导电纱线与织物结合，再通过触摸的方式，观察电位的变化，从而形成压敏位置传感器。这种一维的触摸装置简单、较易制作，可应用于织物开关、键盘等装置上，织物作为柔性材料，在触摸过程中发生拉伸变形，电阻发生改变，使得电路电流信号增强，从而改进传感器的灵敏度。

2. 二维定位原理　图 12-14 所示为触摸点在触摸垫上的坐标（X、Y）位置信息提取原理。触摸垫表面涂有线性电阻金属涂层，作为工作面极板，四周装有相同的电极，四角的连线作为输出引线。根据上面所述原理可知，i_A 和 i_B 的大小与平面触摸点在 X 轴上的位置有关，同理，i_A 和 i_D 的大小与平面触摸点在 Y 轴上的位置有关。人接触触摸垫时产生的电流信号经反馈电阻放大，滤波器过滤干扰信号，计算器的计算，可得到触摸点 X 轴和 Y 轴的坐标位置为：

$$X = k_1 + k_2 \frac{i_B + i_C}{i_A + i_B + i_C + i_D} \tag{12-12}$$

$$Y = k_1 + k_2 \frac{i_A + i_B}{i_A + i_B + i_C + i_D} \tag{12-13}$$

式中：k_1 为外加偏置；k_2 为刻度系数；i_A 流过 A 端点的电流；i_B 流过 B 端点的电流；i_C 流过 C 端点的电流；i_D 流过 D 端点的电流。

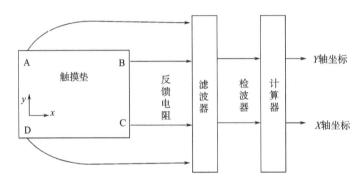

图 12-14　触摸点坐标提取原理图

采用这种方式制作的触摸垫，其灵敏度、线性度、偏离度主要与导电织物的电阻均匀性、四周电极形状及分布位置有关系，而且通过调整算法可以提高织物触摸垫的工作区域。

（三）电容式织物触摸垫的发展

电容式织物触摸垫的主要形式有织物开关、织物键盘、柔性触摸垫等。电容式织物触摸垫的电容变化量与其结构参数有关，如极板形状、尺寸、排列结构及极板间距、织物介电性能等。

纺织结构电容式触摸垫的研究可以分为三类：同轴皮芯结构电容纱及织物、上下表面电极为导电纱线的多层织物、导电窄带织物电极夹持不带电织物的复合结构。GU 等人将导电纱线与普通纱线混纺后得到复合纱线，根据设计的电容式织物传感器结构织成织物。他们研究了复合导电纱线长度、电容单位长度和导电纤维电阻率等参数对其电容变化的影响，得出在复合导电纱线和电容单位长度较短，以及导电纱线电阻较小时，电容相对变化率较大。胡爽等研究了电容式织物传感器的性能，发现电容极板织物的纱线原料、织物面积、织物经密、纱线细度对单层电容式织物传感器的性能均有一定的影响，传感器的电容值随着织物面积和织物经密的增大而增加，随着纱线细度和测试频率的增加而下降。已有学者从传感性能的角度探讨了电容式阵列结构及材料的影响，发现通过改变传感器的走线长度、传感器电极之间的间距、传感器之间的干扰等能提升触摸垫的灵敏度。

　　SANDBACH 和 KRANS 通过图 12-15 所示电路原理，搭建了能通过检测电流信号来识别触摸力度信息的触摸垫，并针对因折叠弯曲导致导电织物产生接触的问题，提出了解决方案，使得触摸信息输出准确无误。其中，导电层用电阻表示，用可变电阻表示触摸过程中的接触电阻，上下导电层引出四根导线（图中 1、2、3、4）。针对 SANDBACH 研制的触摸垫的工作层间存在相对位置错位，KRANS 提出改变中间层结构，中间层为不导电的压阻材料，为密度较大的网眼织物，导电层为不连续的小块状涂层，在小块状涂层的间隙处，用不导电的纱线将触摸垫的几层织物缝合固定，从而提高了触摸垫的精确度。

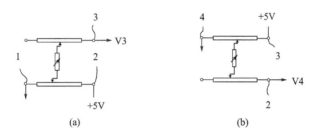

图 12-15　触摸位置检测电路，图中 1、2、3、4 分别为电极

　　Hasegawa 等研究了金属涂层的中空纤维交叉点处的电容变化，如图 12-16 所示。该纤维由金属和绝缘层均匀地沉积到硅橡胶弹性中空纤维的表面制成，通过检测织物传感器受压部位的电容变化确定受压点的位置。而且传感器的输出对正常负载和张力有依赖性。利用这一特性开发了两种不同的手套式可穿戴触觉传感器，一种是将传感器修补到现有的手套上，另一种是用中空纤维纱线编织得到手套。研究发现输出信号随正常负载的增加而增加，同时，这种传感器阵列的测试信号与压缩厚度有直接关系。

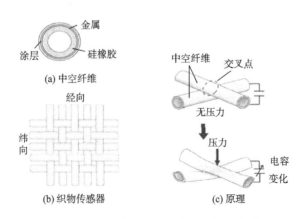

图 12-16　由中空纤维组成的织物传感器

　　TAKAMATSU 等开发了一种连续功能薄膜涂层技术，利用此项技术处理纤维形成导电纤维后，将之编织成织物压力传感器，在此技术的基础上，经过改变应用到了键盘上，发现织物电阻随着拉伸的增长而增大，通过研究人员的不断改进，织物键盘的性能得到了完善。

　　蒋晶晶以表面电容式触摸屏的原理研制出织物传感器，并探讨了极板材料、周电极的形状、触摸垫工作面积对触摸垫的定位性能和偏移度的影响。而且四个分离的电极能够实现触控，增加电极长度能够提高线性度。Heller 将触摸垫嵌入裤子中，在站姿、立姿、坐姿三种状态下，实现在触摸垫上画横线和竖线的操作。

SERGIO 等研制了一种三层的智能织物，如图 12-17 所示，将导电纱线相互垂直排列在中间的泡沫板两侧，上下行列交织的导电纱线形成电容，在织物的一角含有用于收集电压信息的芯片，可以画出手按压织物部分的图像。这算是早期的织物触摸部位定位实验，其像素为 24×16dpi，像素间距为 8mm，由于图像的清晰度与电极粗糙度、织物表面厚度不匀以及织物的表面尺寸有关，其该研究提出采用降噪算法和增大信号法来改善图像清晰度及边界效应，但该织物结构只能处理较为简单的压力。该方案为柔性多点触摸垫的研发提供了有效的解决方案。

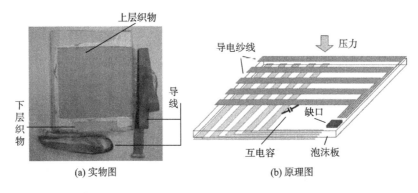

(a) 实物图　　　　　　(b) 原理图

图 12-17　智能织物实物图及原理图

ROSENBERY 研制了一种多点感应的触摸板，该触摸板由两个很薄 PET 塑料片组成，两个板子固定在一起。在顶片的内侧由间隔 6mm 的 40 个平行列电极和间隔 1mm 的非电极部分组成电路，印刷线的一侧与电子器件连接。因为传感器使用了固体油墨层，所以很容易将其与电极层对准，从而降低制造成本。触摸板底层内侧具有垂直于列电极的 30 个行电极相似的图案。电路板连接到顶层和底层，其中包含从 UnMousePad 读取的电子元件，并通过 USB 将压力图像发送到计算机。UnMousePad 可以感应三个数量级的压力变化，并且可以用于区分多个指尖触摸，同时以 87dpi 的位置精度跟踪笔和测针，感测放置在其表面上的物体的压力分布。扫描速率的限制因素是 USB 收发器芯片，其将计算机的数据速率限制在 900kbits/s。

FERRI 等人在织物上采用印刷电极形成电容，选择 6 种材料分别作为介电层，包含聚酯膜、涤纶织物、涤/棉织物、棉织物、未脱浆棉织物、防水棉织物，结果表明未脱浆棉织物的电容最大，变化量也比较大，涤棉织物比纯棉织物和涤纶织物的电容大。

总之，不管是织物电阻触摸垫还是电容触摸垫，都巧妙实现了织物与电子产品的结合，并应用于人们的日常生活。这些触控装置的分辨率和可使用性不断得到提升，其中投射式电容触摸垫具有多点感应，但缺少探讨构成单元几何结构、材料属性及外在环境对电容触摸垫灵敏度的影响规律。

三、电容式织物触摸垫的原理分析及制备

织物作为织物触摸垫的重要组成部分，其介电性能决定电容触摸垫的电学性能。在干燥的情况下，织物既没有自由电子也没有导电离子，所以，在外电场的作用下，导电能力非常低，可以认为织物绝缘性良好，可以作为电容器的介电层。

(一) 电容式织物触摸垫理论分析

电容式触摸垫的电极设计在触摸过程中起着至关重要的作用，在电子触摸屏中应用较多的主要有菱形图案、网状图案以及条形图案。作为电容式织物触摸垫，条形图案制作简单、容易实现，且 SERGIO 等将该结构应用于复合织物传感器上，即在泡沫隔离板的两侧分布相互交叉垂直的导电织物带，上下行列交叉的导电窄带形成电容阵列。由于当时的技术有限，传感器的分辨率较低，但是验证了该复合结构作为触控装置的可行性。

1. 织物触摸垫相关电磁理论分析 由电容式触摸垫设计的织物结构引入一个触摸单元的概念，就是触摸时最小的单元，可以把整个触摸垫看成若干个触摸单元的叠加。采用矩形电极结构设计织物触摸垫，每条上电极和下电极的交叉点都可以看成是一个平行板电容器，整个织物触摸垫由若干个电容器并联而成。依据平行板电容器原理，在理想情况下，电容的大小与上电极和下电极的有效面积 S 成正比，与上电极和下电极间的距离 d 成反比，与中间介电层的介电常数 ε_r 成正比。

$$C = \varepsilon_0 \varepsilon_r S/d \tag{12-14}$$

式中：ε_0 为空气的介电常数。

根据实际电容器的电场分布情况，如图 12-18 所示，可知，在每个触摸单元的中间电场为直线，越往外，电场线的弯曲程度越大，也就是平行板电容器存在边缘效应。通过电场的模拟实验，发现随着电容触摸垫两极板间距的增加，边缘电场线散射宽度逐渐变大，即对极板间的电场影响越明显。通过相关的电磁理论公式，静电场中的电势 $\varnothing$、表面电荷密度 ρ、介电层的介电常数 ε 之间的关系式，即泊松方程：

$$\nabla^2 \varnothing = -\frac{\rho}{\varepsilon} \tag{12-15}$$

电容计算公式：

$$C = \frac{Q}{U} = \int \frac{\rho \mathrm{d}s}{U} \tag{12-16}$$

由上式得：

$$C = \frac{Q}{U} = \frac{\varepsilon_0 \varepsilon_r}{U} \int \nabla \cdot \nabla \varnothing \mathrm{d}s \tag{12-17}$$

所以，上电极与下电极之间的电容与电势的分布有关。电势的分布又与电场中存在的寄生电容、手指电容以及互电容有关，这些数值是影响触摸垫性能的关键指标。

织物电容式柔性触摸垫的结构包含相互垂直的行电极和列电极，这两个电极之间存在作为介电层的织物，每条电极通过一定的方式与控制器连接。触摸垫工作时，逐条扫描，上电极依次被控制器发出的信号激发，下电极接收到上电极的信号，并传回到电路中，形成完整的回路。当手指触摸触摸垫时，手指从电极吸走电荷，到达控制器的电压将比之前的少，控制器将下电极感应到的电压转化为上电极的电容，这样就能根据上电极与下电极之间的电容

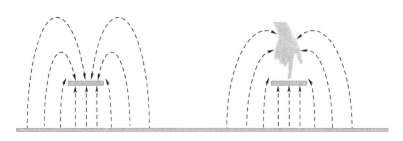

图 12-18　触摸前后，两电极之间的电场分布图

变化量来判断手指的位置，以互电容的变化量大小来表征灵敏度。

2. 织物触摸垫触摸电极回路分析　图 12-19 表示有无手指触摸条件下触控单元的等效电路图，其中上层电极用 Tx 表示，下电极用 Rx 表示，C_m 为上电极与下电极组成的互电容，C_{PTx} 为上电极自电容，C_{PRx} 为下电极自电容，C_{fTx} 为上电极对手产生的耦合电容，C_{fRx} 为下电极对手产生的耦合电容。在上电极施加一定的压力，下电极从上电极吸走电荷，每个上电极的信号发送给控制器。当有手指触摸时，增加了下电极对手产生的耦合电容 C_{fRx} 和上电极对手产生的耦合电容 C_{fTx}，下电极 Rx 上接收到的电容信号将会减小。

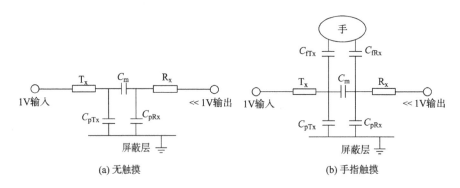

图 12-19　手指触摸前后的等效电路

(二) 触摸垫的制备

实际电容器由两个被绝缘介质隔开的电极组成，因此，触摸垫的制备在于选择恰当的织物介质层和导电织物电极层。

1. 压力的选择　为了选择实验中织物，需要观察在压力作用下电容的变化量，为了接近实际的应用情况，经探讨试验，要求按照平常玩平板电脑的力度在触摸垫上进行滑动，每名志愿者在织物触摸垫上触摸 5 次。最终发现志愿者在使用触摸垫时的最大力度为 0.6N，最小为 0.4N。为了排除施加压力的不同对电容变化量的影响，采用砝码代替手指施加压力，每次施加压力为 0.5N。

2. 导电织物的选择　电极是电容式触摸垫的重要组成部分，要求导电织物电阻均匀，在存储过程中不会发生氧化，经过筛选，采用涤纶基镀镍铜金属导电布，其中含有 23% 的铜、20% 的镍和 57% 的涤纶，该面料具有一定抗氧化、耐酸碱能力，方阻为 0.17 Ω/cm^2，在使用中不脱丝，超薄挺括、无弹力。

将导电织物裁成数根等长、不等宽的布条，作为电极使用。它们的长度为 15cm，宽度分别为 3mm、4mm、5mm、6mm、7mm。

由公式 $c = \dfrac{\varepsilon S}{4\pi kd}$ 可以看出，电容的变化量与中间介电层的介电性能有关，所以，中间介电层选用了 5 种常见织物，包括棉织物（0.221mm）、涤/棉织物（0.161mm）、麻织物（0.395mm）、涤纶织物（0.214mm）和涤纶非织造布（0.210mm）。将这 5 种织物裁剪成边长为 20cm 的正方形，注意保持织物的平整。选用 0.161mm 的涤/棉织物作为上下覆盖层，减少触摸垫外界干扰。

3. 触摸垫的组装 将这 5 种边长为 20cm 的正方形织物放于桌面上，以双面胶将裁减好的 15 根 3mm 宽的电极依次贴在织物上，相邻电极之间的宽度为 2mm。在介电层织物的另一侧做同样的操作，注意保持两侧电极成垂直交叉状态。在每条电极上粘贴 3mm 宽 10mm 长的导电铜胶，保证信号在引出时是均匀的，用焊锡的方式将引出线与触摸垫的电极相连接。最后，在得到的织物两侧覆盖一层 0.161mm 厚的涤/棉织物作为覆盖层，得到了电极宽度/电极间隙为 3mm/2mm（简写为 3/2）排列的电容式触摸垫，上、下两层电极数为 15×15，所得触摸垫的基本结构如图 12-20（a）所示。触摸垫的主要结构参数如图 12-20（b）所示，分别是同层电极之间的电极间隙、电极的宽度、测试单元长度、触摸垫厚度。

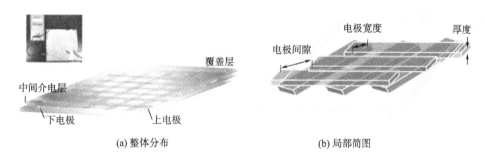

(a) 整体分布　　　　　　　　(b) 局部简图

图 12-20　触摸垫触摸单元简图

（三）电容量测量及分析方法

采用电容表依次测试上下电极交叉点的电容。注意在电容测试中只能夹持一根上电极和一根下电极，不能使相邻的两根上电极或者相邻下电极之间连接。

1. 电容表的原理分析 电容表测试电容，采用震荡电路原理。即通过电感 L 和电容 C 的组合，振荡器输出振荡频率，测量电感时电容恒定，测量电容时电感恒定。通过 LC 振荡器的频率 f_0 计算公式：

$$f_0 = \frac{1}{2\pi\sqrt{LC}} \tag{12-18}$$

$$C = \frac{C_1 C_2}{C_1 + C_2} \tag{12-19}$$

C_1 和 C_2 为电路中的已知电容。通过上式可计算未知的电容或电感大小。

LC 振荡电路的频率 f_0 由 L 和 C 确定，正反馈选频网络由电容 C_1、C_2 和电感 L 构成，而反馈信号取自电容 C_2 两端。在测量电容过程中，输入电路自动把 C_1 与要测量的电容 C_X 并联。

电容表的分频电路将电极输出振荡信号进行分频。把待测的电容接入时，经电容的计算方式，即：

$$f = 1/2\pi \sqrt{L\left[1/\left(1/(C_X + C_2) + 1/C_1\right)\right]} \qquad (12-20)$$

根据测量到的频率和已知的 L 和 C_1 和 C_2 计算出 C_X 的大小。

2. 分析方法　根据触摸屏的测试标准，触摸垫的灵敏度可以用电容变化量和电容相对变化量两个指标表示。在进行触摸垫结构的优化设计时，测试电极尺寸与电极间隙对触摸垫电容相对变化率的影响，在确定结构以后，探讨介电材料特征、外界环境对触摸垫灵敏度的影响时，以电容变化量为依据。

四、电容式织物触摸垫的影响因素

(一) 原理及依据

根据触摸示意图（图 2-19），发现影响触摸的因素包含上电极与下电极组成的互电容 C_m、上电极自电容 C_{PTx}、下电极自电容 C_{PRx}、上电极对手产生的耦合电容 C_{fTx}、下电极对手产生的耦合电容 C_{fRx}。这些因素可以分为两类：一类为电极单元的几何结构，包含电极宽度、相邻电极的间隙；另一类为介电层材料的特征属性，包括中间介电层的介电常数、中间介电层的厚度。如果能清楚了解这些因素是如何影响触摸垫输出的信号特征，就可提高触摸垫的精确度。图 12-21 为织物触摸垫受压后发生变形的示意图。

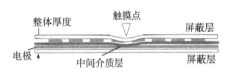

图 12-21　全织物投射式触摸垫
触摸模拟测试示意图

(二) 电极单元的几何结构

1. 电极宽度　电极宽度分别为 3mm、4mm、5mm、6mm、7mm，然后分别把每种电极宽度按照 2mm 的相邻间隙粘贴在涤/棉织物的两侧，制成不同电极宽度的 5 种触摸垫。每种触摸垫根据上电极与下电极根数分为 1×1、3×3、5×5，观察触控点数量对触摸垫相对变化率的影响。用砝码施加压力 6 次，记录电容大小，计算触摸前后的相对电容变化率，即电容变化量 ΔC 与初始电容 C 的比值，取 6 次实验的平均值。

从图 12-22 中能够看出，相对电容变化率在触摸点较少的情况下随电极宽度的增加逐渐减小，当触摸点数量增加到一定量时几乎不随电极宽度的增加而变化，这不同于经典理论中电极宽度与电容变化率呈线性变化。一是由于织物为柔性介质，另一是电极宽度是增加寄生电容的关键因素。

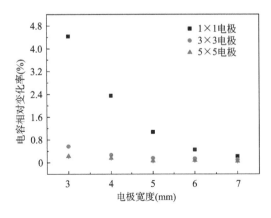

图 12-22　相对电容变化率与电极宽度的关系

当其他条件不变时，较大的电极宽度增加了电荷的接收面积，使得初始电容增加，电场线密度增加，也使在手触摸的情况下，带走的电荷量基本保持不变，上下极板间的电场线数量减少不变，所以与较小宽度电极的触摸垫相比，电容变化率相对小。因此，就电极宽度对相对电容变化率的影响而言，1×1 电极分布比 3×3 电极和 5×5 电极时明显。当电极宽度相同且相邻电极之间的间隙保持不变时，3×3 电极与 5×5 电极的相对电容变化率之间变化不明显，尤其在电极宽度较大的情况下。这主要是因为与触控点相邻的电极之间产生的耦合电容对相对电容变化率影响较大，与触控点较远的电极产生的耦合电容比较微弱，当电极宽度增加时，较远的电极耦合电容的电场线几乎不能到达手指，所以相对电容变化率差异不是很明显。

2. 电极间隙 将电极分别按 2mm、3mm、4mm 的相邻电极间隙粘贴在涤/棉织物的两侧，制成 3 种不同电极间隙的触摸垫。同时，每类触摸垫上电极与下电极根数分为 1×1、3×3、5×5 三种情况制样。

图 12-23 显示，触摸垫电容相对变化率与电极间隙无关。而且上电极与下电极为 1×1 分布时，即整个触摸垫只有一个触控点，其电容变化量明显比有多个触控点下的大。事实上，当触控点增加时，触摸垫本身的电容增加，说明相邻电极与触控点电极产生了耦合电容，使得触控点周围的电场增大，电场线数量增多。又由于电极间隙是增加寄生电容的关键因素，当相邻的电容器单元之间的距离增加时，各电容单元之间的电场叠加减弱。且随着间距的增加，人手接触的电极根数逐渐减少，被人手吸走的电量减少，导致初始电容减小。所以电容相对变化率随电极间隙的变化不是很明显。

3. 电极宽度/电极间隙之比 图 12-24 为相对电容变化率与电极宽度/电极间隙比值的关系图，可以看出比值在 3/2 时相对变化率最大，且仅在 3/2、3/3、4/4 的时候，受干扰前后出现较明显的差异。这种现象说明在相同宽度和电极间隙相当时，相对电容变化量较大。

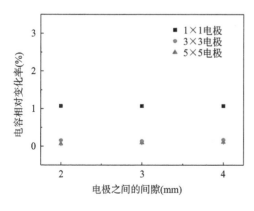

图 12-23 相对电容变化率与电极宽度的关系

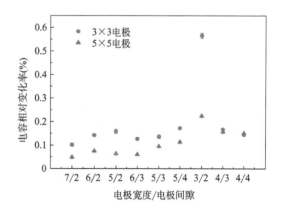

图 12-24 相对电容变化率与电极宽度/电极间隙的关系

（三）介电层材料属性

1. 中间介电层介电性能的影响 由图 12-25 可以看出，涤/棉织物触摸垫，电容变化量比其他 4 种触摸垫大，棉织物对应的电容变化量最小。根据 $c = \dfrac{\varepsilon S}{4\pi kd}$ 可知，这几种导电织物的介电常数：ε（涤/棉）$>\varepsilon$（非织造布）$>\varepsilon$（棉）$\geqslant\varepsilon$（涤纶）$>\varepsilon$（麻），此研究与FER-RI的研究都表明，涤棉织物的电容变化量较棉织物和涤纶织物大。

从图12-26可以看出，在较大力的作用下，麻织物的相对电容变化率最大，但麻织物的电容变化量最小。织物的介电性能主要取决于纤维的种类、织物组织结构、纱线的排列结构等。纤维的介电性质主要取决于纤维分子的极化、纤维的超分子结构，以及纤维中水分和杂质的影响。纤维的结构影响其吸湿性，吸湿性越好的纤维，导电性越好。在压缩过程中，织物厚度的改变与其压缩变形能力有关。织物的厚度改变是因为纱线的排列、纱线间的相互滑移、纱线中纤维间的相互滑移以及织物的屈曲波高发生改变，纱线之间距离的变化，导致织物吸湿性变化，从而引起织物介电性能改变。

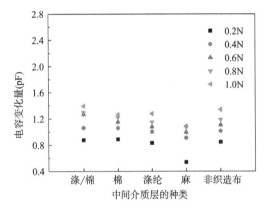

图12-25　在不同压力下，不同中间
介电层的电容变化量

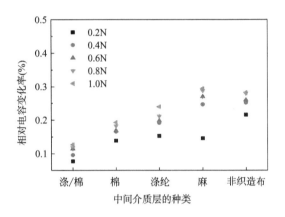

图12-26　在不同压力下，不同中间
介电层的相对电容变化率

介电性能越大，电容变化量越大，触摸垫的灵敏度越高，由于手指在触摸过程中，会与电极形成耦合电容，耦合电容越大，上下电极之间的电容变化量越大，触摸垫的灵敏度越好，涤/棉织物适宜做中间介电层和覆盖层。

2. 中间介电层厚度　对于同种介电材料的不同厚度支撑面，存在不同的电容变化情况。杨海燕等在织物介电常数影响因素中提到，当频率较低（$f<10^4$Hz）时，织物的经密和纬密、组织结构、纱线细度的介电常数值差别较大，对织物的介电常数的影响较大。当频率较高（$f>10^4$Hz）时，织物的介电常数值的差别减小，其极化能力和损耗能力减弱。赵晓明等在织物介电常数影响因素中提到平纹组织的介电常数实部最大，在低频段（$f<100$Hz）时，平纹织物的介电常数损耗角正切值和虚部均为最大。郭文松等在棉花介电常数影响因素的研究中提到容积密度对棉花的介电常数影响规律显著。王偲宇研究了PVDF薄膜厚度对介电性能的影响，研究表明随着厚度的增加，薄膜的介电性能逐渐下降，而且厚度达到一定值时，介电性能下降并不明显。牛璇测试了纱线填充体积对金属复合纱线介电性能的影响，结果发现填充体积小的纱线介电性能较小，和王偲宇的结论有偏差。可能因为测试方法和实验样品有差异。

为了排除介电材料厚度对触摸垫电容变化的影响，以涤/棉织物作为基本介电材料，逐层叠加这种织物，直到第9层。每增厚一层，测试其介电及电容。测试频率为50/60Hz，施加 0.5N 的压力，观察施加压力前后电容器的电容变化，测试装配如图 12-27 所示。

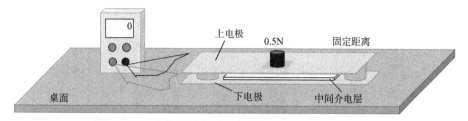

图 12-27 介电层厚度对电容变化量影响的实验示意图

由图 12-28 可以看出，中间介电层棉布的体积密度随着棉的层数增多不断发生变化，先是纱线发生压缩变形，纱线与纱线之间的间距变小，变得紧密，纱线之间的空气减少，导致介电常数发生不可控的变化。所以电容器的电容变化量随着介电层的厚度增加，出现反 S 型的变化。

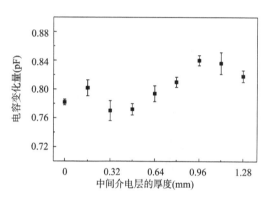

图 12-28 介电材料的厚度与电容变化量的关系

五、织物触摸垫的触控性能评估

通过前面的分析，确定了触摸垫的材料以及结构，根据电容式触摸垫的评价标准，分析触摸垫的定位性能和外在环境因素。其中，外在环境主要包括触摸力大小、触摸垫对地位置、支撑面特征，支撑面特征分为平面状态、曲面状态和人体手臂。

（一）触摸垫的定位性能

触摸垫的定位性能，是衡量触摸垫同一位置输出的信息以及测试点与解析点之间准确一致性的量度。定位性能的好坏影响使用者的体验效果。可通过 egalaxtouch 软件对织物触摸垫的线性度和分辨率进行测试。在画图界面中，测试软件中会显示触摸垫的工作频率，触控过程中的最大最小值，以及分辨率。在数据采集界面会出现每个通道的电容大小。图 12-29 为织物电容式触摸垫连接到电脑后的操作窗口界面，线性测试软件的画图界面如图 12-29（a）所示，电极为 20×20 的织物电容式触摸垫的上下电极交叉点处的电容值如图 12-29（b）所示。

(a) 画图界面　　　　　　　　(b) 原始数据界面

图 12-29 测试软件的操作窗口

1. 通过数据观察触摸垫的定位性能 为了更直观地观察数据的变化，以及测试点对周围信号的影响，选用触摸垫交叉电极形成的工作窗口作为参考对象。在未触摸的情况下，不显示数据，在触摸以后，相对应位置显示数据，比如按压触摸垫第 18 行、14 列的交叉位置，软件数据窗口界面对应在 18 行和 14 列的位置及其周围电极交叉点，数据最大的位置就是测试软件画图窗口显示点的位置，如图 12-30（a），原因是手指与测试点相邻电极产生了耦合电容，使得相邻电极上的电荷被手指吸走。如果有两根或者多根手指同时按压触摸垫，数据窗口就会显示多个数据，如图 12-30（b）所示。通过观察触摸垫数据的变化，可以看出实验用织物触摸垫的定位非常准确，但是在较大力度的情况下，存在信号迟滞现象，即手离开触摸垫后仍有数据停留在测试界面。

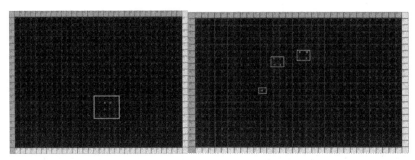

(a) 表示触摸垫上只有一个触控点   (b) 触摸垫上有3个触控点

图 12-30 在工作窗口显示的触摸位置

2. 画图测试 在画图测试过程中，在未触摸时，无点或线的出现，触摸垫信号稳定性好。用手指在触摸垫上缓慢的画线，测试软件中出现弯曲的线段，如图 12-31（a）所示，用两个手指同时触摸，测试软件的相应位置出现两个测试点，如图 12-31（b）所示。用手直接接触过程中，电容信号立即发生变化，但软件中显示较慢。理论上，只要电容发生改变，软件界面应该即刻在触摸的对应位置出测试点。

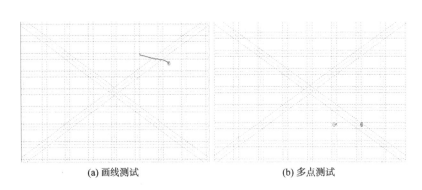

(a) 画线测试   (b) 多点测试

图 12-31 在画图界面进行触控实验

3. 线性度 采用"米"字形测试法，沿着工作区域的主对角线、水平中心线、垂直中心线、副对角线作线性测试，测试过程中，在这四条直线每隔 1cm 取点，用手触碰。屏幕的左上角为零像素点位置，通过像素解析软件提取屏幕上相应显示位置的坐标 (X, Y)。每个测试点触摸 5 次，求取平均值。随后，计算测试点形成的最佳直线，距离最佳直线最远的点为最大偏差点。根据最佳直线方程及最大偏差点的坐标，求出线性度 P_X 和 P_Y。

$$P_X = \pm \frac{\Delta X_{max}}{X_{max} - X_{min}} \times 100\% \tag{12-21}$$

$$P_Y = \pm \frac{\Delta Y_{max}}{Y_{max} - Y_{min}} \times 100\% \tag{12-22}$$

式中：P_X、P_Y 分别为 X、Y 方向的线性度；ΔX_{max}、ΔY_{max} 分别为 X、Y 方向的最大偏差；X_{max}、Y_{max} 分别为矩形工作区域内 X、Y 方向的最大坐标值；X_{min}、Y_{min} 分别为矩形工作区域内 X、Y 方向的最小坐标值。

在触摸垫上各方向的测试点及最佳直线的关系如图 12-32 所示。

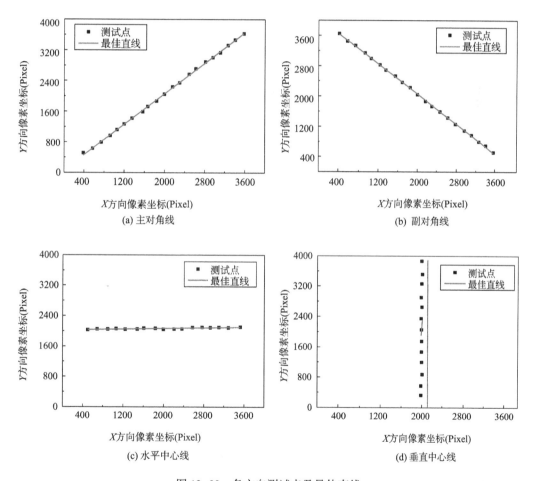

图 12-32　各方向测试点及最佳直线

各测试点的坐标与理论坐标之间的偏差，如图 12-33 所示。由图可知，各个方向的输出偏移呈现随机性。最大偏移点出现在主对角线方向，最大偏移距离为 60 像素，X 方向最大的偏移像素为 15 像素，Y 方向的最大偏移为 24 像素。X 方向线性度 $P_X = \pm 0.5\%$，Y 方向线性度 $P_Y = \pm 0.7\%$，可见触摸垫的线性度良好。

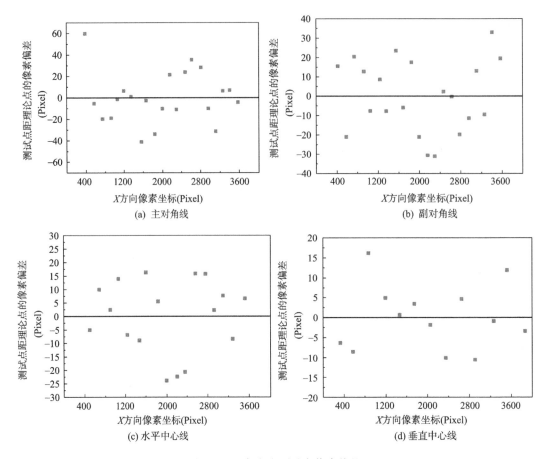

图 12-33　各方向测试点像素偏差

（二）外在环境的影响

1. 触摸力　当电容式织物触摸垫在外界压力作用下，两极板的相对位移变化量为 Δd 时，此时的电容为：

$$C_m = \frac{\varepsilon S}{4\pi k(d - \Delta d)} \tag{12-23}$$

$$\Delta C_m = \frac{\varepsilon S}{4\pi k}\left[\frac{1}{(d - \Delta d)} - \frac{1}{d}\right] \tag{12-24}$$

式中：ε 为中间介电层的介电常数；S 为上电极与下电极的正对面积；d 为上下电极间距；k 则是静电力常量。

在触摸力作用下，中间介电层的介电性能与织物压缩性质有关，等效于厚度变化。在按压的过程中，上电极与下电极的正对面积 S 几乎保持固定。有研究结果如图 12-34 所示，图中 4 种触摸垫存在相同的变化规律，触摸垫的电容变化量随着压力的增加，先增大后趋于平稳，与 TAKAMATSU 等的研究趋于一致。这个现象的出现主要是由于上下电极间的织物由纱线组成，再按压过程中纱线与纱线间、纱线与纤维间、纤维与纤维间出现相对滑移，纤维间的间隙发生变化，上下电极间距离的改变量较小，所以电容变化较小。当压力继续增加，织物的屈曲波高发生较大变化，电容变化量增加比较快，当压力达到一定程度，织物厚度不再发生变化。

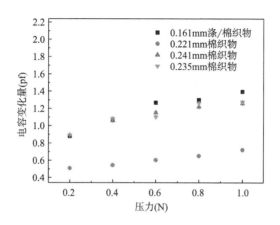

图 12-34　织物触摸垫触摸前后电容改变量随压力变化的关系

2. 电容的影响因素　自电容是电极材料对地产生的电容，在投射式触摸垫中为干扰电容。在试验设计中，电极尺寸没有变化，但触摸垫对地位置发生了变化，测试位置相对于支撑面升高或降低可能会致使触摸垫的电容变化。

采用如图 12-35 所示装置研究结果

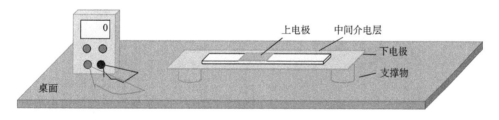

图 12-35　电容器的位置对电容变化的影响实验装置示意图

如图 12-36 所示，电容变化量与电容器相对于地面的位置没有明显关系，通过 ANOVA 分析，在显著性水平 $\alpha = 0.05$ 时，电容器相对于地面的位置对电容的变化量有显著性影响。样品与桌面的距离由 0 变为 0.16mm 时，电容变化量发生了很大的变化，原因是电容器对地电容的电介质由大地变成了空气，使得电容器的电容增量比较大。电容器在抬高的过程中，对地磁感线进行了切割，每个极板的电势产生微量的变化，电容器的电场发生了短暂的改变，当电容器静止时，电容值稳定，如图 12-37 所示为电容器磁场线在地磁场干扰下的分布

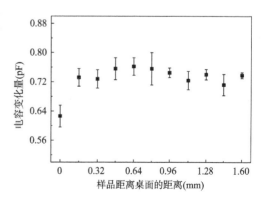

图 12-36　电容器的位置对
电容变化的影响关系

图，使得电容器的电容发生变化。而且由于抬高的距离不大，单位时间内的空气流通量有微量变化，导致空气分子与上下电极之间发生摩擦现象，使得电容器的电场发生变化，导致电容量发生变化。

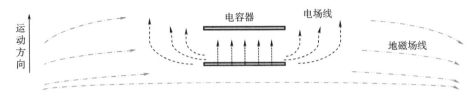

图 12-37 电容器在地磁场的干扰下的电场线分布图

3. 支撑面状态 根据平行极板电容表达式，在外压力作用下，如果只考虑上、下电极间距 d 的变化，电容式织物传感器的电容呈逐渐递增的趋势。上、下电极的面积固定，在施加压力的过程中，随着支撑面的压缩回弹性变小，介电层织物发生压缩形变以及拉伸变形，介电性能随之发生变化，所以触摸垫的电容变化量改变。在外压力的作用下，使相邻电极间的间距发生改变，耦合电容变小，对触摸垫上触摸点的电容变化影响减小。如图 12-38 所示将触摸垫放在可压缩支撑面上，整个触摸垫都发生形变。

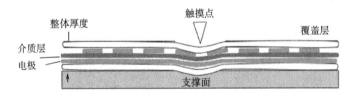

图 12-38 织物触摸垫放在非硬质支撑面上进行触摸

在实际应用过程中，由于支撑面的形状和性能不同，产生不同的触摸交互作用效果。FELIPE Bacim 等人曾提出触摸垫在不同状态下会有不同的作用效果，触摸力度与触摸传感器的形变呈线性关系，并且变形距离对触摸点偏差距离有显著性影响。SERGIO 等利用织物结构为 24×16、间距为 8mm 的导电纱线平行排列形成电极，介电层为泡沫，在曲面上进行试验，研究提高集合电路的性能来提高触摸的精确度。TAKAMATSU 等编织的织物触摸垫，相对电阻变化率随曲率的减小呈先增加后减小并趋于平稳的规律。李远峰等研究了人体前臂背侧皮肤的弹性性能，男性前臂背侧皮肤的平均弹性模量为 $3.620g/mm^2$，女性前臂背侧皮肤的平均弹性模量为 $3.781g/mm^2$，而且皮肤的弹性与性别没有太大的关系，人体左前臂外侧回弹性为 0.66 和右前臂内侧的皮肤回弹性为 0.72。

（1）支撑面为平面状态。由于触摸垫使用环境不同，可能是机器人，也可能是人体。将触摸垫放于硬质的桌面，模拟机器人表面。将触摸垫放于多层织物上，模拟人体皮肤。人体前臂外侧的回弹性能为 0.66，通过在触摸垫下方支撑增加非导电织物，使支撑面不断变得柔软，模拟在人手臂上的作用效果。

织物的压缩回弹性随着织物厚度的增加先增加后趋于稳定。由于采用叠加的方式增加织物的厚度，每层织物之间存在嵌入的情况，而且在压缩过程中纱线之间存在滑移现象，所以织物层数较多时，会出现压缩回弹率轻微变小或变大的现象。

①支撑材料弹性影响。采用如图12-39所示织物触摸垫在不同回弹性能支撑面上操作的模拟图，

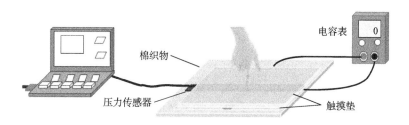

图12-39　织物触摸垫的支撑面为不同回弹性能的平面

结果如图12-39所示，1×1电极组成的触摸垫的电容变化量随支撑材料弹性而变化。已经证明，当该触摸垫受到压力时，触摸垫的电容不再发生变化。在触摸过程中，有两个因素制约着电容的变化，即在触摸垫下方不断增加织物层数的过程中，织物距离桌面的距离发生变化，触摸垫下方织物的密度发生变化，使上电极和下电极的自电容发生变化。又由于自电容的变化呈现小范围波动的变化，所以在触摸过程中呈现出小范围的电容变化。

图12-40显示3×3电极触摸垫的电容变化随支撑材料的厚度增加呈下降的趋势。3×3的触摸垫相对于1×1触摸垫多了相邻电极间的耦合电容，在触摸点周围的电场线密度增加，电容增大。在触摸过程中，由于织物的变形，触摸点相邻电极对手指的耦合电容增加，使得被手指吸走的电场线增多，触摸点周围电场线密度下降，随着支撑面的软度增加，织物下凹增加，手指接触的电极面积增加，吸走的电场线增多，但对于测试点的电场线吸走量达到最值。又由于自电容发生变化，相邻电极间由于两者相互影响达到了一个近似平衡的状态，使得图12-41中触摸垫的电容变化随织物叠加层数的增加呈下降的趋势。

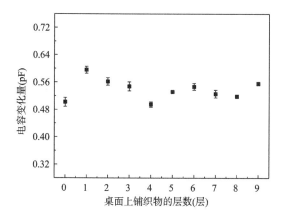

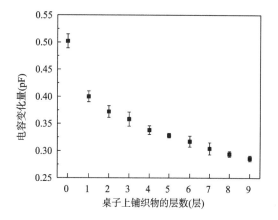

图12-40　1×1电极下电容触摸垫在不
同状态支撑面的电容变化

图12-41　3×3电极下电容触摸垫在不
同状态支撑面的电容变化

图12-42显示，当电极根数增加到18根时，电容变化量呈现非线性波动。在较多电极的

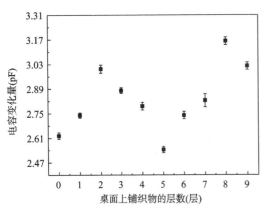

图 12-42　18×18 电极下电容触摸垫在
不同状态支撑面的电容变化

情况下，每根下电极对应的交叉点增多，测试点周围电极产生的耦合电容增多，产生的电场线密度增大。随着织物厚度的增加，在触摸过程中触摸垫产生的变形增大，手指接收到的电场线增多，同时对测试点电极产生的电场线增加，电容发生变化。又由于织物的增加，上电极自电容和下电极自电容都在不断地发生变化，呈现不规律的波动。所以在多个触摸点的情况下，电容呈波动性变化。

（2）曲面状态。由于成年人的手臂直径范围在 4~8cm，采用如图 12-43 所示装置模拟成人手臂状态下的电容触摸垫的电容变化。

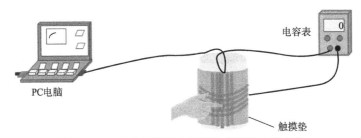

图 12-43　电容触摸垫在不同曲率下的电容变化

图 12-44 可以看出，电容的变化量随着曲率的增大先增加后减小。理论上，如图 12-45 所示，触摸垫上的每条电极与测试点电极之间产生耦合电容，离触摸点最远的电极，产生的耦合电容较小，离触摸点近的电极产生的耦合电容较大。即从左往右，圆柱内的电场线分布由密到疏再到密。随着曲率的增加，有效方向的电场线先增多后减少，当人手触摸的时候，其他电极对手产生耦合电容，吸走的电场线条数先增多后减少，所以，测试点的电容变化随着圆柱体的直径增加而先增大后减小。

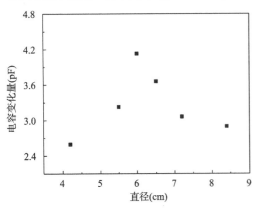

图 12-44　触摸垫在不同曲
率下的电容变化

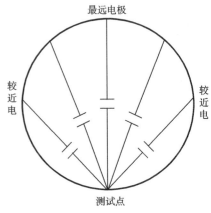

图 12-45　织物触摸垫附着在圆柱体后，
电极与电极之间的电容分布

（3）人体手臂触控测试。将织物触摸垫绑在人体前臂上，选取前臂外侧，即触摸垫的中间位置进行测试，过程如图 12-46 所示。

图 12-47 为在人体手臂上触摸垫的电容变化量与压力的关系。结果表明，电容变化量随着压力的增加而增大，且电容变化量的最小值为 0.8pF。当采用织物触摸垫变形产生电容变化量的最大力度时明显不是最大触控力。原因可能由于人体皮肤的压缩回弹性超过模拟支撑面，使得在该压力下织物触摸垫的介电层不能达到最大压缩，所以仍呈上升趋势。

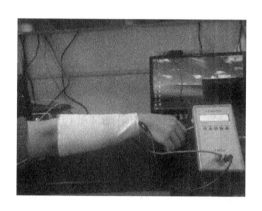

图 12-46　在人体上做触控实验

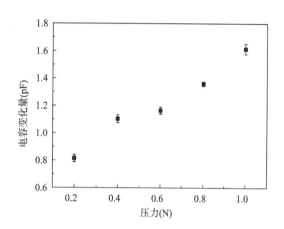

图 12-47　在人体手臂上做实验时，
电容变化量与压力的关系

第三节　其他部件

除了导电纱线，另几种非常常见的元件是电阻器、电容器和电感器等被动元件。可以将金属或导电聚合物涂层于纺织基材上实现，也可以用导电油墨和聚合物通过平面印刷制造被动元件。除了上述部件，完善的传感系统还包括晶体管、二极管等纺织电子元器件。

一、晶体管

通常，将电子信号放大并转换成电能的电子设备称为晶体管。晶体管是电子器件中的基本元件。作为电子设备的基本构建模块，晶体管必须集成到织物或纺织品中。将电子设备集成到光纤级的纺织品中对于可穿戴电子产品的未来至关重要。在将电子器件应用于基于纺织品的系统之前需要考虑各种方面，如材料、结构以及电子器件与织物的兼容性等。然而，由于制造过程中的柔软性等一系列限制，传统的无机场效应晶体管（FET）不能应用于织物或纺织基电子元器件中。较之无机材料的技术限制，有机薄膜场效应晶体管（OTFT）由于其灵活性、与柔性电子器件的兼容性、轻质、生物相容性、低成本和低温工艺能力而受到极大关注。在晶体管中，金属化纱线的芯层可以用作栅极，而源极和漏极可以通过使用蒸发或柔性光刻工艺沉积金属或聚合物来实现；晶体管也可以在 Kapton 的条带上制造，再交织成纺织衬底。

目前，学界已经报道了两种基于光纤的 OTFT，有机场效应晶体管（F-OFETs）纤维和有机电化学晶体管（OECTs）。F-OFET 的工作原理类似于商用 FET 的工作原理。在 O-FET 中，源极使用有机薄膜半导体材料而非无机材料。图 12-48（a）为 F-OFET 的示意图，用均匀的聚酰亚胺涂层使普通圆柱形金属（Al 和不锈钢）纤维（作为栅极）绝缘，蒸发活性材料并五苯，再使用软光刻蚀工艺在并五苯表面沉积 PEDOT：PSS 形成源极 S 和漏极 D。图 12-48（b）、（c）显示了 F—OFET 的通道长度（~45μm）和相应的 ID-VD 曲线的光学显微镜图像。尽管 F-OFET 的宽/长比值较低，但导通电流和开关比相当高（约 10^4），与平面设备完全可以相提并论。虽然 F-OFET 具有良好的电性能，但同时也具有显著的缺点，例如，高工作电压、高设备成本和复杂的制造工艺。OECT 被认为是 F-OFET 的替代品，因为其具有纤维结构制造的可能性。OECT 的工作原理基于电化学过程，其中电子聚合物的掺杂和去掺杂的可逆过程允许晶体管操作。图 12-48（d）是平面衬底上的 OECT 的示意图，源极（S），漏极（D）和栅极（G）电极在玻璃、塑料和纸的平面基板上进行演示。首先在平坦的基板上微图案化导电聚合物 PEDOT/PSS 膜，接着在图案化 PEDOT/PSS 膜上形成电解质（微通道为 3μm 高、15μm 宽）。

图 12-48（e）为这种工艺的光学显微镜图，图 12-48（f）展示了平面 ECT 的相应输出特性。输出特性清楚地表明电流随着漏极电压的增加而饱和，并且栅极电压比 F-OFET 的低。当栅极电压为零时，晶体管处于导通状态，而当栅极电压进一步增加时，栅极电压晶体管将移动到截止状态，如图 12-48（f）所示。为了基于纤维结构制造 OECT，提出一种简单的新方法。图 12-51（g）为使用 PEDOT 涂覆的聚酰胺纤维（约 10μm 直径）构造的纤维 OECT 的示意图，两根 PEDOT 涂层纤维保持十字形几何形状，电解液滴在纤维连接处，如图 12-51（h）中的光学图像所示。在这种交叉几何结构中，其中一个涂有 PEDOT 的光纤用作源极和漏极，另一个用作栅极电极。活性材料（由 33%PSS、12%乙二醇、8%山梨糖醇、水和 0.1mol/L NaClO$_4$ 构成的电解质）充当导电通道，由栅电极控制。通过这种方式，微米级纤维 OECT 可以很容易地集成到纺织品中。光纤 OECT 的输出特性类似于平面 OECT，如图 12-48 所示。光纤 OECT 和平面 OECT 之间的类似电特性可归因于电化学晶体管的操作受导电聚合物和电解质之间的界面效应支配。因此，与平面 OECT 相比，尽管具有完全不同的几何形状，光纤 OECT 亦可满足作为晶体管的要求。理论上，光纤 OECT 可用于大规模量产，使用 10μm 纤维每平方厘米可以构建约 100000 个晶体管。此外，研究者使用这些光纤 OECT 制造了二叉树多路复用器结构，该多路复用器能够将来自大量数据源的信息编码到单个信息通道中。使用具有 100μm 沟槽长度的聚 3-己基噻吩（P3HT）制造基于纤维的 OECT，并且证明了该纤维可以在低于约 1V 的电压下操作。

由于光纤 OECT 具有许多优点，例如，工作电压低、电流密度大和生产成本低等，它们可以取代 OFET，并且能通过直接编织到织物中的方式集成到可穿戴设备中。BONDEROVER 等人已经报道了通过编织纤维基晶体管制造的纺织逆变器。他们已经证明，带有电子元器件的电子纺织品可以通过简单地编织纤维来设计制造。人们将来可以通过这种方式来制造这种电子纺织品，但它们响应时间长和开关频率低的问题仍然是实际应用中的重大障碍。此外，为了充分了解这一过程，人们必须揭示织物 OECT 的确切电荷传输机制。

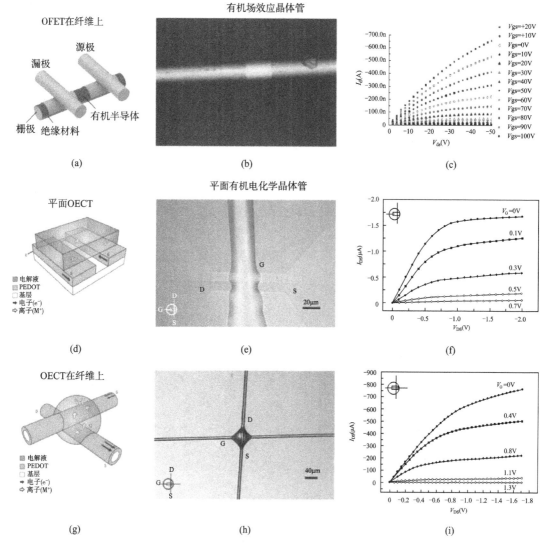

图 12-48　（a）有机场效应晶体管（O-FET）的示意图；（b）显示通道面积的光学图像；（c）O-FET 的输出特性；（d）平面 OECT 的示意图；（e）平面有机电化学晶体管（OECT）的光学显微照片；（f）平面 OECT 的输出特性；（g）光纤 OECT 的示意图；（h）纤维 OECT 的光学显微照片；（i）光纤 OECT 的输出特性

二、发光二极管

发光二极管（LED）指当器件内部发生电子空穴复合时会发射可见光的半导体器件。自 1962 年 Holonyak 等人推出首个市售红外无机 LED 后，世界各地的研究人员们已经开发出诸如可见光、紫外光和红外 LED 等各种 LED。固体半导体材料通常用作 LED 中的发光层，因此，LED 最初被认为是纯固态器件。1987 年，首次公布了一种基于有机半导体的新型 LED，即有机 LED（OLED）。它具有制造成本低，响应时间快，灵活性研究潜力大，功耗低和散热少等优势。由于 OLED 具有延展性，它们可以与柔性基板兼容，并应用于可穿戴电子设备。目前，对 OLED 的研究主要集中在二维（2D）器件上，然而，一维（1D）OLED 已经开始受到可穿戴电子设备领域的关注。

　　研究使用分子有机化合物作为活性层制造纤维基 OLED。有机化合物分子固有的柔韧性与纤维结构相容。图 12-49（a）为此研究中使用的纤维基的 OLED 结构的示意图，以聚酰亚胺涂层硅纤维作为基材，通过真空热蒸发技术在阳极和阴极之间沉积得到发光层和有机电子传输层。光纤上 1mm 的绿光 OLED 片段的照片清楚地显示了绿光的发射特性。为了在纤维基 OLED 和平面 OLED 之间进行电和发光性能的比较，研究人员使用平面硅/聚酰亚胺基板制造平面 OLED，并研究其电学和发光性能。结果显示，纤维基的 OLED 的电学和发光性能完全可以与平面 OLED 相媲美。然而，由于纤维结构表面比较粗糙，在低偏压下测量到了较大的漏电流。此外，这种纤维厚度相当大，约为 480μm，这会限制实际应用。使用同轴静电纺丝工艺制造了基于离子过渡金属配合物（iTMC）的单核壳纤维 OLED，将 Galinstan 液态金属核和具有聚（乙基氧化物）（PEO）混合物壳的钌三（联吡啶）分别与阴极和电致发光层共静电纺丝，通过氧化铟锡的热蒸发形成阳极。图 12-49（b）为发射 iTMC 的示意图和光学图像。该器件最初在 4.2V 下开启，在 6.8V 下观察到明亮的电致发光。这项研究表明可以直接制造不含柔性基板的一维柔性 OLED，但没有清楚地展示设备的效率或亮度。

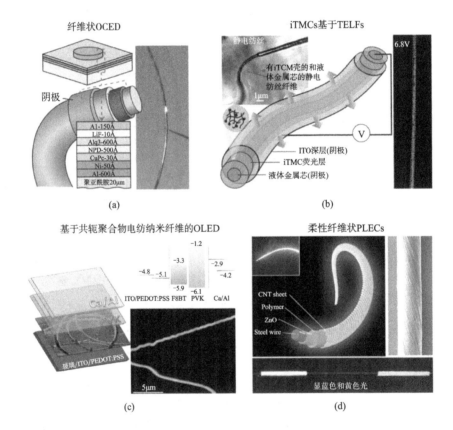

图 12-49　（a）典型的 OLED 结构与纤维状有机发光二极管（OLED）结构的对比示意图和具有绿色发光像素的弯曲光纤的照片；（b）基于离子过渡金属络合物（iTMCs）的电致发光纳米纤维（TELF）的示意图和光学图像；（c）基于共轭聚合物电纺纳米纤维的 OLED 结构的示意图（左），能级图（右上）和电纺纳米纤维的荧光显微图像，F8BT-PEO（右下）；（d）柔性纤维状聚合物发光电化学电池（PLEC）的结构的示意图（左侧插图：偏压 10V 的纤维状 PLEC 照片；右侧插图：围绕改良不锈钢丝缠绕的 CNT 板；底部插图：PLEC 显示蓝色和黄色光）

也有学者使用静电纺丝制造发光 F8BT/PEO 纳米纤维。图 12-49（c）为基于共轭聚合物电纺纳米纤维 OLED 的示意图和荧光显微图像。为了制造该元件，先将 PEDOT—PSS 薄层旋涂到 ITO/玻璃基板上，再将 F8BT/PEO 纳米纤维直接收集到所得的薄层上。然后在 PVK（聚 N-乙烯基咔唑）溶液的顶部进行旋涂，最后蒸发一层薄的钙和铝。在这里，将 PVK 涂覆的 F8BT/PEO 纳米纤维用作活性层。这项研究通过在 150℃ 下对器件进行退火来解决有机纳米纤维中的电荷注入问题，可将活性层变为带状形态。研究者测量到的外部量子效率和亮度分别在 6V 时为 0.5% 和 2300cd/m^2。

最近，ZHANG 等人开发了一种颜色可调和且耐磨的纤维状聚合物发光电化学电池（PLEC），可以将可穿戴 LED 集成到纺织品中。这项研究使用全溶液处理方法制造纤维状 PLEC，提升了产品的实用性。图 12-49（d）为基于柔性纤维的 PLEC 的示意图。为了制造纤维状 PLEC，用 ZnO 纳米颗粒浸涂不锈钢丝以形成电子传输层，并减小漏电流。将电致发光聚合物层（PF-B，乙氧基化三甲基丙烷三丙烯酸酯和三氟甲磺酸锂的共混物）接枝在涂有 ZnO 的不锈钢丝上，再用改性碳纳米管（CNT）片包裹改性钢丝。改性后的 CNT 在器件中提供高导电性和柔韧性。由于纤维状 PLEC 是一维结构，因此，亮度在所有方向上都相同。此外，作者还成功地将 PLEC 整合到织物中并展示了颜色的可调性。由于产品的柔韧性好、重量轻且弯曲后仍能保持高亮度，这项研究展现出巨大的开发潜力。此外，韩国科学技术院（KAIST）电气工程学院教授 KYUNG Cheol Choi 领导的科研团队通过将 OLED（有机发光二极管）集成到织物中（图 12-50），开发出了世界上最具柔性、可靠性最高的可穿戴显示器。

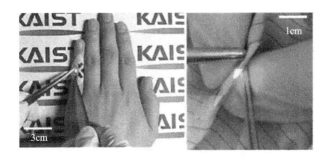

图 12-50　集成 OLED 的织物

第五节　发展趋势

近期，可穿戴设备发展迅速，作为其中的重要部分，智能织物传感系统也因此得到了快速发展。然而，智能传感织物中电极及活性部分的稳定性仍然面临着巨大的挑战，特别是电极材料。与传统硬电极相比，智能织物多采用纳米颗粒、纳米纤维以及纳米管等材料作为导电电极。然而，这些加工方法很难满足电极对于可洗性、多样性以及大量生产等方面的要求。另一方面，拥有触觉的手势感应的智能系统对人类至关重要。但是，若要实现手势感应，则需要集成相应的传感器，这就对电极的图案化提出了更高的要求。此外，智能织物的能源供给问题也是限制其大规模应用的问题之一。

思 考 题

1. 织物触控装置的基本工作原理是什么？
2. 织物触控装置性能的影响因素是什么？
3. 简述电阻式触控装置的工作原理。
4. 简述电容式触控装置的工作原理。
5. 织物键盘和织物触摸垫的异同点是什么？

参考文献

［1］李乔，丁辛.织物开关的研制［J］.东华大学学报：自然科学版，2009，35（2）：161-166.

［2］ZHANG H, TAO X M, YU T X, et al. Pressure sensing fabric［C］. San Francisco：Materials Research Society Symposium Proceedings, 2006：13-119.

［3］KANG M, KIM J, JANG B. Graphene-based three dimensional capacitive touch sensor for wearable electronics［J］. Acs Nano, 2017, 11（8）：7950-7957.

［4］蒋晶晶，丁辛.电容式柔性触控装置的研制［J］.纺织学报，2013，34（9）：53-57.

［5］HELLER F, IVANOV S. Fabri touch：exploring flexible touch input on textiles［C］. Seattle Wa：ACM International Joint Conference on Pervasive and Ubiquitous Computing, 2014：59-62.

［6］ALHUDAL H N, WA C, HELLER F. A foldable two-dimensional textile input controller［C］. New York：Proceedings of the 2016 CHI Conference Extended Abstracts on Human Factors in Computing Systems, 2016: 2497-2503.

［7］FERRI J, LIDON-ROGER J V, MORENO J. A wearable textile 2D touchpad sensor based on screen-printing technology［J］. Materials, 2017, 10（12）：1450-1466.

［8］FERRI J, MORENO J, MARTINEZ G. Printed textile touchpad［C］. Rome：Proceedings of the Eighth International Conference on Sensor Device Technologies and Applications, 2017：118-123.

［9］SERGIO N, MANARESI F, CAMPI R. A dynamically reconfigurable monolithic cmos pressure sensor for smart fabric［J］. IEEE Journal of Solid-State Circuits, 2003, 38（6）：966-975.

［10］TAKAMATSU S, LONJARET T, ISMAILOVA E. Wearable keyboard using conductive polymer electrodes on textiles［J］. Advanced Materials, 2016, 28（22）：4485-4488.

［11］TAKAMATSU S, YAMASHITA T, IMAI, et al. Lightweight flexible keyboard with a conductive polymer-based touch sensor fabric［J］. Sensors and Actuators A：Physical, 2014, 220（1）：153-158.

［12］TAKAMATSU S, KOBAYASHI T, SHIBAYAMA N, et al. Fabric pressure sensor array fabricated with die-coating and weaving techniques sens［J］. Sensors and Actuators A：Physical, 2012, 184（184）：57-63.

［13］张国华，衡祥安，凌云翔，等.基于多点触摸的交互手势分析与设计［J］.计算机应用研究，2010, 27（05）：1737-1739.

［14］陈子扬.手持移动设备多点触摸手势代替点按交互方式研究与设计［D］.杭州：浙江大学，2016.

［15］ORTH M, POST R, COOPER E. Fabric computing interfaces［C］. New York：CHI 98 Conference Summary on Human Factors in Computing Systems, 1997：331-332.

［16］PARADISO J, ABLER C, HSIAO K Y, et al. The magic carpet：physical sensing for immersive environments［C］. New York：CHI'97 Extended Abstracts on Human Factors in Computing Systems, 1997：

277-278.

［17］ ROSENBERG I, PERLIN K. The unmousepad: an interpolating multi-touch force-sensing input pad ［J］. ACM Transactions on Graphics, 2009, 28 (3): 1-9.

［18］ BACIM F, SINCLAIR M, BENKO H. Challenges of multitouch interactions on deformable surfaces ［C］. New York: Beyond Flat Displays Workshop at ACM ITS 2012, 2012: 1-4.

［19］ BACIM F, SINCLAIR M, BENKO H. Understanding touch selection accuracy on flat and hemispherical deformable surfaces ［C］. Ottawa: Proceedings of Graphics Interface 2013 (GI'13), 2013: 197-204.

［20］ 陈松生. 投射式电容触摸屏探究 ［D］. 苏州: 苏州大学, 2011.

［21］ 谢江容. 投射式电容触摸屏的灵敏度探究 ［D］. 南京: 南京航空航天大学, 2017.

［22］ 梁红飞. 四线电阻式触摸屏测试系统的研究 ［D］. 长沙: 中南大学, 2009.

［23］ 沈耀忠, 赵乐军, 王朝英. 屏前 X, Y 座标的定标方法与实现原理 ［J］. 电子科技, 1996, 37 (03): 45-48.

［24］ 周自立. 电容式触摸屏的多点解决方案 ［D］. 广州: 华南理工大学, 2012.

［25］ 詹思维, 李博, 杨立成, 等. 投射电容式触控方案研究 ［J］. 工业控制计算机, 2015, 28 (06): 155-156.

［26］ ROH J S. Textile touch sensors for wearable and ubiquitous interfaces ［J］. Textile Research Journal, 2014, 84 (7): 739-750.

［27］ GU J F, GORGUTSA S, SKOROBOGATIY M. A fully woven touchpad sensor based on soft capacitor fibers ［J］. Physics, 2011, 38 (10): 1-19.

［28］ GORGUTSA S, GU J F, SKOROBOGATIY M. A woven 2D touchpad sensor and a 1D slide sensor using soft capacitor fibers ［J］. Smart Materials & Structures, 2012, 21 (1): 015010.

［29］ GUO L, SOROUDI A, BERGLIN L. Fibre-based single-wire keyboard——the integration of a flexible tactile sensor into e-textiles ［J］. Autex Research Journal, 2011, 11 (2): 106-109.

［30］ ROH J, MANNY F A. robust and reliable fabric and piezoresistive multitouch sensing surfaces for musical controllers ［C］. Oslo: Proceedings of the International Conference on New Interfaces for Musical Expression, 2011: 393-398.

［31］ 胡爽. 可穿戴电容式织物触摸垫的设计及性能研究 ［D］. 武汉: 武汉纺织大学, 2017.

［32］ 刘玲玲. 一种柔性触控装置的研制 ［D］. 上海: 东华大学, 2011.

［33］ 孙红月. 电容式织物触摸垫的电容性能评价及结构优化 ［D］. 上海: 东华大学, 2019.

［34］ HASEGAWA Y, SHIKIDA M, OGURA D, et al. Novel type of fabric tactile sensor made from artificial hollow fiber ［C］. Hyogo Japan: Proceedings of the IEEE Twentieth Annual International Conference on Micro Electro Mechanical Systems, 2007: 603-606.

［35］ HASEGAWA Y, SHIKIDA M, OGURA D, et al. Glove type of wearable tactile sensor produced by artificial hollow fiber ［C］. Lyon French: A The 14th International Conference on Solid, 2007: 1453-1456.

［36］ HASEGAWA Y, SHIKIDA M, OGURA D, et al. Fabrication of a wearable fabric tactile sensor produced by artificial hollow fiber ［J］. Journal of Micromechanics and Microengineering, 2008, 18 (8): 1-8.

［37］ HELLER F, IVANOV S, WACHARAMANOTHAM C, et al. FabriTouch: exploring flexible touch input on textiles ［C］. New York: Proceedings of the 2014 ACM International Symposium on Wearable Computers (ISWC'14), 2014: 59-62.

［38］ WILSON J S. Sensor technology handbook ［M］. Holland: Butterworth-Heinemann, 2005.